U0258987

"十四五"国家重点出版物出版规划项目

基础科学基本理论及其热点问题研究

北极岛屿生态地质学

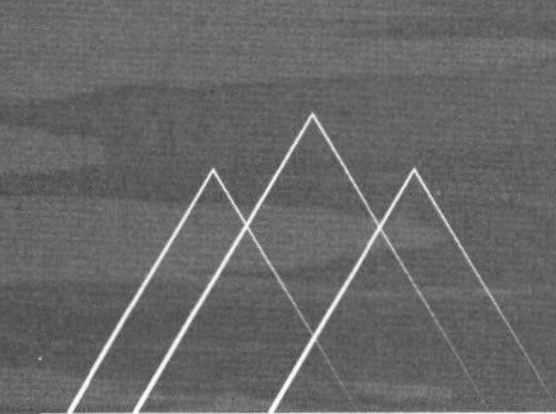

Ecogeology of the Arctic Islands

孙立广　谢周清　杨仲康
程文瀚　贾　楠　袁林喜 ◎ 著

中国科学技术大学出版社

内 容 简 介

本书是作者团队近二十年来对北极岛屿生态地质学进行系统研究的成果总结，包含了一系列全新的发现，如首次发现鸟类在新奥尔松的登陆时间和全球性冷事件导致北极钝贝的消亡，提出了北极岛屿煤矿开发和远距离传输导致的污染元素的环境暴露以及应用有机质识别加拿大原住民的迁徙记录等，深入讨论了不同地区古海蚀凹槽沉积物及其生态与环境意义，识别冰川活动的过程与生产力以及人类文明对环境的影响。本书图文并茂，结构清晰，从基本原理、研究目标出发，提出了系统的理论框架，阐述了系统研究成果，最后提出了北极岛屿有待解决的科学问题和研究方向。

本书弥补了生态地质学研究的北极空白，可作为从事全球变化研究工作者的参考资料，对于海洋、地质、环境和生态领域的研究人员有重要参考价值，也可作为相关领域本科生和研究生的参考书和教材。

图书在版编目(CIP)数据

北极岛屿生态地质学 / 孙立广等著. -- 合肥 ：中国科学技术大学出版社，2024. 12. -- ISBN 978-7-312-06070-0

Ⅰ. P561. 662

中国国家版本馆 CIP 数据核字第 20248401GC 号

审图号：GS(2024)4016 号

北极岛屿生态地质学

BEIJI DAOYU SHENGTAI DIZHIXUE

出版 中国科学技术大学出版社
安徽省合肥市金寨路 96 号，230026
http://press. ustc. edu. cn
https://zgkxjsdxcbs. tmall. com

印刷 合肥华苑印刷包装有限公司

发行 中国科学技术大学出版社

开本 787 mm×1092 mm 1/16

印张 14. 5

字数 350 千

版次 2024 年 12 月第 1 版

印次 2024 年 12 月第 1 次印刷

定价 110. 00 元

前　　言

在中国南极考察迎来40周年之际，我们这部包括近二十年北极岛屿研究成果的著作《北极岛屿生态地质学》由中国科学技术大学出版社出版了。恰好今年又是中国科学技术大学极地环境研究室成立25周年，因此该专著的出版是我们对这两个周年庆献上的最好礼物。

1998年，我们参加了中国第15次南极科学考察，分赴长城站和中山站，那是一次带有挑战性的旅行。我们深知不能沿着前人开拓的道路前进，因为在南极这块冰雪大地上开展科学研究工作，没有国内领先，只有国际领先。当时我们是中国南极考察的迟到者，也是人类南极考察的后进者，只有一步跨入前人没有踏足的雪地，才有可能在那里留下我们的脚印。

这种新思路为我们打开了一扇大门，以含有海洋生物遗存的粪土层（如企鹅粪土层、海豹粪土层）为载体，用地质学、地球化学和生态学等多学科交叉的研究方法研究全新世前后企鹅、海豹和磷虾等生物的生态过程及其对气候环境变化的响应。我们在企鹅粪土层中寻找历史时期企鹅数量变化的努力大获成功，论文发表在*Nature*（Sun et al.，2000）上，首次追溯了企鹅过去3000年的数量变化及其与气候变化的关系。审稿者认为："这是一种研究南极湖泊积水区历史时期企鹅数量变化的新颖的生物地球化学方法，在不久的将来，很可能形成一个活跃的研究领域。"这篇指导我们后来全部工作的论文是全新世生态地质学的基石。在此基础上，我们继续选择含有生物遗存的粪土层作为材料，应用生物标型元素、锶/氮/碳同位素和有机标志物等多种指标，揭示了全新世海豹和磷虾的数量变化、食谱变化、生态过程及其与气候变化和人类活动的关系。

经过中国科学技术大学极地环境研究团队8年的探索和研究，2006年我们的第一部专著《南极无冰区生态地质学》（孙立广等著）在科学出版社出版了。它奠定了全新世生态地质学的基本理论框架，以非生物质材料包括鸟粪土、冰水沉积、生物物质遗存和有机残留作为材料来解析自然环境信息，为研究全新世生态环境变化提供了全新的研究方法和途径。我们提出：全新世生态地质学是应用地质学、地球化学、古生态学和环境科学及现代分析技术研究生态、环境和气候变化历史的多学科交叉科学。

自2006年以来，通过国内外的广泛科学合作，我们已经走出南极半岛的长城

站、东南极拉斯曼丘陵的中山站,走向澳大利亚的戴维斯站、罗斯湾的美国默克麦多站,在南大洋海底取样,并捷足先登恩格斯堡岛的秦岭站,在更广阔的环南极无冰区开展深入的生态地质学研究,展现了一系列全新的科学成果和新的发现。

2002 年,著名的海洋学家苏纪兰院士最早向我们提出:南极无冰区生态地质学的研究方法是否可以应用到中国近海的中低纬度地区?通过南极与我国近海生态气候变化的对比研究能否服务于国家需求?围绕这两个问题,2004 年我们兵分两路,冬天去南极,春天去西沙,对西沙先后开展了 4 次考察。我们在西沙 8 个岛屿上开展了系统的生态地质学调查和深入的研究,成功地将粪土层生态地质学的研究方法应用到南海岛屿的古生态、古气候与古环境研究中。我们从我国南海东岛鸟粪土层中种子、介形虫的碳氧同位素和珊瑚砂粒度特征中提取了降水信息;首次恢复了西沙千年降水变化,发现西沙小冰期降水增加不能用经典的赤道辐合带摆动理论解释,而是受太平洋沃克环流变化影响,揭示了沃克环流对热带太平洋千年降雨变化的控制作用,成果发表在 *Nature Communications*(Yan et al.,2011a)上;同时,从热带东西太平洋岛屿珊瑚砂粒度等中得到降水信息特征,进而获取 ENSO 信号,首次重建了过去 2000 年南方涛动指数,从而发现其与太阳辐照以及与北半球温度变化存在联系,论文发表在 *Nature Geoscience*(Yan et al.,2011b)上。研究证明,南极生态地质学的研究方法完全可以复制到低纬度岛屿上来,同时,南海岛屿鸟粪土沉积物具备自己热带气候下的特点,为我们解读南海西沙的海岛沉浮、海平面变化、鸟类数量变化、降雨量变化,进而讨论气候变化提出了新的认识。此外,根据西沙群岛生态地质记录,我们发现距今 1000 年前南海发生了海啸,提出建立南海海啸预警系统的必要性。经过 10 年的努力,2014 年,西沙课题组完成了专著《南海岛屿生态地质学》,生态地质学跨越了高、低纬度完全不同的气候环境,证明了采用生物粪土层作为研究材料,应用多学科交叉的生态地质学研究方法和基本原理研究全新世生态环境变化是可行的。

随着全球变暖对极地的影响越来越大,国家对极地事业的关注度增强,2004 年,国家海洋局极地考察办公室组织了首次北极黄河站建站与科学考察,我们中国科学技术大学一行三人有幸参加了这次考察。我们继续用在南极和南海建立起来的生态地质学原理和方法开展了对斯瓦尔巴群岛新奥尔松的生态环境的考察研究。一开始我们以为这是一次没有悬念、也没有多少挑战的野外考察,结果却发现:我们期待的鸟粪土层都是非常年轻的,几千年形成的沉积物在异常活跃的北极冰川进退活动中被清洗干净了。北极斯瓦尔巴群岛上的鸟类是何时登陆的?我们试图探索的这个还没有答案的科学问题一下子就搁浅了。人类文明对北极环境的影响,北极鸟类、驯鹿等的生态过程及其对气候变化的响应等科学问题都一并搁浅了。但是,南极的古海蚀凹槽沉积为我们提供了新的思路。让我们喜出望外的是,我们在海岸边

终于发现了一个保存有近10000年历史的冰水沉积、鸟粪土沉积和大量贝壳残片，它们被完好地保存在早期形成的海蚀凹槽中。我们在伦敦岛也发现了古海蚀凹槽，这些“老瓶子里装的新酒”为我们提供了解读末次冰期以来北极生态环境演变历史的案卷。

近20年来，我们在国际核心学术期刊上发表了20余篇有关北极岛屿生态环境变化的科学论文，这些论文的第一作者均是本书的著者和执笔人，主要成果包含了一系列全新的发现：首次发现鸟类在北极新奥尔松的登陆时间是距今11000年左右，是末次冰期在新奥尔松海岸带冰退后开始的；发现距今9400年前后的全球性冷事件导致北极斯瓦尔巴海域钝贝衰亡的生态灾难事件；识别了小冰期冰川沉积物在新奥尔松的历史记录，建立了新奥尔松全新世以来的气候变化及其生态响应关系；强调了气候变化对沉积柱中元素地球化学组成的影响；提出了北极岛屿煤矿开发和远距离传输导致的污染元素的环境暴露，并重建了过去百年来的重金属污染历史；开发了基于特征甾醇的一套生态指示计，应用特征甾醇重建了加拿大北极群岛的海鸟历史，识别了加拿大原住民的迁徙记录，探讨了加拿大北极生态系统和原住民对气候变化的响应等，同时深入讨论了不同地区古海蚀凹槽沉积物及其生态与环境意义，识别了冰川活动的过程以及人类文明对环境的影响。

从2004年我们第一次去北极新奥尔松到现在已经过去20年了，有必要总结近20年来我们在北极的研究成果，精心构建和完善全新世生态地质学的理论体系，推进生态地质学的学科发展。这部专著与《南极无冰区生态地质学》《南海岛屿生态地质学》以及最近出版的《南极全新世生态与气候环境变化研究》是中国科学技术大学极地环境研究团队过去研究工作的系统性成果和生态地质学的总结，也是对中国极地科学考察事业40年的集体贡献。

在研究过程中，我们得到了国家自然科学基金、自然资源部极地专项、科技部重点研发计划和中国科学院先导专项等多个项目的资助。感谢中华人民共和国自然资源部海洋局极地考察办公室、中国极地考察中心以及中国科学技术大学、地球和空间科学学院、环境科学与工程系（直属）等各级领导的支持。特别感谢中国科学技术大学极地环境研究室、极地环境和全球变化安徽省重点实验室学术委员会秦大河、刘文清等院士和专家委员的支持和指导。

我们希望，本书的出版能在研究视角和方法上为培养极地和环境科学的青年研究人才提供一些帮助；我们也希望，从事全球变化和生态环境研究的学者们能够从本书中获得有益的参考。

孙立广　谢周清

2024年5月

目　　录

第1章　全新世生态地质学的形成与发展

孙立广　谢周清[①]

1.1　生态地质学概述

生态地质学的源头是古生态学。古生态学是古生物学与地质学交叉的结晶，通过研究化石保存时的状态和地质环境及其与现代相近生物生态的比对，反演古代生物当时的生活状态、生活习性以及与其他物种之间、生活环境之间的联系。因此生态地质学的基础是地质学和生态学。

广义的地质学是以固体地球的物质组成、结构和演化为研究对象的科学。它的研究范围包括地球内部到表层的地文特征和元素、矿物、岩石，并且努力阐明现在正在进行的、历史上曾发生的和预测将要发生的地质作用及其对地球改造的过程。现在，经典地质学已经走出了现象描述的藩篱，它在与物理学、化学的交叉结合中分别形成了地球物理学、地球化学（包括元素地球化学、同位素地球化学和有机地球化学等）等新的学科，来面对跨越天文时间尺度的宏观与微观的、深部与表层的地球物质世界及其物质在空间中的流动、聚合与分散的过程。物质世界的多样性与过程的复杂性使得地质学成为一门丰富多彩的学科。

地质学与物理学、化学和现代技术方法的高度融合，使得地球科学家可以从物质的角度去研究地球，对重大的地球演化和动力学机制问题做出回答，同时深入到地球的表生环境，为科学探索从过去、现在到未来的生态、气候与环境之间的系统关系带来了可能。它有可能将分支越来越细的学科联合起来，去探讨涵盖全球的地球外动力系统——大气圈、水圈、生物圈和土壤圈之间的相互作用和历史变化之间的相互联系。这代表了一个全新的、富有活力的学科发展新方向，将为新的革命性的地球科学新思想、新理论的问世奠定基础；另一方面，在学科综合的同时，学科的进一步分化在纵向深入和横向交叉中继续发展。在传统的学科分支以外，许多新的分支正在分叉、成长、萌发新芽。毫无疑问，地球科学的新发现、新理论将在学科的综合与细化中露出生机。

生态学是研究生物及其环境相互关系的科学。著名生态学家奥德姆（Odum，1971）认为生态学是研究生态系统结构和功能的科学，具体内容包括：一定地区内生物的种类、数量、生物量、生活史及空间分布；该地区营养物质和水等非生命物质的质量和分布；各种环境因素

---

① 参加本研究的人员包括本书的著者及中国科学技术大学极地环境研究室的研究人员和研究生。

（如湿度、温度、光、土壤等）对生物的影响；生态系统中的能量流动与物质循环。奥德姆的生态学概念实际上已经包含了环境科学的核心内容，或者可以说，环境科学在生态学的基础上已经拓展成为一门新的综合性学科。当代生态学的基本原理正在将人类活动纳入新的体系中来。在这个体系中，人处于环境的中心位置，人作为一种特殊的自然营力，在很大程度上干预着生物及其生活环境的相互关系，尽管人类对环境变化的有效参与，从本质上来看仍是一种生物行为。

工业革命以来，人类用太快的速度和强度在不同的方向上改变了人类的生存环境，大气、水、土壤、生物群落和地貌均发生了史无前例的显著变化。这就使得人类因素成为一种影响环境的特别重要的因素，被从自然元素中分离出来加以研究。设法区分人类因素和自然因素成为新的研究领域，虽然，从源头上看，人类因素也是自然因素的一部分。

这样一来，现代生态学将人与自然并列起来，成为一门研究生物、人与环境之间的相互关系，研究自然生态系统和人类生态系统结构和功能的科学。

生态学研究的对象是生物、人及其周围的环境。一般认为环境是指某一特定生物体或生物群体以外的空间及直接、间接影响该生物群体生存的一切事物的总和。我们通常理解的环境是指区域环境、地球环境，地球环境包括大气圈、水圈、生物圈和岩石圈及太阳系空间环境。这些大环境对生物群落有着直接或间接的影响。与此同时，对生物体有直接影响的邻接小环境则包括生物聚居地的生态系统。微生物活动、土壤等物理化学环境及地形地貌等自然环境，这些小环境、微环境又受到大环境的决定性控制。生态学家研究的是现代生物及其与环境之间关系的科学，他们着力回答的是生物体和生物群落是怎样生活的，是在什么样的环境下生活的，环境是如何影响生物的，生物活动是怎样影响环境的。

要解答这些问题，最基础的工作是进行野外的科学观察和监测。只有进行长期的观察与统计，才可能发现物种或生物群落在自然过程中的变化以及受人类因素影响的变化，这是非常单调、繁琐而细致的工作。但是在年复一年积累数据过程中产生了各种变量曲线，把生态环境的这些变化与气候变化的温度曲线、降雨量曲线及城市化进程等联系对比起来的时候，所获得的成果又会是非常有趣的。

2003 年，我们在进行南海生态对气候变化的响应研究中，有一个小组就专门开展了对西沙东岛红脚鲣鸟数量统计研究，通过样方法统计调查，海鸟数量约有 3.55 万对，发现东岛红脚鲣鸟繁殖种群是我国迄今所知的唯一繁殖种群，约占世界繁殖种群数量的 10%，是太平洋西部最大的繁殖种群，也是世界第二大繁殖种群。通过周期性统计及其对人类活动、气候环境变化的统计分析，可望产生有意义的成果。肉眼可见的是，2003 年永兴岛海鸟十分繁荣，但是十年后，岛上已经看不到鸟了。人类活动对西沙群岛的海鸟活动和东岛的“野牛”数量变化产生了巨大的影响。

美国的生态学家 Carlini、Fraser 等从 1963 年以来对南极半岛各种企鹅的年际数量变化进行了长达数十年的观测，他们发现企鹅数量对于人类活动、气候与环境变化十分敏感。比如 Fraser 等(1992)认为近几十年的全球变暖，导致海冰大面积减少，使得南极沿海浮游生物繁殖成功率降低，从而影响到以浮游植物藻类为食的磷虾繁衍，进而影响到以磷虾为食物的企鹅数量减少。尽管人类捕获磷虾的数量在增加，南极周边海域的大多数地区气候对企鹅的主要食料磷虾数量的影响远大于人类活动。但是，另一方面，在南极半岛地区，由于人类

在20世纪上半叶，大规模捕杀鲸和海豹，鲸和海豹数量急剧减少，这使得磷虾获得了“豹口、鲸口余生”的机会，在这个过程中，磷虾数量不降反增（Laws，1985）。

生态地质学是应用地质学、古生物学、地球化学、生态学和环境科学及现代分析技术研究历史时期和现代生态环境变化的科学。生态地质学发源于古生物学、古生态学和地质学，古生物学研究的载体是化石和保存化石的地层，研究的目标是恢复地史时期生物种群的生态以及生物发生、演化和衰亡的演变过程及在这个过程中发生的重大的环境事件。古生态学研究的方法是应用“将今论古”的现实主义方法，通过古今生物的生活环境、生存条件和生态特征的对比，来恢复古生态。生态地质学的研究是在古生态学的基础上发展起来的。比利时古生物学家道格（1857—1931）开创了古生态学，他在《习性古生物学》一书中将地史时期的早期鱼类和三叶虫化石等与现代的鱼类和节肢动物做了比较，阐述了化石生物的生活方式。其后，法国的古生物学家进一步研究了生物的活动痕迹（脚印、粪便、巢穴等）及其保存条件，拓展了研究化石生物生活方式的途径。

20世纪80年代以来，我国科学家对澄江动物群、辽西古鸟的研究是古生物学与古生态学的完美结合（Shu et al.，1999，2001，2003；侯连海 等，2002），笔者认为，它们也可以归入生态地质学的研究范畴。这类以化石为研究对象的生态地质学可以称为化石生态地质学。

另一方面，随着环境科学进入地球科学的舞台，人类活动及其导致的气候变化正在深刻地影响着地球生态环境的变化。生态地质学已经从经典的化石生态地质学走出来，将人类活动作为一种重要的地质营力引入到生态环境变化的研究中。有学者认为，生态地质学是“研究作为环境学系统的构成部分和生物圈的物质基础的地质圈在自然和人为活动成因因素影响下所发生的变化的科学”。[①] 他们认为生态地质学的主要任务是，对地质圈在自然和人为活动成因因素作用下发生的变化进行分析，合理利用水、土地、矿物和能源资源，减轻地质环境受自然和人为活动成因灾害所造成的损失，保护人类生存安全。这样的生态地质学表述实际上是从传统的化石生态地质学脱胎而出的，在研究对象、研究目标和研究方法上环境生态地质学都与化石生态地质学明显不同。

与此相关的还有区域生态地质学、农业生态地质学、环境生态地球化学等，它们研究的生态环境是指与人类活动有关的地表环境，它们研究的目标是，这些环境对地表生态系统的影响及其反馈。这类生态地质学在应用的层面上更加关注生态环境及其变化对资源分布、利用、保护和防治的作用。由此，学者们在海南等多个省份开展了以生态地球化学调查为内容的研究课题，旨在服务于国民生态环境建设。

综上所述，化石生态地质学研究的是地史时期的生态环境变化，环境生态地质学开展的是现代生态环境变化研究。显然，它们在研究对象、研究内容和研究方法上都有很大区别，但是从研究目标来看，都是探讨生态对环境和气候变化的响应与反馈，环境生态地质学大大扩展了传统生态地质学的研究领域。由于其对人类生产与生活的重要性，必将显示出更强的生命力。

全新世生态地质学是生态地质学的一个新的分支。它研究的是末次冰期以来，特别是过去10000多年时间跨度发生的自然和人类活动的事件，研究的对象是与人类文明和气候

① 引自中国地质大学使用的“生态地质学”课程课件。

变化相关的生态历史。这部历史要求有高分辨率的定年方法(包括 AMS ^{14}C 和^{210}Pb、^{137}Cs 等定年方法)以确定事件发生发展的可靠时限,研究的材料主要包括生物残体、遗迹、遗物和生物化学遗存以及多种未成岩的沉积物、土壤和微生物及生物活体。研究的目标是,从这些环境载体中寻找可靠的替代性地球化学指标来恢复全新世生态环境与气候变化、人类文明的历史痕迹并探寻它们之间的关联。

因此,全新世生态地质学是研究全新世以来与人类活动历史相关的、探讨过去全球变化与生态响应的科学。全新世生态地质学采用的是多学科交叉的研究方法,包括应用地质学、地球化学(包括元素和同位素地球化学、有机地球化学等)、生态学、生物学结合现代高分辨分析技术,来研究全新世包含生物信息的沉积物地层,破译其中的生态、环境和气候变化的信息,是化石生态地质学与环境生态地质学之间跨越历史与现代的桥梁(图 1.1),为我们理解过去、认识现在、预测未来,正确区分自然与人类因素提供了一个新的途径,在生态地质学的学科体系中具有承前启后的关键作用。

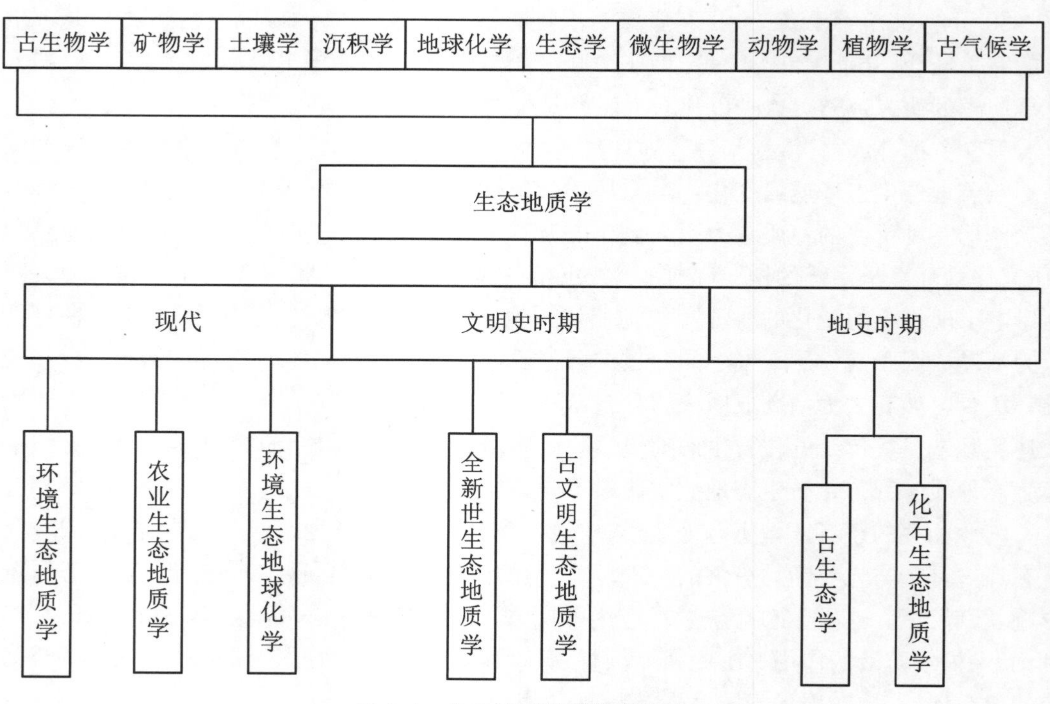

图 1.1　生态地质学的学科体系

应当指出的是,全新世生态地质学是一门年轻的学科,仍然处在持续发展的阶段。尽管早在 1986 年国际科学联合会组织(ICSU)就确定了国际地圈生物圈计划(IGBP),侧重研究地圈和生物圈的相互作用,但是更多的讨论集中在根据历史相关资料和自然记录(如树木年轮、石笋和珊瑚)来恢复气候变化与环境变化。全新世生态地质学研究需要更多的新的研究载体、研究方法和技术手段,需要将生态与气候变化紧密地联系起来,需要将影响生态气候变化的人类因素和自然因素区别开来。相对化石生态地质学和环境生态地质学而言,全新世生态地质学具有特殊的作用,它研究的是与人类文明发展密切相关的生态与气候环境变化的自然过程。生态对气候变化的响应研究已经或正在成为地球科学的前沿科学问题(孙

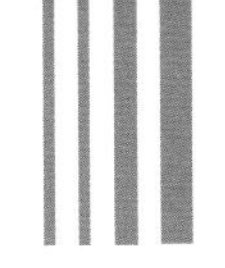

立广 等,2005)。

南极无冰区生态地质学是全新世生态地质学的有益尝试(孙立广 等,2006),它所建立的系统理论框架为南海岛屿生态地质学提供了基础。

1.2　南极无冰区生态地质学概述

南极无冰区生态地质学是全新世生态地质学的组成部分和新的研究方向(孙立广 等,2006)。南极无冰区是冰、水、岩、土、气和生物圈这些圈层之间相互作用最富活力的场所,由于远离人类活动区,受人类活动的影响相对较小,因此南极无冰区是研究南极乃至全球的生态环境演化历史的理想场所。通过探索圈层界面上的物质循环,可以解读极地海鸟、海兽与植被的空间分布与迁徙及其对气候变化、环境变化、冰川进退、海洋的动力过程的响应,食物链随气候环境变化的细微变动以及人类活动包括冶金文明的历史进程在极地留下的蛛丝马迹,从而在全球变化的框架内考察人为因素与自然因素对极地生态环境变化所产生的影响。

南极生态地质学家们一直试图探索企鹅登陆南极的历史,通常使用的方法是挖掘废弃的古企鹅巢穴,对巢穴中的残骨进行^{14}C定年。据此,Baroni 和 Orombelli(1994)发现罗斯海(Ross Sea)地区在 13000 yr BP 时期有企鹅聚居。Goodwin(1993)指出东南极风车行动群岛(Windmill Islands)在 3290 yr BP 有企鹅出现。此类研究回答了什么时候、什么地方有企鹅生活的问题,但是,现在的无冰区有可能因为历史上气候变冷而导致冰盖前进,使得最古老的企鹅巢穴等生物遗迹被侵蚀而消失,利用上述方法难以恢复历史时期企鹅数量完整、连续的演变过程。在企鹅巢穴中很难找到连续的残骨剖面,而且零星的残骨很难确认其在生态过程中所处的历史阶段。

从湖泊沉积物中提取古环境信息是恢复古气候演化和冰川作用历史以及古生态历史的重要方法。南极湖泊系统的演化受人类活动的影响甚少,成为恢复南极无冰区古环境演变的理想地质载体,目前已成为南极科学考察的重要领域。但是绝大多数的南极湖泊是聚积冰融水发育形成的,这些“干净”的湖泊沉积记录了环境与气候变化的历史,但是甚少留下生态历史的记录,通常湖泊沉积中有机碳含量较低,这就需要高分辨的新研究方法和研究手段。

探索南极无冰区生态历史就必须寻找一种与生物活动密切相关的,有时间序列的、分布范围广、高分辨的沉积层。研究(孙立广 等,2000a,2000b;Sun et al.,2000,2001a,2001b,2004a,2004b,2005a;Xie et al.,2002;Xie,Sun 2008;Zhu et al.,2005;Liu et al.,2005,2006a;Huang et al.,2009,2011a,2011b;Yang et al.,2010)表明:在极地生态环境条件下,企鹅、巨海燕、海豹等海鸟、海兽聚居地及其周边的积水区,生物排泄物的堆积层和含粪的沉积层(其中含有生物遗体、遗物和遗迹)是进行极地生态地质学研究的良好载体(图 1.2)。古海蚀龛中的湖泊沉积物由于其在近海岸所处的特殊地理位置和湖泊沉积特征,可以成为恢复极地古生态环境历史的新的研究对象,它保存了在冰川进退中丢失的沉积层(孙立广 等,2001,2002;刘晓东 等,2002;Sun et al.,2005b;Yuan et al.,2010,2011)。

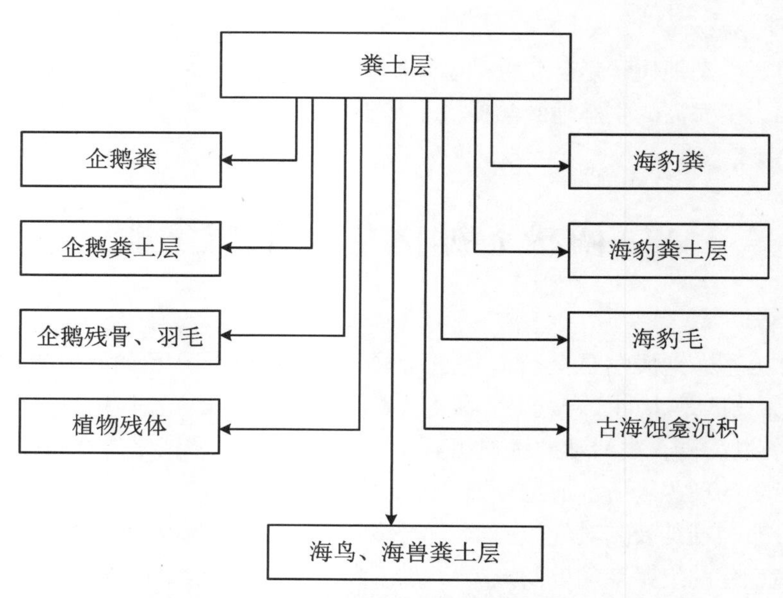

图 1.2　南极无冰区生态地质学研究的载体

1.2.1　南极无冰区生态地质学的研究目标与研究方法

南极无冰区生态地质学以粪土层作为过去生态环境信息记录的新载体，应用第四纪地质学、元素和同位素地球化学、沉积学、矿物学、构造地质学等经典的地质学方法与生态学、古气候学、动植物学、微生物学、有机化学以及高新技术等多学科交叉整合的方法，运用微观的生物地球化学记录，结合海平面变化、构造变动等地形地貌典型特征的现场调查，来探索宏观的生态、气候与环境变化的主题。因此，南极无冰区生态地质学是地球系统科学和全球变化科学这两个新兴科学前沿领域的一个新的研究方向。

南极无冰区生态地质学的研究对象是南极生物圈与其他自然圈层相互作用的环境过程，重点研究物质在界面上的循环。这就要求我们不仅要关注研究单个圈层本身的专门学科，而且要重视不同学科之间的交叉渗透；在研究方法方面，不仅要进行大气、水、土壤、生物、地形地貌等环境地质背景的调查，而且要深入研究在统一自然系统中彼此之间的相互关联。那些看似不相关的现象，本质上是统一的自然系统的组成部分，看似相互矛盾的现象在统一的自然背景下实际上是协调的，但是只有在圈层相互作用的界面研究中才可能得出合理的结论。

我们注意到企鹅粪土层 Sr、F、S、P、Se、Ba、Ca、Cu 和 Zn 9 种元素相对富集并显著相关，因此称为企鹅粪土的标型元素。根据这些标型元素的丰度首次揭示了过去 3000 年企鹅数量的变化及其与气候变化的关系(图 1.3)(Sun et al.,2000)。但这些元素在未受到粪污染的风化土壤中也微量存在，背景的波动有可能干扰了有生物学意义的标准曲线。因此，有必要进一步优选既有生物学标志意义，又在风化土壤中含量极低，并且波动极小的元素或同位素，于是我们将稳定同位素地球化学应用到企鹅、海豹的生态研究中，取得了更好的结果。酸溶相$^{87}Sr/^{86}Sr$ 值以及 $\delta^{13}C$、$\delta^{15}N$ 等作为粪土层中粪含量的指示计更灵敏地表达了企鹅、

海豹数量的变化(Sun et al.,2005a;Liu et al.,2004,2006a)。粪土层中有机生物标志物粪甾醇和胆甾醇指标与元素、同位素地球化学指标之间在系统上也是吻合的(Huang et al.,2010,2011),这进一步证明了用粪土层来探讨南极无冰区海鸟、海兽的古生态演化过程是可靠的。

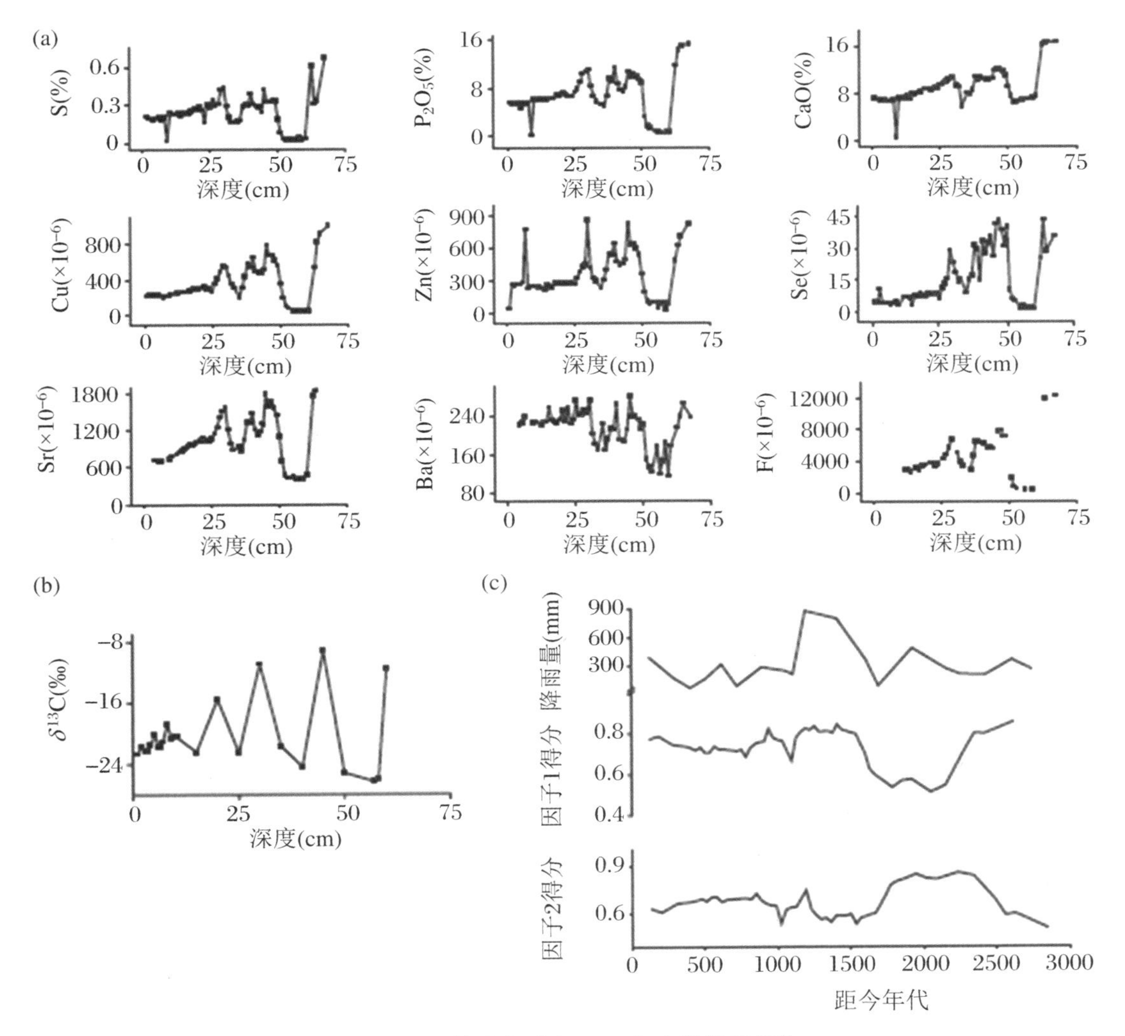

图 1.3　阿德雷岛过去 3000 年企鹅数量变化

(a) Y2 沉积物标型元素变化;(b) Y2 沉积物 C 同位素比值变化;

(c) 企鹅数量变化(中)与降雨量(上)对比。

对代表性样品进行分析在有关南极无冰区生态地质学的研究中是非常重要的。在野外对采样点进行选择时,我们应用了地貌学和构造地质学的基本原理。海岸阶地是南极无冰区显著的地貌特征,它们是末次冰期后地壳抬升的结果,要了解历史时期海鸟、海兽的生态过程就必须要在具有不同海拔高度的海岸阶地上的积水区中去寻找答案。显然,在现代海豹聚居地附近的积水区,我们只能了解过去几百年来的海豹历史,要恢复在此之前的海豹历史,就只能在现在已没有海豹,但曾经是海豹活动的海岸阶地积水区中去寻找。也就是说,

在更高也就是更古老的海岸阶地上就有可能保存有更长时间的沉积物，因此对海岸阶地的地貌与古地理研究是寻找生态历史记录载体所必需的。因为生物活动区在历史上具有相对连续性，我们对现代生物活动区的详细调查将为寻找可靠的、具有代表性的沉积剖面提供可能。

积水盆地的沉积特征与盆地的地形、地势以及进水、出水口的位置有关，在野外应选择不受冲刷的、连续沉积的剖面。积水区沉积学特征不仅对于研究剖面选择具有重要意义，而且沉积相的判别甚至会决定研究结果的可靠性。比如在探讨海豹生态历史记录的 HF4 沉积柱时，在深度 18 cm 上下，沉积物岩性特征显示出两个完全不同的沉积环境。0～18 cm 为含海豹毛、海豹粪的淡水湖泊沉积，18～42.5 cm 显示明显的海相沉积特征。如果将其作为一个系统来研究，就无法识别和解释海豹粪土层的标型元素特征和同位素特征，聚类分析就会得出杂乱无章的结果。在明确了沉积相的区分之后，我们不仅可以根据含海豹毛的粪土沉积层恢复过去 1500 年海豹数量的变化历史，而且根据两个沉积相界面年龄确认了Ⅱ级海岸阶地形成的时代(Sun et al.，2004b)。通过对法尔兹半岛长城站地区一古海蚀龛沉积剖面详细的沉积学分析，包括石英砂微形态特征、沉积物的粒度特征和微量元素地球化学特征研究，确认该古海蚀龛沉积是一种冰水湖泊相沉积，记录了 4600 yr BP 以来该区冰盖的进退历史、地壳均衡抬升事件及古气候变化等高分辨古环境信息(Sun et al.，2005b)，而这些信息在地表的其他环境中大多在冰川进退中被侵蚀了。可见，沉积学与构造地质学的研究对于南极无冰区生态历史的恢复也是必不可少的。

从上述几个研究实例可以看出，多学科的交叉并聚焦到解决一个科学问题是多么重要。清晰的、似乎简单的结果，实际上是在梳理复杂的过程后得到的。我们不能轻视从野外调查、采样到室内多学科实验研究的任何细节，对细节的疏漏就可能会得出错误的判断，比如不能忽略粪层和粪土层这两个不同的概念，前者是生物排泄物原地堆积的概念，后者是排泄物作为沉积物源的一部分形成的沉积层，它们在研究的方法和目标上都有显著的不同。

在强调多学科交叉、强调地球系统科学重要性的同时，我们不能忽略“单科独进”的深入研究，我们的经验表明：有些生态地质学问题有赖于系统的框架内专门学科的深入研究，比如在生物标型特征的研究方面，粪土层的有机标志物研究。

1.2.2 南极无冰区生态地质学的研究内容

南极无冰区生态地质学的研究内容包括：

1. 全新世以来企鹅、海豹和磷虾等海洋生物数量变化及其影响因素

过去十余年中，人们通过对极地的研究已经注意到，数百年来，尤其是工业革命以来，人类活动所产生的能量与物质对自然界的叠加影响日益明显，这一趋势将对未来人类生存的环境产生深刻而长远的影响。几十年来的实际监测数据显示，企鹅、海豹和磷虾数量出现相当大的波动，人们将此归因于人类在南极的活动及近些年来气候变暖的影响(Fraser，Patterson，1997；Kaiser，1997；Atkinson et al.，2004)，但是我们对过去几千年来企鹅、海豹和磷虾数量变化记录的研究结果表明，在人类未曾涉足南极大陆和南大洋之前的几千年中，

南极企鹅、海豹和磷虾数量也出现过显著的波动(Sun et al.,2000,2004b;Huang et al.,2013),在新冰期时企鹅数量锐减,气候过冷或过暖都不利于它们的生存,这引起了国际社会和科学界的极大关注(Sun et al.,2000)。

通过南极无冰区和南大洋企鹅、海豹和磷虾等海洋生物的生活习性和地理分布的调查,对含生物粪的积水区沉积剖面进行元素、同位素地球化学和有机地球化学分析并对沉积层进行精确定年,识别粪土层标型元素组合特征;综合对比,运用多个替代性环境指标,定量恢复历史时期海鸟、海兽数量变化的高分辨记录,结合古环境研究载体的古气候记录,正确区分人类因素与自然因素对南极生态的影响,对于评估人类现在与未来的活动有重要意义(Sun et al.,2013a)。

2. 历史时期企鹅、海豹的空间分布特征与南极冰盖、冰架进退的关系

调查冰缘湖泊和积水区的地质、地理与生态,从水体和沉积物等的物理化学特征探讨冰盖进退的时间序列和环境演变的关联。湖泊演化序列与地理纬度、冰盖进退、无冰区范围的大小以及古气候有关。

湖泊的演化序列可归结为两个方向:

① 单个湖泊的历史演化;

② 在冰盖进退方向上湖泊群的历史演化。

单个湖泊的历史演化可以给出在空间上固定的、时间上流动的演化过程。含粪的湖泊沉积序列有可能揭示海鸟、海兽在本地区出现的最早历史及其连续的演变过程,与此同时,在不同纬度上,沿经线方向(如南极半岛),通过单个湖泊沉积史的宏观空间对比,可以查明第四纪末次冰期以来企鹅、海豹随冰盖进退迁徙的过程,海鸟、海兽的迁徙历史也可反演南极冰盖进退海平面升降的变化历史。除沉积剖面分析以外,对企鹅废弃巢穴残骨进行大量^{14}C测年,选定最古老的残骨年龄对于确定海鸟、海兽的最早登陆时间也是可行的方法之一(Emslie,2001)。

显然,全面执行这一空间对比的方案要有赖于广泛的国际合作,并在强有力的后勤保障系统下进行。

3. 粪土层有机地球化学及其环境意义

在企鹅、海豹粪土沉积层中含有源于生物粪和苔藓地衣等植物残体的大量有机化合物,探讨这些化合物在过去几千年中的降解速度及其与生态环境气候变化的关系是一项有趣而且有意义的工作。

粪土层有机生物标志物与无机标型元素的相互响应,为无机元素作为生物标型元素提供了充分而有力的支持。两者的比较也可以深入地讨论两种指标的优劣。无机元素非常稳定,不会降解,但是在地层中的本底影响其精确性。有机生物标志物相对灵敏,但是降解因素在一定程度上影响了它的应用。同时有机生物标志物不仅指示了沉积区主要物种在历史时期的变化趋势,也指示植被的变化趋势。不同物源的生物标志物的对比可以综合地讨论当地的生态变化,跳出了无机标型元素只能表征主要物种的局限(Huang et al.,2010,2011)。

4. 人类文明在粪土层中的历史记录

人类文明对南极的影响并不仅仅是从人类登上南极大陆才开始的。冶金文明史表明，早在古埃及文明和中国的龙山文化时期，就已经有了青铜器的加工冶炼活动。海洋生物食物链通过生物放大作用将分散在大气、水循环开放体系中的 Pb、Hg 等污染物富集起来并保存在生物粪土中（Sun，Xie，2001b；Sun et al.，2006），从而保存了文明的历史信息，实际上，在冰雪中也保存了 Pb、Hg 的干、湿沉降记录（秦大河 等，1995；尹雪斌 等，2003）。

极地自然界面变化对人类文明与全球变化的响应非常敏感，南极无冰区的湖泊沉积区及峡湾沉积物是历史界面作用的结果，应用分析化学、生物地球化学、微生物学、有机地球化学、生态毒理学、考古学、分子生物学以及加速器 X 射线荧光分析技术等多学科交叉方法对沉积序列进行研究，可以获得高分辨率记录并重建文明历史在极地的遗存，在连续的沉积剖面中寻找历史记载中失落的文明也是值得探索的一个内容（Sun et al.，2006；Sun et al.，2013a）。

5. 极地生态毒理学

从金石时代到全球工业化，人类活动造成了全球环境的不断恶化。全球环境变化具体表现为人工合成的有机污染物和重金属污染物不仅在大气圈、水圈造成了危害，而且给生物圈加重了负担。近代环境污染已经在极地生物体及生物粪和植被中留下了明显的记录并对生物的组织结构产生了影响，通过对生物组织及其排泄物中重金属 Pb、Hg 等元素以及有机农药、病毒等的研究，有助于合理地评估人类因素对南极生态环境造成的危害。

研究表明，海鸟、海兽的排泄物对污染物有生物放大的作用（尹雪斌 等，2004；Blais et al.，2005；Yin et al.，2008）。比如，过去 1500 年来南极海豹毛、粪土沉积中记录的 Se、Hg 含量显著正相关，这表明，Se、Hg 之间存在明显的拮抗作用，海豹体内存在着对 Hg 污染的自动保护机制（Yin et al.，2007）。与此同时，近百年来，随着 Pb、Hg 等重金属污染物激增，海豹毛中 Hg 含量的剧烈上升，Se 含量却突然降低了，它是否标志着对 Hg 侵入的自动保护机制削弱了呢？

20 世纪 40 年代出现的有机合成农药，如杀虫剂、杀菌剂、除草剂等大量出现并迅速发展，多数为难降解、高毒、高残留物质，它们在极地留下了明显的痕迹，并给生物体造成了负担（Sladen et al.，1966）。研究表明，它们并没有随着高毒农药的禁用、限用而在生物体及排泄物中消失（Sun et al.，2005c）。

6. 极地微生物生态地质学

极地微生物生态地质学主要研究极地特殊地质环境中的微生物活动过程及其形成的各种地质地球化学记录（陈骏 等，2005）。通过对极地现代及历史上的各种地质环境中微生物的生存和演化，及其和地质环境的相互作用形成的各种地球化学记录的研究，可以探讨地质环境与微生物相互作用的机理以及微生物在过去、现在和将来对生命活动最重要的元素如 C、H、O、N、P、S、Fe、Si 等在南极极端特殊环境下的循环作用，从而为研究微生物在岩石和矿物风化、元素迁移与聚集、有机质降解等地球化学过程中的作用和机理提供重要的科学证据。此外，通过比较各历史时期化石微生物和现代微生物的形态和结构，可以对极地古代微生物进行正确分类并探讨其演化过程和推断历史时期生态环境和气候环境的变迁。

1.2.3　南极无冰区生态地质学的研究意义

南极无冰区生态地质学的研究目标，不仅仅是局限在南极无冰区这个环形空间，南极无冰区生态地质学所确定的成套研究方法应该放在全球的大平台上进行探索性的应用，它为生态对全球气候变化的响应研究提供了一种全新的方法。

我们的研究表明，在南极和北极无冰区应用粪土层作为生态地质学的研究载体是完全适用的，在低纬度地区的我国南海西沙群岛，经过前后十年的研究表明：应用海鸟粪土层来研究珊瑚岛礁的海鸟生态、气候与海平面变化以及寻找重要的环境事件在某些方面起着其他研究载体难以替代的作用。我们相信，在青藏高原及我国东北、西北地区那些较少受到人类扰动的鸟岛和湿地，探索候鸟的迁徙对东亚季风的响应等科学问题有可能应用鸟粪土层这个重要的生态环境载体。

1.3　南海岛屿生态地质学概述

南海岛屿生态地质学是在南极无冰区生态地质学的基础上形成与发展起来的。2002年苏纪兰先生最早提出：南极无冰区生态地质学的研究方法是否可应用到中国近海的低纬度地区？通过南极与我国近海生态气候变化的对比研究能否服务于国家需求？围绕这两个问题，我们在南海西沙8个岛屿上开展了系统的生态地质学调查和深入的研究。

1.3.1　南海岛屿生态地质学研究背景

在全球变化研究方面，冰芯、黄土、深海和湖泊沉积物、石笋、珊瑚、树轮及史料记录是气候环境变化的主要信息载体，据此恢复了不同时间尺度的气候与环境变化。

20世纪60年代开始，国际上出现了关心人类环境的热潮。其中，生物多样性保护、全球变化以及可持续发展成为国际社会和科学研究关注的焦点（张新时，1995；傅伯杰，1996；欧阳志云 等，1999；方精云，2000；孙枢，李晓波，2001；蒋有绪，2003；丁一汇 等，2006；秦大河，罗勇，2008）。1980年联合国环境规划署（UNEP）、国际自然与自然资源保护联盟（IUCN）、世界自然基金会（WWF）共同制定了《世界自然保护纲要》，重视保护与发展之间不可分割的联系，强调“持续性发展”的必要性。IUCN在1984—1989年起草并修改的《生物多样性公约》于1992年6月在巴西里约热内卢召开的联合国环境与发展大会上通过。该公约是生物多样性保护和持续利用进程中具有划时代意义的文件。然而，迄今为止，人类对地球上（尤其是偏远地区，如南极等）大多数动物的数量、分布区、栖息地状况、受威胁的程度、原因及人类活动的影响等尚缺乏了解；生态系统遭受破坏的过程还在继续，大批物种处于濒危状态或绝灭。特别是近几十年来，全球变暖引发了一系列的负面环境效应，如干旱、洪涝和荒漠化。这些环境灾害和人类活动是如何影响生态系统的成为许多研究计划的核心问题（蒋高明，

1995)。例如,目前国际科学联合会实施的国际地圈生物圈计划(IGBP)中的一个核心计划:过去全球变化(PAGES,1991—2010 年)和世界气象组织实施的世界气候研究计划(WCRP)中新设的一个子计划:全球气候变率及其可预测性(CLIVAR,1996—2010)。该计划将交叉探讨过去与现在的气候环境变化规律、驱动因素、未来的趋势,以及可采取的对策,渴望从全球的尺度找出一条自然与人类生态平衡、持续发展的道路(胡敦欣,2000)。

因此,选择受人类影响较小的极地和海岛来研究对气候变化敏感的海洋鸟类等海洋生物,从而来研究生态气候变化的趋势是一条正确的道路。

企鹅、海豹等海洋生物在极地无冰区活动的历史与冰盖进退、气候变化、海平面升降、海洋生产力的大小存在着响应关系,探讨它们之间的相互关系将有助于深入认识全球变化的生态响应,并为评估和预测气候变化对南极生态系统的影响提供充分的科学依据。在有关南极生态地质学的研究中,以含有企鹅粪、海豹排泄物和海豹毛等生物遗迹的沉积序列为过去环境信息记录载体,应用多学科研究的方法,成功地恢复了长城站区企鹅、海豹和磷虾等南极海洋生物的生态演变及其与气候变化的关系,推动了南极无冰区生态地质学的形成和发展(孙立广 等,2006)。过去 10 年来,该方法被应用在中国南海西沙鸟岛的生态历史研究方面,也取得了成功。已有的研究表明,应用海鸟粪土层来研究珊瑚岛礁的海鸟生态、气候与海平面变化以及寻找重要的环境事件在某些方面起着其他研究载体难以替代的作用(刘晓东 等,2005;赵三平 等,2007;Xie et al.,2005;Liu et al.,2006b,2008)。

根据生态样带研究理论,同时选择低纬度地区的南海诸岛作为对比研究区域,应用无冰区生态地质学基本方法,用微观的生物地球化学记录去探索宏观的生态、气候与环境变化的主题,在更大的地域范围内探讨南海海鸟的数量、聚居地的变化与气候、环境和人类文明历史之间的关系,建立孤岛生态系统的形成与演化模型;探讨生态系统形成过程中的自然因素、近现代的人为因素;查明生态系统内部种群的消长关系和先后次序。通过全方位的对比研究,在南北极和高、低纬地区进行全球对比,与冰芯、海洋沉积物、湖泊沉积物等环境载体的古气候记录进行对比,回答全球变化与区域生态响应这个核心问题,从而对未来不同时空尺度上气候变化将会对生物产生何种影响做出理性的预测,进而探索气候变化的机制,更好地保护和开发岛屿生态资源。将生态、环境和气候变化以及人类文明联系起来,在全球尺度上进一步推动“全新世生态地质学”的发展,并完善该学科的理论体系。

南海是世界上海洋生物多样性最丰富的海区之一,也是环境变化的敏感区域。对西沙群岛生态环境的调研发现,虽然地处热带,区域气候、生态与南极乔治王岛有着巨大的差别,但是西沙群岛以大量海鸟为核心的鸟类生态系统与南极乔治王岛企鹅聚集区有许多相似之处。西沙群岛的众多岛屿,历史时期受到人类活动影响较小,植被发育繁盛,曾经有大量的海鸟聚集,在岛屿累积了大量的鸟粪磷肥(中国科学院南京土壤研究所西沙群岛考察组,1977;梁继兴 等,1999)。随着 20 世纪以来对岛屿鸟粪磷肥的开采和岛屿开发,西沙群岛许多岛屿的原生植被系统遭到了严重的破坏和改造,大片的鸟类栖息地白避霜花林被清除,岛屿鸟类生态系统受到了严重的威胁。90 年代初,西沙群岛许多岛屿大型海鸟已经绝迹,目前仅在人类活动相对较少的东岛、赵述岛、甘泉岛等岛屿还有大量的鸟类聚集(欧阳统 等,1999)。20 世纪 80 年代,东岛被列为特别生态保护区,是我国目前最南端的生态保护区,也是我国南海唯一的生态特别保护区,重点保护在该岛聚集的国家二级保护动物红脚鲣鸟和

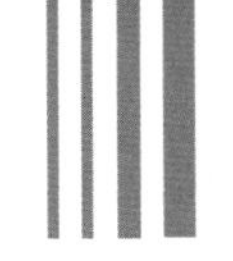

小军舰鸟。

我国科学家对西沙群岛进行过多次考察(赵焕庭,1996),如1918年中山大学曾组织“粤省西沙群岛考察团”前往考察;1928年我国地质工作者专门调查了西沙群岛的鸟粪;1935年后,我国土壤工作者在调查南沙群岛土壤的同时,再次调查西沙群岛的地质、土壤和鸟粪磷矿。1974年冬中国科学院南京土壤所前往西沙群岛开展了土壤生态等方面的研究工作,考察表明,西沙群岛中存在“鸟粪磷矿”和“富磷岩性均腐土”,并发现区内存在完整的鸟粪沉积层(中国科学院南京土壤研究所西沙群岛考察组,1977)。同时,中国科学院南海海洋研究所在南海诸岛特别是西沙群岛开展了长期的研究工作,在水环境、土壤学、第四纪地质学、地貌学、生物学、地理学、海洋学和鸟类生态学等方面积累了丰富的资料(如张宏达,1974;卢演俦等,1979;广东省植物研究所西沙群岛植物调查队,1977;龚子同 等,1997;陈明治,1999;孙立广 等,2005,2012;Xie et al.,2005;Cao et al.,2005;Liu et al.,2006b,2008,2011;Yan et al.,2011;Sun et al.,2013b)。这些是重要的科学依据并可以把生物粪土沉积应用到南海岛屿生态环境演变研究中。

在极地的气候环境变化研究方面,国内外学者在传统的冰川地质地貌的研究基础上,借助于无冰区内发育的湖泊沉积物、保留完好的古生物遗迹、海洋沉积物、冰芯等古环境研究载体,恢复了不同时间尺度上的古气候演化历史。如对南极湖泊沉积物的大量研究,重建了全新世包括古气候演化、冰川作用历史、古生态、古海平面变化以及火山活动等高分辨率的古环境信息(Maüsbacher et al.,1989;赵俊琳,1991;刘东生 等,1998;Hodgson et al.,2005)。浅海沉积物不仅记录了古海平面变化及浅海地区的海冰、温度变化,而且保留有内陆架附近的无冰区古环境变化信息(Leventer et al.,1996;Yoon et al.,2002)。冰芯研究方面,在南半球通过分析南极Vostok冰芯重建了420万年以来的气温和大气温室气体浓度等(Petit et al.,1999);此后,又成功地解读了Dome C冰芯记录的过去74万年来地球环境和气候演变的历史(EPICA community members,2004);Taylor Dome冰芯δ^2H值指示了历史时期南极大气温度和海冰范围的变化(Steig et al.,1998)。在南海古气候环境记录研究方面,国内外,特别是我国学者以海洋沉积泥芯、珊瑚、珊瑚礁相沉积为研究材料,获得了大量的研究成果。如汪品先等(2003)获得了南海3200多万年的深海泥芯,它是迄今南海最古老的沉积记录,首次探讨了2000万年以来南海气候的周期性演化;随后Wang等(2005)全面评述了古亚洲季风体系的演化历史;Jian等(2001)和Huang等(2002)等利用有孔虫组合和同位素对越南海岸外上升流区晚第四纪的上升流强度和生产力进行了恢复。珊瑚因为独特的生物学和生态学特性,成为研究全新世高分辨率热带古海洋环境变化的良好载体,目前获得的丰富古环境信息主要包括海表面温度变化(SST)、季风演化、风暴潮频率、海平面变化等记录(Yu et al.,2004a,2004b,2005;Wei et al.,2004)。而始于2011年的“南海深部过程演变”国家自然科学基金重大研究计划则将南中国海研究进一步推向深海大洋,从现代过程和地质记录入手,构建边缘海的生命史(汪品先,2012)。上述成果为研究海鸟、海兽数量对气候环境变化的响应关系提供了丰富的古气候对比资料。

1.3.2 南海岛屿生态地质学的研究目标、研究方法与技术路线

南海岛屿生态地质学与南极无冰区生态地质学的最大区别在于，我们面对的是两个地质、环境、气候、生态差异极大的地区；它们的共同点是：探讨生态对气候变化的响应与反馈。这种区别与共同点决定了我们需要思考以下几个问题：

(1) 在南极开拓性的研究方法能够应用在南海岛屿上吗？哪些方法是可以应用的，哪些是不能够应用的？可否找出新的方法应用在南海岛屿生态地质学的研究中来？

(2) 末次冰期以来，南极无冰区不断地从海平面下逐渐抬升到现在的状态，甚少受到海平面升降的影响；而南海岛屿海拔高度普遍较低，前人的研究成果表明，随着气候的冷暖变化，海平面的升降导致岛屿的多次沉浮，岛屿的沉浮为我们提供了一个独立生态圈形成、繁盛、衰减、消亡和再生的完整过程。它们可能是美国生态圈二号试验的自然版吗？

(3) 南极无冰区的地质环境是岩石，生态环境是相对简单的企鹅等海鸟以及海豹等海兽及苔藓地衣等植被系统，而南海诸岛多是珊瑚礁盘及其风化产物，植被系统非常繁盛：从草本植物到被子植物都很发育。如何在合理的范围内，将复杂的问题简单化处理，找出新的研究目标成为南海岛屿生态地质学的重要科学问题。

南海岛屿生态地质学研究就是回答这些科学问题。通过对海鸟粪、含粪土沉积物、海滩岩等进行元素、有机和同位素地球化学分析，对沉积层进行粒度、磁化率等物理性质的分析、精确的C同位素定年和Pb、Cs定年，探索鸟类聚散和植被系统随气候变化和海平面变化的信息。建立过去几千年来南海生态对全球变化的响应模式，同时通过沉积层中的物理化学特征来反演南海过去几千年降雨量的变化。通过沉积物和砗磲、珊瑚等的碳氧同位素特征和Sr/Ca来反演海表温度以及大气中CO_2浓度的变化，探讨气候变化的机制；通过鸟粪、珊瑚砂沉积层中Ti、Al、Fe等痕量元素丰度探讨过去几千年来东亚冬季风强度的变化，通过鸟粪土、鸟粪颗粒，蛋壳中的Cu、Pb、Cd、Hg、As等重金属元素和有机污染物的变化来研究人类文明的进程及其对岛屿生态的影响。

南海岛屿生态地质学将为研究全球变化及各区域生态响应提供科学依据，将生态、环境与气候变化联系起来，将东西太平洋的气候变化联系起来，将南北极与中低纬的气候变化与生态响应联系起来。在对比的基础上，为全球变化及其生态响应提供建模的依据，进而推动全新世生态地质学的发展。

图1.4表达了笔者对南海岛屿生态地质学研究目标、研究内容和研究路线的理解。

结　　语

1998年，我们从南极长城站和中山站的考察开始，以2006年《南极无冰区生态地质学》的出版为标志(孙立广 等，2006)，南极无冰区生态地质学的研究目标、基本原理、研究方法和技术路线已经初步建立起来了。2003年以来，我们采用南极无冰区生态地质学的基本原理和方法，先后3次开展了对南海西沙群岛东岛等8个岛屿的野外考察与研究，2014年出版了

专著《南海岛屿生态地质学》(孙立广 等,2014),证明了南极无冰区生态地质学的研究方法完全可以应用在低纬度地区。与此同时,我们还在中纬度地区开展了中国东部沿海海岸带朱家尖岛和南澳岛等海岛的全新世生态环境地质事件的深入研究,取得了一系列崭新的科学成果,进一步拓展了全新世生态地质学的研究领域,推动了全新世生态地质学的发展。2004年开始的对北极斯瓦尔巴群岛新奥尔森地区及格陵兰岛的系列考察和研究所取得的成果集中体现在本著作中。从南极到南海、到北极的这3部专著充分表明:全新世无冰区生态地质学作为一门研究全新世生态与环境的交叉学科,已经奠定了牢固的基础,正在走向成熟。

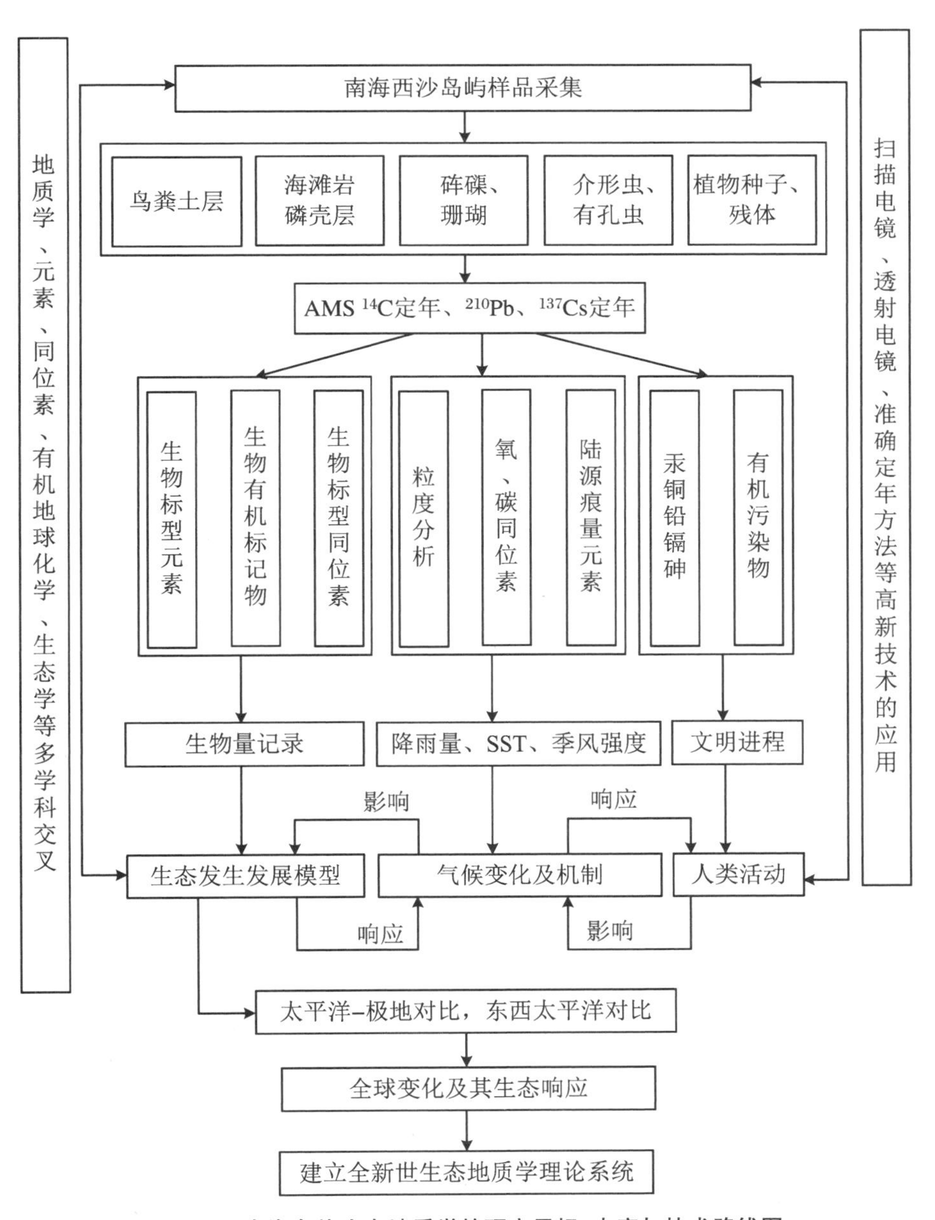

图1.4　南海岛屿生态地质学的研究目标、内容与技术路线图

参考文献

陈明治,1999.海南省海岛地貌与第四纪地质调查研究报告[R]//海南省海洋厅.海南省海岛资源综合调查研究专业报告集.北京:海洋出版社:457-486.

陈骏,姚素平,张福成,2005.地质微生物学及其发展方向[J].高校地质学报,11(2):154-166.

丁一汇,任国玉,石广玉,等,2006.气候变化国家评估报告(Ⅰ):中国气候变化的历史和未来趋势[J].气候变化研究进展,1:3-8.

方精云,2000.全球生态学:气候变化与生态响应[M].北京:高等教育出版社.

傅伯杰,1996.景观多样性类型及其生态意义[J].地理学报,51:454-462.

广东省植物研究所西沙群岛植物调查队,1977.我国西沙群岛的植物和植被[M].北京:科学出版社:1-127.

龚子同,黄标,周瑞荣,1997.南海诸岛土壤的地球化学特征及其生物有效性[J].土壤学报,34:10-27.

胡敦欣,2000.全球变化研究国际动态及 NSFC 战略重点建议[C]//学科前沿与国家自然科学基金优先资助领域战国际研讨会论文集.北京:高等教育出版社.

侯连海,周忠和,张福成,等,2002.中国辽西中生代鸟类[M].沈阳:辽宁科学技术出版社:1-120.

蒋高明,1995.全球变化对陆地生态系统的影响[J].应用生态学报,6(增):143-149.

蒋有绪,2003.生物多样性研究进展与入世后的对策[J].世界科技研究与发展,25:1-4.

刘东生,郑洪汉,袁宝印,等,1998.南极乔治王岛菲尔德斯半岛湖泊堆积物的环境记录[C]//国家南极考察委员会.中国南极考察科学研究成果与进展.北京:海洋出版社:349-361.

刘晓东,孙立广,尹雪斌,等,2002.南极无冰区古海蚀龛石英颗粒表面结构及其环境意义[J].海洋地质与第四纪地质,22:37-42.

刘晓东,孙立广,赵三平,等,2005.南海东岛湖泊沉积物中的生态环境记录[J].第四纪研究,25:574-584.

卢演俦,杨学昌,贾蓉芳,1979.我国西沙群岛第四纪生物沉积物及成岛时期的探讨[J].地球化学,2:93-102.

梁继兴,张少若,林电,等,1999.海南省海岛土壤资源调查研究报告[C]//海南省海洋厅.海南省海岛资源综合调查研究专业报告集.北京:海洋出版社:523-543.

欧阳统,等,1999.海南省海岛环境质量调查研究报告:陆域篇[C]//海南省海洋厅,海南省海岛资源综合调查领导小组办公室.海南省海岛资源综合调查专业报告集.北京:海洋出版社:986-988.

欧阳志云,王如松,赵景柱,1999.生态系统服务功能及其生态经济价值评价[J].应用生态学报,10:1-8.

秦大河,任贾文,孙俊英,等,1995.南极冰盖现代降水中的 Pb 含量及其环境意义[J].中国科学(B辑),25:302-308.

秦大河,罗勇,2008.全球气候变化的原因和未来变化趋势[J].科学对社会的影响,2:16-21.

孙立广,等,2006.南极无冰区生态地质学[M].北京:科学出版社:1-306.

孙立广,刘晓东,谢周清,2002.南极法尔兹半岛古海蚀龛沉积的古环境记录[J].极地研究,14(3):163-173.

孙立广,刘晓东,尹雪斌,等,2001.南极无冰区古海蚀龛沉积-古环境研究的新材料[J].极地研究,13(4):245-252.

孙立广,谢周清,赵俊琳,2000a.南极阿德雷岛湖泊沉积:企鹅粪土层识别[J].极地研究,12:105-112.

孙立广,谢周清,赵俊琳,2000b.南极阿德雷岛湖泊沉积物 Sr/Ba 与 B/Ga 比值特征[J].海洋地质和第四纪地质,20(4):44-46.

孙立广,晏宏,王玉宏,2012.南海西沙过去千年降雨变化及其影响因素[J].科学通报,57:1730-1738.

孙立广,赵三平,刘晓东,等,2005.西沙群岛生态环境报告[J].自然杂志,27:79-84.

孙立广,刘晓东,等,2014.南海岛屿生态地质学[M].上海:上海科技出版社:1-386.

孙枢,李晓波,2001.我国资源与环境科学近期发展战略刍议[J].地球科学进展,16(5):726-733.

汪品先,2012.追踪边缘海的生命史:“南海深部计划”的科学目标[J].科学通报,57:1807-1826.

汪品先,赵鸿泉,翦知湣,等,2003.南海三千万年的深海记录[J].科学通报,48:2205-2215.

尹雪斌,孙立广,刘晓东,2004.南极生物粪中的汞富集[J].生态学报,24(3):630-634.

尹雪斌,孙立广,谢周清,2003.34000年以来南极汞沉降通量的估算[J].极地研究,15:207-213.

张新时,1995.生物多样性研究进展[M].北京:中国技术出版社:10-12.

张宏达,1974.西沙群岛的植被[J].植物学报,16(3):183-190.

赵俊琳,1991.南极长城站地区现代环境地球化学特征与自然环境演变[M].北京:科学出版社:1-61.

赵焕庭,1996.西沙群岛考察史[J].地理研究,15(4):55-65.

赵三平,孙立广,刘晓东,等,2007.Sr/Ca、Mg/Ca:珊瑚岛鸟粪沉积的物源指示计[J].第四纪研究,27(1):149-156.

中国科学院南京土壤研究所西沙群岛考察组,1977.我国西沙群岛的土壤和鸟粪磷矿[M].北京:科学出版社:1-69.

Atkinson A, Siegel V, Pakhomov E, et al., 2004. Long-term decline in krill stock and increase in salps within the Southern Ocean[J]. Nature, 432:100-103.

Baroni C, Orombelli G, 1994. Abandoned penguin rookeries as Holocene paleoclimatic indicators in Antarctica[J]. Geology, 22:23-26.

Blais J M, Kimpe L E, McMahon D, et al., 2005. Arctic seabirds transport marine-derived contaminants [J]. Science, 309:445.

Cao L, Pang L Y, Liu N F, 2005. Status of the red-footed booby on the Xisha Archipelago, South China Sea [J]. Waterbirds, 28(4):411-419.

EPICA community members, 2004. Eight glacial cycles from an Antarctic ice core[J]. Nature, 429: 623-628.

Emslie S D, 2001. Radiocarbon dates from abandoned penguin colonies in the Antarctic Peninsula region [J]. Antarctic Science, 13:289-295.

Fraser W R, Patterson D L, 1997. Human disturbance and long-term changes in Adelie penguin populations: a natural experiment at Palmer Station, Antarctic Peninsula[M]//Battaglia B, Valenica J, Walton D W H. Antarctic communities: species, structure and survival. London: Cambridge University Press: 445-452.

Fraser W R, Trivelpiece W Z, Ainley D G, et al., 1992. Increases in Antarctic penguin populations: reduced competition with whales or a loss of sea ice due to environmental warming? [J]. Polar Biology, 11: 525-531.

Goodwin I D, 1993. Holocene deglaciation, sea-level change, and the emergence of the Windmill Islands, Budd Coast, Antarctica[J]. Quaternary Research, 40:70-80.

Hodgson D A, Verleyen E, Sabbe K, et al., 2005. Late Quaternary climate-driven environmental change in the Larsemann Hills, East Antarctica, multi-proxy evidence from a lake sediment core[J]. Quaternary Research, 64:83-99.

Huang B Q, Jian Z M, Cheng X R, et al., 2002. Foraminiferal responses to upwelling variations in the South China Sea over the last 220000 years[J]. Marine Micropaleontology, 47:1-15.

Huang T, Sun L G, Wang Y H, et al., 2009. Penguin population dynamics for the past 8500 years at Gardner Island, Vestfold Hills[J]. Antarctic Science, 21:571-578.

Huang T, Sun L G, Stark J, et al., 2011a. Relative changes in krill abundance inferred from Antarctic fur

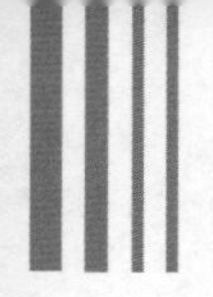

seal [J]. PLoS ONE,6(11):e27331. DOI:10.1371/journal.pone.0027331. Epub 2011 Nov 7.

Huang T, Sun L G, Wang Y H, et al., 2011b. Late Holocene Adélie penguin population dynamics at Zolotov Island, Vestfold Hills, Antarctica[J]. Journal of Paleolimnology, 45:273-285.

Huang T, Sun L G, Long N Y, et al., 2013. Penguin tissue as a proxy for relative krill abundance in East Antarctica during the Holocene[J]. Scientific Report, 3:2807. https://doi.org/10.1038/srep02807.

Huang J, Sun L G, Huang W, et al., 2010. The ecosystem evolution of penguin colonies in the past 8500 years on Vestfold Hills, East Antarctica[J]. Polar Biology, 33:1399-1406.

Huang J, Sun L G, Wang X M, et al., 2011. Ecosystem evolution of seal colony and the influencing factors in the 20th century on Fildes Peninsula, West Antarctica[J]. Journal of Environmental Sciences, 23: 1431-1436.

Jian Z M, Huang B Q, Kuhnt W, et al., 2001. Late quaternary upwelling intensity and East Asian monsoon forcing in the South China Sea[J]. Quaternary Research, 55(3):363-370.

Kaiser J, 1997. Is warming trend harming penguins? [J]. Science, 276:1790.

Laws R M, 1985. The ecology of the South Ocean[J]. American Scientist, 73(1):26-40.

Leventer A, Domack E W, Ishman S E, et al., 1996. Productivity cycles of 200-300 years in the Antarctic Peninsula region: understanding linkages among the sun, atmosphere, oceans, sea ice, and biota[J]. Geological Society of America Bulletin, 108:1626-1644.

Liu X D, Li H C, Sun L G, et al., 2006a. δ^{13}C and δ^{15}N in the ornithogenic sediments from the Antarctic maritime as palaeoecological proxies during the past 2000 yr [J]. Earth and Planetary Science Letters, 243:424-438.

Liu X D, Sun L G, Yin X B, et al., 2004. Paleoecological implications of the nitrogen isotope signatures in the sediments amended by Antarctic seal excrements[J]. Progress in Natural Science, 14(9):71-77.

Liu X D, Sun L G, Yin X B, et al., 2005. A preliminary study of elemental geochemistry and its potential application in Antarctic seal palaeoecology[J]. Geochemical Journal, 39:47-59.

Liu X D, Xu L Q, Sun L G, et al., 2011. A 400-year record of black carbon flux in the Xisha archipelago, South China Sea and its implication[J]. Marine Pollution Bulletin, 62:2205-2212.

Liu X D, Zhao S P, Sun L G, et al., 2006b. Geochemical evidence for the variation of historical seabird population on the Dongdao Island of South China Sea[J]. Journal of Paleoliminology, 36:259-279.

Liu X D, Sun L G, Cheng Z Q, et al., 2008. Paleoenvironmental implications of the Guano phosphatic cementation of coral calcarenite on the Dongdao Island in the South China Sea[J]. Marine Geology, 247:1-16.

Maüsbacher R, Muller J, Schmidt R, 1989. Evolution of postglacial sedimentation in Antarctic lakes (King George Island) [J]. Zeitschrift fur Geomorphologie, 33:219-234.

Odum E P, 1971. Fundamentals of ecology[M]. 3rd Ed. Philadelphia: W B Saunders Co:1-598.

Petit J R, Jouzel J, Raynaud D, et al., 1999. Climate and atmospheric history of the past 420000 years from the Vostok ice core, Antarctica[J]. Nature, 399:429-436.

Shu D G, Chen L, Han J, et al., 2001. An Early Cambrian tunicate from China[J]. Nature, 411:472-473.

Shu D G, Morris S C, Zhang Z F, et al., 2003. A new species of Yunnanozoan with implications for Deuterostome Evolution[J]. Science, 299:1380-1384.

Shu D G, Luo H L, Morris S C, et al., 1999. Lower Cambrian vertebrates from South China[J]. Nature, 402:42-46.

Sladen W J L, Menzie C M, Reichel W L, 1966. DDT residues in adelie penguins and a crabeater seal from

Antarctica[J]. Nature, 210: 670-673.

Steig E J, Hart C P, White J W, et al., 1998. Changes in climate, ocean and ice-sheet conditions in the Ross embayment, Antarctica, at 6 ka[J]. Annals of Glaciology, 127: 305-310.

Sun L G, Emslie S D, Huang T, et al., 2013a. Vertebrate records in polar sediments: biological responses to past climate change and human activities[J]. Earth Science Reviews, 126: 147-155.

Sun L G, Liu X D, Yin X B, et al., 2004b. A 1500-year Record of Antarctic seal populations in response to climate change[J]. Polar Biology, 27: 495-501.

Sun L G, Liu X D, Yin X B, et al., 2005b. Sediments in palaeo-notches: potential proxy records for palaeoclimatic changes in Antarctica [J]. Palaeogeography, Palaeoclimatology, Palaeoecology, 218: 175-193.

Sun L G, Xie Z Q, Zhao J L, 2000. A 3000-year record of penguin populations[J]. Nature, 407: 858.

Sun L G, Xie Z Q, 2001a. Relics: penguin population programs[J]. Science Progress, 84(1): 31-44.

Sun L G, Xie Z Q, 2001b. Changes in lead concentrations in the penguin droppings during the past 3000 years[J]. Environmental Geology, 40: 1205-1208.

Sun L G, Yin X B, Pan C P, et al., 2005c. A 50-years record of dichloro-diphenyl-trichloroethanes and hexachlorocyclohexanes in lake sediments and penguin droppings on King George Island, Maritime Antarctic[J]. Journal of Environmental Science, 17: 899-905.

Sun L G, Yin X B, Liu X D, et al., 2006. A 2000-year record of mercury and ancient civilizations in seal hairs from King George Island, west Antarctica[J]. Science of The Total Environment, 368: 236-247.

Sun L G, Zhou X, Huang W, et al., 2013b. Preliminary evidence for a 1000-year-old tsunami in the South China Sea[J]. Scientific Reports, 3: 1655.

Sun L G, Zhu R B, Liu X D, et al., 2005a. HCl-soluble $^{87}Sr/^{86}Sr$ ratio in the sediments impacted by penguin or seal excreta as a proxy for the size of historical population in the maritime Antarctic[J]. Marine Ecology-Progress Series, 303: 43-50.

Sun L G, Zhu R B, Yin X B, et al., 2004a. A geochemical method for reconstruction of the occupation history of penguin colony in the maritime Antarctic[J]. Polar Biology, 27: 670-678.

Wang P X, Clemens S, Beaufort L, et al., 2005. Evolution and variability of the Asian monsoon system: state of the art and outstanding issues[J]. Quaternary Science Reviews, 24: 595-629.

Wei G J, Yu K F, Zhao J X, 2004. Sea surface temperature variations recorded on coralline Sr/Ca ratios during Mid-Late Holocene in Leizhou Peninsula[J]. Chinese Sci Bull, 49: 1876-1881.

Xie Z Q, Sun L G, 2008. A 1800-year record of arsenic concentration in the penguin dropping sediment, Antarctic[J]. Environmental Geology, 55: 1055-1059.

Xie Z Q, Sun L G, Wang J J, et al., 2002. A potential source of atmospheric sulfur from penguin colony emission[J]. Journal of Geophysical Research, 107 (D22): 4617.

Xie Z Q, Sun L G, Zhang P F, et al., 2005. Preliminary geochemical evidence of groundwater contamination in coral islands of Xisha, South China Sea[J]. Applied Geochemistry, 20(10): 1848-1856.

Yan H, Sun L G, Oppo D W, et al., 2011. South China Sea hydrological changes and Pacific Walker Circulation variations over the last millennium[J]. Nature Communications. DOI: 10.1038/ncomms1297.

Yang Q C, Sun L G, Kong D M, et al., 2010. Variation of Antarctic seal population in response to human activities in 20th century[J]. Chinese Science Bulletin, 55: 1084-1088.

Yin X B, Sun L G, Zhu R B, et al., 2007. Mercury-selenium association in antarctic seal hairs and animal excrements over the past 1500 years[J]. Environmental Toxicology and Chemistry, 26: 381-386.

Yin X B, Xia L J, Sun L G, et al., 2008. Animal excrement: a potential biomonitor of heavy metal contamination in the marine environment[J]. Science of The Total Environment, 399: 179-185.

Yoon H I, Park B K, Kim Y, et al., 2002. Glaciomarine sedimentation and its paleoclimatic implications on the Antarctic Peninsula shelf over the last 15000 years [J]. Palaeogeography, Palaeoclimatology, Palaeoecology, 185: 235-254.

Yu K F, Zhao J X, Liu S T, et al., 2004a. High-frequency winter cooling and reef coral mortality during the Holocene climatic optimum[J]. Earth and Planetary Science Letters, 224: 143-155.

Yu K F, Zhao J X, Collerson K D, et al., 2004b. Storm cycles in the last millennium recorded in Yongshu Reef, southern South China Sea[J]. Palaeogeography, Palaeoclimatology, Palaeoecology, 210: 89-100.

Yu K F, Zhao J X, Wei G J, et al., 2005. Mid-late Holocene monsoon climate retrieved from seasonal Sr/Ca and $\delta^{18}O$ records of Porites lutea corals at Leizhou Peninsula, northern coast of South China Sea [J]. Global and Planetary Change, 47: 301-316.

Yuan L X, Sun L G, Long N Y, et al., 2010. Seabirds colonized Ny-Ålesund, Svalbard, Arctic ~9400 years ago[J]. Polar Biology, 33: 683-691.

Yuan L X, Sun L G, Wei G J, et al., 2011. 9400 yr BP: the mortality of mollusk shell (Mya truncata) at high Arctic is associated with a sudden cooling event[J]. Environmental Earth Sciences, 63: 1385-1393.

Zhu R B, Sun L G, Yin X B, et al., 2005. Geochemical evidence for rapid enlargement of a gentoo penguin colony on Barton Peninsula in the maritime Antarctic[J]. Antarctic Science, 17: 11-16.

第2章　北极生态地质学研究进展

袁林喜　孙立广

北极地区是指北极圈以北的广大地区，包括北冰洋、亚欧、北美大陆北部的苔原带和部分泰加林带，以及格陵兰、斯瓦尔巴等群岛，面积达 2.1×10^7 km²。其中北冰洋面积约为 1.4×10^7 km²，终年为海冰覆盖，在格陵兰、斯瓦尔巴等岛屿有大量陆地冰川，其与南极大陆、喜玛拉雅山脉构成了"地球三极"，是全球冷热循环的重要冷源，成为全球气候变化的主要驱动力（陈立奇，2000）。同时，北极也是大气、海洋物质能量交换的重要地区之一，在全球大气气候系统形成和变化中起着重要作用。大气与海洋间能量、物质的交换过程主要发生在海-气、海-冰-气界面上。北极地区的气候、环境特征及其物理化学过程与全球气候环境变化及我国气候环境变化关系密切，是全球大气研究计划（GARP）、世界气候研究计划及全球变化研究（IGBP）等国际气候环境研究计划的重要内容。北极是温室气体和大气污染物质的重要源汇区，对全球气候环境变化的响应和反馈极为敏感；它还是全球大气环境监测的重要本底区域，对研究人类活动与全球气候环境变化的关系有重要意义；北极地区臭氧-UVB研究是国际北极科学委员会提出的重要研究领域，对研究全球气候环境和生态系统有重要意义。同时，北冰洋是全球气候变化的"启动器"之一，也是21世纪重要的生物资源基地（PARCS，1999；ACIA，2004）。

在全球变暖的今天，北极在气候系统中的作用日益凸现。实际观测显示，1979—1996年间，北极海冰的范围和面积平均每十年分别以2.2%和3.0%的速度在减少，而1997—2006年间，北极海冰的消融速度明显加快，海冰范围和面积分别以10.1%和10.7%的速度消退，在2007年达到观测结果的极大值，北极海冰的范围和面积比近30年来的气候资料的平均值减少了37%和38%（Comiso et al.，2008），前景令人担忧！由于气候持续变暖，格陵兰冰盖边缘持续减薄，每年向北大西洋输送冰融水为（42±2）Gt（1992—2002）（Zwalley et al.，2005），斯瓦尔巴群岛的冰川也显著消融（Hagen et al.，2003）。北极海冰的减薄和覆盖率的降低，以及北极冰川的消融，均会导致北极地区表面太阳辐射反照率的急剧降低，致使夏季吸收的热量增加（Tynan，DeMaster，1997），成为地球增温的正反馈，加剧全球变暖，同时也会导致全球海平面的升高，给沿海城市带来直接影响。另一方面，伴随气温的升高，北极地区的大气环流增强，其驱使大量北冰洋的浮冰经由Fram海峡进入格陵兰海，并最终与格陵兰冰融水、斯瓦尔巴冰融水、冰岛冰融水等汇合成一股强大的淡水流，汹涌入北大西洋，使北大西洋表层海水迅速淡化，而不能下沉与深层海水交换，致使全球温盐环流不能形成或延迟形成，进一步对全球气候系统产生显著影响（Tynan，DeMaster，1997）。北极苔原永冻土层和北方泰加林带储存了地球上约30%的土壤有机碳，其中苔原永冻土层占43～200 Gt，北方泰加林带占200～500 Gt。过去10000年中，北极苔原和泰加林带一直是地球

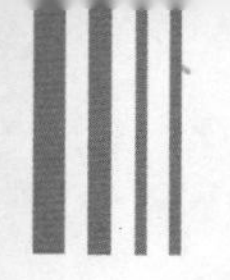

的“碳汇”，被称为地球“氧吧”。然而，近一个世纪以来，地球表面持续升温，并且这种升温状态将会持续下去，北极苔原的碳“汇”将不复存在，保存在苔原永冻土层下的土壤有机碳将会被释放出来，并以温室气体的形式进入大气，极大地增加全球温室效应，北极地区也从碳“汇”成为碳“源”(Oechel et al.,1993,2000;Mack et al.,2004)。如果大气中 CO_2 含量增加1%，北极地区温度将升高5℃，而亚北极地区会增加2℃，而这会推动全球气候系统持续升温，进入恶化的循环中(Manabe et al.,1991)。

基于北极地区在地球气候系统中的重要性，对北极地区的生态与环境演化历史的恢复具有不可替代的作用。生态学家和环境学家正在面临的挑战就是对未来环境的预测。古生态学正在这个方面起着愈来愈重要的作用。因为生态历史一方面可以为生态预测提供重要的基线参考，另一方面可以很好地了解生态过程是如何响应气候变化的。不仅如此，古生态学还可以让我们了解无法模拟的基本自然现象，包括时间上和复杂性上。因此，可以毫不夸张地说，过去就是了解未来的一把钥匙(Jackson,2007)。

2.1 格陵兰生态地质学研究进展

格陵兰(Greenland)冰盖是除南极冰盖之外的最大的极地冰盖，而且地处北极地区，对全球气候变化十分敏感；同时其“海—气—冰”之间的相互作用以及正负反馈作用对大洋环流甚至全球气候产生显著影响，因而备受气候学家和环境学家的重视。从20世纪60年代开始，格陵兰冰芯就被用来进行历史气候的恢复重建。到目前为止，主要有6处冰芯深钻(图2.1)：Camp Century (世纪营址)(77.2°N,61.1°W)，Dye-3 (65.2°N,43.8°W)，Renland (伦兰)(71.3°N,26.7°W)，Summit/GRIP (72.5°N,37.3°W)，GISP2 (72.5°N,38.3°W)，NGRIP (75.1°N,42.3°W)(Johnsen et al.,2001)。

这些冰芯末次间冰期以来的氧同位素曲线具有很高的一致性(图2.2)，揭示了北极气候进入全新世以后迅速变暖(11.5～11.7 kyr BP)，但随即被发生于11.2 kyr BP的“仙女木”冷事件中断。更为有意义的是，仙女木事件开始时，格陵兰地区的降水在1～3年之内就发生了显著变化，随即触发大气温度的梯度变化(50年尺度)，同时，赤道辐合带(Intertropical Convergence Zone, ITCZ)北移，北极大气环流模式发生改变，导致格陵兰地区水气源区的气温发生显著的年际变化达2～4℃(Steffensen et al.,2008)。在约10000 yr BP之后，格陵兰冰芯记录的温度达到稳定，显著高于末次冰期的温度，随后的10000年时间内气温相对稳定，但整体上呈缓慢下降的趋势，这种下降趋势在NGRIP、GRIP和Renland冰芯中表现最为明显(图2.2)。但是，冰芯的高分辨率记录显示全新世气候并不稳定，经常被一些突然气候变化事件所打断，包括8200 yr BP、9400 yr BP、5200 yr BP、4200 yr BP、Little Ice Age (LIA) (Johnsen et al.,2001;Mayewski et al.,2004)。格陵兰冰芯地高分辨记录现在已经成为全球气候研究的对照标准，反映了格陵兰及北大西洋地区甚至全球的气候变化特征(NGICP,2004)。

由于西格陵兰处于巴芬湾(Baffin Bay)，湾口宽阔，可以频繁与北大西洋海水交换，气

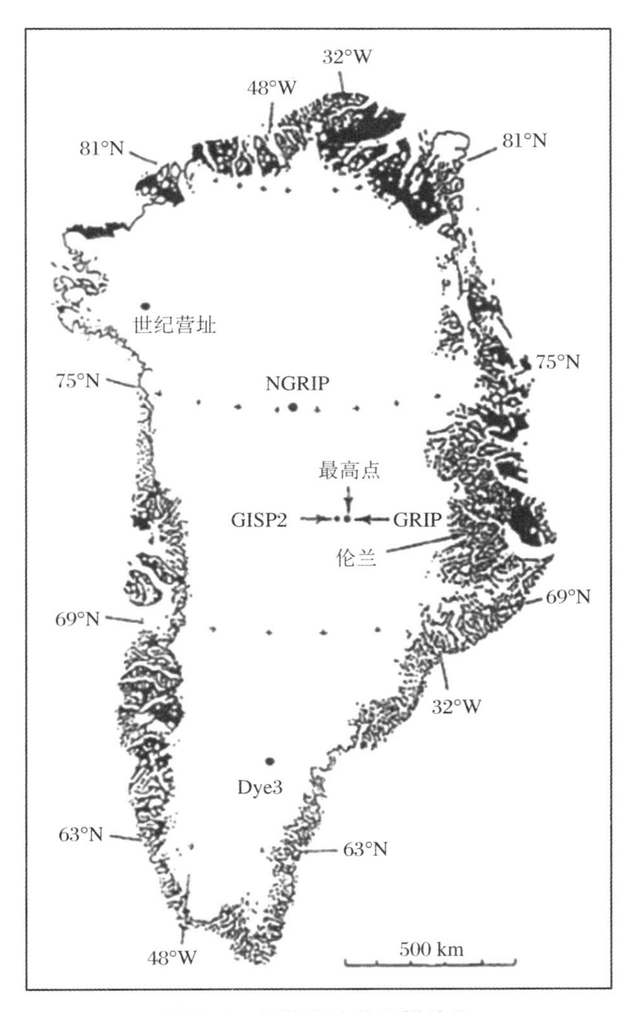

图 2.1　格陵兰冰盖采样站位

候温暖，而格陵兰东部主要受东格陵兰寒流控制，气候寒冷，因此，西格陵兰是格陵兰地区的主要无冰区，大量的古生态研究工作可以在西格陵兰无冰区开展（Seidenkrantz et al.，2007）。Fredskild（1983）利用湖泊孢粉组合发现了西格陵兰近 3000 多年来变冷的趋势；Bennike（1992）则通过湖泊孢粉组合特征发现了在小冰期时西格陵兰地区气候变湿；Willemse 和 Tömqvist（1999）根据湖泊沉积物的烧失量发现格陵兰全新世大暖期发生在 4000 yr BP 左右；孢粉的沉积速率也表明在 5000～3650 yr BP 期间，格陵兰经历的是一段温暖气候时期（Eisner et al.，1995）；Store Saltso 湖的研究表明格陵兰地区在 7000～6500 yr BP 期间较现代温暖（Bennike，2000）。Kaplan 等（2002）从格陵兰南端的 Qipisarqo 湖沉积物中发现湖盆在约 9100 yr BP 开始增温，直至 6000 yr BP，之后维持了近 3000 年的稳定状态，从 3000～2000 yr BP 之间开始，气候逐渐变冷，并在小冰期达到最低值；McGowan 等（2003）利用湖泊硅藻沉积物反映的导电率重建了该地区有效降水，发现 7000～5600 yr BP 期间，环境较为干燥；之后环境变得湿润，直至 4700 yr BP，但是，研究结果显示湖泊导电率具有高频变化的特征，反映了短尺度的气候变化以及气候不稳定的特征；格陵兰南端

Angissoq 岛 N14 湖的资料显示了该地区自 9300 yr BP 开始出现了较稳定的相对温暖气候条件，全新世大暖期约出现于 8000～5000 yr BP，之后气候趋干转冷（Andersen，Leng，2004；Andresen et al.，2004）。

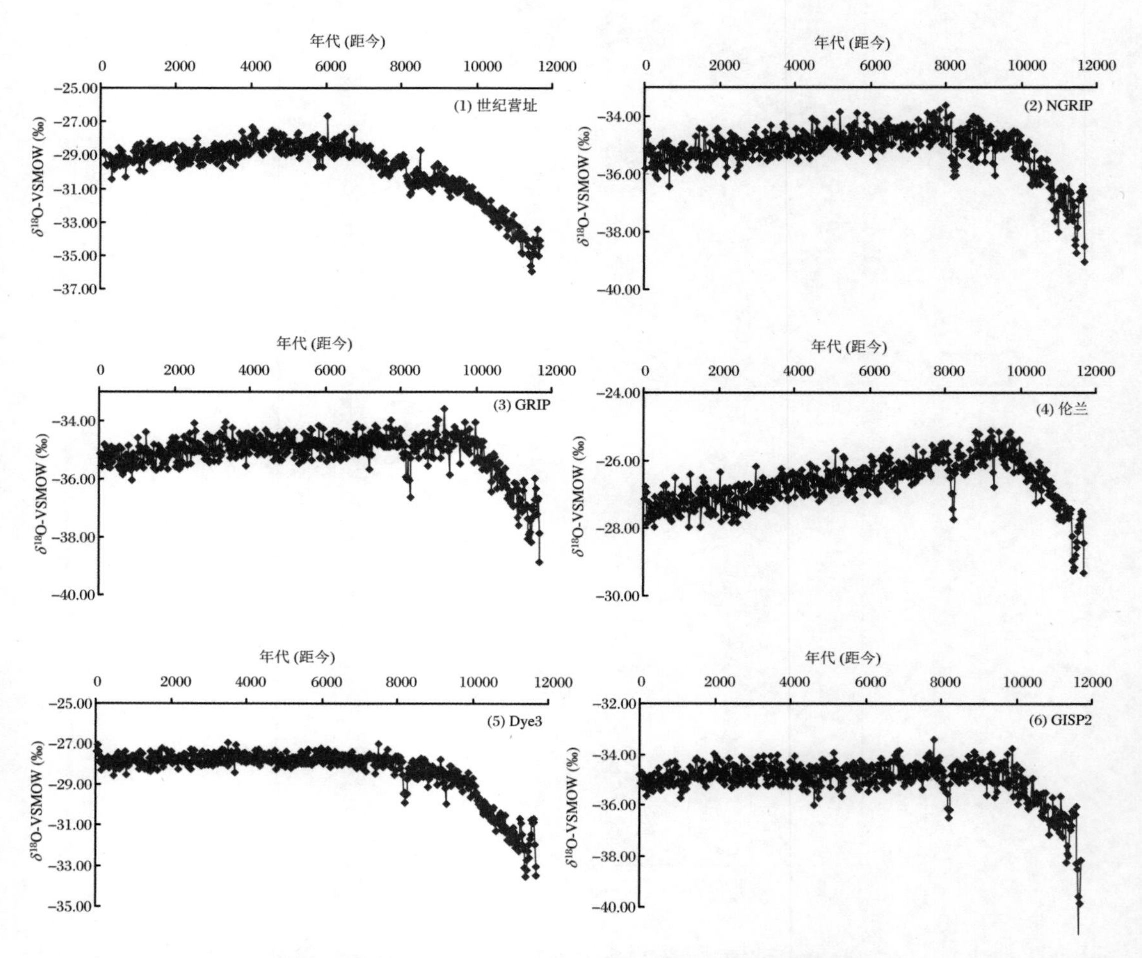

图 2.2　格陵兰冰芯记录的全新世以来的氧同位素资料

分辨率为 20 年。

东格陵兰 Geographical Society Ø 东南的两根海岸湖泊沉积柱的年代学、孢粉学和生物地球化学研究显示，东格陵兰在末次冰消期开始形成海岸无冰区，湖泊沉积物的沉积过程经历了冰川堆积、冰川-湖泊转换期、湖泊期的连续过程，直到距今 10000 年前，研究区的湖泊沉积才开始完全不受冰川的影响，即完全湖泊沉积相。东格陵兰的全新世适宜期发生在 9000～6500 yr BP，随后冰雪累积量开始显著增加，气候恶化，湖泊孢粉组合改变，沉积物粒度分布特征也发生变化；至少从 5000 yr BP 开始，气温降低，湖泊生物地球化学过程减弱，到 3000～1000 yr BP 期间，气候恶化达到顶点，东格陵兰处于冷干的气候状态；这种持续冷干的气候在 1000～800 yr BP 期间中止，但是随之而来的小冰期(LIA)打断了气候的转暖进程（Wagner et al.，2000）。2002 年，Wagner 和 Melles 对东格陵兰西 Ymer Ø 内峡湾湖泊沉积物进行孢粉、海洋化石、生物地球化学过程研究发现，东格陵兰在距今 10000 年之前就已经

开始冰盖消融、后退，随之而来的是大范围海侵，海侵高度到达现代海平面之上 60～120 m；中全新世研究区域的内峡湾抬升速率较外峡湾抬升速率要小但稳定；西 Ymer Ø 内峡湾的气候特征是早全新世处于气候适宜期，随后气温不断恶化，到小冰期时达到顶峰（Wagner，Melles，2002）。自距今 10000 年东格陵兰 Liverpool Land 开始冰退并形成无冰区，湖泊沉积记录显示海鸟于距今 7500 年开始在此地登陆，并在随后的 7500～1900 yr BP、1000～500 yr BP 和最近的 100 年，海鸟以此为栖息地，大量繁衍生息，与之对应的是格陵兰气候相对温暖，邻近海域的 SST 升高的时期。可是在 1900～1000 yr BP、500～100 yr BP 期间，由于气候变冷，SST 下降，适宜海鸟繁殖的时间缩短而海鸟种群数量显著下降（Wagner，Melles，2001）。

2.2　北大西洋生态地质学研究进展

北大西洋温盐环流（North Atlantic Thermohaline Circulation，NA-THC）（图 2.3），给欧洲带去了温暖湿润的空气和丰富的降雨，也相似地影响到北美东北部。大西洋温盐环流就像一条将热能从赤道送往北大西洋的传送带：来自赤道的温暖海水借由沿岸的湾流不断向北移动，途中海水释放出热量，逐渐变冷，再加上不断的蒸发使海水的盐度增加。因此，越往北海水越冷越咸，因此也越重，最后终于在北大西洋沉入深海，而这部分原本温暖的赤道海水也变成了又冷又咸的北大西洋深层海水，以西边界流的形式向南流去，之后围绕着南极绕极急流，部分与威德尔海和罗斯海的南极底层水混合，流向太平洋和印度洋，在那里上翻穿过温跃层达到上层海洋，形成暖的表层流，至此完成环流。温盐环流的重要性在于，它和大气中著名的 Hadley 环流、Ferrel 环流和极地环流等一起，构成了对于维持全球气候系统的能量平衡至关重要的经向环流体系。因此，气候学家称北大西洋是全球气候变化的驱动器和开关，在全球气候变化中的作用至关重要，北大西洋古海洋学、古气候学研究也是国际学术界经久不衰的热点之一。

图 2.3 中，红色虚线表示北大西洋暖流，蓝色虚线表示副极气旋环流以及受其影响的海水前缘，EIC（East Iceland Current）表示东冰岛海流，EGC（East Greenland Current）表示东格陵兰海流，LC（Labrador Current）表示拉波尔多（加拿大）海流，灰色线条表示平均春季海表面温度（1900—1992），红点表示北大西洋深钻站点，黑点指示的是深海钻孔位置 VM28-14（64°47′N，29°34′W，水深 1855 m）、VM29-191（54°16′N，16°47′W，水深 2370 m）、VM23-81（54°15′N，16°50′W，水深 2393 m）、KN158-4 MC52（55°28′N，14°43′W，水深 2172 m）、KN158-4 MC21 和 KN158-4 GGC22（44°18′N，46°16′W，水深 3958 m）、EW9303 JPC37（43°58′N，46°25′W，水深 3980 m），粉红色阴影区域表示海洋表层沉积物中沾染赤铁矿颗粒物含量大于 10%的区域，淡黄色阴影区域表示海洋表层沉积物中冰岛玻璃含量大于 10%的区域，淡蓝色阴影区域表示海洋表层沉积物中碎屑碳酸盐含量大于 10%的区域（Bond et al.，2001）。

早在 1973 年，Denton 和 Karlén 就根据全新世北半球高纬度地区山岳冰川分别在约

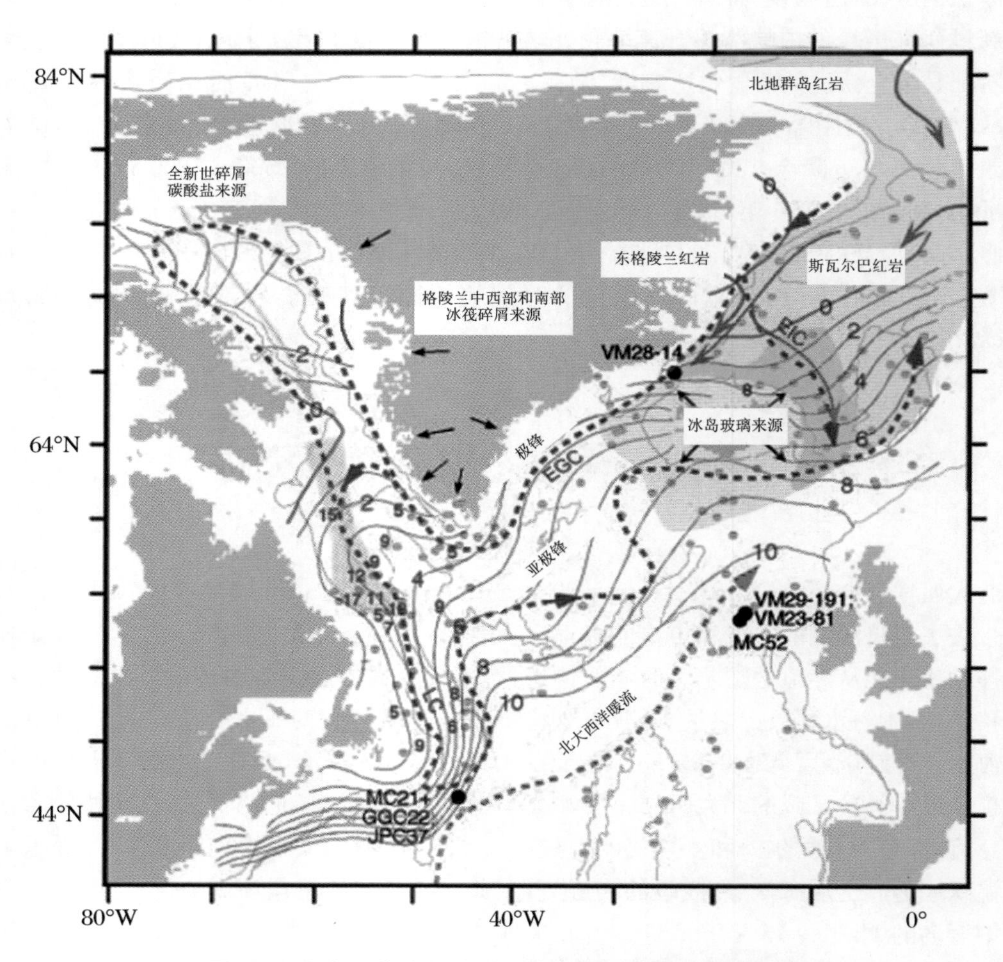

图 2.3　北大西洋暖流、大洋深钻位置和深海沉积物质源区

8000 yr BP、5000 yr BP、3300～2400 yr BP 以及最近几百年发生了显著的冰川活动的现象，首次提出全新世气候并非稳定状态，而是存在明显的波动，并伴随着多次显著的快速变冷事件(Denton，Karlén，1973)。1995 年，O'Brien 等人在考察全新世以来格陵兰中部地区大气环流的变化情况时发现，GISP2 冰芯中海盐 Na^+、K^+ 等离子通量的变化情况指示了在 7800～8800 yr BP、5000～6100 yr BP、2400～3100 yr BP、0～600 yr BP 期间，格陵兰地区经向大气环流强度显著增加，气候相对寒冷，北大西洋地区处于相对变冷的气候阶段(O'Brien et al.，1995)。北大西洋古气候研究最为著名的工作是哥伦比亚大学的 Bond 等人对北大西洋深海沉积物进行的系统工作。图 2.3 标出了北大西洋洋流模式、北大西洋海洋深钻站点以及北大西洋深海沉积物的物质源区。由图可见，北大西洋的沉积物主要来源于 Severnaya Zemlya 红岩、斯瓦尔巴红岩、东格陵兰红岩、冰岛玻璃和西格陵兰碎屑碳酸盐(Bond et al.，2001)。据此，1997 年，Bond 等对采自格陵兰东南与冰岛之间 1855 m 深处的深海沉积柱 VM29-191 和 MC-52、爱尔兰以西 2370 m 深处的深海沉积柱 VM28-14，以及加拿大东部海域的 MC-21 和 GGC-22 进行沉积物岩性分析和有孔虫氧稳定同位素分析，建立了判断北大

西洋冷事件的指标(① 直径>150 mm 颗粒数;② 火山玻璃;③ 染赤铁矿石英或长石),并命名为"冰筏事件"(图 2.4)。结果显示,北大西洋海域在全新世期间曾发生了 9 次显著的冰筏事件,分别出现于约 11000 yr BP、10300 yr BP、9400 yr BP、8100 yr BP、5900 yr BP、4200 yr BP、2800 yr BP、1400 yr BP、400 yr BP,并存在约 1470 年的周期性(图 2.4)(Bond et al.,1997)。1999 年,Bond 等又利用两个新的序列,即 EW93-GGC36 和 KM98-MC21,进一步完善了北大西洋冷事件的年代学,同时进一步确认了北大西洋在全新世发生的多次突发气候冷事件(Bond et al.,1999)。进一步的研究显示,北大西洋深海沉积物中有孔虫属种和氧同位素记录也表明在这些冰筏事件发生期间,北大西洋北部海域海水温度普遍较低,格陵兰海和冰岛海域的极地冷水水团对北大西洋海域影响有所增强。而有孔虫碳同位素记录则显示在这些冰筏事件发生期间,北大西洋深水环流可能有在一定程度的减弱(图 2.4)(Bond et al.,1997,2001)。爱尔兰西部海域 ODP 980 孔沉积物底栖有孔虫碳同位素($\delta^{13}C$)的研究显示,北大西洋深水流在 9300 yr BP、8000 yr BP、5000 yr BP、2800 yr BP 都有显著的减弱,其中最显著的深水环流减弱发生在中全新世 5000 yr BP(Oppo,2003)。这些冷事件的发生区域不仅仅局限于北大西洋海域,Giraudeau 等(2000)在研究冰岛以南 Reykjanes 海脊(MD95-2015 孔)全新世沉积颗石藻属种变化情况时,发现其中优势种 *Emiliania huxleyi*(EH)的丰度自全新世以来呈现出一系列周期性的变化规律,而这种显著的周期性变化并未发生于该孔其他颗石藻记录中,因而 Giraudeau 等人称其为冰岛 EH 事件,主要的 EH 事件(*Emiliania huxleyi* 丰度较低)发生于 10400 yr BP、9500 yr BP、8200 yr BP、6400 yr BP、4500 yr BP、2700 yr BP、1500 yr BP,与北大西洋冰筏事件存在着显著的相关性与协同性(Giraudeau et al.,2000)。Bianchi 和 McCave(1999)对冰岛以南 Reykjanes 海脊 MD95-2015 孔以南的 NEAP-15K 沉积柱进行研究,发现全新世以来冰岛-苏格兰溢流(Iceland-Scotland Overflow Water,ISOW)强度的变化与北欧和格陵兰地区的气候存在显著的联系,当北欧和格陵兰地区气候温暖时,ISOW 较强,流速较快;当北欧和格陵兰地区气候寒冷时,ISOW 减弱,流速较慢,并且 ISOW 的这种变化存在一个约 1500 年的周期性(Bianchi,McCave et al.,1999)。随着研究的深入,更多的全新世气候不稳定证据在北大西洋区域被发现,研究发现,在末次冰消期末段,来自于北欧海(Nordic Seas)的大量淡水输入,对北大西洋的温盐环流(Thermohaline Circulation,THC)开关产生了显著影响,减缓温盐环流的运行,并导致北欧海域气候的不稳定,该区域的湖泊沉积物、树轮、冰芯和海洋沉积物均记录到一次发生在距今 10300 年的冷事件(Björck et al.,2001;Husum,Hald,2002),并且这种影响一直持续到早全新世(Björck et al.,1996;Hald,Hagen,1998)。在挪威海,一个发生在约 9400 yr BP (10300 yr BP)的小但明显的降温事件被识别出来(Hald,Hagen,1998;Husum,Hald,2002),同样的降温事件也记录在北大西洋区域的湖泊沉积物、树轮、冰芯和海洋沉积物中(Björck et al.,2001)。Veski 等(2004)通过湖泊年纹泥系列定量重建了欧洲东部的年平均气温,结果显示在 9400~9200 yr BP 于欧洲东部有一段显著的冷期。

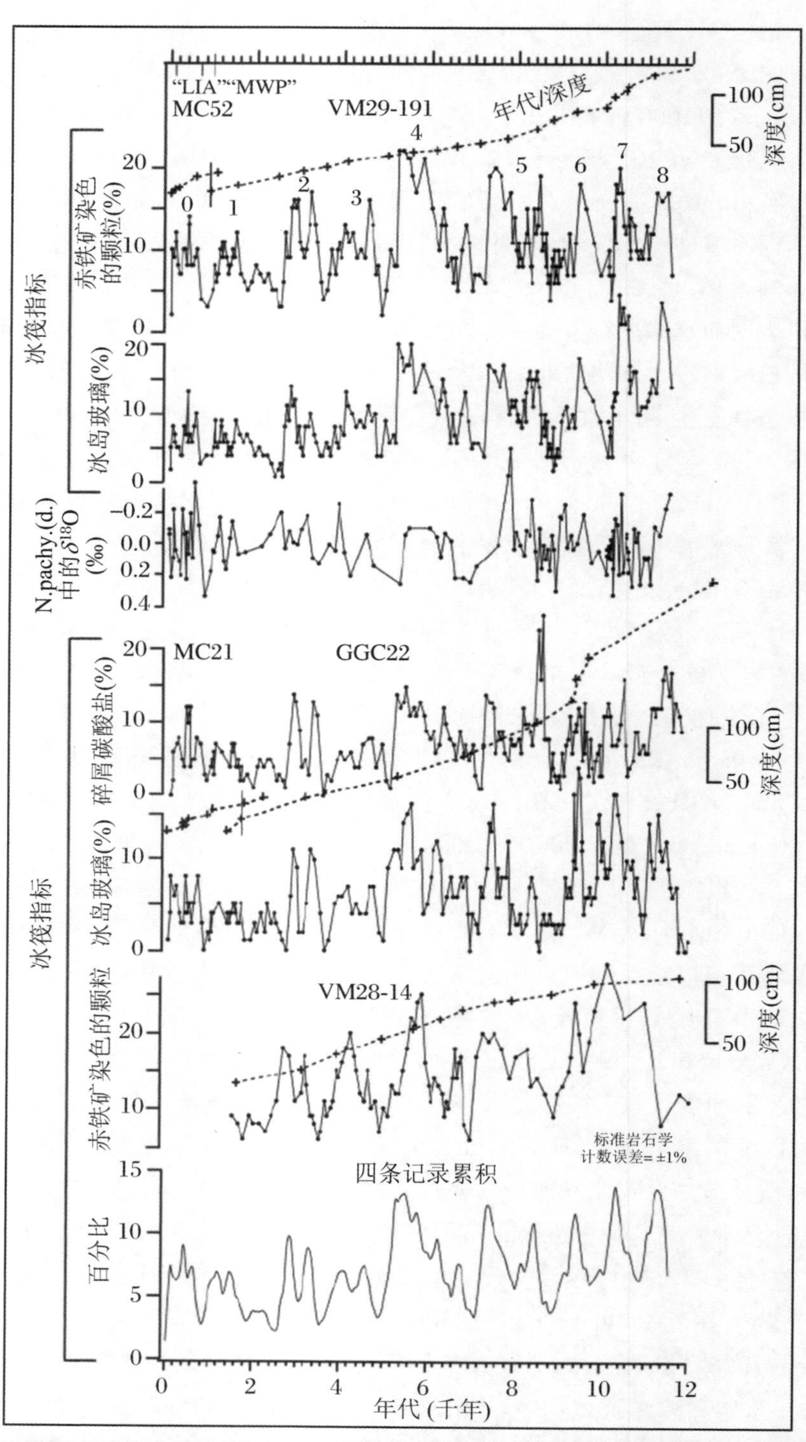

图 2.4　格陵兰东南与冰岛之间 1855 m 深处的深海沉积柱 VM29-191 和 MC-52，爱尔兰以西 2370 m 深处的深海沉积柱 VM28-14，以及加拿大东部海域的 MC-21 和 GGC-22 进行沉积物岩性分析、深海有孔虫氧同位素分析（Bond et al.，2001）

其中沉积物中的赤铁矿沾染颗粒物含量、冰岛玻璃含量和碎屑碳酸盐含量作为指示北大西洋冰筏事件的指标。同时将这 3 处深海沉积物的指标进行堆栈处理得到北大西洋的冰筏事件的整体趋势。

北大西洋快速气候变化机制一直是气候学家的研究热点问题。1973 年，Denton 和 Karlén 就提出全新世气候变化可能与太阳活动强度的周期性变化有关（Denton，Karlén，1973）；1997 年，Bond 等人的研究认为全新世以来的快速气候变化事件是末次冰期 Dansgaard/Oeschger（D/O）事件的延续（Dansgaard et al.，1982；Bond et al.，1997），并指出这种变化与北大西洋深水环流（North Atlantic Deep Water，NADW）的变化存在密切的联系；2001 年，Bond 等人对之前的理论作了进一步的研究，发现全新世气候变化在很大程度上受到太阳活动周期性变化的影响，而北大西洋深水环流的改变则在其中起到了放大这种变化的正反馈作用（Bond et al.，2001）。近年来，越来越多的研究认为，全新世气候与太阳活动强度变化及其引起的太阳辐射能量变化存在密切的联系（Bard et al.，2000；Agnihotri et al.，2002；Solanki et al.，2004；Clemens，2005；Jiang et al.，2005；Tumey et al.，2005；Wang et al.，2005；Barron，Bukry，2007），而北大西洋深水环流、北大西洋涛动（North Atlantic Oscillation，NAO）、亚洲季风（Asian Monsoon，AM）、厄尔尼诺-南方涛动（El Nino-Southern Oscillation，ENSO）等一系列大气和海洋环流系统在对太阳辐射能量变化做出响应的同时，也起到了放大气候变化幅度的作用（Oppo et al.，2003；Gil et al.，2006；Morrill et al.，2003；Brijker et al.，2007；冉莉华，2008）。

2.3　斯瓦尔巴地区古生态研究进展

2.3.1　冰芯

最早对斯瓦尔巴冰芯进行研究的是苏联科学家，他们分别在 1976 年于 Lomonosovfonna 冰盖钻取了一支冰芯（Gordiyenko et al.，1981；Vaikmäe，1990），在 1980 年于 Gronfjordbreen 冰盖和 Fridtjorbreen 冰盖分别钻取了一支冰芯（Punning et al.，1980），在 1982 年于 Lomonosovfonna 冰盖钻取了一支冰芯（Zagorodnov et al.，1984），随后在 1985 年于 Vestfonna 冰盖钻取了一支冰芯（Punning et al.，1985；Punning，Tyugu，1991）。日本科学家也在斯瓦尔巴钻取了若干冰芯样品，包括 1995 年在 Snøfjellafonna 冰盖钻取的一支冰芯（Goto-Azuma et al.，1995），2000 年在 Nordaustlandet 冰盖钻取的一支冰芯（Watanabe et al.，2001），同年在 Vestfonna 冰盖也钻取了一支冰芯（Matoba et al.，2002）。1997 年，Kekonen 等在 Lomonosovfonna 冰盖钻取了一长达 121 m 的冰芯，并进行了化学元素分析（Kekonen et al.，2005）。图 2.5 中标示出了斯瓦尔巴群岛的主要陆地冰盖和主要冰芯钻取站点。但是，大部分冰芯并未被分析。有些冰芯中的化学元素离子浓度较低，缺乏合适的仪器而无法精确测量。目前，斯瓦尔巴地区最显著的成果是对 Lomonosovfonna 冰芯和 Austfonna 冰芯分析而取得的（Watanabe et al.，2001）。图 2.6 中列出了 Lomonosovfonna 和 Austfonna 冰芯中获得的距今 600 年以来（1400—2000 AD）的 $\delta^{18}O$ 曲线，结果显示斯瓦尔巴地区在 1400—1900 AD 期间经历的是小冰期，气温明显偏低，最冷的阶段发生在18世纪中期到20世纪开始（1750—1900 AD）；1900 AD小冰期（LIA）在斯瓦尔巴地区结束，之后气温明显回升，这与世界其他地区的记录结果相似（图2.6）。该冰芯记录与该区域的气候参数（气温、海冰面积和海洋表面温度）以及大尺度气候变化（如格陵兰冰芯记录、北大西洋深海沉积记录）之间也存在显著的一致关系（Isaksson et al.，2003）。

图2.5　斯瓦尔巴群岛上的冰芯取样位置

图中部分地名无汉语通译名，故未翻译。本书图表均按此处理。

1997年，Kekonen等在Lomonosovfonna冰盖钻取了一支长达121 m的冰芯，并进行了化学元素分析，结果显示自1120年以来，NO_3^-浓度持续增加，进入20世纪，尤其是20世纪50年代后增加速率尤甚；SO_4^{2-}自1850年以来显著增加，80年代后SO_4^{2-}和NO_3^-略有降低。20世纪萘的含量变化与上述酸性离子变化基本相同，均反映了人类活动的影响作用（Kekonen et al.，2005）。来自于Lomonosovfonna的另一支冰芯（Kekonen et al.，2002）和Austfonna冰芯（Watanabe et al.，2001）的NO_3^-浓度也在20世纪50年代后表现出显著的增长。通过格陵兰冰芯D20、GISP2、B16、B18、B21获得的近500年以来（1500—2000 AD）的SO_4^{2-}、NO_3^-浓度变化特征，结果显示1900年之前，冰芯中的SO_4^{2-}、NO_3^-浓度分别维持在$0\sim5\times10^{-8}$、$4\times10^{-8}\sim8\times10^{-8}$范围内波动，但在1900年之后，$SO_4^{2-}$、$NO_3^-$浓度显著上升，到20世纪中后期，分别达到$2.40\times10^{-7}$、$1.30\times10^{-7}$的高值。冰芯中的$SO_4^{2-}$、$NO_3^-$浓度变化趋势与欧洲、美国的$SO_4^{2-}$、$NO_3^-$排放量变化趋势显著相关，显著受到人类活动的影响（Mylona，1996；Fischer，Wagenbach，1998）。由此可见，斯瓦尔巴地区的冰芯SO_4^{2-}、NO_3^-浓度特征与格陵兰的冰芯SO_4^{2-}、NO_3^-浓度特征是一致的，均反映了工业革命之后人类活动的影响。但是，在海盐离子（Na^+、K^+、Cl^-、Mg^{2+}）浓度的变化特征上大不相同，格陵兰冰芯中的Na^+离子浓度变化反映的是冰岛低压（icelandic low）的变化，其中的K^+离子浓度变化反映的是西伯利亚高压（Siberian high）的变化，均与气候变化密切相关（Mayewski et al.，

1997；Meeker，Mayewski，2002）。可是，斯瓦尔巴冰芯中的海盐离子浓度的变化却与气候变化并不显著相关，这是因为斯瓦尔巴地区的夏季气温要比格陵兰高，冰雪融化速率要大，融水和径流会带走大量的海盐离子，导致冰芯中的海盐离子大量流失而显著降低（Davies et al.，1982；Iizuka et al.，2002），此外，斯瓦尔巴地区的 Mg^{2+} 还有一部分是陆源输入的（Teinilä et al.，2004）。

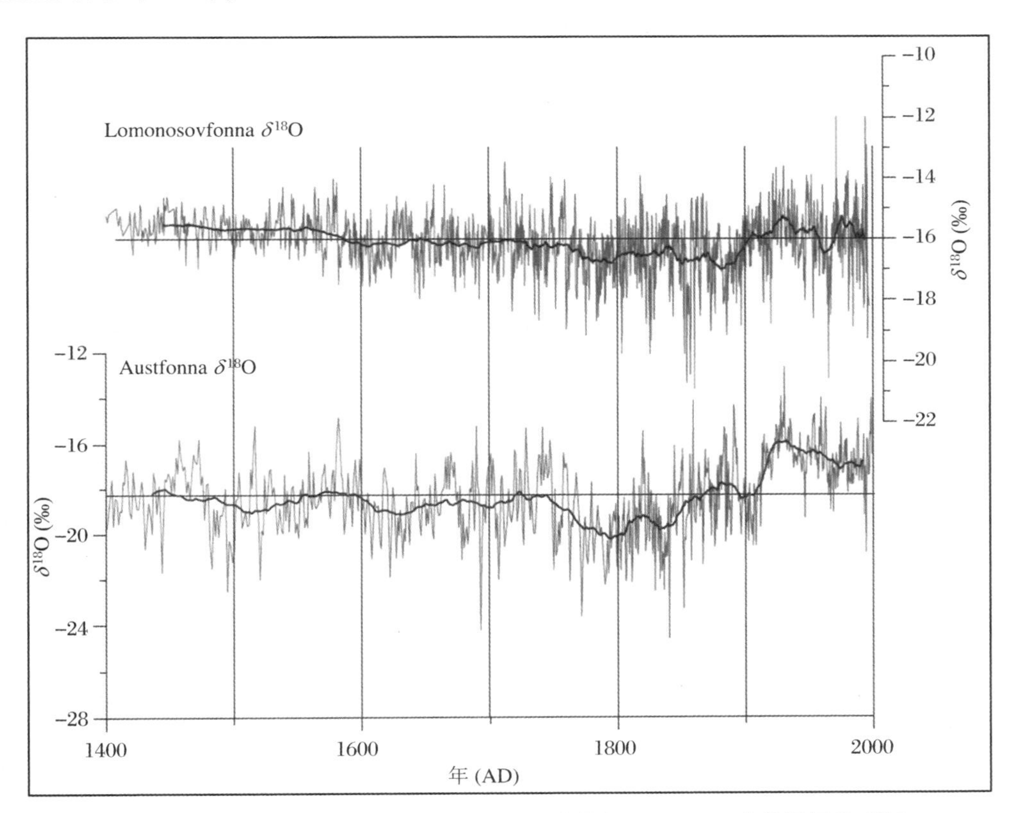

图 2.6　斯瓦尔巴群岛的 Lomonosovfonna 冰芯和 Austfonna 冰芯记录的 $\delta^{18}O$ 在 1400—2000 AD 期间的变化特征

2.3.2　全新世相对海平面变化

斯瓦尔巴群岛是高北极群岛，位于北纬 76°30′～80°30′，东经 10°～35°。在末次冰盛期（Last Glacial Maximum，LGM）（26～15 kyr BP）时，斯瓦尔巴群岛完全被巴伦支海的晚威赫塞尔（Late Weichselian）（Weichselian 指威赫塞尔冰期（53000～10000 yr BP），是北欧更新世最后的一个冰期）冰架覆盖（Landvik et al.，1998）；直到距今 1.5 万年，随着气候变暖，晚威赫塞尔冰架前缘开始退却，末次冰消期开始（Svendsen et al.，1996；Landvik et al.，1998）；到距今 1.3 万～1.2 万年，晚威赫塞尔冰架前缘已经退至斯瓦尔巴西海岸（Lehman，Forman，1992；Mangerud et al.，1992），随后，斯瓦尔巴群岛慢慢呈现出来（Forman et al.，2004）。

关于斯瓦尔巴群岛在末次冰消期之后的呈现过程和模式一直是地质学家和气候学家关

注和研究的焦点。早在 1866 年和 1919 年，Nordenskiøld(1866)和 De Geer(1919)就对斯瓦尔巴群岛上的抬升阶地产生兴趣，并进行了初步研究。直到 1959—1961 年，Feyling-Hanssen 和 Olsson(1959)、Blake(1961)才首次分别对斯匹次卑尔根岛中部、Billefjorden 海湾阶地、Nordaustlandet 北部和 Lady Franklin Fjord 海湾阶地上的古海陆交互相的滨线进行放射性碳定年，确定阶地形成的年龄。在斯瓦尔巴群岛发育着大量海岸阶地，东部海岸阶地较西、北部海岸阶地保存完整并分布更为广泛，但是，东部阶地在海拔 60～130 m 均有分布(Landvik et al.,1998)，而西、北部阶地一般只分布在 65 m 以下海拔高度处(Forman et al.,1997)，这反映的是东部冰架较厚、大，冰架的负载较大，这样在冰架消退之后导致的地壳均衡抬升效应也较大，相反，在西、北部冰架的负载较小，由此导致的地壳均衡抬升效应也较小。过去的几十年时间，在斯瓦尔巴群岛开展了大量相关的工作，目前，对斯瓦尔巴群岛的东部、西部和北部的 28 处海岸阶地进行了研究，并获得不同区域的相对海平面变化曲线和岛屿的呈现模式(Forman et al.,2004)(图 2.7)，整体上可以将这 25 处相对海平面变化曲线和呈现模式划分为两类。

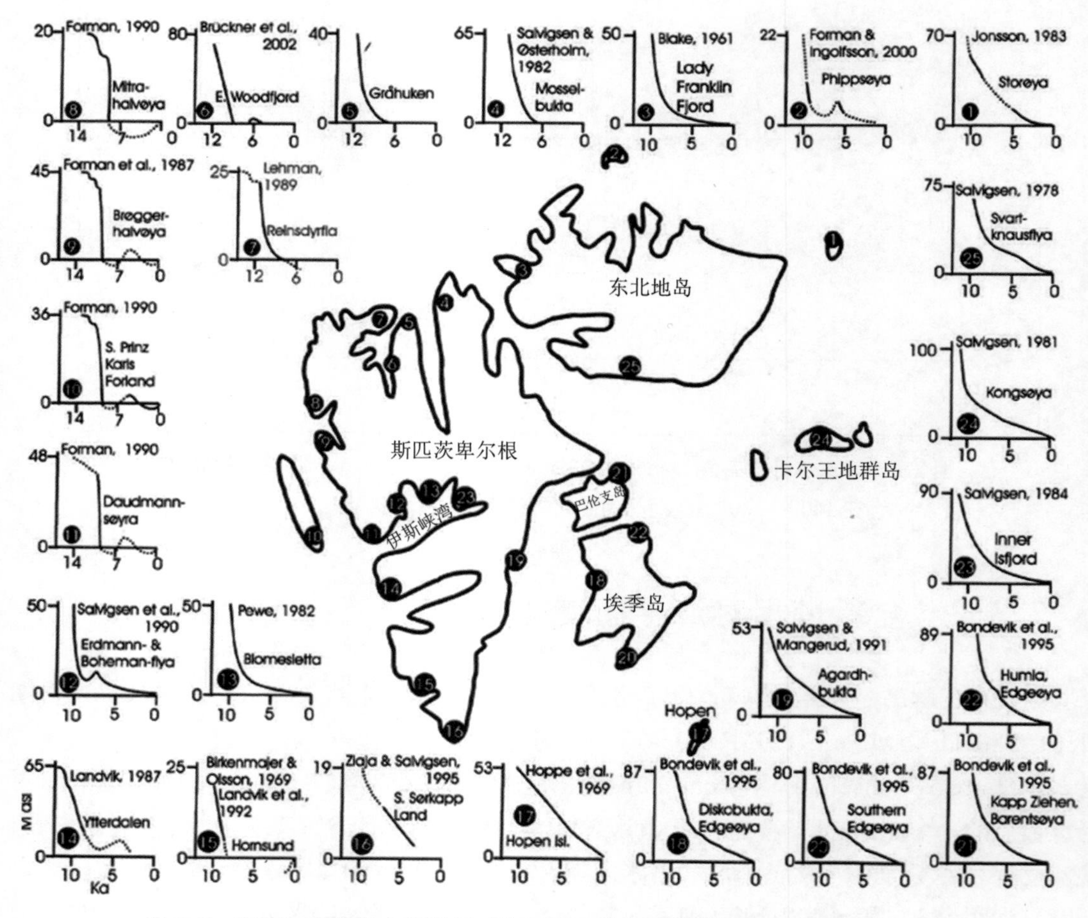

图 2.7　斯瓦尔巴群岛全新世相对海平面区域变化曲线图(Forman et al.,2004)

第一类：西北部模式(② Phippsøya，⑥ E. Woodfjord，⑦ Reinsdyrfla，⑧ Mttrahalvøya，⑨ Brøggerhalvøya，⑩ S. Prinz Karls Forland，⑪ Daudmann Søyra，⑫ Erdmanflya，

Bohemanflya，⑭ Ytterdalen，⑮ Hornsund）。斯瓦尔巴群岛的西北部早在13000～12000 yr BP就开始冰盖退却而呈现（Kleiber et al.，2000；Brückner et al.，2002），但是由于群岛的西北部处于晚威赫塞尔冰架的前缘，群岛西北部的冰盖负载时间持续3000～8000年（Leirdal，1997；Forman，Ingólfsson，2000；Kleiber et al.，2000），而冰盖-地壳均衡时间的半周期约为2000年，这样导致群岛西北部的地壳均衡抬升并不连续，海岸阶地断续分布（Kleiber et al.，2000）。在13000～10500 yr BP期间是相对海平面缓慢下降期，下降速率为1.5～5 m·kyr^{-1}；在10500～9000 yr BP期间是相对海平面快速下降期，下降速率为15～30 m·kyr^{-1}，是前一阶段下降速率的5～10倍；随后的9000年内，西北部的相对海平面维持在现在的水平内波动，但是在6000～4000 yr BP期间发生了一次海侵，海侵高度不超过7 m的海拔；然而例外的是，在西部的Bohemanflya和Erdmannflya岛，中全新世海侵发生的时间要早，发生于8000～7000 yr BP（Salvigsen et al.，1990），这可能与该海域的冰山崩塌、黏滞地幔东移作用的结果有关（Fjeldskaa，1994）。在2000～1000 yr BP，西北部的相对海平面恢复到现代水平（Anderson，2000）。

第二类：东部模式（① Storøya，③ Lady Franklin Fjord，④ Mosselbukta，⑤ Gråhuken，⑬ Blomesletta，⑯ S. Sørkappland，⑰ Hopen Island，⑱ Diskobukta Edgeøya，⑲ Agardhbukta，⑳ Southern Edgeøya，㉑ Kapp Zlehen Borentsøya，㉒ Humla Edgeøya，㉓ Inner Isfjord，㉔ Kongsøya，㉕ Svartknausflya）。斯瓦尔巴群岛的东部的东斯匹次卑尔根岛（Salvigsen，Mangerud，1991）、Barentsøya岛、埃季岛（Bondevik et al.，1995）和Kong Karls Land（Salvigsen，1981）直到10500～10000 yr BP才开始呈现，但是由于群岛的东部处于晚威赫塞尔冰架之下，冰盖负载时间持续至少超过10000年，因而群岛东部的地壳均衡抬升是连续的（Landvik et al.，1998）。发生在西北部的中全新世（6000～4000 yr BP）海侵并未在群岛的东部发生，在群岛的东部，相对海平面在6000～4000 yr BP只出现小幅波动。

2.3.3　海洋沉积物记录——全新世海表面温度变化及洋流变迁

北大西洋暖流（NAC）在英国的北部海域分为两支：一支沿西北方向形成绕冰岛暖流，称为印明格流（Irminger Current，IC）；另一支沿挪威海岸继续北上，称为挪威北大西洋暖流（Norwegian Atlantic Current，NwAC）。在挪威北部海域，挪威北大西洋暖流进一步分为两支：一支进入巴伦支海，形成北角海流（North Cape Current，NCaC）；另一支继续北上，形成西斯匹次卑尔根海流（West Spitsbergen Current，WSC）。在西斯匹次卑尔根岛北部海域，WSC分为3支：一支回旋南下，称为回旋大西洋海流（Return Atlantic Current，RAC）；一支沿西北方向进入北冰洋，称为耶马克分支（Yermak Branch，YB）；第三支沿斯匹次卑尔根岛北部进入北冰洋，称为斯瓦尔巴分支（Svalbard Branch，SB）（图2.8）（Ślubowska-Woldengen et al.，2007）。正因为西斯匹次卑尔根海流的存在，使得西斯瓦尔巴群岛的气温比北极其他地区要温和许多，年平均气温为零下4 ℃，群岛海洋性气候较明显（Hjelle，1993）。而群岛的东部由寒冷的北冰洋海水控制，称为东斯匹次卑尔根海流（East Spitsbergen Current，ESC）（图2.8）（Ślubowska-Woldengen et al.，2007），这导致群岛东部

为典型的北极气候(Hjelle,1993)。

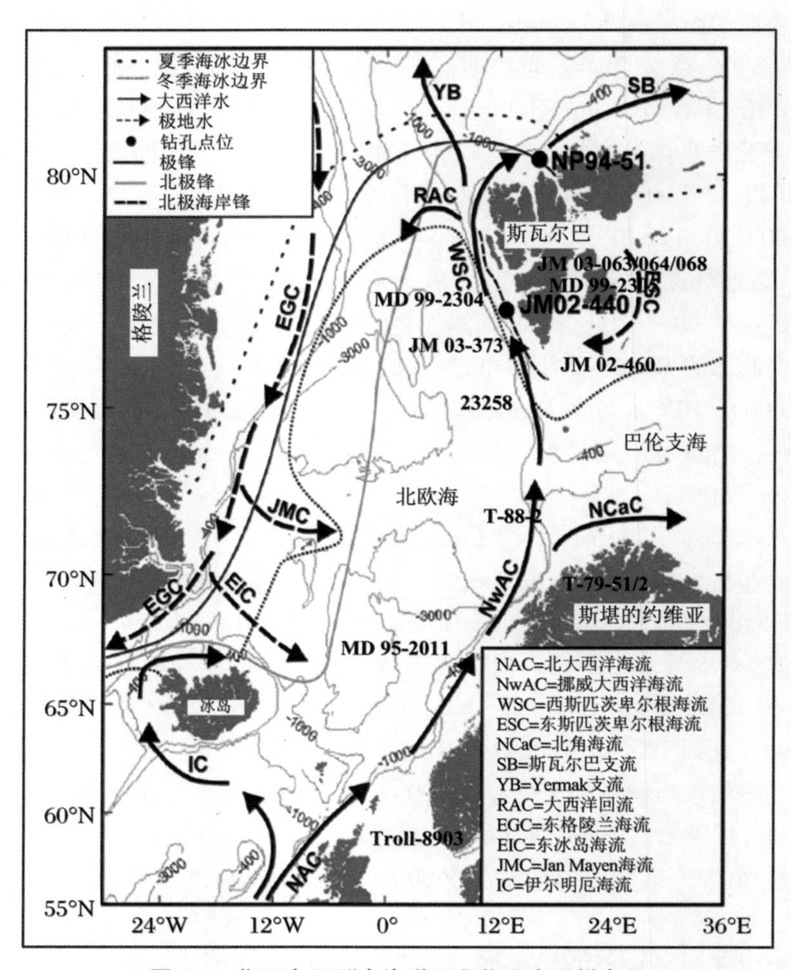

图 2.8　斯瓦尔巴群岛海洋沉积物研究采样点位

为了研究北大西洋暖流的全新世变化特征,在北大西洋暖流路径的下方采集了不同点位的海洋沉积物。图 2.8 中标注出了斯瓦尔巴群岛海域海洋沉积物的采集点位。对这些海洋沉积物进行了浮游有孔虫丰度、浮游有孔虫稳定碳氧同位素分析,并根据浮游有孔虫的组合特征重建了海表面温度(图 2.9)(Hald et al.,2007)。斯瓦尔巴群岛西部 SST 特征以 MD99-2304 为代表,结果显示在末次冰消期之后,海平面温度迅速上升,从 11000~9800 yr BP 期间,SST 从 4 ℃上升到 10 ℃,升温幅度达约 0.5 ℃ · $(100\ \mathrm{yr})^{-1}$,在 9800 yr BP 左右达到西斯瓦尔巴群岛全新世 SST 最高温度 10 ℃;随后,SST 在 9800~8900 yr BP 期间维持在一段最温暖期,SST 在 10 ℃左右波动;8900 yr BP 之后,SST 迅速下降,到 8400 yr BP 降到 3.5 ℃,降温幅度达 1.3 ℃ · $(100\ \mathrm{yr})^{-1}$;在随后的 4000 年内(8400~4400 yr BP),SST 维持在一段长时间的低温状态,在 5000 yr BP 降到全新世最低点 1 ℃;直到 3000 yr BP,SST 才回升到 5 ℃,并一直稳定地维持到现在(Hald et al.,2004;Ebbesen et al.,2007)。与 MD99-2304 所表征的 SST 变化趋势相似的是位于斯瓦尔巴群岛南部的 23258 沉积柱(Sarnthein et al.,2003),这是因为 23258 沉积柱位于西斯匹次卑尔根海流(WSC)下方,与 MD99-2304

的控制因素一致。图 2.9 中 23258 重建的 SST 曲线用二次多项式进行了拟合，结果显示，整体上 SST 在全新世以来呈现先缓慢下降然后保持稳定的趋势。

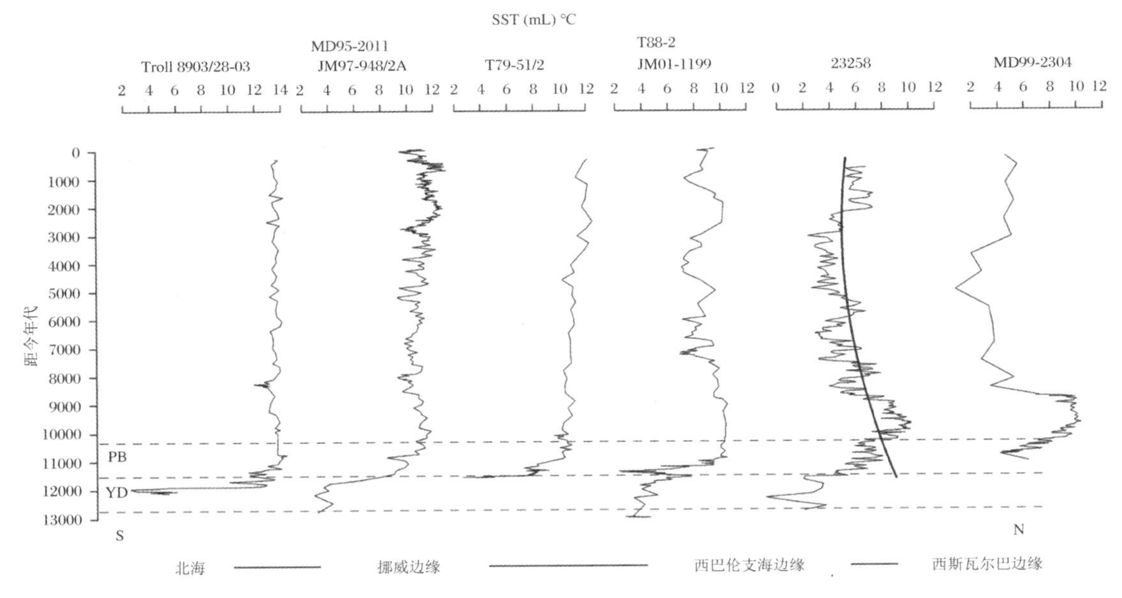

图 2.9　斯瓦尔巴群岛和北大西洋海洋沉积物(MD99-2304、23258、T88-2、JM01-1199、T79-51/2、MD95-2011、JM97-948/2A、Troll8903/28-03)重建的 SST

T88-2 位于巴伦支海西部，其所重建的 SST 曲线与 23258 和 MD99-2304 就有明显的区别。在新仙女木(YD)时期(11500 yr BP)，SST 处于最低的阶段，为 2 ℃；随后，SST 迅速上升，到 11000 yr BP 达到 10 ℃，升温幅度为 1.6 ℃ · $(100\ yr)^{-1}$；在 11000～7500 yr BP 期间，SST 维持在 10 ℃波动，持续了一段较长时间的稳定；在 7500 yr BP，SST 迅速下降，并在随后的 2500 年内(7500～5000 yr BP)，维持在 7～8.5 ℃范围内剧烈波动；5000～2500 yr BP 期间，SST 处于一段低温时期，SST 处于全新世以来的最低温度，为 7 ℃；在 2500 yr BP 左右，这种长时间的冷期才结束，SST 迅速回升到全新世初期的温暖状态，达到 10 ℃，并稳定地持续了约 500 年时间；随后在 1000 yr BP，SST 又下降到约 7.5 ℃，但很快在 800 yr BP 又回升到约 8.5 ℃，并维持到现在(Hald，Aspeli，1997)。但是与之相对的是，位于挪威海的 T79-51/2 和 MD95-2011，以及位于北海的 Troll-8903 重建的 SST 特征是在末次冰消期之后的 11000 yr BP 迅速升温，达到现在的水平(12～14 ℃)，并维持相对稳定(Hald et al.，1996；Klitgaard-Kristensen et al.，2001；Andersson et al.，2003；Risebrobakken et al.，2003)。这些特征表明，位于北大西洋暖流前缘的海域对北大西洋暖流的变化更为敏感。研究显示，北大西洋南部(60°N～69°N)的 SST 受太阳辐射变化和淡水注入的影响，而北大西洋北部(72°N～77.4°N)的 SST 受北大西洋暖流和太阳辐射的影响(Hald et al.，2007)。整体而言，在早全新世，无论是北大西洋北部，还是北大西洋南部均处于全新世温暖期，SST 维持在高的水平；在中、晚全新世，北大西洋北部处于变冷的状态，而北大西洋南部处于稳定或微弱变暖的状态。最大的 SST 南-北梯度是发生在 5000 yr BP，为 0.7 ℃ · $°N^{-1}$，指示了北大西洋暖流模式发生了显著改变(Hald et al.，2007)。

2.3.4 湖泊沉积物与现代气候特征

最近一百年，北极经历了明显的气候变暖过程，而脆弱的湖泊生态系统也对此产生了显著响应。Birks 等(2004)对斯瓦尔巴群岛西部的无冰区湖泊沉积物开展了一系列的研究，研究结果显示，研究区域湖泊沉积速率很小，为 0.01～0.02 $cm \cdot yr^{-1}$，但是在最近的 50～100 yr 里沉积速率出现显著升高，由 0.02 $cm \cdot yr^{-1}$ 上升到 0.10 $cm \cdot yr^{-1}$，在南部的湖泊甚至达到 0.30 $cm \cdot yr^{-1}$，是最近气候变暖的结果(Appleby，2004)；同时还发现研究区域的污染物具有本地源和局域源的特征，整体含量很低，接近背景值，但是最近 30～50 年有所上升，可能与本地的人类活动增加有关(Boyle et al.，2004)。新奥尔松地区的 Kongressvatnet 湖泊记录了 1800 年以来的环境变化历史，其强烈响应着格陵兰气候变化，尤其是小冰期时期(1350—1880 AD)，湖泊冰面的显著扩张导致湖泊水体贫营养化，沉积物中贫营养属硅藻大量繁殖，同时沉积速率明显下降；沉积物中厌氧硫细菌非常活跃，甚至比中世纪暖期和 20 世纪都要繁盛。最近 30 年的显著升温过程也被记录在湖泊沉积速率的变化中，色素和有机质含量显著增加(Guilizzoni et al.，2006)。

尽管 Birks 等(2004)对斯瓦尔巴西海岸的一系列湖泊研究表明远程大气来源的污染物，包括重金属和有机污染物，对北极几乎没有影响，湖泊沉积污染物维持在背景值的水平上，似乎北极的斯瓦尔巴依然是一片净土。然而，最新的研究显示海洋源和煤矿开采以及燃煤的使用可能成为影响北极斯瓦尔巴地区的环境和生态的重要污染源。海鸟、海兽是把海洋污染物富集并通过捕食、排泄等途径转移到北极无冰区的重要来源(Headley，1996；Blais et al.，2005)。朗伊尔宾西部的 Bolterskardet 湖中的纹泥沉积很好地记录了 150 年来 Pb 的变化历史，结果显示，1970 年以前，纹泥沉积中的 Pb 通量变化趋势与格陵兰和斯瓦尔巴冰芯中的硫酸盐和 Pb 浓度变化一致，显示了显著的气候驱动特征；然而，1970 年以后，纹泥沉积中的 Pb 通量显著增长，与当地的煤矿开采活动相吻合，显示了显著的人类来源特征(Sun et al.，2006)。

从图 2.10 中可以得出，在 20 世纪，斯瓦尔巴群岛地区的气温和降水与 Jan Mayen 岛的气温和降水的变化趋势一致，而与其他相关北极地区有所差别。斯瓦尔巴群岛地区的气温变化特征可以划分为 4 个阶段：

第一阶段：20 世纪初，北极小冰期结束，气温迅速回升，从 1912 年的年平均气温 −1.6 ℃，迅速上升到 1935 年的 1 ℃，升温幅度达到 1.0 ℃ · $(10\ yr)^{-1}$。

第二阶段：1935—1955 年的温暖期，这一阶段平均气温维持在 20 世纪最高的水平，在 0.5～1.0 ℃范围内波动。

第三阶段：1955—1975 年的寒冷期，年平均气温从 1955 年的 1.0 ℃迅速下降到 1965 年的 −0.5 ℃，降温幅度达到 1.5 ℃ · $(10\ yr)^{-1}$。

第四阶段：1975—2000 年的升温期，在全球变暖的背景下，年平均气温持续上升，到 2000 年已经达到 1.0 ℃，处于 20 世纪斯瓦尔巴群岛平均温度最高的水平。

与气温的复杂多变相比，降水变化则要简单得多。在北极小冰期结束之后，北极降水迅速上升，到 1935 年就达到 1961—1990 年间的降水平均值，此后一直维持在一个相对稳定的

水平，但是，其间被 1940—1955 年间的干旱期所打断。

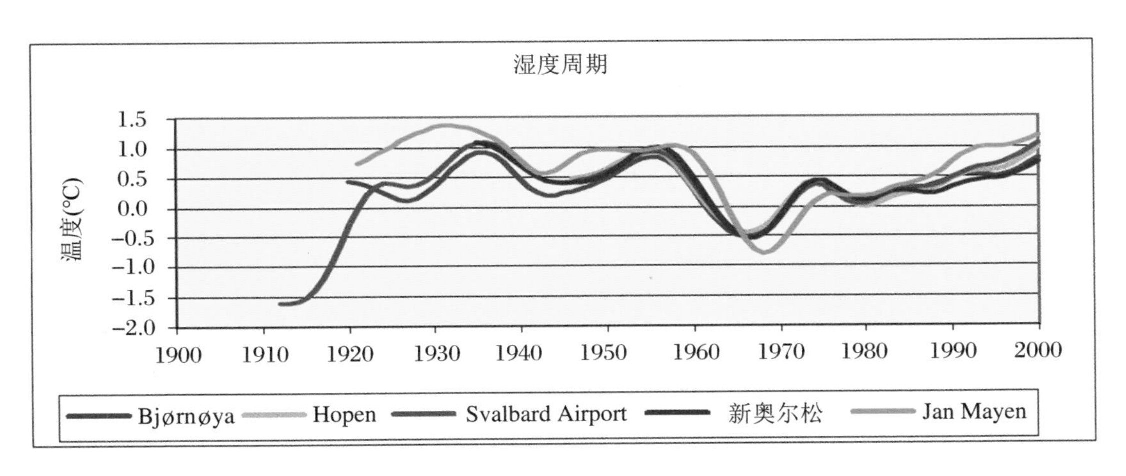

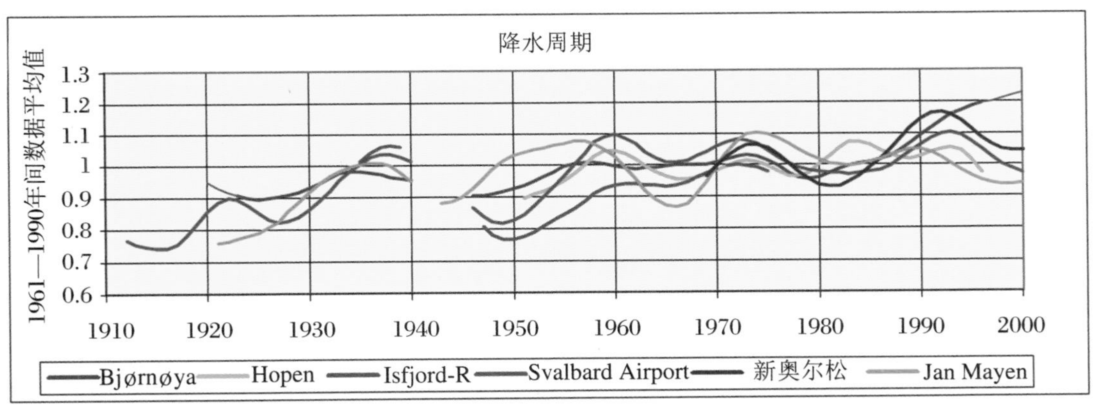

图 2.10　20 世纪斯瓦尔巴地区和相关北极地区的器测气温和降水资料，以 1961—1990 年间的数据平均值作为对照基准，其他数据用偏差的形式表示（Førland et al.，2002）

其中，Jan Mayen（71°04′N，8°11′W），Bjørnøya（74°29′N，18°58′E），Hopen（76°32′N，25°08′E），Svalbard Airport（Longyearbyne）（78°14′N，15°38′E），Ny-Ålesund（78°54′N，11°46′E），Isfjord-R（78°18′N，14°51′E）。

参考文献

陈立奇，2002. 南极和北极地区在全球变化中的作用研究[J]. 地学前缘，9(2)：245-253.

冉莉华，2008. 北大西洋北部全新世气候及海洋环境演变[D]. 上海：华东师范大学.

Agnihotri R，Dutta K，Bhushan R，et al.，2002. Evidence for solar forcing on the Indian monsoon during the last millennium[J]. Earth and Planetary Science Letters，198：521-527.

Anderson N，Leng M，2004. Increased aridity during the early Holocene in West Greenland inferred from stable isotopes in laminated-lake sediments[J]. Quaternary Science Reviews，23：841-849.

Andersson C，Risebrobakken B，Jansen E，et al.，2003. Late Holocene surface ocean conditions of the Norwegian Sea（Vøring Plateau）[J]. Paleoceanography，18(2)：1044-1057.

Andersson T，2000. Raised beach deposits and new ^{14}C ages from Pricepynten，Prins Karls Forland，western

Svalbard[J]. Polar Research, 19:271-273.

Andresen C S, Björck S, Bennlke O, et al., 2004. Holocene climate changes in southern Greenland: evidence from lake sediments[J]. Journal of Quaternary Science, 19:783-795.

Arctic Climate Impact Assessment (ACIA), 2004. Impacts of a warming Arctic: Arctic climate impact assessment[M]. Cambridge, UK: Cambridge University Press.

Bard E, Raisbeck Q, Yiou E, et al., 2000. Solar irradiance during the last 1200 years based on cosmogenic nuclides[J]. Tellus, 52B:985-992.

Barron J A, Bukry D, 2007. Solar forcing of Gulf of California climate during the past 2000 yr suggested by diatoms and silicoflagellates[J]. Marine Micropaleontology, 62:115-139.

Bennike O, 2000. Palaeoecological studies of Holocene lake sediments from west Greenland [J]. Palaeogeography, Palaeoclimatology, Palaeoecology, 1(55):285-304.

Bermike O, 1992. Paleoecology and paleoclimatology of a late Holocene peat deposit from Broendevinsskoer, central West Greenland[J]. Arctic and Alpine Research, 24:249-252.

Bianchi G G, McCave I N, 1999. Holocene periodicity in North Atlantic climate and deep-ocean flow south of Iceland[J]. Nature, 397:515-517.

Blake W, 1961. Radiocarbon dating of raised beaches in Nordaustlandet, Spitsbergen[M]// Raasch G O. The Geology of the Arctic. Toronto: University of Toronto Press: 133-145.

Bond G, Kromer B, Beer J, et al., 2001. Persistent solar influence on North Atlantic climate during the Holocene[J]. Science, 294:2130-2136.

Bond G, Showers W, Cheseby M, et al., 1997. A pervasive millennial-scale cycle in North Atlantic Holocene and glacial climates[J]. Science, 278:1257-1266.

Bond G, Showers W, Elliot M, et al., 1999. The North Atlantic's 1-2 kyr climate rhythm: relation to Heinrich events, Dansgaard-Oeschger cycles and the Little Ice Age[J]//Clark P U, Webb R S, Kecgwin L D. Mechanisms of global climate change at millennial time scales. Geophycical Monograph Series, 112: 35-58.

Bondevik S, Mangerud J, Ronnert L, et al., 1995. Postglacial sea-level history of Edgeøya and Barentsøya, eastern Svalbard[J]. Polar Research, 14:153-180.

Brijker J M, Jung S J A, Ganssen G M, et al., 2007. ENSO related decadal scale climate variability from the Indo-Pacific Warm P001[J]. Earth and Planetary Science Letters, 253:67-82.

Brückner H, Schellmann G, van der Borg K, 2002. Uplifted beach ridges in northern Spitsbergen as indicators for glacio-isostasy and palaeo-oceanography[J]. Zeitschrift Fur Geomorphologie, 46:309-336.

Clemens S C, 2005. Millennial-band climate spectrum resolved and linked to centennial-scale solar cycles [J]. Quaternary Science Reviews, 24:521-531.

Comiso J C, Parkinson C L, Gersten R, et al., 2008. Accelerated decline in the Arctic sea ice cover[J]. Geophysical Research Letters, 35. DOI:10.1029/2007GL031972.

Dansgaard W, Jotmsen S J, Clausen H B, et al., 1982. North Atlantic climate oscillation revealed by deep Greenland Ice Cores[C]// Hansen J E, Takahashi T. Climate processes and climate sensitivity. AGU Geophysical Monograph, 29:288-298.

Davies T D, Vincent C E, Brimblecombe P, 1982. Preferential elution of strong acids from a Norwegian ice cap[J]. Nature, 300:161-163.

De Geer G, 1919. On the physiographical evolution of Spitsbergen[J]. Geografiska Annaler Series B: 161-192.

Denton G H, Karlén W, 1973. Holocene climatic variations: their pattern and possible cause[J]. Quaternary Research, 3: 155-205.

Ebbesen H, Hald M, Eplet T H, 2007. Late glacial and early Holocene climatic oscillations on the western Svalbard margin, European Arctic[J]. Quaternary Science Reviews, 26: 1999-2011.

Eisner W, Tömqvist T, Koster A, et al., 1995. Paleoecological studies of a Holocene lacustrine record from the Kangeflussuaq (Sondre Stromfjord) region of west Greenland[J]. Quaternary Research, 43: 55-66.

Feyling-Hansen R W, Olsson I, 1959. Five radiocarbon datings of post glacial shorelines in central Spitsbergen[J]. Norsk Geografisk Tidsskrift, 18: 122-131.

Fischer H, Wagenbach D, 1998. Sulfate and nitrate firn concentrations on the Greenland ice sheet 2: temporal anthropogenic deposition changes[J]. Journal of Geophysical Research, 103: 21935-21942.

Fjeldskaar W, 1994. The amplitude and decay of the glacial forebulge in Fennoscandia[J]. Norsk Geologisk Tidsskrift, 74: 2-8.

Førland E J, Hanssen-Bauer I, Jónssona T, et al., 2002. Twentieth-century variations in temperature and precipitation in the Nordic Arctic[J]. Polar Record, 38: 203-210.

Forman S L, Ingolfsson O, 2000. Late Weichselian glacial history and postglacial emergence of Phippsøya, Sjuøyane, northern Svalbard: a comparison of modeled and empirical estimates of a glacial-rebound hinge line[J]. Boreas, 29: 16-25.

Forman S L, Lubinski D J, Ingolfsson O, et al., 2004. A review of postglacial emergence on Svalbard, Franz Josef Land and Novaya Zemlya, northern Eurasia[J]. Quaternary Science Reviews, 23: 1391-1434.

Forman S L, Polyak L, 1997. Radiocarbon content of pre-bomb marine mollusks and variations in the ^{14}C reservoir age or coastal areas of the Barents and Kara seas, Russia[J]. Geophysical Research Letters, 24: 885-888.

Fredskild B, 1983. The Holocene vegetational development of the Godthhbsfjord area, West Greenland[J]. Meddelelser om Grønland, Geoscience, 10: 1-28.

Gil I M, Abrantes F, Hebbeln D, 2006. The North Atlantic Oscillation forcing through the last 2000 years: spatial variability as revealed by high-resolution marine diatom records from N and SW Europe[J]. Marine Micropaleontology, 60: 113-129.

Giraudeau J, Cremer M, Manthd S, et al., 2000. Coccolith evidence for instabilities in surface circulation south of Iceland during Holocene times[J]. Earth and Planetary Science Letters, 179: 257-268.

Gordiyenko F G, Kotlyakov V M, Punning Y K M, et al., 1981. Study of a 200-m core from the Lomonosov ice plateau on Spitsbergen and the paleoclimatic implications[J]. Polar Geographic Geology, 5(4): 242-251.

Goto-Azuma K, Kohshima S, Kameda T, et al., 1995. An ice-core chemistry record from Snøfjellafonna, northwestern Spitsbergen[J]. Annual Glaciology, 21: 213-218.

Hagen J O, Kohler J, Melvold K et al., 2003. Glaciers in Svalbard: mass balance, runoff and fresh flux[J]. Polar research, 22(2): 145-159.

Hald M, Andersson C, Ebbesen H, et al., 2007. Variations in temperature and extent of Atlantic water in the northern North Atlantic during the Holocene[J]. Quaternary Science Reviews, 26: 3423-1440.

Hald M, Aspeli R, 1997. Rapid climatic shifts of the northern Norwegian Sea during the last deglaciation and the Holocene[J]. Boreas, 26: 15-28.

Hald M, Dokken T, Hagen S, 1996. Paleoceanography in the European Arctic margin during the last deglaciaion[M]//Andrews J T, Austin W E N, Bergsten H, et al. Late quaternary paleoceanography of the North Atlantic margins. London:Geological Society Special Publication:275-287.

Hald M,Ebbesen H,Forwick M,et al.,2004. Holocene paleoceanography and glacial history of the west Spitsbergen area,Euro-Arctic margin[M]//Holocene climate variability:a marine perspective. Oxford,UK:Pergamon:2075-2088.

Iizuka Y M,Igarashi K,Kamiyama H,et al.,2002. Ratios of Mg^{2+} /Na^{+} in snowpack and an ice core at Austfonna ice cap,Svalbard,as an indicator of seasonal melting[J]. Journal of Glaciology,48(162):452-460.

Isaksson E,Hermanson M,Hicks S,et al.,2003. Ice cores from Svalbard:useful archives of past climate and pollution history[J]. Physics and Chemistry of the Earth,28:1217-1228.

Jakson S T,2007. Looking forward from the past:history,ecology,and conservation[J]. Frontiers in Ecology & the Environment,5(9):455.

Jiang H,Eiffksson J,Schulz M,et al.,2005. Evidence for solar forcing of sea-surface temperature on the North Icelandic shelf during the late Holocene[J]. Geology,33:73-76.

Johnsen S,Dahl-Jensen D,Gundestrup N,et al.,2001. Oxygen isotope and palaeotemperature records from six Greenland ice-core stations:Camp Century,Dye-3,GRIP,GISP2,Renland and North GRIP[J]. Journal of Quaternary Science,16:299-307.

Kaplan M,Wolfe A,Miller G,2002. Holocene environmental variability in southern Greenland inferred from lake sediments[J]. Quaternary Research,58:149-159.

Kekonen T,Moore J,Mulvaney R,et al.,2002. An 800 year record of nitrate from the Lomonosovfonna ice core,Svalbard[J]. Annual Glaciology,35:261-265.

Kekonen T,Moore J,Perämäki P,et al.,2005. The 800 year long ion record from the Lomonosovfonna (Svalbard) ice core[J]. Journal of Geophysical Research,110. DOI:10.1029/2004JD005223.

Kleiber H P,Knies J,Niessen F,2000. The Late Weichselian glaciation of the Franz Victoria Trough,northern Barents Sea:ice sheet extent and timing[J]. Marine Geology,168:25-44.

Klitgaard-Kristensen D,Sejrup H P,Haflidason H,2001. The last 18 kyr fluctuations in Norwegian Sea surface conditions and implications for the magnitude of climatic change,evidence from the northern North Sea[J]. Paleoceanography,16:455-467.

Landvik J Y,Bondevik S,Elverhøi A,et al.,1998. The Last Glacial Maximum of Svalbard and the Barents Sea area:ice sheet extent and configuration[J]. Quaternary Science Reviews,17:43-75.

Mack M C,Schuur E A G,Bret-Harte M S,et al.,2004. Ecosystem carbon storage in arctic tundra reduced by long-term nutrient fertilization[J]. Nature,431:440-443.

Manabe S,Stouffer R J,Spelman M J,et al.,1991. Transient response of a coupled ocean-atmosphere model to gradual changes in atmospheric CO_2:part 1 Annual mean response[J]. Journal of Climate,4(8):785-818.

Matoba S,Narita H,Motoyama H,et al.,2002. Ice core chemistry of Vestfonna Ice Cap in Svalbard,Norway[J]. Journal of Geophysical Research,107(D23):4721.

Mayewski P A,Meeker L D,Twickler M S,et al.,1997. Major features and forcing of high-latitude northern hemisphere atmospheric circulation using a 110000-year long glaciochemical series[J]. Journal of Geophysical Research,102:26345-26366.

McGowan S,Ryves D,Anderson N,2003. Holocene records of effective precipitation in west Greenland [J]. The Holocene,13:239-249.

Meeker L D,Mayewski P A,2002. A 1400-year high-resolution record of atmospheric circulation over the

North Atlantic and Asia[J]. Holocene, 12: 257-266.

Morrill C, Overpeck J T, Cole J E, 2003. A synthesis of abrupt changes in the Asian summer monsoon since the last deglaciation[J]. The Holocene, 13: 465-476.

Mylona S, 1996. Sulphur dioxide emissions in Europe 1880—1991 and their effect on sulphur concentrations and depositions[J]. Tellus, 48: 662-689.

Nordenskiøld A E, 1866. Utkast till Spetsbergen Geologi[J]. Kungliga Svenska Vetenskapsakademiens Handlingar B4(Nr. 7): 25.

North Greenland Ice Core Project members (NGICP), 2004. High-resolution record of Northern Hemisphere climate extending into the last interglacial period[J]. Nature, 431: 147-151.

O'Brien S, Mayewski P A, Meeker L D, et al., 1995. Complexity of Holocene climate as reconstructed from a Greenland ice core[J]. Science, 270: 1962-1964.

Oechel W C, Hastings S J, Vourlitis G, et al., 1993. Recent change of Arctic tundra ecosystems from a net carbon dioxide sink to a source[J]. Nature, 361: 520-523.

Oechel W C, Vourlitis G, Hastings S J, et al., 2000. Accilimation of ecosystem CO_2 exchange in the Alaskan Arctic in response to decadal climate warming[J]. Nature, 406: 978-981.

Oppo D W, McManus J F, Cullen J L, 2003. Deepwater variability in the Holocene epoch[J]. Nature, 422: 277-288.

Paleoenvironmental Arctic Sciences (PARCS), 1999. The Arctic Paleosciences in the context of Global Change Research[Z].

Punning Y M K, Martma T A, Tyugu K E, et al., 1985. Stratifikatsiya lednikovogo kernas Zapadnogo ledyanogo polya na Severo-Vostochnoy Zemle (Stratification of ice core from Vestfonna, Nordaustlandet) [J]. Material Glyatsiology Issled, 52: 202-205.

Punning Y M K, Tyugu K R, 1991. Raspredeleniya khimicheskikih elementov v lednikovykh kernakhs Severo-Vostochnoy Zemli (The distribution of chemical elements in the glacier cores from Nordaustlandet) [J]. Material Glyatsiology Issled, 72: 170-176.

Punning Y M K, Vaikmäe R A, Kotlyakov V M, et al., 1980. Izotopno-kislorodnyye issledovaniya kernas ledorazdela lednikov Grënford I Fritof (o. Zapadnyy Shpisbergen (Isotope-oxygen investigations of ice core from the ice-divide of the Gronfjordbreen and Fridtjovbreen (Spitsbergen))) [J]. Material Glyatsiology Issled, 37: 173-177.

Rahmstorf S, 2002. Ocean circulation and climate during the past 120000 years[J]. Nature, 419: 207-214.

Risebrobakken B, Jansen E, Mjelde E, et al., 2003. A high resolution study of Holocene paleoclimatic and paleoceanogrpahic changes in the Nordic Seas[J]. Paleoceanography, 18: 1.

Salvigsen O, 1981. Radiocarbon dated raised beaches in Kong Karls Land, Svalbard and their consequences for the glacial history of the Barents Sea area[J]. Geografiska Annaler, 63A: 283-292.

Salvigsen O, Elgersma A, Hjort C, et al., 1990. Glacial history and shoreline displacement on Erdmannflya and Bohemanflya, Spitsbergen, Svalbard[J]. Polar Research, 8: 261-273.

Salvigsen O, Mangerud J, 1991. Holocene shoreline displacement at Agardhbukta, eastern Spitsbergen, Svalbard[J]. Polar Research, 9: 1-7.

Sarnthein M, van Kreveld S, Erlenkeuser H, et al., 2003. Centennial-to-millennial-scale periodicities of Holocene climate and sediment injections off the western Barents shelf, 75°N[J]. Boreas, 32: 447-461.

Seidenkrantz M S, Aagaard-Sarensen S, Sulsbrnck H, et al., 2007. Hydrography and climate of the last 4400 years in a SW Greenland fjord: implications for Labrador Sea palaeoceanography[J]. The Holocene, 17:

387-401.

Ślubowska-Woldengen M, Rasmussen T L, Koc N, et al., 2007. Advection of Atlantic Water to the western and northern Svalbard shelf since 17500 yr BP[J]. Quaternary Science Reviews, 26: 463-478.

Solanki S K, Usoskin I G, Kromer B, et al., 2004. Unusual activity of the sun during recent decades compared to the previous 11000 years[J]. Nature, 431: 1084-1087.

Steffensen J P, Andersen K K, Bigler M, et al., 2008. High-resolution Greenland Ice Core data show abrupt climate change happens in few years[J]. Science, 321: 680-685.

Teinilä K, Hillamo R, Kerminen V M, et al., 2004. Chemistry and modal parameters of major ionic aerosol components during NICE campaigns at two altitudes[J]. Atmospheric Environment, 38: 1481-1490.

Turney C, Baillie M, Clemens S, et al., 2005. Testing solar forcing of pervasive Holocene climate cycles[J]. Journal of Quaternary Science, 20: 511-518.

Tynan C T, DeMaster D P, 1997. Observations and predictions of Arctic climatic change: potential effects on marine mammals[J]. Arctic, 50(4): 308-322.

Vaikmäe R, 1990. Isotope variations in the temperate glaciers of the Eurasian Arctic [J]. Nuclear Geophysics, 4(1): 4-55.

Wagner B, Melles M, 2001. A Holocene seabird record from Raffles SØ sediments, East Greenland, in response to climatic and oceanic changes[J]. Boreas, 30: 228-239.

Wagner B, Melles M. 2002. Holocene environmental history of western Ymer Ø, East Greenland, inferred from lake sediments[J]. Quaternary International, 89: 165-176.

Wagner B, Melles M, Hahne J, et al., 2000. Holocene climate history of Geographical Society Ø, East Greenland: evidence from lake sediments[J]. Palaeogeography, Palaeoclimatology, Palaeoecology, 160: 45-68.

Wang Y, Cheng H, Edwards R L, et al., 2005. The Holocene Asian monsoon: links to solar changes and North Atlantic climate[J]. Science, 308: 854-857.

Watanabe O, Motoyama H, Igarashi M, et al., 2001. Studies on climatic and environmental changes during the last hundred years using ice cores from various sites in Nordaustlandet, Svalbard [J]. Memoirs National Institute Polar Research Special Issue Japan, 54: 227-242.

Willemse N W, Tömqvist E T, 1999. Holocene century-scale temperature' variability from west Greenland lake records[J]. Geology, 27: 580-584.

Zagorodnov V S, Samoylov O Y, Raykovskiy Y V, et al., 1984. Glubinnoye stroyeniye lednikovogo plao Lomonosova nao. Zap. Shpitsbergen (Depth structure of the Lomonosov ice plateau, Spitsbergen) [J]. Material Glyatsiology Issled, 50: 119-126.

Zwally H J, Giovinetto M B, Li J, et al., 2005. Mass changes of the Greenland and Antarctic ice sheets and shelves and contributions to sea-level rise: 1992—2002[J]. Journal of Glaciology, 51(175): 509-527.

第3章　全新世北极岛屿生态地质学的研究意义、目标和内容

孙立广　谢周清　袁林喜　杨仲康　贾　楠　程文瀚

3.1　研究地区和研究意义

始于1957—1958年的国际地球物理年(IGY)使得南极科学考察形成相对完整的国际南极研究体系，同时，也促进了南极条约体系的形成。《南极条约》明确肯定了IGY对南极科学考察的贡献和所表现出的国际合作精神。事实上，南极地区是世界上最后一个尚未确定归属的地区，南极地区的未来直接关系到各国的政治、经济利益和国际地位，这使得南极科学考察研究活动既有科学意义，也在很大程度上体现了国家意图和综合国力。随着冷战结束，北极研究也日趋活跃、开放。1990年国际北极科学委员会(IASC)成立。作为非政府的国际性组织，现有17个成员国，并把科学研究作为主要任务，旨在鼓励、促进和加强国际北极多学科综合研究，并在优先研究领域中，把"北极与全球变化"放在最优先的地位，其核心研究内容包括了"工业化对北极地区的环境和社会的影响研究"。

在过去的几十年中，人们通过对极地的研究已经注意到：数百年来，尤其是工业革命以来，人类活动所产生的能量与物质对自然界的叠加影响日益明显，这一趋势将对人类未来生存环境产生深刻而长远的影响。

以下两个例子分别来自数值模拟和观测事实：

与海洋耦合的气候变化模型指出，如果大气中的CO_2以每年1%的速率增加，则60～80年后，由于温室效应可造成全球大洋表面温度上升2～2.5℃，局部陆地表面气温上升3～8℃，南极大陆周边地区上升2℃以上，其结果将造成全球大洋的热膨胀并可能引起积存于南极大陆2.5×10^7～3×10^7 km^3的冰雪融化。仅后者就能导致全球海平面至少上升60 m，地壳均衡作用可能引起全球性的地质变动，并引发灾难。同时，数值模拟结果表明，极地地区，特别是南极地区对全球气候变化起着"放大器"的作用。

另一个不是源于数字模拟，而是来自观测事实的例子，即南极上空臭氧洞的出现和发展(1992年9月27日观测到南极臭氧洞的最大面积达2.440×10^7 km^2)已给地球生命的未来带来严重的潜在威胁。因此，人类亟须着手去发现是什么在变化、如何变化、变化因子的相互作用和地球上生命对这些变化的响应关系，才能预测未来变化并采取相应的管理和科学措施。

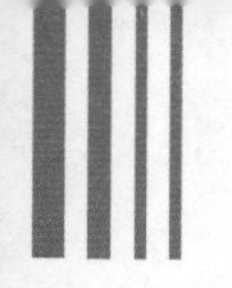

南极研究的成果往往对国际社会造成巨大影响，例如，南极臭氧洞的发现促使国际社会做出了禁用氟利昂的决定；20 世纪 60 年代，在南极的企鹅血液中检测出了 DDT 和六六六等有毒农药的残留，直接推动了这些难降解农药的禁用。

但是，由于极地特别是南极地区特殊的地理位置和非常匮乏的观测数据，无论模型的调制还是数据的代表性都还存在很多缺陷，还不具备再现南极实际情况的能力，而已有的监测数据在时间和空间上还不够充分。中国科学技术大学关于"3000 年企鹅数量记录和环境演变"的研究结果表明，尽管几十年来的实际监测数据显示南极的企鹅数量出现相当大的波动，人们把此归结于是人类活动的干预以及近年来气候变暖的影响，但是实际上历史时期在没有人类登上南极大陆的时候，企鹅数量也出现过波动，过冷或过热都不适合企鹅生存。这引起了国际社会的关注，在一定程度上改变了人们的认识，例如，人们有理由从历史演化角度对现有的研究结果提出种种疑问，包括历史时期即过去几千年来，南北极上空是怎样的呢？是否一直没有臭氧洞？北极岛屿地区历史时期的人类活动和气候变化是如何影响鸟类生态的？

在"历史时期企鹅数量考古"的基础之上，我们继续在北极从历史角度看北极的现代过程，着眼于全新世 1 万年以来北极对人类文明与全球变化的响应与反馈研究这个命题。

极地自然界面变化对人类文明与全球变化的响应与反馈十分敏感，北极岛屿的积水区包括无冰区的湖泊及峡湾沉积物，既是典型的界面，也是界面作用的结果之一。应用生物地球化学、有机地球化学、分子生物学、生态学、年代学和考古学等多学科交叉方法对沉积序列进行研究，从中可以获得高分辨率的气候与生态环境变化信息，在重溯过去、预测未来中发挥重要作用。

我们选择北极斯瓦尔巴群岛新奥尔松作为我们研究工作的基地，该地区有星罗棋布的积水区，为获得沉积记录提供了很好的基础，与此同时，多个古老的海蚀凹槽保存了宝贵的古沉积层，为全新世生态地质学研究提供了宝贵材料。

3.2　研究方法和研究目标

研究全新世以来北极斯匹次卑尔根岛地区海鸟生态，并对海鸟粪、粪土沉积物等进行化学元素、有机地球化学和同位素地球化学分析，对沉积层尤其是保存在古海蚀凹槽中的鸟粪土沉积层进行精确定年，探讨鸟类聚散、种群数量变化、环境、气候与海平面变化及其相关信息，研究历史时期极地典型海洋动物的营养状况、食性演化及其与气候环境、人类活动的关系，建立末次冰盛期消退以来鸟类生态对冰盖进退及气候变化的响应关系。为研究北极气候变化及其生态响应提供科学依据，将生态、冰盖进退与环境变化联系起来，并与北极冰芯的历史记录、南极无冰区的生态环境演化过程进行对比，在全球尺度上探索历史时期气候变化的生态响应关系。

我们研究的是自然界面的环境过程，重点在界面上的相互作用，即岩石圈、土壤圈、生物圈、大气圈、水圈相互作用的界面。目的在于：从圈层本身的专门学科研究跳跃到学科之间

的交叉渗透；从大气、水、土、生物、地质的环境背景调查跳跃到研究环境背景之间在统一环境系统中的相互关联。本质上，那些看似不相关的背景，实际上是自然系统的统一组成部分；看似相互矛盾的现象在统一的自然背景下实际上是协调的。但是只有从圈层相互作用的界面研究中才可能得出协调的结论。因此，在研究方法上，我们要考虑到多学科的交叉，要探索新的研究载体。

举例来说：第 15 次南极环境科考，我们在阿德雷岛的一个淡水湖芯剖面中检测出 0～15 cm 范围内含有放射性尘埃^{137}Cs，剖面中 P_2O_5 含量高达 5%～15%，Sr/Ba 显示出典型海相沉积，而且 Sr 的含量大得惊人，几百个分析数据给出的背景值，结果之间的矛盾和剖面本身的特殊性是令人震惊的。它们与已知的湖相沉积差别很大。但将海鸟、企鹅的食物、粪便、植物残体和地形、风、海平面抬升尤其是人类活动的影响这些因素结合起来的时候，湖芯给出的定量环境信息便显示矛盾消失了。我们得到的是近 3000 年来乔治王岛环境变化的图像，并且指出了 Sr/Ba>1 为海相沉积的这个判别标准不具有普遍性。因为海鸟的活动将磷虾变成湖芯中的粪便，从而改变了 Sr/Ba，这是一个典型的界面作用实例。

由这个例子可以看出，创新的一个重要途径是学科的交叉，是思维方式上的更新。类似的界面研究所得出的成果显示出全新的特色。更广泛地应用新的技术与方法到北极研究中，其中包括核物理分析技术、分子生物、植物学、电镜扫描技术和有机化学等。所有这些工作全面围绕极地古生态古环境这个核心目标。

3.3　研 究 内 容

3.3.1　极地海鸟生态与气候变化

我们已经开展了对冰缘湖泊和包括东南极拉斯曼丘陵和西南极柯林斯冰盖、纳尔逊冰缘湖泊的调查研究，发现沉积物的粒度分维与气候变化显著相关，这方面的经验为北极斯瓦尔巴边缘湖泊和古海蚀凹槽沉积物的研究提供了新的线索和途径。

通过对冰缘湖泊和古海蚀凹槽沉积的地质、地理与生态调查，从湖泊水体和沉积物等的物理化学特征角度探讨冰盖进退的时间序列及其与环境演变的关联。

湖泊演化序列与冰盖进退、古气候相关。将湖泊的演化序列归结为两个方向：单个湖泊的历史演化与在冰盖进退方向上湖泊群的历史演化，取得相同时代湖泊沉积物物理化学特征的横向对比资料，建立湖泊盐类演化的动力学模型，为反演沉积记录的环境演变提供依据。该高分辨记录将使得评估现代冰盖对全球变化的响应成为可能。古海蚀凹槽中含鸟粪土的沉积层序列为海鸟的古生态研究提供了可能。

对南极古海蚀凹槽沉积序列记载的古气候信息的成功恢复，为北极新奥尔松地区古海蚀凹槽沉积的研究提供了重要的借鉴与基础。我们通过对新奥尔松一级海岸阶地上保存的古海蚀凹槽沉积序列进行^{14}C 定年并结合表层^{210}Pb-^{137}Cs 定年确定沉积序列的年代学，进一

步通过 $\delta^{15}N$ 和 $\delta^{13}C$ 的同位素示踪和标型元素组合识别沉积序列中有机质的海鸟排泄物输入的主要来源特征，从而为构建北极历史时期的海鸟数量提供了基础。

随后，运用南极企鹅数量考古法，可以重建北极新奥尔松地区距今 9400 年到距今 1860 年期间的海鸟相对种群数量变化，并与北极斯瓦尔巴群岛西部海平面年平均气温、北大西洋深海沉积物中的冰岛玻璃质含量和赤铁矿沾染颗粒物含量的历史记录进行比较，从而探讨古气候变化对北极海鸟种群数量的影响。

在加拿大北极维拉角（CapeVera）地区，我们运用标型元素、碳氮同位素和甾醇比例指标，在利用 ^{14}C 和 ^{210}Pb-^{137}Cs 定年的冰缘湖泊沉积物中重建了千年来暴雪鹱的生态历史。我们发现该地区湖相沉积最早开始于中世纪暖期左右，暴雪鹱数量迅速上升，但在小冰期期间暴雪鹱数量未出现明显下降，指示该地区可能未经历明显的小冰期气候异常。同时，我们通过粪甾烷醇指标，发现在公元 1170 年附近，加拿大北极地区原住民曾在该处定居的证据。该系列研究开发了胆甾醇/豆甾醇指标作为新型海鸟生态指示计，并揭示了加拿大北极地区在小冰期的气候变化与全球平均不同步的可能性。

这些研究的代表性论文如下：

（1）袁林喜，罗泓灏，孙立广，2007. 北极新奥尔松古海鸟粪土层的识别. 极地研究，19：181-192.

（2）Cheng W，Kimpe L E，Mallory M L，et al.，2021. An～1100-year record of human and seabird occupation in the High Arctic inferred from pond sediments[J]. Geology，49(5)，510-514.

（3）Cheng W，Sun L G，Kimpe L E，et al.，2016. Sterols and stanols preserved in pond sediments track seabird biovectors in a High Arctic environment[J]. Environmental Science & Technology，50(17)，9351-9360.

（4）Yuan L X，Sun L G，Long N Y，et al.，2010. Seabirds colonized Ny-Ålesund，Svalbrad，Arctic～9400 years ago[J]. Polar Biology，33：683-691.

3.3.2 北极极端气候事件的识别

全新世以来已经识别出了众多突然气候变冷的极端气候事件，如 11000 yr BP 的新仙女木事件（Younger Dryas Event，YD）、8200 yr BP 事件、5200 yr BP 事件、4200 yr BP 事件以及 600 yr BP 的小冰期事件。这些极端气候事件具有发生突然、持续时间短、影响范围广等特点而具有重要的研究价值。在对北极的研究中，我们在北极新奥尔松地区海蚀凹槽沉积中发现大量北极钝贝在约距今 9400 年前突然大量死亡，从而识别出在北极地区存在距今 9400 年左右的极端气候事件的存在并对北极海洋生态产生显著影响，并进一步就其驱动机制和发生范围作了讨论。同时，通过对海蚀凹槽中的冰碛砾石形貌学、沉积物粒径特征、有机质来源特征、年代学特征进行多维分析，识别出北极小冰期事件发生的证据。

这些研究的代表性论文如下：

（1）Yang Z K，Yang W Q，Yuan L X，et al.，2020. Evidence for glacial deposits during the Little Ice Age in Ny-Ålesund，western Spitsbergen[J]. Journal of Earth System

Science,129:19.

(2) Yuan L, Sun L, Wei G, et al., 2011. 9400 yr BP: the mortality of mollusk shell (Mya truncata) at high Arctic is associated with a sudden cooling event [J]. Environmental Earth Sciences, 63:1385-1393.

3.3.3 北极气候变化与生态响应

北极在全球气候系统中起着至关重要的作用,但是,北极地区的气候变化记录分布非常不均匀,尤其是斯瓦尔巴群岛地区,可能由于该地区小冰期期间的冰川是全新世以来最大的一次,从而破坏了大量的沉积序列。海蚀凹槽沉积不易受到外界扰动,是记录古气候、古环境变化的理想载体。我们利用伦敦岛的古海蚀凹槽沉积序列,通过分析沉积物中与气候变化密切相关的风化指标,同时,结合反映研究区域古气候变化的替代性指标(TOC),恢复了该地区中晚全新世以来的气候变化历史,重建的气候变化记录与北大西洋的冰筏事件以及格陵兰、冰岛和斯瓦尔巴群岛的冰川活动具有很好一致性,此外,通过进一步对古海蚀凹槽沉积剖面进行详细的地球化学和有机分子标志物分析,重建了新奥尔松地区的光合生物量和古生产力的变化记录,深入探讨了生物量记录与北极地区历史时期温度变化之间的关系。

这些研究的代表性论文如下:

(1) Yang Z K, Wang J J, Yuan L X, et al., 2019. Total photosynthetic biomass record between 9400 and 2200 BP and its link to temperature changes at a High Arctic site near Ny-Ålesund, Svalbard[J]. Polar Biology, 42(5):991-1003.

(2) Yang Z K, Sun L G, Zhou X, et al., 2018. Mid-to-late Holocene climate change record in palaeo-notch sediment from London Island, Svalbard [J]. Journal of Earth System Science, 127(4):57.

(3) Yang Z K, Yang W Q, Yuan L X, et al., 2020. Evidence for glacial deposits during the Little Ice Age in Ny-Ålesund, western Spitsbergen[J]. Journal of Earth System Science, 129(1):19.

(4) Yang Z K, Wang Y H, Sun L G, 2018. Records in palaeo-notch sediment: changes in palaeoproductivity and their link to climate change from Svalbard[J]. Advances in Polar Science, 29(4):243-253.

(5) Yang Z K, Yuan L X, Wang Y H, et al., 2017. Holocene climate change and anthropogenic activity records in Svalbard: a unique perspective based on Chinese research from Ny-Ålesund[J]. Advances in Polar Science, 28(2):81-90.

3.3.4 北极沉积柱中的元素地球化学特征

过去百年来,人类在新奥尔松地区开展煤矿开采、科学考察以及北极旅游等活动给当地的环境造成了严重的影响,但是目前对该地区的环境评价还主要集中在表层土壤和海洋表层沉积物方面,对过去100年来该地区的重金属污染历史和污染现状仍不清楚。我们利用

新奥尔松地区的古海蚀凹槽沉积剖面，分析了沉积物中6种典型的重金属元素的含量变化，并评估了该地区在历史时期的污染状况，发现沉积剖面中的重金属元素含量在过去100年来快速升高，这些污染主要与新奥尔松地区的汽油发电、煤矿开采、站区影响、北极旅游以及污染物的长距离传输有关。此外，我们在北极偏远的湖泊沉积物中发现了一个非常有趣的现象，沉积柱中的大多数元素含量自下而上呈现逐渐下降的趋势，我们通过一系列分析方法提出了影响偏远湖泊沉积柱元素垂向分布异常的潜在原因，强调了气候变暖对偏远湖泊无机元素地球化学分布的影响不容忽视。

这些研究的代表性论文如下：

(1) Yang Z K, Zhang Y A, Xie Z Q, et al., 2021. Potential influence of rapid climate change on elemental geochemistry distributions in lacustrine sediments: a case study at a high Arctic site in Ny-Ålesund, Svalbard[J]. Science of The Total Environment, 801: 149784.

(2) Yang Z K, Yuan L X, Xie Z Q, et al., 2020. Historical records and contamination assessment of potential toxic elements (PTEs) over the past 100 years in Ny-Ålesund, Svalbard[J]. Environmental Pollution, 266: 115205.

(3) Yang Z K, Xie Z Q, Wang J, et al., 2021. Palaeo-notch sediments as reliable proxy records for climate change and anthropogenic activities: a short review[J]. Environmental Earth Sciences, 80: 648.

3.3.5 人类文明对北极地表环境的影响

新奥尔松地区植被茂盛(以苔原地貌为主)，有相对复杂的生态系统，人类活动相对简单，是研究现代文明环境污染的良好的背景区域。我们分析了新奥尔松地区不同区域土壤中Hg、Cd等重金属元素及S元素的含量，探讨了过去煤矿开采等人类活动对当地苔原植被的影响，并发现当地苔原植被中 *Dicranum angustum* 可以较好地指示环境的变化和差异，可优选为当地污染监测植物和重金属污染的敏感生物指示计。随后，我们发现当地的 *Dicranum anaqustum* 较表层土壤而言，在反映较大空间尺度和较长时间尺度Sb污染的累积情况方面表现更突出。苔藓植物对于监测区域地表的Sb污染情况，特别在低Sb区域，有很大的应用前景。

这些研究的代表性论文如下：

(1) 袁林喜，龙楠烨，谢周清，等，2006. 北极新奥尔松地区现代污染源及其指示植物研究[J]. 极地研究，18: 9-20.

(2) Jia N, Sun L G, He X, et al., 2012. Distributions and impact factors of antimony in topsoils and Moss in Ny-Ålesund, Arctic[J]. Environmental Pollution, 171: 72-77.

3.3.6 冶金过程在极地的历史记录

对北欧、北美以及澳大利亚的湖泊沉积物中的Pb浓度以及同位素测试分析发现了罗马

文明和希腊文明的记录(Shotyk,1998;Fabrice,1999)。在15次南极考察采集的湖芯沉积物中相应的年代也发现了Pb特征的异常(Sun et al,2001)。我们将对该湖芯中的铅进行深入研究,包括其同位素比值特征以及周围母岩Pb同位素特征,鉴定这些异常是否为古文明的记录。特别是,收集相关的中国古代冶金史资料,包括中国用于冶炼Pb的矿产资源产地和相关的同位素比值特征,寻找中国文明在极地的痕迹。

尽管Birks等(2004)对斯瓦尔巴西海岸的一系列湖泊研究表明远程大气来源的污染物,包括重金属和有机污染物,对北极几乎没有影响,湖泊沉积污染物维持在背景值的水平上,似乎北极的斯瓦尔巴地区依然是一片净土。然而,最新的研究显示海洋源和煤矿开采以及燃煤的使用可能成为影响北极斯瓦尔巴地区的环境和生态的重要污染源。海鸟、海兽是把海洋污染物富集并通过捕食、排泄等途径转移到北极无冰区的重要来源(Headley,1996;Blais et al.,2005)。煤矿开采过程中的煤层的暴露是新奥尔松地区的Hg、Cd、S污染的主要来源,Sb是潜在污染源,新奥尔松地区的汽油燃烧对本地的Pb污染贡献较大(You et al.,2009)。相似的结果在湖泊沉积中得到,新奥尔松伦敦岛湖泊沉积物表层5 cm部分Hg、Se、Cd等重金属元素的污染主要是由20世纪以来新奥尔松煤矿开采活动引起的;同时,在最表层的Hg、Se、Cd含量有降低趋势,很可能是新奥尔松煤矿的关闭导致煤灰沉积的减少(夏重欢,谢周清,2007)。朗伊尔宾西部的Bolterskardet湖中的纹泥沉积很好地记录了150年来Pb的变化历史,结果显示,1970年以前,纹泥沉积中的Pb通量变化趋势与格陵兰和斯瓦尔巴冰芯中的硫酸盐和Pb浓度变化一致,显示了显著的气候驱动特征;然而,1970年以后,纹泥沉积中的Pb通量显著增长,与当地的煤矿开采活动相吻合,显示了显著的人类来源特征(Sun et al.,2006)。3种分布最广泛、数量最多的苔原植物中苔藓植物*Dicranum angustum*对重金属元素具有最大的富集能力,位于矿区的*Dicranum angustu*体内污染元素含量显著高于非矿区部分。同时发现,*Dicranum angustum*体内元素积累和土壤中元素浓度之间沿水平剖面的变化趋势较一致,能较好地反映本地区的污染状况,可以作为污染监测和指示植物。从全球区域对比来看,北极新奥尔松苔藓体内污染水平显著低于邻近的北欧等工业区,却是北极地区Hg、Cd和S污染最严重地区,同时也比南极地区高(袁林喜 等,2006)。

这些研究的代表性论文如下:

汪建君,孙立广,2008.两极与中低纬地区粪土层生物标志物性质比较[J].中国科学技术大学学报,38(1).

汪建君,孙立广,2007.北极新奥尔松地区鸟粪土层的分子有机地球化学研究[J].极地研究,19(1).

夏重欢,谢周清,2007.北极新奥尔松地区环境演变的沉积记录[J].中国科学技术大学学报,37(8).

参考文献

汪建君,孙立广,2007.北极新奥尔松地区鸟粪土层的分子有机地球化学研究[J].极地研究,19(1):9.DOI:CNKI:SUN:JDYZ.0.2007-01-003.

汪建君,孙立广,2008.两极与中低纬地区粪土层生物标志物性质比较[J].中国科学技术大学学报,38(1):18-24.

夏重欢,谢周清,2007.北极新奥尔松地区环境演变的沉积记录[J].中国科学技术大学学报,37(8):1003-1008.

袁林喜，龙楠烨，谢周清，等，2006. 北极新奥尔松地区现代污染源及其指示植物研究[J]. 极地研究，18：9-20.

袁林喜，罗泓灏，孙立广，2007. 北极新奥尔松古海鸟粪土层的识别[J]. 极地研究，19：181-192.

Jia N，Sun LG，He X，et al.，2012. Distributions and impact factors of antimony in Topsoils and Moss in Ny-Ålesund，Arctic[J]. Environmental Pollution，171：72-77.

Cheng W H，Sun L G，Kimpe L E，et al.，2016. Sterols and stanols preserved in pond sediments track seabird biovectors in a High Arctic environment[J]. Environmental Science & Technology，50(17)：9351-9360.

Cheng W H，Kimpe L E，Mallory M L，et al.，2021. An ～1100-year record of human and seabird occupation in the High Arctic inferred from pond sediments[J]. Geology，49(5)：510-514.

Yang Z K，Yang W Q，Yuan L X，et al.，2020. Evidence for glacial deposits during the Little Ice Age in Ny-Ålesund，western Spitsbergen[J]. Journal of Earth System Science，129：19.

Yuan L X，Sun L G，Long N Y，et al.，2010. Seabirds colonized Ny-Ålesund，Svalbrad，Arctic～9400 years ago[J]. Polar Biology，33：683-691.

Yuan L，Sun L，Wei G，et al.，2011. 9400 yr BP：the mortality of mollusk shell（Mya truncata）at High Arctic is associated with a sudden cooling event[J]. Environmental Earth Sciences，63：1385-1393.

Yang Z K，Zhang Y A，Xie Z Q，et al.，2021. Potential influence of rapid climate change on elemental geochemistry distributions in lacustrine sediments：a case study at a High Arctic site in Ny-Ålesund，Svalbard[J]. Science of The Total Environment，801. DOI：10.1016/j.scitotenv.2021.149784.

Yang Z K，Xie Z Q，Wang J，et al.，2021. Palaeo-notch sediments as reliable proxy records for climate change and anthropogenic activities：a short review[J]. Environmental Earth Sciences，80：648.

Yang Z K，Wang J J，Yuan L X，et al.，2019. Total photosynthetic biomass record between 9400 and 2200 BP and its link to temperature changes at a High Arctic site near Ny-Ålesund，Svalbard[J]. Polar Biology，42(5)：991-1003.

Yang Z K，Sun L G，Zhou X，et al.，2018. Mid-to-late Holocene climate change record in palaeo-notch sediment from London Island，Svalbard[J]. Journal of Earth System Science，127(4)：57.

Yang Z K，Yuan L X，Wang Y H，et al.，2017. Holocene climate change and anthropogenic activity records in Svalbard：a unique perspective based on Chinese research from Ny-Ålesund[J]. Advances in Polar Science，28(2)：81-90.

Yang Z K，Yuan L X，Xie Z Q，et al.，2020. Historical records and contamination assessment of potential toxic elements（PTEs）over the past 100 years in Ny-Ålesund，Svalbard[J]. Environmental Pollution，266. DOI：10.1016/j.envpol.2020.115205.

Yang Z K，Yang W Q，et al.，2020. Evidence for glacial deposits during the Little Ice Age in Ny-Ålesund，western Spitsbergen[J]. Journal of Earth System Science，129(1)：19.

Yang Z K，Wang Y H，Sun L G，2018. Records in palaeo-notch sediment：changes in palaeoproductivity and their link to climate change from Svalbard[J]. Advances in Polar Science，29(4)：243-253.

第 4 章　新奥尔松古海蚀凹槽中的鸟粪土层与冰水沉积

袁林喜　孙立广　谢周清

4.1　古海蚀凹槽及其沉积层的发现

2004 年 7 月中国黄河站建站考察期间，在新奥尔松的一级海岸阶地采集到长达 118 cm 的沉积剖面 Yn(78°55.6′ N，11°56.4′ E)。采样位置位于新奥尔松的鸟类保护区内，区内有海雀（*Alle alle*、*Cepphus grille*、*Uria lomvia*）、三趾鸥（*Rissa tridactyla*）、北极燕鸥（*Sterna paradisea*）、管鼻藿（*Fulmarus glacialis*）、北极绒鸭（*Somateria mollissima*）等大量海鸟生活。该海岸阶地距离海面的水平距离约 3 m，高出平均海平面约 3.5 m，为一级海岸阶地。从野外来看，采样位置的阶地基岩呈一个凹槽形态，基岩为灰白色的石灰岩，凹槽底部基岩平滑，推测可能是一个早期的顶盖已被侵蚀的海蚀凹槽(Sun et al.，2005)，其中保存的沉积物序列可作为恢复古生态与古环境的很好的研究材料。

古海蚀凹槽沉积首先由孙立广教授在南极发现并进行详细研究，根据孙立广等(2005)对南极古海蚀凹槽沉积环境、采样位置地貌特征以及沉积物记录的古气候信息等方面的研究，结合当地的古气候以及冰川活动记录，孙立广教授提出了南极古海蚀凹槽形成的成因模式(孙立广 等，2006)，其形成过程简要阐述如下：

在早全新世，由于温度上升，两极冰盖逐渐融化，海平面快速上升，而古海蚀凹槽正好处在当时海平面的位置，由于海浪长时间的冲刷和侵蚀作用，强度比较薄弱的基岩海岸就会被不断掏蚀形成凹槽，后期由于地壳均衡抬升作用，该凹槽所处的海岸带抬升并成为一级海岸阶地。在 4600 yr BP 以前，冰盖从长城站退出过程中，融出碛会沿着海岸带发生堆积，阻挡冰雪融水，从而形成堰塞湖（古西湖），随后，古海蚀凹槽底部开始接受沉积。在 3000 yr BP 左右，新冰期开始，菲尔德斯半岛冰盖逐渐扩张，冰盖在前进过程中很可能破坏了古西湖的融出碛，使得物源中断，导致古海蚀凹槽中沉积的停止。

相比传统的古气候研究载体，古海蚀凹槽沉积物有很多的优点(孙立广 等，2006)。第一，古海蚀凹槽沉积不仅可以重建过去气候环境变化历史，还能为研究地区的海平面变化、冰川活动、地貌演化特征等提供有用的信息；第二，古海蚀凹槽沉积物采样简单且方便，并且在南北极无冰区的海岸阶地上分布有很多的古海蚀凹槽(Miccadei et al.，2016；孙立广 等，2006)；第三，古海蚀凹槽沉积保存完好，几乎不会受到后期人为因素的影响和破坏；第四，古海蚀凹槽可能位于海鸟、海兽的栖息地周围，为研究极地海鸟生态提供重要信息；第五，这也为研究古气候、古环境提供了一种新的研究载体，为深入研究南北极地区的气候环境演化历史提供帮助。

4.2 新奥尔松古海蚀凹槽沉积层的3个阶段

采样从凹槽沉积序列的表层开始剥离，直至凹槽底部，总长度为118 cm。

根据岩性特征(图4.1(a))、粒度特征(图4.1(b))、Hunter白度、TOC、重金属元素(Hg、Pb、As、Se)含量特征(图4.1(c))，可以将该海蚀凹槽沉积剖面Yn划分为3个阶段(袁林喜，2010)：

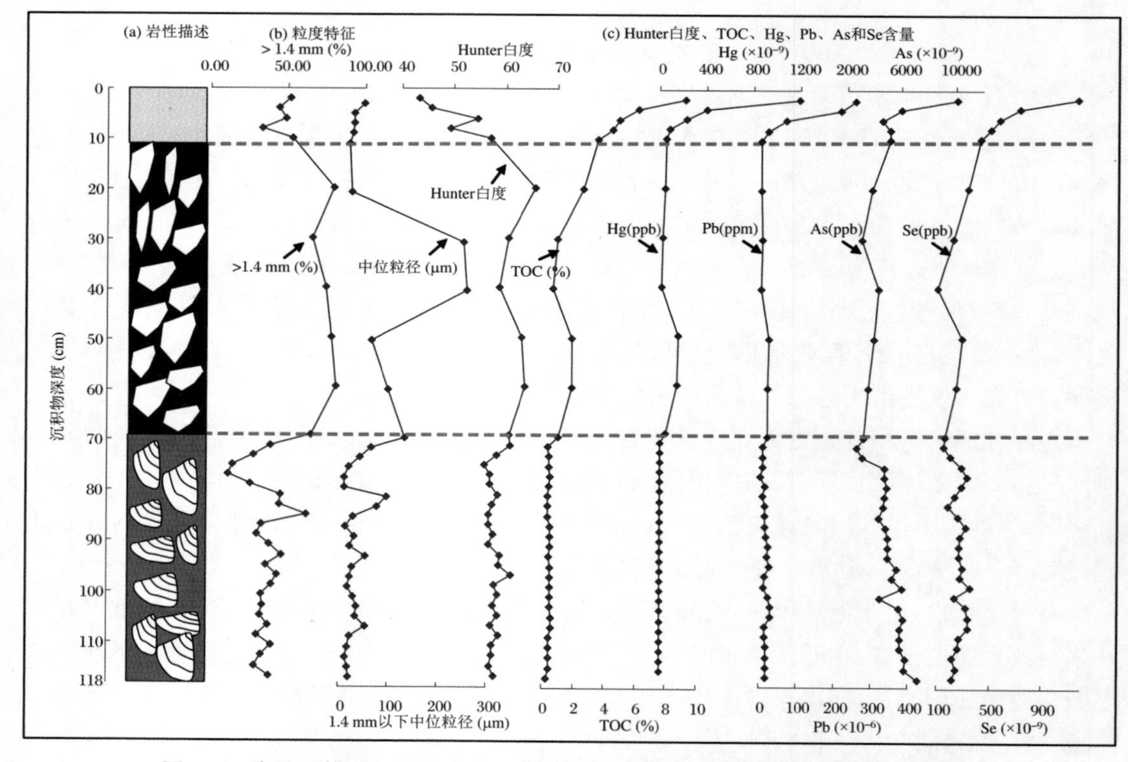

图4.1 海蚀凹槽沉积物的岩性示意图(a)、粒度分析结果(b)以及Hunter白度、TOC、重金属元素(Hg、Pb、As、Se)含量分析结果(c)

0～10 cm为棕黑色黏土层，该层有机质含量丰富，还含有少量直径为1 mm～1 cm的砾石。该层在颜色上呈棕黑色-棕褐色，颜色较深。该层以2 cm为间隔取样，取样数为5个，编号为Yn-1～Yn-5。

10～70 cm为冰碛砾石层，未见层理，该层主要为大小不均一的砾石，无定向排列，这些砾石呈棱角状，可见冰刀石和冰擦痕，粒径从3 mm～3 cm均有出现，且很不均匀，有的甚至达到5 cm以上。该层以10 cm间隔取样，取样数为6个，编号为Yn-6～Yn-11。

70～118 cm 为含贝壳黏土层，该层含有大量白色贝壳残片，有机质含量也较丰富，其中也夹杂有少量的砾石，粒径在 5 mm～3 cm 之间变化，但这些砾石都具有比较好的磨圆度。该层在颜色上变化较大，从 70 cm 开始向下依次由棕黄色向棕红色、棕黑色、黄绿色、棕红色变化，有明显层理。该层以 2 cm 间隔取样，取样数为 24 个，编号为 Yn-12～Yn-35。

4.3　新奥尔松古海蚀凹槽中沉积层的年代学

对 0～10 cm 层进行^{210}Pb-^{137}Cs 定年。样品磨细后，烘干，称净重和干密度，求出质量深度。将干样装入与标准样品形状完全相同的离心管，静置一段时间后放入 γ 谱仪测定放射性。过剩^{210}Pb 的活度由样品中总^{210}Pb 放射性活度减去^{226}Ra 的放射性活度得到，^{137}Cs 可以由仪器直接测量，其中^{210}Pb 和^{137}Cs 的半衰期分别为 22.26 年、30.2 年。^{210}Pb、^{226}Ra 和^{137}Cs 标准样品均由中国原子能研究所提供，分析仪器为美国 AMETEK 公司的低本底高纯锗 γ 能谱仪(型号 GWL-D SPEC-PLUS)，分析测试在中国科学技术大学极地环境研究室完成，测试时间为 2008 年，测试结果如图 4.2 所示。

由于^{137}Cs 为人工放射性核素，来源单一，输入函数比较清楚，成为研究沉积过程中常用的示踪核素。全球核试验的初始时间是 20 世纪 50 年代初期，而散落的高峰期是 1963—1964 年，沉降次高峰期是 1975 年，因为^{137}Cs 这一人工放射性核素反映了大气核试验的这段历史，所以它通常被作为时间标记使用(Krishnaswamy et al.，1972)。在 1986 年 4 月 26 日苏联核泄漏事故之后，有研究表明在海洋和湖泊沉积物中即出现了源于切尔诺贝利事故的^{137}Cs，因此，^{137}Cs 的沉积剖面中 1986 年的蓄积峰也能作为一个有价值的时间标记(Buesseler et al.，1987；Wieland et al.，1993)。按照^{137}Cs 在全球空间上的分布规律，北半球的^{137}Cs 总沉降量大于南半球，因为更多的核试验发生在北半球；核爆炸周围地区的^{137}Cs 沉降量高于全球平均水平；受平流层大气运动影响，^{137}Cs 尘埃在中高纬度地区含量较高，相同降水量下，纬度越高，^{137}Cs 沉降量越大(严平，张信宝，1998)。研究区域位于北半球，沉积物中能详细记录到^{137}Cs 沉降的各个时期事件，在斯瓦尔巴冰芯中就能检测出 1986 年切尔诺贝利事故的^{137}Cs 沉降层(Pourchet et al.，1995)。本研究中检测到 0～10 cm 层中有 3 个^{137}Cs 的峰值，分别在 2 cm、4 cm、6 cm 处，在 6 cm 以下^{137}Cs 累积量几乎为零。因此，2 cm、4 cm 和 6 cm 分别对应着 1986 年、1975 年和 1963 年(图 4.2(a))。^{210}Pb 是天然放射性铀系元素中的一员，半衰期为 22.26 年。从大气中沉降下来的过剩^{210}Pb 主要随着降水和干湿沉降进入水体、沉积物，并沉积下来形成自我封闭体系。同时，沉积物自身也有一定量的铀系核素，同样衰变产生附加^{210}Pb。在绝大多数情况下，认为附加^{210}Pb 与铀系核素是放射性平衡，与体系中的放射性产物^{226}Ra 相等。这样就可以通过总的^{210}Pb 减去^{226}Ra(附加^{210}Pb)得到过剩^{210}Pb(图 4.2(b))。随着时间的推移，沉积物中的过剩^{210}Pb 活度按照放射性衰变规律逐渐减小，这样就可以进行沉积物的^{210}Pb 计年。利用恒定补给速率模式(Constant Rate of Supply，CRS)计算本研究中测定的^{210}Pb 数据，结果如图 4.2(c)所示，而且，^{210}Pb 年龄模式结果与^{137}Cs 年龄模式结果很好地吻合。由此，通过^{210}Pb-^{137}Cs 定年，建立了 0～

10 cm层的年代学，表明 0～10 cm 层是 1900 年以来沉积的结果（袁林喜，2010；Yang et al.，2020）。

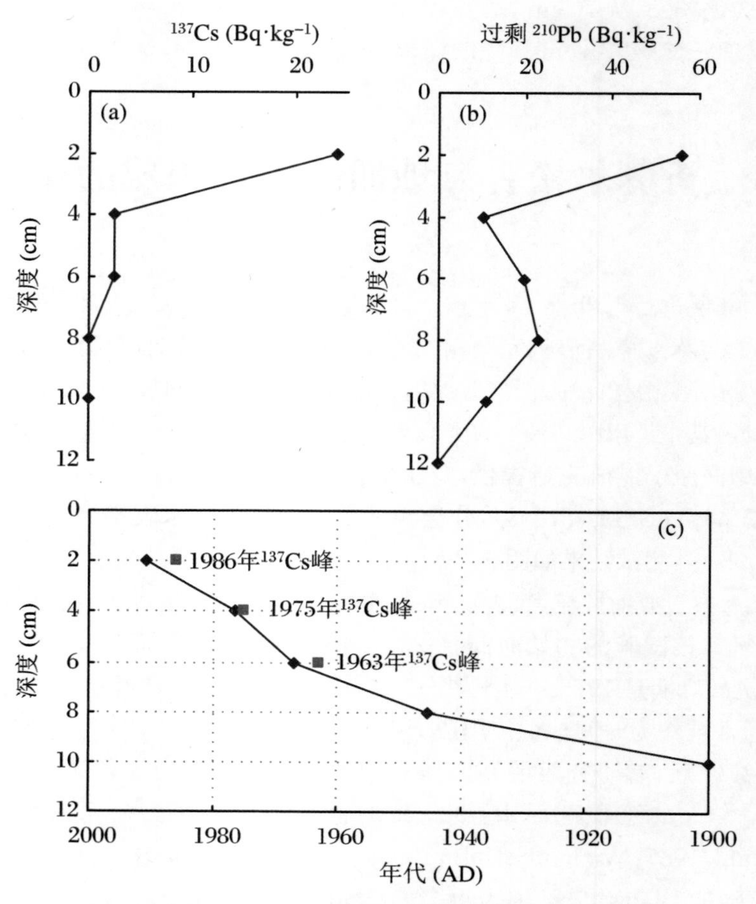

图 4.2　0～10 cm 层的 Pb^{210}-Cs^{137} 定年

(a) ^{137}Cs 活度（Bq·kg^{-1}）与深度（cm）关系图；(b) 过剩^{210}Pb 活度（Bq·kg^{-1}）与深度（cm）关系图；(c) 基于 CRS 累积模式计算得到过剩^{210}Pb 的年龄与深度关系图。同时，由^{137}Cs 测试结果得到的 1963 年、1975 年、1986 年特征点亦被标入，两者结果吻合很好。其中，沉积物表层年龄为 2008 年。

对北极新奥尔松古海蚀凹槽剖面 70～118 cm 中选取岩性特征和地球化学指标发生突变的相应层位的贝壳残体和剔除贝壳残体后的总有机质进行放射性^{14}C 定年，定年样品的具体位置见表 4.1。样品先清洗去除杂质，再酸洗去除无机碳，然后制备成石墨靶，最后用加速器质谱（AMS）进行测量。样品的测试一部分在北京大学重离子物理实验室进行，另一部分在美国加州大学欧文分校的 W. M. 科克碳循环加速器质谱实验室（W. M. Keck Carbon Cycle Accelerator Mass Spectrometry Laboratory，University of California Irvine（KCCAMS UCI））进行，具体的测试流程可以参考其实验室文献（Liu et al.，1997；Santos et al.，2007）。测试结果以标准物质 PDB 的$^{13}C_{PDB}$为－25‰为标准进行碳同位素分馏校正，测试误差是基于样品的重复测量得到的。同位素分馏校正后的结果经过树轮校正程序 CALIB 5.01 校正（IntCal 04 数据库），得到校正年龄，并表达为传统^{14}C 年龄 BP（距 1950

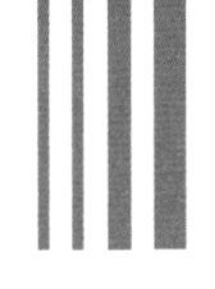

年)。由于北极斯瓦尔巴群岛的海洋储库效应为440年(Mangerud, Gulliksen, 1975),进一步计算得到样品的储库校正年龄。具体的测试结果见表4.1。

表4.1　不同层位贝壳残片和总沉积物的AMS ^{14}C定年结果

编　号	样品	材　料	深度(cm)	传统^{14}C年龄③(yr BP)	储库校正年龄(yr BP)
55739②	Yn-11	贝壳残片	70	9775±30	9335±30
55740②	Yn-12	贝壳残片	72	9785±25	9345±25
55742②	Yn-20	贝壳残片	88	9810±25	9370±25
55743②	Yn-26	贝壳残片	100	9795±25	9355±25
BA06241①	Yn-29	贝壳残片	106	9875±40	9435±40
55744②	Yn-31	贝壳残片	110	9790±30	9350±30
BA06240①	Yn-33	贝壳残片	114	9820±50	9380±50
55745②	Yn-34	贝壳残片	116	9795±25	9355±25
BA05184①	Yn-12	总沉积物	72	4685±35	4245±35
BA05187①	Yn-34	总沉积物	116	12180±40	11740±40

注:① 在北京大学重离子物理实验室测量。

② 在美国加州大学欧文分校W.M.科克碳循环加速器质谱实验室测量。

③ ^{14}C半衰期为5730年,衰变常数λ为1/8267每年。

8个挑选出的贝壳(北极钝贝)残体的AMS ^{14}C定年结果显示,这些贝壳的测试年龄处在9800～9700 yr BP的狭小范围内,储库校正年龄为9350～9450 yr BP,平均年龄为约距今9400年(表4.1)。这些来自于不同层位的贝壳有相同的死亡年龄,对此唯一的解释是这些贝壳是由于某些突然事件同时死亡的。然后,随着阶地抬升或海平面下降,这些死亡的贝壳被暴露在抬升的阶地上,并随着时间的推移逐渐沉积到海蚀凹槽中。

对凹槽沉积物70～118 cm段的72 cm(Yn-12)和116 cm(Yn-34)剔除贝壳残体后的总有机质进行了AMS ^{14}C定年,储库校正年龄分别为距今(4245±35)年和(11740±40)年(表4.1)。考虑到116 cm(Yn-34)层位的总有机质AMS ^{14}C年龄很可能由于少量陆源有机质的混染而使测试年龄偏老,为了校正这种老化效应,本文选取116 cm(Yn-34)层位的贝壳AMS ^{14}C作为标准,其测试年龄为(9795±25)yr BP,储库校正年龄为(9355±25)yr BP。而116 cm(Yn-34)的总有机质AMS^{14}C储库校正年龄为(11740±40)yr BP。通过两者的比较,得到老化年龄效应为2320～2450年,平均值为2385年。因此,总有机质的储库校正年龄通过老化年龄效应的进一步校正后得到70～118 cm段的年龄序列,分别为(1860±35)(72 cm)、(9355±40)(116 cm)yr BP。由此得到该层位的年代学为9355～1860 yr BP,以线性沉积为模式,则沉积1 cm的沉积物大约需要170年的时间,其他层位的年龄通过该模式进行线性内插获得(袁林喜,2010)。

对10～70 cm层中的砾石形态进行观察发现,在该层位中,砾石表面有明显的擦痕,很可能是冰川作用的结果。结合岩性特征、粒径特征(图 4.1),推断 10～70 cm 层的砾石堆积可能是冰碛物。根据上文结论认为 10～70 cm 层与 70～118 cm 层交界处的年龄为 1860 yr BP,而 0～10 cm 层与 10～70 cm 层交界处的年龄为 1900 AD。由此可见,10～70 cm 层的砾石堆积是在 1860 yr BP—1900 AD 期间形成的。检查研究区域的古气候特征,在 1860 yr BP—1900 AD 期间明显的冰进只发生在小冰期期间,来自斯瓦尔巴冰芯记录显示,该区域的小冰期开始于 1550 AD,结束于 1920 AD,经历了两个冷期发展阶段,分别为 1200—1500 AD 和 1700—1900 AD (Birks et al. ,2004)。而且,已有研究显示发生在斯匹次卑尔根的小冰期冰进是整个全新世时期冰进幅度最大的一次(Svendsen,Mangerud,1997)。而研究区域位于现代海岸的一级阶地上,远离现在的冰盖前缘,只有明显的大范围冰进才有可能达到研究区域。因此,有理由认为,10～70 cm 层的砾石堆积是发生在 1550—1920 AD 期间的北极小冰期冰进形成的。这表明北极小冰期冰进明显,到达了现在西海岸的边缘,也很可能是这次小冰期的冰进破坏了海蚀凹槽中沉积的贝壳鸟粪层,致使 1860 yr BP 到小冰期开始之间的贝壳鸟粪沉积缺失(Yang et al. ,2020)。

因此,该海蚀凹槽沉积剖面记录了北极钝贝在距今约 9400 年前的突然大规模死亡的环境事件、9355～1860 yr BP 间的环境沉积记录、1550—1920 AD 期间的北极小冰期冰进事件以及 1900 年以来环境沉积记录。

4.4 新奥尔松海蚀凹槽沉积物中的有机质来源

海蚀凹槽沉积物 70～118 cm 段的 TN、TOC、C/N、δ^{15}N 和 δ^{13}C 分析结果如图 4.3 所示。TN 和 TOC 含量分别在 0.017%～0.041%和 0.32%～0.58%的范围内波动。C/N 比值的范围较大,为 13～23,与之相对的是,绝大部分 δ^{15}N 值和 δ^{13}C 值均落在一个较小的范围内,分别为 12‰～20‰和 -23‰～-26‰。小范围波动的 C、N 同位素值表明了在 70～118 cm 段的沉积物有机质来源稳定而单一。

如图 4.4 所示,沉积层的总有机碳(TOC)和总氮(TN)含量具有显著的正相关,TN(%)=0.0929×TOC(%)-0.0128($R^2=0.74, P\leqslant 0.05$)。当 TOC=0 时,TN 的截距值为 -0.0128,代表样品中的无机氮含量。该值为负值,因此可以认为沉积物中的氮主要来源于有机物。这样计算 TOC/TN 比值,并结合有机质 $\delta^{13}C_{org}$就可以区分沉积物中的有机质是海洋来源还是陆地来源(Lamb et al. ,2006)。

在 C/N 和 $\delta^{13}C_{org}$的二元图解上(图 4.5),Yn 沉积物的样品投点显著落在海洋藻类边缘靠近海洋源的一侧,但部分与 C3 植物域重叠,可能受到陆源植物的轻微改造。但是,对北极最常见的 3 种苔原植物(Yuan et al. ,2006)以及当地煤样(均为潜在的陆源有机质来源)在 C/N 和 $\delta^{13}C_{org}$的二元图解上投点(图 4.5),发现以苔原植物为代表的陆生植物 C/N 值为40～50,而以煤为代表的另一种潜在陆源的 C/N 值约为 80,均远离 Yn 沉积物区域。

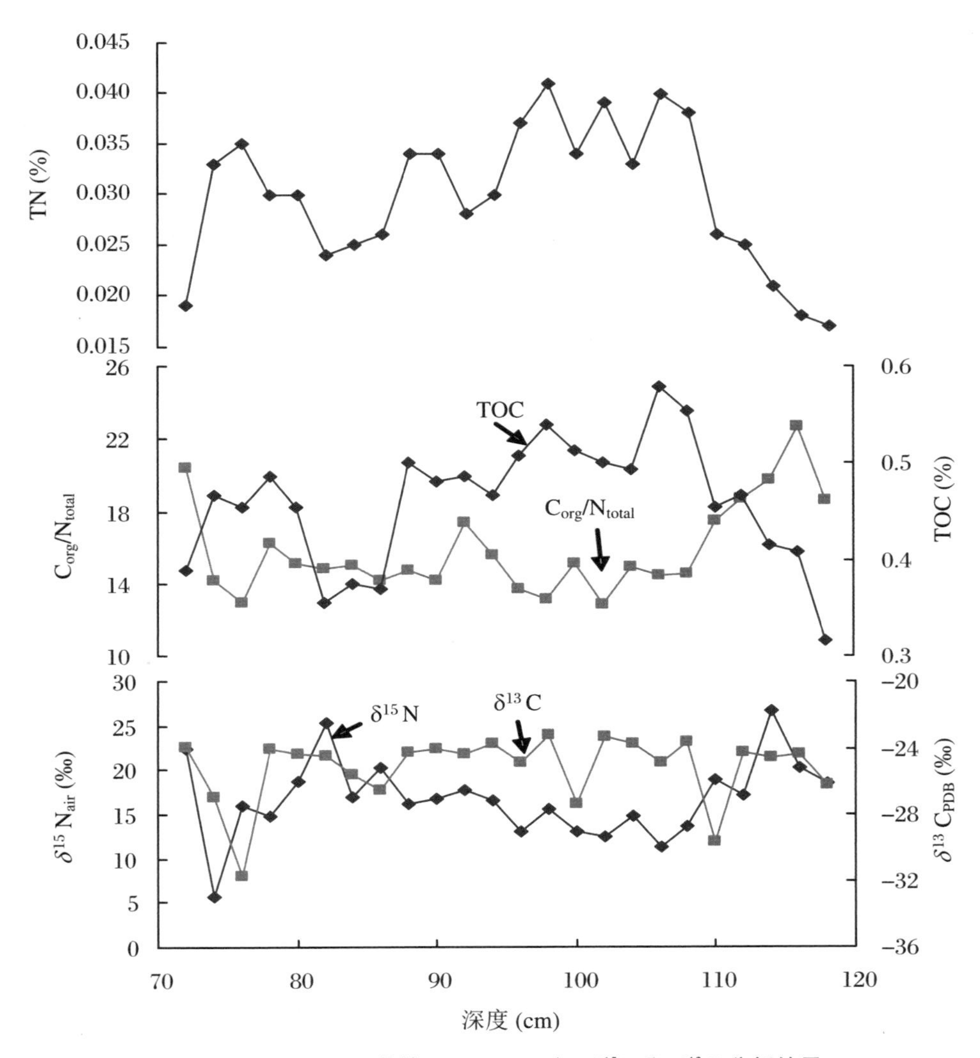

图 4.3　70～118 cm 段的 TN、TOC、C/N、$\delta^{15}N$ 和 $\delta^{13}C$ 分析结果

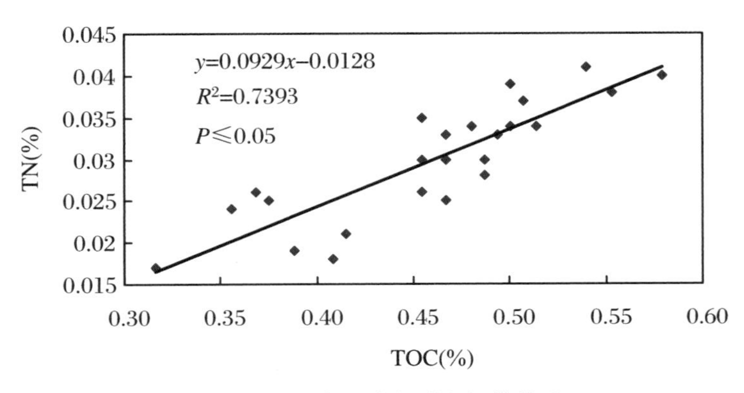

图 4.4　总氮与总有机碳之间的关系

然而,来自于背景湖泊沉积物有机质的 $\delta^{13}C$ 和 C/N 却与 Yn 沉积物的结果相重合

(图 4.5)。基于背景湖泊沉积物有机质具有极低的 $\delta^{15}N$ 值(0.48‰~2.12‰),而与之相对的海鸟排泄物的 $\delta^{15}N$ 值非常高(10.8‰~15.4‰)(Jæger et al.,2009),因此背景湖泊并未受到海鸟粪的影响,这与野外观察的结果相一致。但是野外观察发现,背景湖泊现在有大量水生藻类生活,而水生藻类均具有很低的 C/N 值,约为 20(Lamb et al.,2006),因此,背景湖泊低的 C/N 值很显然来自于湖泊水生藻类死亡之后的埋藏和保存。

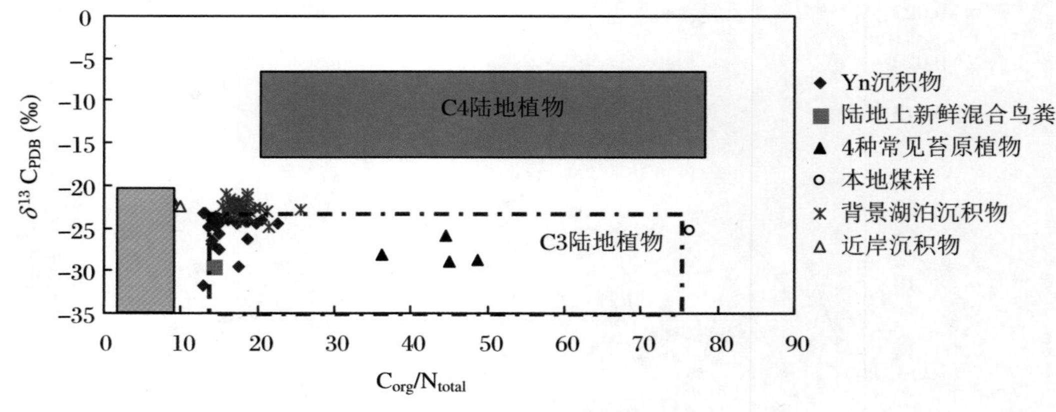

图 4.5　沉积物中有机质来源的识别

对样品观察发现,该海蚀凹槽沉积物中并没有任何藻类存在,海洋沉积的可能也在之前的讨论中被排除。有趣的是,在 Yn 采样处采集的新鲜混合北极鸟粪(主要为北极鹅(*Branta leucopsis*),北极鸥(*Sterna paradisaea*)和绿灰鸥(*Larus hyperboreus*))的 C/N 值和 $\delta^{13}C_{org}$ 恰好落在 Yn 沉积物区域。所以,有理由认为 Yn 沉积剖面中的有机质来源主要为海洋源,是由海鸟通过捕食、排泄等行为将海洋源有机质转移到海蚀凹槽沉积中的,但并不排除有少量陆源的干扰。

沉积物中有机质的氮同位素组成主要受两个因素控制:一是有机质来源;二是沉积过程中及沉积后期的分馏效应,主要取决于氨态氮的挥发速率。一般而言,干冷的气候条件会导致沉积环境碱性化,而且地表径流较弱,使得有机质暴露在地表氧化条件下的时间较长,从而有利于氨的生成与挥发,使得同位素动力学分馏效应加强,导致沉积物中氮同位素变重(Legrand et al.,1998);相反,暖湿气候条件下,有机质在搬运到采样地之前就可能快速沉积在环境水中,从而几乎没有经历氨的挥发过程,而且地表径流增强,有机质暴露在地表时间较短,也不利于氨的挥发(Wainright et al.,1998)。这种情况下,沉积物的氮同位素组成变化较小,接近于源区有机质氮同位素组成。由此可见,最终沉积物的氮同位素组成几乎不变或有不同程度的变重,但依然能反映源区有机质氮同位素组成的特征。为了进一步确定有机质的来源,我们将 Yn 沉积物系列的氮同位素值与北极海洋生物进行比较(Hobson et al.,2002)(图 4.6)。结果显示,Yn 沉积物系列的 $\delta^{15}N$ 值集中在 15‰~19‰的范围内,显著高于处于营养级初端的冰藻(5.1±0.3)‰和 POM(Particulate Organic Material,颗粒态有机质)(6.8±0.3)‰。而以冰藻和浮游生物为食物的无脊椎动物、软体动物、节肢动物等的 $\delta^{15}N$ 值均小于 13‰,与 Yn 沉积物系列 $\delta^{15}N$ 值有重叠的是北极海鸟和海洋哺乳动物。然而,能够将海洋源的有机质转移到陆地沉积下来的只有海鸟或海兽才会实现(Sun et al.,2000,2004)。但是野外观察显示,采样区域是一个鸟类保护区,在区内生活有大量海鸟,主

要有海雀、三趾鸥、北极燕鸥、管鼻藿、北极绒鸭，但未见大量海豹、海象在此登陆，所以有理由认为 Yn 沉积物中的有机质主要是通过海鸟的捕食和排泄等生物地球化学过程将海洋源的有机质转移到该海蚀凹槽中沉积下来的。

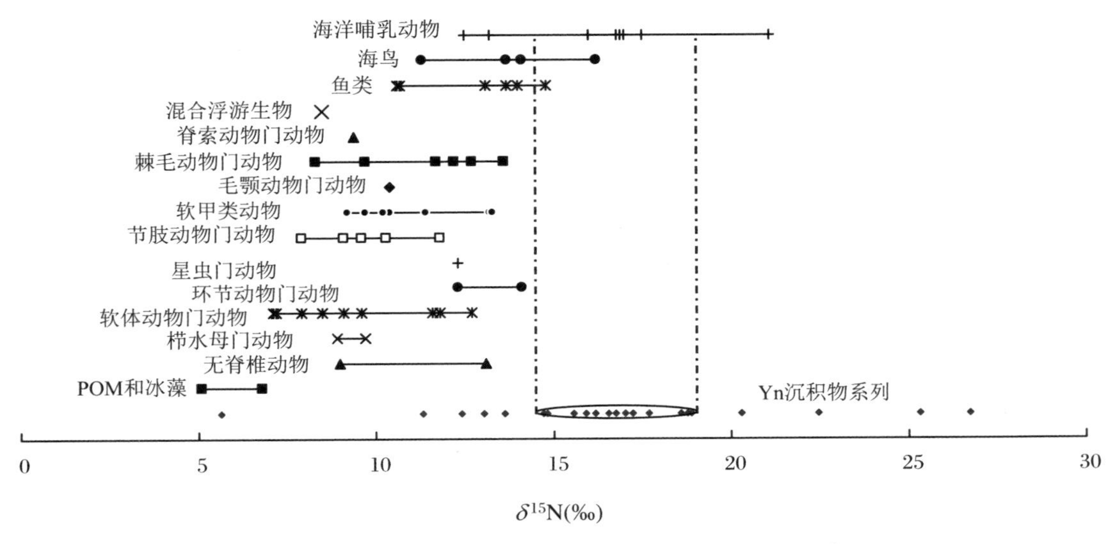

图 4.6　北极不同营养级海洋生物的氮同位素值的变化范围

Blais 等(2005)对加拿大北极区域的未受到海鸟影响和受到海鸟不同程度影响的湖泊、集水区沉积物进行对照分析，结果显示，研究区域的新鲜海鸟粪的 $\delta^{15}N$ 值高达 20.4‰，受到海鸟粪严重影响的表层沉积物的 $\delta^{15}N$ 为 10.6‰～18.4‰，受到海鸟粪影响较低的表层沉积物的 $\delta^{15}N$ 为 5.2‰～8.6‰，而几乎未受到海鸟粪影响的背景湖泊的表层沉积物的 $\delta^{15}N$ 值为 0.7‰～6.6‰(Blais et al.,2005)。Evenset 等(2004)对巴伦支海 Bjørnøya 岛上的高北极湖泊研究显示，由于海鸟粪的输入，Ellasjøen 湖泊沉积物中有机质的 $\delta^{15}N$ 水平(11.3‰～18.1‰)显著高于背景湖泊 Øyangen 湖的(3.4‰～8.8‰)(Evenset et al.,2004)。在南极，受到企鹅、海豹排泄物影响的湖泊沉积物的 $\delta^{15}N$ 值的变化可以用来重建企鹅、海豹种群数量的变化，当种群数量扩大时，湖泊沉积物记录的 $\delta^{15}N$ 值信号增强；而当种群数量减小时，湖泊沉积物记录的 $\delta^{15}N$ 值信号减弱，两者之间呈现了显著的一一对应关系(Liu et al.,2004,2006a)。因此，在本研究中，海蚀凹槽沉积物有机质中高的 $\delta^{15}N$ 值是增强的海鸟粪输入影响的结果。分析结果中也存在一些偏离平均数据的异常值，其中最低的 $\delta^{15}N$ 值为 5.66‰，可能表明了极少甚至没有海鸟粪的输入；异常高值(22.47‰，25.33‰和 26.73‰)可能与沉积物 N 同位素原位动力学分馏有关(Liu et al.,2006a)。

基于 Hop 等(2002)的粗略估计，现在生活在王湾的海鸟每年通过捕食所产生的氮、磷总量分别约为 10.4 t 和 4.2 t。尽管王湾表层海水会受到海鸟排泄物的影响，但是海蚀凹槽沉积物受到海水的影响并不明显，原因如下：首先是王湾表层海水受到海鸟排泄物的影响很小，现在检测到的海水中的氮、磷很低，分别为 0.03 $gN \cdot m^{-2} \cdot y^{-1}$ 和 0.21 $gC \cdot m^{-2} \cdot y^{-1}$ (Hop et al.,2002)，这样低的浓度在凹槽沉积物中并不能检测；其次，凹槽所处的海拔高度在高潮线以上约 4 m，海水并不能影响到其中的沉积物。因此，现代海水对凹槽沉积物的影响几乎可以忽略不计。换句话来说，凹槽沉积物 Yn 中的有机质来源是海鸟的排泄物，受控

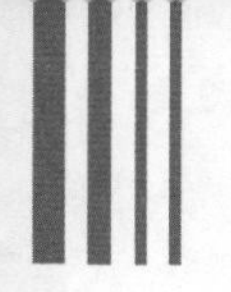

于海鸟的捕食和排泄等生物地球化学过程。

需要说明的是，凹槽对早期沉积物的保存是重要的(Sun et al.,2005)。在斯瓦尔巴群岛上很少有老于700年的沉积物保存(Jones,Birks,2004)。这是因为小冰期冰盖的推进是斯瓦尔巴群岛上全新世以来的幅度最大的一次，冰盖前缘已经到达现在的西海岸(Salvigsen,Hogvard,2006)。大规模的冰进极大地破坏了湖泊、阶地等保存的沉积序列。但是，凹槽中的沉积物则可能部分地保存了下来。在新奥尔松沿岸有多处这样的凹地，从而幸运地保存了全新世早期的沉积记录。尤为难得的是，在西海岸的海蚀凹槽中，作为海鸟栖息地，沉积了海鸟粪土层。

海鸟粪实质上是海鸟通过生物地球化学过程，将海洋生物元素转移到陆地的最终产物，特定的海鸟粪标型元素特征是对生物链、气候、海平面升降等综合环境因素的记录或响应，因而可以把鸟粪沉积应用到全球变化研究中(Sun et al.,2000,2004)。

4.5 鸟粪标型元素组合的识别

Yn沉积剖面中含海鸟粪土的沉积层(70～118 cm)元素浓度随深度的垂直变化如图4.1所示。由图可以看出，粪土沉积层中TOC、TN、Se、Sr、Pb等元素的浓度剖面随深度表现出明显的波动特征，并且这些元素含量在深度剖面上表现出较为一致的垂向变化趋势。

影响元素浓度变化的因素有很多，单个元素在地质成因上往往具有多解性，但一定元素组合的变化具有成因专属性，因此具有物源指示意义(Liu et al.,2006b)。采用相似系数对海鸟粪土的沉积层(70～118 cm)样品中所有元素进行R聚类分析，结果如图4.7所示，可以

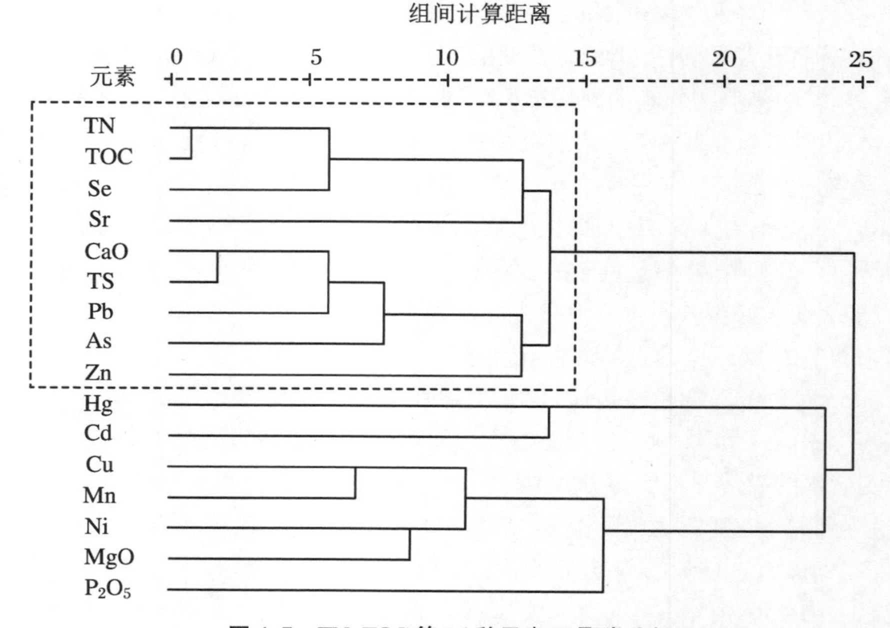

图4.7　TN、TOC等16种元素R-聚类分析

清楚地看出，TOC、TN、Se、Sr、CaO、TS、Pb、As、Zn 聚为一类，这和上述元素组合在浓度剖面的垂向变化曲线上表现出的良好协同性相一致(图 4.1)，说明这些元素很可能具有共同的物质来源。前已证明 Yn 沉积序列中的有机质主要来源于鸟粪。硫为典型生物元素，主要来源于有机质，但在该聚类中与 TOC、TN 关系稍差。而该聚类组合中，Se、Sr 主要来自于海洋源，而且也与代表有机质的 TOC、TN 相关关系最高。$CaCO_3$是贝壳的重要组成部分，聚类中 CaO 与代表海相源的元素 Se、Sr 等聚为一类，表明粪土层中贝壳残片存在的影响。Pb、As、Zn 属于重金属元素，可能是海鸟食物中从海洋带来的污染元素(Sun et al.，2004；Blais et al.，2005)。所以，有理由认为，这些海相源的元素与代表有机质的 TOC 和 TN 组合应该受控于鸟粪输入，也就是说，TOC、TN、Se、Sr、CaO、TS、Pb、As、Zn 的组合就是鸟粪的标型元素组合，它们在剖面中含量的变化就代表了历史过程中鸟粪含量的变化(Sun et al.，2000，2004)。

需要特别说明的是，作为南极企鹅、海豹粪土层的主要标型元素 TS 尽管在标型组合之列，但与代表有机质的 TOC、TN 的关系并没有南极的好，甚至 P_2O_5 却不在北极鸟粪土沉积的标型元素组合中，这是因为北极的气候、环境状态不同于南极，斯瓦尔巴群岛气温比南极高，气候也较南极湿润，因而化学风化、成壤作用较南极强烈，而且采样区域位于海岸阶地上，地势平缓，鸟粪在搬运到凹槽中沉积之前会经历较长时间的暴露地表过程，在这个过程中，对环境氧化还原状态较为敏感的 TS 和在暴露、搬运过程中容易淋滤的 P_2O_5会受到较大影响。而且，斯瓦尔巴群岛磷灰石储量丰富(Hisdal，1985)，作为背景参考的土壤 C-S 中 P_2O_5含量高达 1.415×10^{-3}(Yuan et al.，2006)，但是，新鲜北极鸥粪中的 P_2O_5 含量仅为 4.094×10^{-3}，由此可见，背景土壤的高磷含量也会对沉积物中的海鸟粪信号起到干扰的作用。

参 考 文 献

孙立广，谢周清，刘晓东，等，2006，南极无冰区生态地质学[M]. 北京：科学出版社.

严平，张信宝，1998. [137]Cs 法在风沙过程研究中的应用前景[J]. 中国沙漠，18(2)：182-187.

袁林喜，2010. 北极新奥尔松和浙江舟山群岛的典型岛屿生态地质学问题研究[D]. 合肥：中国科学技术大学.

Birks H J B，Vivienne J J，Rose N L，2004. Recent environmental change and atmospheric contamination on Svalbard as recorded in lake sediments-an introduction[J]. Journal of Paleolimnology，31：403-410.

Blais J M，Kimpe L E，McMahon D，et al.，2005. Arctic seabirds transport marine-derived contaminants [J]. Science，309：445.

Bond G，Kromer B，Beer J，et al.，2001. Persistent solar influence on North Atlantic climate during the Holocene[J]. Science，294：2130-2136.

Buesseler K，Livingston H，Honjo S，et al.，1987. Chernobyl radionuclides in a Black Sea sediment trap[J]. Nature，329：825-828.

Evenset A，Christensen G N，Skotvold T，et al.，2004. A comparison of organic contaminants in two high Arctic lake ecosystems，Bjørnøya (Bear Island)，Norway[J]. Science of Total Environment，318：125-141.

Forman S L，Mann D H，Miller G H，1987. Late Weichselian and Holocene relative sea-level history of

Bröggerhalvöya, Spitsbergen[J]. Quaternary Research, 27: 41-50.

Forman S, Lubinski D, Ingólfsson Ó, et al., 2004. A review of postglacial emergence on Svalbard, Franz Josef Land and Novaya Zemlya, northern Eurasia[J]. Quaternary Science Reviews, 23: 1391-1434.

Hisdal V, 1985. Geography of Svalbard[M]. Oslo: Norsk Polarinstitutt.

Hobson K A, Fisk A, Karnovsky N, et al., 2002. A stable isotope $\delta^{13}C$, $\delta^{15}N$ model for the North Water food web: implications for evaluating trophodynamics and the flow of energy and contaminants[J]. Deep-Sea Research (Ⅱ Top Stud Oceanogr), 49: 5131-5150.

Hop H, Pearson T, Hegseth E N, et al., 2002. The marine ecosystem of Kongsfjorden, Svalbard[J]. Polar Research, 21: 167-208.

Jæger I, Hop H, Gabrielsen G W, 2009. Biomagnification of mercury in selected species from an Arctic marine food web in Svalbard[J]. Science of The Total Environment, 407: 4744-4751.

Jones V J, Birks H J B, 2004. Lake-sediment records of recent environmental change on Svalbard: results of diatom analysis[J]. Journal of Paleolimnology, 31: 445-466.

Krishnaswamy S, Lal D, Martin J M, et al., 1972. Geochronology of lake sediments[J]. Earth and Planetary Science Letters, 15(1): 94.

Lamb A L, Wilson G P, Leng M J, 2006. A review of coastal palaeoclimate and relative sea-level reconstructions using $\delta^{13}C$ and C/N ratios in organic material[J]. Earth Science Reviews, 75: 29-57.

Landvik J Y, Bondevik S, Elverhøi A, et al., 1998. The last glacial maximum of Svalbard and the Barents Sea area: ice sheet extent and configuration[J]. Quaternary Science Reviews, 17: 43-75.

Legrand M, Ducroz F, Wagenbach D, et al., 1998. Ammonium in coastal Antarctic aerosol and snow: role of polar ocean and penguin emissions[J]. Journal of Geophysical Research: Atmospheres, 103(D9): 11043-11056.

Lehman S J, Forman S L, 1992. Late Weichselian glacier retreat in Kongsfjorden, west Spitsbergen, Svalbard[J]. Quaternary Research, 37: 139-154.

Liu K X, Li K, Yuan S X, et al., 1997. AMS ^{14}C dating of small samples[J]. Acta Geoscientia Sinca, 18 (Sup.): 233-235. (In Chinese with English abstract)

Liu X D, Li H C, Sun L G, et al., 2006a. $\delta^{13}C$ and $\delta^{15}N$ in the ornithogenic sediments from the Antarctic maritime as palaeoecological proxies during the past 2000 yr[J]. Earth and Planetary Science Letters, 243: 424-438.

Liu X D, Zhao S P, Sun L G, et al., 2006b. Geochemical evidence for the variation of historical seabird population on Dongdao Island of the South China Sea[J]. Journal of Paleolimnology, 36: 259-279.

Liu X D, Sun L G, Yin X B, et al., 2004. Paleoecological implications of the nitrogen isotope signatures in the sediments amended by Antarctic seal excrements[J]. Progress of Nature Science, 14: 786-792.

Mangerud J, Bolstad M, Elgersma A, et al., 1992. The last glacial maximum on Spitsbergen, Svalbard[J]. Quaternary Research, 38: 1-31.

Miccadei E, Piacentini T, Berti C, 2016. Geomorphological features of the Kongsfjorden area: Ny-Ålesund, Blomstrandøya (NW Svalbard, Norway) [J]. Rendiconti Lincei, 27: 217-228.

Pourchet M, Lefauconnier B, Pinglot J F, et al., 1995. Mean net accumulation of ten glacier basins in Svalbardestimated from detection of radioactive layers in shallowice cores [J]. Zeitschrift für Gletscherkunde und Glazialgeologie, 31: 73-84.

Salvigsen O, Hogvard K, 2006. Glacial history, Holocene shoreline displacement and palaeoclimate based on radiocarbon ages in the area of Bockfjorfen, north-western Spitsbergen, Svalbard[J]. Polar Research, 25

(1):15-24.

Santos G M, Moore R B, Southon J R, et al., 2007. AMS ^{14}C sample preparation at the KCCAMS/UCI facility: Status reports and performance of small samples[J]. Radiocarbon, 49: 255-269.

Sun L G, Liu X D, Yin X B, et al. 2004. A 1500-year record of Antarctic seal populations in response to climate change[J]. Polar Biology, 27: 495-501.

Sun L G, Liu X D, Yin X B, et al., 2005. Sediments in palaeo-notches: potential proxy records for palaeoclimatic changes in Antarctica [J]. Palaeogeography, Palaeoclimatology, Palaeoecology, 218: 175-193.

Sun L G, Xie Z Q, Zhao J L, 2000. A 3000-year record of penguin populations[J]. Nature, 407: 858

Svendsen J I, Mangerud J, 1997. Holocene glacial and climatic variations on Spitsbergen, Svalbard[J]. Holocene, 7: 45-57.

Van der Bilt W G M, Bakke J, Vasskog K, et al., 2015. Reconstruction of glacier variability from lake sediments reveals dynamic Holocene climate in Svalbard[J]. Quaternary Science Reviews, 126: 201-218.

Wainright S C, Haney J C, Kerr C, et al., 1998. Utilization of nitrogen derived from seabird guano by terrestrial and marine plants at St. Paul, Pribilof Islands, Bering Sea, Alaska[J]. Marine Biology, 131(1): 63-71.

Wieland E, Santschi P, Höhener P, et al., 1993. Scavenging of Chernobyl ^{137}Cs and natural ^{210}Pb in Lake Sempach, Switzerland[J]. Geochim Cosmochim Acta, 57: 2959-2979.

Yang Z K, Yang W Q, Yuan L X, et al., 2020. Evidence for glacial deposits during the Little Ice Age in Ny-Ålesund, western Spitsbergen[J]. Journal of Earth System Science, 129: 19.

Yang Z K, Yuan L X, Xie Z Q, et al., 2020. Historical records and contamination assessments of Potential Toxic Elements (PTEs) over the past 100 years in Ny-Ålesund, Svalbrd [J]. Environmental Pollution, 266.

Yuan L X, LongN Y, Xie Z Q, et al., 2006. Study on modern pollution sourceand bio-indicator in Ny-Ålesund, Arctic[J]. Chinese Journalof Polar Research, 18: 9-20.

第5章　新奥尔松末次冰消期后的海鸟登陆与生态重建

袁林喜　孙立广　龙楠烨　谢周清

5.1　海鸟首次登陆新奥尔松

来自于凹槽沉积物 Yn 底部的两个贝壳残片(114 cm/Yn-33 和 116 cm/Yn-34)的放射性^{14}C年龄分别为(9820±50)yr BP 和(9795±25)yr BP(表 5.1)。斯瓦尔巴西海岸的海洋储库效应为 440 年(Mangerud, Gulliksen, 1975; Lubinski et al., 1999),这样经过储库校正的年龄分别为(9380±50)yr BP 和(9355±25)yr BP。但是,必须明确的是,这些保存在凹槽沉积物中的贝壳残片可能来自于当时生活在浅海的软体贝类,也可能来自于更高更老的阶地上,然后重新沉积于这个海蚀凹槽中。如果是后一种情况,那么本研究中海蚀凹槽所在阶地的形成时间应该比贝壳的死亡年龄要晚。然而,已有研究显示,王湾在距今(9440±130)年冰盖完全消融,已经很接近现在的状态。一级阶地代表了当时海水所在的位置,形成时间约为距今 9440 年(Lehman, Forman, 1992; Forman et al., 2004)。

表 5.1　AMS ^{14}C 定年结果和储库校正年龄

实验室编号	样品	定年材料	深度(cm)	原始碳 14 年龄(yr BP)	储库校正的碳 14 年龄(yr BP)
BA06240①	Yn-33	贝壳残片 无机碳	114	9820±50	9380±50
55745②	Yn-34	贝壳残片 无机碳	116	9795±25	9355±25

注:① 在北京大学重离子物理实验室测量。

② 在美国加州大学欧文分校 W.M.科克碳循环加速器质谱实验室测量。

由此可见,一级阶地形成时间与贝壳的死亡时间十分接近,甚至要早于贝壳的死亡时间,因此保存在凹槽中的贝壳应该是来自于原位的,而不是来自于更高一级的阶地。研究显示,在 10500～9500 yr BP,王湾相对海平面以 15～30 m・kyr^{-1} 的速度迅速降低;在 6 kyr BP,王湾发生了一次短暂的海侵事件;在 2000～1000 yr BP,王湾海平面上升到现在的位置(Forman et al., 2004)。Forman 等(1987)对发生在 6 kyr BP 的海侵事件进行研究发现,当时的王湾相对海平面与现代相似,或比现代海平面略高,但显著低于 Erdmannflya 和

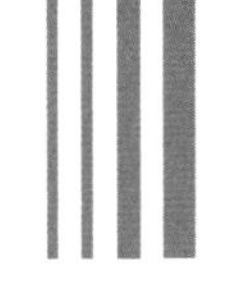

Bohømanflya 的相对海平面。因此，凹槽中已经沉积的沉积物并未受到发生在 6 kyr BP 的海侵事件的影响。而且，70～118 cm 段的沉积是连续的，Yn 沉积物中有机质的 $\delta^{15}N$ 值（12‰～20‰）和 TOC/N_{org} 值（15～23）均显著高于王湾近岸沉积物的 $\delta^{15}N$ 值（4.33‰～5.17‰）和 TOC/N_{org} 值（< 10），这些证据进一步排除了凹槽沉积物直接来自于海洋沉积的可能。

结合对沉积物来源的识别和沉积物形成时间的确定，我们可以推断，早在距今 9400 年，海鸟就已经登陆王湾，并在王湾生活繁衍。这是对北极新奥尔松全新世海鸟历史研究的首次报道，对进一步研究和认识北极斯瓦尔巴海鸟的生态历史具有重要意义（Yuan et al.，2010）。

5.2　海鸟种群数量重建及其影响因素

主因子分析方法常用来从众多变量中提取主要信息，该方法已经成功应用于南极湖泊沉积物的研究中，从沉积物的元素变量中提取出代表企鹅粪/海豹粪影响因素的主成分变量，从而依此重建南极企鹅/海豹的古生态（Sun et al，2000；Sun et al.，2004，2005；Liu et al.，2005）。将主因子分析应用于 70～118 cm 段的 TN、TOC 等 14 种元素，经过最大方差法旋转之后，得到 5 个主因子，其可以代表 14 种元素的大约 90%的信息（图 5.1）。其中，第一主因子代表的是 TOC、TN、Se、Sr、P_2O_5、Pb、As、Zn，能代表 14 种元素中的 33%的信息量，是其中的第一主控因子（图 5.1）。更为重要的是，这些载荷最大元素组合与聚类分析得到的鸟粪标型元素组合是一致的，因此第一主因子表示的就是 70～118 cm 贝壳层中的鸟粪含量的变化。至于生物元素 P 显著的负载荷尚需进一步分析。第一主因子得分表示的是鸟粪在沉积序列中含量的相对多少，而鸟粪含量的多少又直接与鸟类种群数量的多少息息相关，所以第一主因子的得分可以作为重建沉积序列中的鸟类种群数量的指标，将这个指标与 ^{14}C 定年得到的时标序列结合起来，就重建了 70～118 cm 段所代表的 9355～1860 yr BP 海鸟种群数量记录（图 5.2-(1)）（袁林喜，2010）。

由重建后的海鸟数量变化曲线（图 5.2(1)）可得，海鸟自距今 9400 年登陆新奥尔松至距今 1860 年期间，其种群数量经历了两个主要阶段：① 登陆之初，海鸟种群数量逐渐增长，在距今 7650 年左右达到最大种群数量；② 随后的 5800 年时间里，海鸟种群数量经历了 3 次剧烈波动：7650～6280 yr BP、6280～4580 yr BP、4580～2540 yr BP。将海鸟种群数量变化与斯瓦尔巴群岛西海岸的海表面温度进行对比发现（图 5.2-(2)），在登陆之初的 9400～9000 yr BP，斯瓦尔巴群岛西海岸处在一个很温暖的时期，SST 高达约 10 ℃，此时海鸟大量繁殖，种群数量迅速增多；但是，随之而来的是一次 SST 突降，到 8500 yr BP 已经降到 4 ℃，降幅达 6 ℃，海鸟的繁衍明显受到影响，种群数量停滞不前；随后的 8500～8200 yr BP 期间，SST 有所上升，增温幅度约为 2 ℃，与此相对的是海鸟种群数量大幅增长；8200 yr BP 之后，海鸟数量持续增长，直到 7650 yr BP 达到种群数量最大值，但是这一时期的 SST 处于缓慢下降的状态中，直到 7500 yr BP 降到最低点，降温幅度大约 3 ℃；此后，SST 略有回升（回升幅度<

成分矩阵

	成分				
	1	2	3	4	5
CaO	0.886	−0.023	−0.312	−0.080	0.031
TOC	0.802	−0.014	0.460	0.121	−0.170
Se	0.777	0.416	0.195	−0.133	−0.059
TN	0.749	−0.029	0.567	−0.066	−0.188
Pb	0.659	−0.193	−0.442	0.437	−0.071
P_2O_5	−0.651	0.488	0.033	0.172	−0.435
Sr	0.637	−0.425	0.051	−0.102	0.443
Mn	−0.253	0.801	−0.184	0.223	0.222
Ni	0.119	0.800	0.368	−0.158	−0.142
Cu	−0.171	0.702	0.147	−0.042	0.497
MgO	0.348	0.676	0.006	−0.069	0.299
As	0.470	0.308	−0.715	−0.095	−0.056
Hg	−0.140	−0.285	0.382	0.741	0.305
Zn	0.486	0.523	−0.135	0.525	−0.205

提取方法：主成分分析

图 5.1　TN、TOC 等 14 种元素的主因子分析

1 ℃)，并维持在一个稳定的状态，一直持续到 5600 yr BP，海鸟种群数量再经过 7650 yr BP 的鼎盛之后，随即遭遇到 7500 yr BP 的 SST 显著降温，海鸟种群数量也显著下降，到 7300 yr BP 出现低值，随后随着 SST 的小幅回升种群数量缓慢恢复；6200～2500 yr BP 期间，海鸟种群数量经历了两次剧烈的波动，分别在 5200 yr BP 和 3500 yr BP 达到种群数量的谷值，在 4500 yr BP 和 2500 yr BP 达到种群数量的峰值，这很可能对应了 5600～4300 yr BP、4300～3000 yr BP 期间的温度波动。可是无法解释的是，在 3000～1860 yr BP，SST 维持在一段相对温暖的时期，可是海鸟数量却在此期间出现了明显降低；同样的情况出现在 6800～5600 yr BP，SST 维持在一段相对稳定的状态，可是海鸟种群数量却出现显著波动(袁林喜，2010)。

与此同时，海鸟种群数量变化与北大西洋冰筏事件强度变化具有显著的同步性(图 5.2-(3,4))，尤其与表征高尔夫湾流强度的深海沉积物冰岛玻璃含量具有显著的相关性(图 5.2-(3))。而高尔夫湾流是斯瓦尔巴群岛的热量和海洋初级生产力的主要来源，当北大西洋发生冰筏事件的时候，深海沉积物中的赤铁矿铁沾染含量和冰岛玻璃含量显著增加，北大西洋处于降温期，这时，高尔夫湾流减弱并南移，输送到斯瓦尔巴群岛的热量和海洋营养盐显著减少，斯瓦尔巴群岛西海岸的海洋初级生产力也会显著下降，进一步导致海鸟的食物来源的短缺，极大地限制了海鸟种群数量的发展，因而与北大西洋冰筏事件显著相关。由此可以推测，SST 并不是斯瓦尔巴群岛海鸟生态的显著性限制因素，北大西洋气候，尤其是高尔夫湾流的变化会对海鸟生态形成决定性的影响(Bond et al.,2001)。

在格陵兰无冰区也得到了相似的研究结果。自距今 10000 年东格陵兰 Liverpool Land

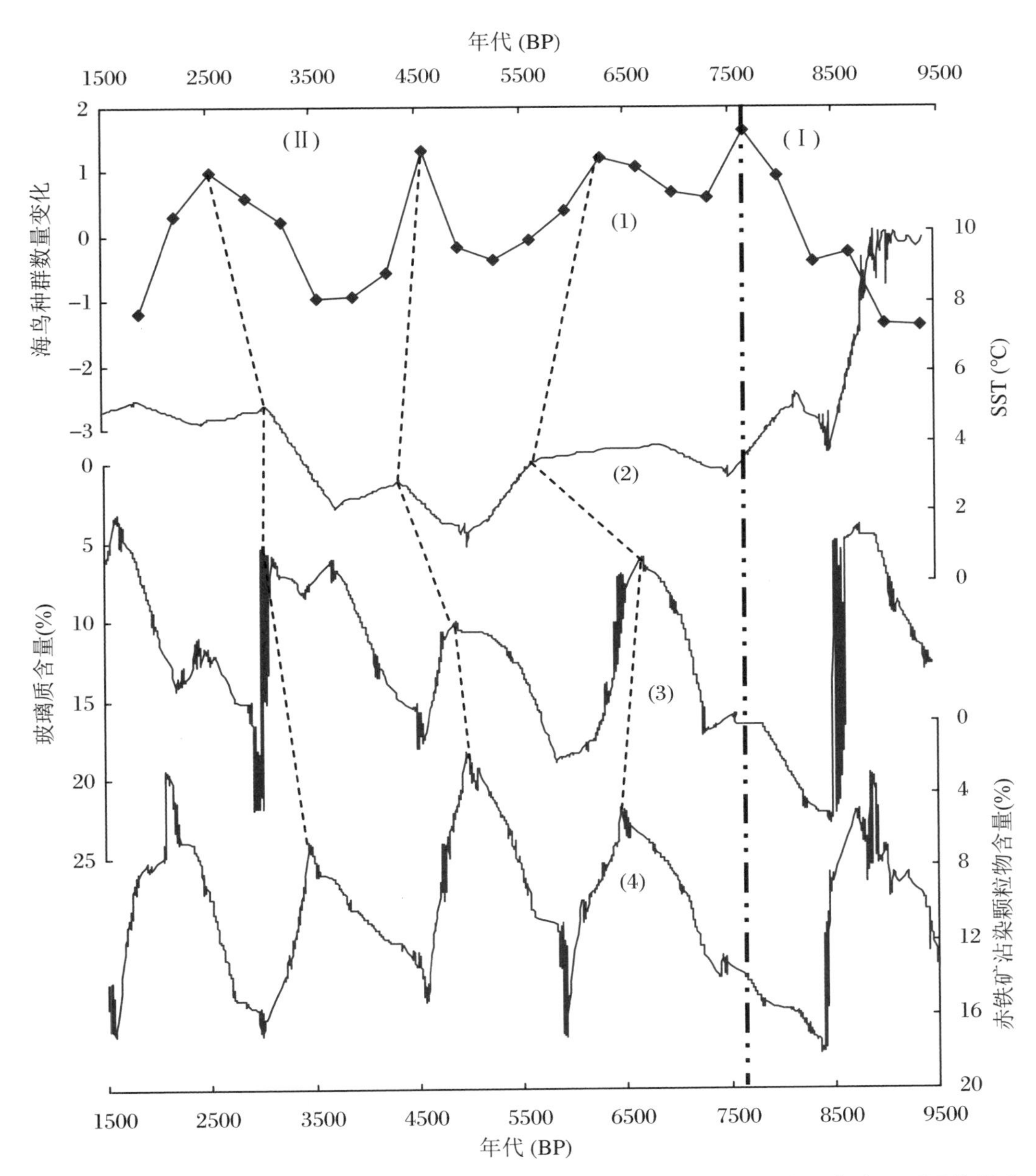

图 5.2　新奥尔松 9355～1860 yr BP 期间的海鸟种群数量变化与斯瓦尔巴群岛西部海平面平均温度、北大西洋深海沉积物中的冰岛玻璃质含量和赤铁矿沾染颗粒物含量变化的比较

开始冰退并形成无冰区，湖泊沉积记录显示海鸟于距今 7500 年开始在此地登陆，并在随后的 7500～1900 yr BP、1000～500 yr BP 和最近的 100 年，海鸟以此为栖息地，大量繁衍生息，与之对应的是格陵兰气候相对温暖，邻近海域的 SST 升高的时期。可是在 1900～1000 yr BP、500～100 yr BP 期间，由于气候变冷，SST 下降，适宜海鸟繁殖的时间缩短而海鸟种群数量显著下降（Wagner，Melles，2001）。南格陵兰 Angissoq 岛湖泊记录了 11550 年以来的气候环境变化信息，其与格陵兰冰芯和格陵兰海洋记录具有明显的可对比性（Andersen，Leng，2004）。

参考文献

袁林喜,2010.北极新奥尔松和浙江舟山群岛的典型岛屿生态地质学问题研究[D].合肥:中国科学技术大学.

Anderson N, Leng M, 2004. Increased aridity during the early Holocene in West Greenland inferred from stable isotopes in laminated-lake sediments[J]. Quaternary Science Reviews, 23: 841-849.

Bond G, et al., 2001. Persistent solar influence on North Atlantic Climate during the Holocene[J]. Science, 294: 2130-2136.

Forman S L, Lubinski D J, Ingólfsson Ó, et al., 2004. A review of postglacial emergence on Svalbard, Franz Josef Land and Novaya Zemlya, northern Eurasia[J]. Quaternary Science Reviews, 23: 1391-1434.

Forman S L, Mann D, Miller G H, 1987. Late Weichselian and Holocene relative sea-level history of Brøggerhalvøya, Spitsbergen, Svalbard Archipelago[J]. Quaternary Research, 27: 41-50.

Lehman S J, Forman S L, 1992. Late Weichselian glacier retreat in Konsfjorden, west Spitsbergen, Svalbard [J]. Quaternary Research, 37: 139-154.

Liu X D, Sun L G, Xie Z Q, et al., 2005. A 1300-year record of penguin populations at Ardley Island in the Antarctica, as deduced from the geochemical data in the ornithogenic lake sediments [J]. Arctic, Antarctic, and Alpine Research, 37: 490-498.

Lubinski D J, Forman S L, Miller G H, 1999. Holocene glacier and climate fluctuations on Franz Josef Land, Arctic Russia, 80°N[J]. Quaternary Science Reviews, 18: 85-108.

Mangerud J, GulliksenS, 1975. Apparent radiocarbon ages of recent marine shells from Norway, Spitsbergen, and Arctic Canada[J]. Quaternary Research, 5: 263-273.

Sun L G, Liu X D, Yin X B, et al., 2004. A 1500-year record of Antarctic seal populations in response to climate change[J]. Polar Biology, 27: 495-501.

Sun L G, Liu X D, Yin X B, et al., 2005. Sediments in palaeo-notches: potential proxy records for palaeoclimatic changes in Antarctica [J]. Palaeogeography, Palaeoclimatology, Palaeoecology, 218: 175-193.

Sun L G, Xie Z Q, Zhao J L, 2000. A 3000-year record of penguin populations[J]. Nature, 407: 858.

Wagner B, Melles M, 2001. A Holocene seabird record from Raffles SØ sediments, East Greenland, in response to climatic and oceanic changes[J]. Boreas, 30: 228-239.

Yuan L X, Sun L G, Long N Y, et al., 2010. Seabirds colonized Ny-Ålesund, Svalbrad, Arctic ~9400 years ago[J]. Polar Biology, 33: 683-691.

第6章　新奥尔松古海蚀凹槽光合生物量重建与气候变化

杨仲康　孙立广

在末次盛冰期，斯瓦尔巴群岛以及整个巴伦支海完全被晚威赫塞尔冰架覆盖（Landvik et al.，1998）。巴伦支海冰架在距今15000年左右开始融化（Landvik et al.，1998；Svendsen et al.，1996），到距今12000年左右，斯瓦尔巴群岛的大部分陆架区域已经冰消（Landvik et al.，1998）。随后岛屿逐渐呈现出来，并且在距今10000年左右随着冰川的消退，海水开始注入峡湾（Forman et al.，2004；Lehman，Forman，1992；Mangerud et al.，1992）。根据前人研究结果，王湾在距今(9440±130)年左右已经完全冰消（Forman et al.，2004；Lehman，Forman，1992）。

斯瓦尔巴群岛位于北冰洋和北大西洋之间，地理位置独特。北大西洋地区著名的海洋大气环流有温盐环流和北大西洋涛动，都会对斯瓦尔巴群岛地区气候具有重要的影响。其中温盐环流的一支（西斯匹次卑尔根岛暖流）就流经斯瓦尔巴群岛西侧，并带去温暖湿润的空气，使得该地区具有典型的极地海洋性气候（van der Bilt et al.，2016；Yang et al.，2018a）。除此之外，北极地区变暖的速度是全球平均速度的两倍，这一现象也被称为北极放大现象（Cohen et al.，2014）。因此，斯瓦尔巴群岛地区对气候变化非常敏感（van der Bilt et al.，2016；Yang et al.，2018a）。通过对斯瓦尔巴群岛西部陆架区（位于王湾外侧）的海洋沉积柱（NP05-21GC）研究，该地区的海表温度从9600 yr BP左右开始升高，在9000～5500 yr BP期间达到了全新世大暖期，随后，温度开始逐渐下降，并在5000～2000 yr BP期间降到最低水平（Rasmussen et al.，2014），这跟斯瓦尔巴群岛陆架区其他温度记录一致（Chistyakova et al.，2010；Risebrobakken et al.，2010）。尽管在斯瓦尔巴群岛地区有大量的气候重建工作来研究该地区的温度变化（Alsos et al.，2016；Divine et al.，2011；Isaksson et al.，2003；Jessen et al.，2010；Müller et al.，2012；Rozema et al.，2006；van der Bilt et al.，2016；Werner et al.，2016）和冰川活动历史（Landvik et al.，1998；Røthe et al.，2015；Reusche et al.，2014；van der Bilt et al.，2015），但是，目前斯瓦尔巴群岛地区全新世以来有关生物量的变化研究仍然非常少。考虑到北极植被生物量的变化对北极生态系统的很多方面都有很大的影响（Walker et al.，2005），比如野生动物、水文循环、冻土状态等。因此，重建斯瓦尔巴群岛地区全新世以来光合生物量的变化记录，并探讨其对气候变化的响应对于了解和研究北极生态系统的变化具有重要意义。

有机生物标志物在寒冷的环境中不容易降解，甚至可以保存几千年以上（Cheng et al.，2016；Ogura et al.，1990）。在南极，有机生物标志物已经被成功用于重建植被和企鹅数量的变化历史（Hu et al.，2013；Huang et al.，2010；Wang et al.，2007）。其中植醇是叶绿素

的重要组成部分，叶绿素 a 的异戊二烯侧链水解可以得到植醇，广泛存在于浮游植物和陆地植物中，因此，植醇的含量是反映光合生物量的重要指标（Bechtel，Schubert，2009；Boon et al.，1996）。由于湖泊沉积物中的植醇主要来源于植物碎屑以及光合藻类，并且新奥尔松地区的净初级生产力反映了该地区光合能力和光合生物量的多少（Muraoka et al.，2008），因此，斯瓦尔巴群岛地区湖泊沉积物中植醇的含量可以作为重建过去光合生物量变化的理想指标。除此之外，无机"生物标型元素"也是指示主要物源输入的重要地球化学指标，比如海鸟数量（Liu et al.，2006；Sun et al.，2000；Xu et al.，2011），其中利用无机生物标型元素作为古气候指标的一个重要优势就是稳定性。因此，在某些湖泊沉积物中，生物标型元素从某种程度上也可以作为生物量重建的辅助指标。

在本研究中，利用在北极新奥尔松地区采集到的古海蚀凹槽沉积剖面 YN（图 6.1），通过分析其中的有机生物标志物和无机标型元素，重建了新奥尔松地区在 9400～2200 yr BP 期间光合生物量的变化历史，并探讨了光合生物量的变化与北极地区温度变化之间的关系。

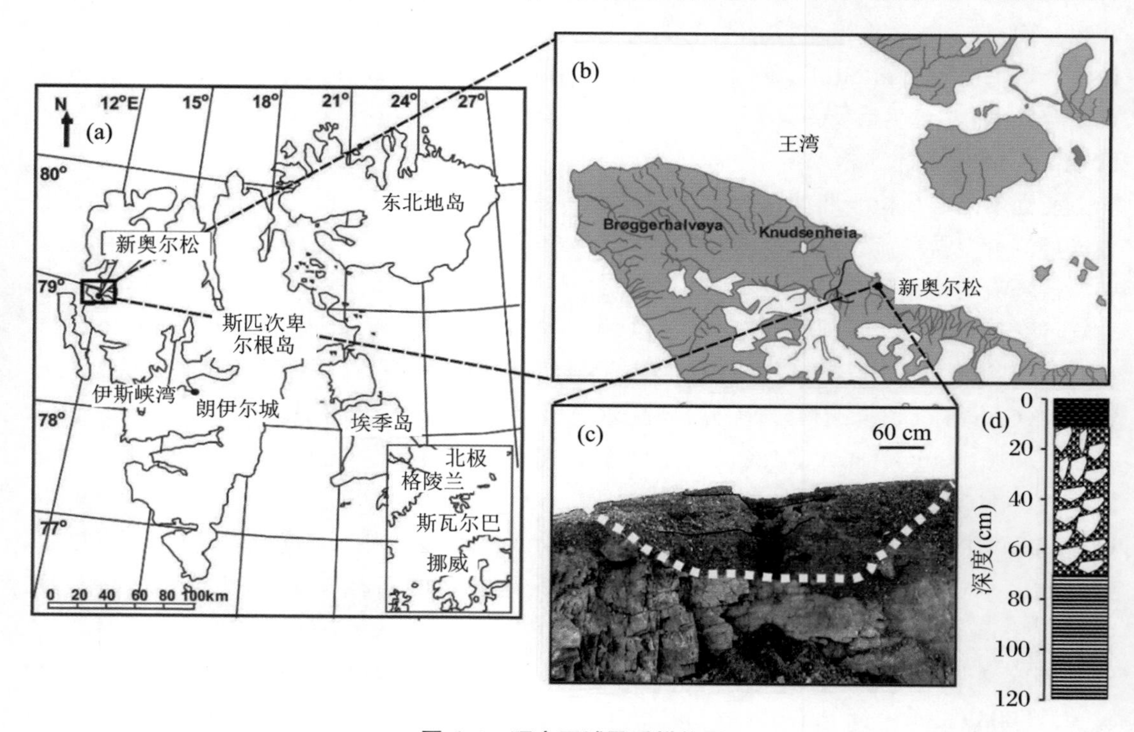

图 6.1　研究区域及采样位置

（a）斯瓦尔巴群岛地理位置；（b）新奥尔松地理位置；（c）采样照片；（d）沉积剖面岩性特征。

此外，斯瓦尔巴群岛上分布有大量的冰川，占群岛总面积的 60%左右（Sobota et al.，2016），根据 Nuth 等（2013）的统计，目前斯瓦尔巴群岛上有 1668 座冰川，总面积达 33775 km^2，研究过去冰川的变化对于更好地了解北极在全球气候系统中的作用具有重要意义（Farnsworth et al.，2018）。冰川活动是指示气候变化的敏感指标，已被广泛用于重建过去气候变化历史（Oerlemans，2005），斯瓦尔巴群岛地区的大多数古气候重建研究都与冰川活动有关（Gregory et al.，2017；Røthe et al.，2015；Reusche et al.，2014；van der Bilt et al.，2015）。根据 Svendsen 和 Mangerud（1997）利用斯匹次卑尔根岛西侧 Linnevatnet 积水区

湖泊沉积物重建的冰川活动历史，该地区在早全新世和中全新世基本没有冰川活动，在距今3000年、2400～2500年、1400～1500年以及小冰期期间发生了冰川前进事件，其中小冰期时冰川前进程度最大，这也跟前人综述的全新世冰川活动历史结果一致(Solomina et al.，2015；Solomina et al.，2016)。

尽管目前在斯瓦尔巴群岛有不少关于小冰期冰川活动的研究(Arppe et al.，2017；Grabiec et al.，2018；Solomina et al.，2015；Solomina et al.，2016)，但是在新奥尔松地区关于小冰期冰川活动以及冰川沉积证据的研究还非常少，这也限制了我们对该地区冰川活动的了解，并且Mangerud和Landvik(2007)的研究结果表明，在斯匹次卑尔根岛西海岸，小冰期时冰川前进程度超越了新仙女木时期，但是，这样的结果目前仅在很少的地方可以找到证据(Mangerud，Landvik，2007；Salvigsen，Høgvard，2006；Svendsen，Mangerud，1997)，这也需要更多的证据来支撑这一结论。

根据第4章对古海蚀凹槽沉积剖面YN的描述可知，沉积序列的10～70 cm段是粒径大小不一的砾石层，并且部分砾石表面有冰擦痕和撞击坑的存在，本章将从多方面来判断这个砾石层为冰碛物的可能性，并进一步研究新奥尔松地区小冰期期间的冰川活动历史，考虑到目前还没有关于新奥尔松地区小冰期冰川活动范围的研究报道，本研究将为新奥尔松地区小冰期冰川活动研究提供参考和帮助。

6.1　古海蚀凹槽沉积环境与年代学

古海蚀凹槽沉积剖面YN位于新奥尔松地区(图6.1)，沉积剖面YN长达118 cm，采样点位于该地区的一级海岸阶地上，高出海平面3.5 m左右，根据沉积剖面的岩性特征、颜色、粒度、组成等，该沉积剖面可以分成3段(图6.2)，0～10 cm段(上段)主要为黑褐色黏土层，有机质丰富，含有少量砾石，直径在1 mm到1 cm之间不等，该层位以2 cm为间距采样，共采集到5个样品，分别编号为YN-1～YN-5；10～70 cm段(中段)是棕色砾石层，含有大量棱角状、分选极差的砾石，粒径在3 mm～5 cm之间不等，并且部分砾石表面有冰擦痕和撞击坑的存在，该层位以10 cm为间距采样，共采集到6个样品，分别编号为YN-6～YN-11；70～118 cm段(下段)为棕褐色黏土层，从上到下颜色在棕黑色、黄绿色、棕红色之间变化，层理较明显，该层位以2 cm为间距采样，共采集到24个样品，分别编号为YN-12～YN-35。

由于3段沉积序列差异明显，本研究选择将其分开讨论，本章首先详细分析70～118 cm段的沉积过程及其古气候学意义，然后对中段的砾石层沉积进行详细讨论。

要想破译70～118 cm段记录的古气候信息，首先要建立70～118 cm段的年代学框架，我们选择了9个不同层位的沉积物样品进行AMS ^{14}C年代学测试(表6.1)，并根据IntCal 13矫正曲线对定年结果进行陆地储库校正(Reimer et al.，2013)。几乎所有的年代结果都老于13000 yr BP(表6.1)，有些沉积物年龄甚至老于30000 yr BP。考虑到Broggerhalvoya地区海平面在10000 yr BP左右快速下降(30 m·$(1000\ yr)^{-1}$)(Forman et al.，1987)，并且与斯匹次卑尔根岛冰消的时间(9400 yr BP)非常一致(Forman et al.，2004；Forman，

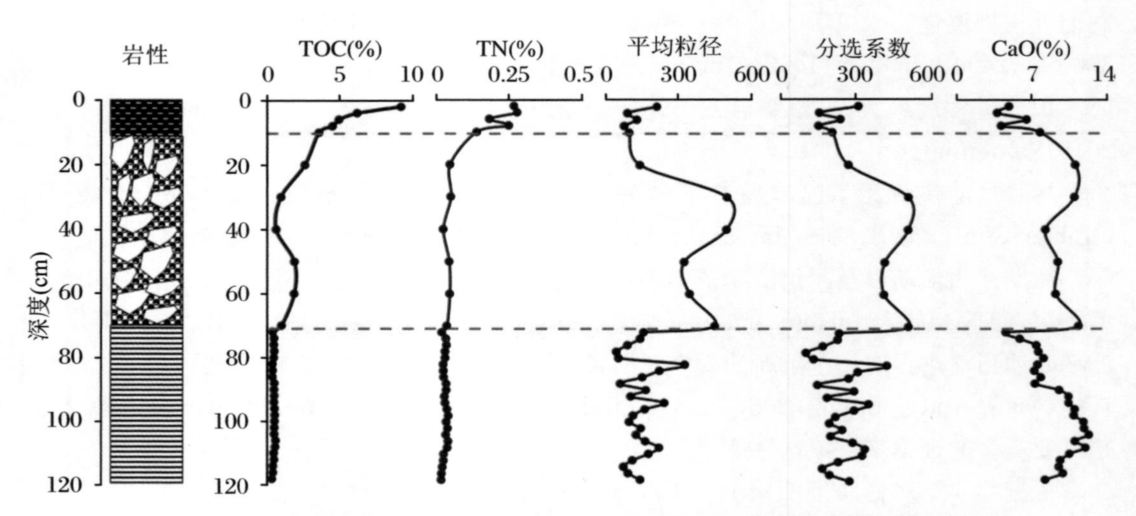

图 6.2　古海蚀凹槽沉积序列 YN 的岩性特征以及沉积序列中 TOC、TN、平均粒径、分选系数和氧化钙含量的变化趋势

Miller，1984)，因此该海蚀凹槽沉积物受到了古老的碳输入的影响。其实，早在 2007 年，我们就在该古海蚀凹槽沉积物中检测到 UCM(不可分离的复杂混合物)(Wang，Sun，2007)，其中 UCM 是被石油或者煤矿污染的土壤中常见的一种组分，这也更加证明了新奥尔松古海蚀凹槽沉积物中受到了第三系煤层的污染，因此该凹槽中沉积物的 AMS ^{14}C 定年结果也是不可靠的。

表 6.1　古海蚀凹槽沉积剖面中 ^{14}C 定年结果及校准年龄

样品编号	实验室编号	深度(cm)	定年材料	^{14}C 结果(yr BP)	校准年龄(yr BP)(σ)	校准年龄(yr BP)(2σ)
YN-14	50296	76	沉积物	27820 ± 220	31304～31775	31162～32263
YN-20	50297	88	沉积物	24440 ± 160	28305～28679	28071～28814
YN-26	50298	100	沉积物	28690 ± 190	32483～33158	32023～33420
YN-31	50299	110	沉积物	31210 ± 330	34770～35438	34495～35839
YN-15	19048	78	沉积物	9890 ± 30	11241～11292	11227～11356
YN-19	19049	86	沉积物	12200 ± 30	14036～14144	13983～14204
YN-25	19050	98	沉积物	12080 ± 30	13843～14001	13786～14068
YN-28	19051	104	沉积物	12550 ± 30	14769～15016	14655～15114
YN-34	19052	116	沉积物	12300 ± 30	14121～14279	14074～14460

根据之前的研究结果(Yuan et al.，2010；Yuan et al.，2011)，海蚀凹槽底部两个贝壳(YN-33、YN-34)的 AMS ^{14}C 年龄平均在 9400 yr BP 左右，由于王湾地区在(9440 ± 130)yr BP 完全冰消(Forman et al.，2004；Lehman，Forman，1992)，因此本研究中采样点所处一级阶地的位置代表了当时海水所在的位置，并且此时正好处在阶地抬升的早期，贝壳的年龄准确确定了阶地的年龄(Yuan et al.，2011)。因此，我们认为古海蚀凹槽沉积剖面的底部年龄

为 9400 yr BP 左右。

此外，我们在伦敦岛也采集了一个古海蚀凹槽沉积剖面 LDP，且具有准确的年代学框架，并且沉积剖面 YN 的采样位置距离 LDP 的采样位置仅有 5 km，因此，我们打算利用古气候学家常用的年代比对法来建立沉积序列 YN 的年代学框架。两个沉积序列的采样位置相距如此之近，这也保证了这两个采样位置具有相同的气候条件，从而经历了相同的风化历史。因此我们根据 Nesbitt 和 Young（1982）的公式计算了沉积剖面 YN 的化学蚀变指数（CIA），并与沉积序列 LDP 的化学蚀变指数（Yang et al.，2018a）进行了对比（图 6.3），两个剖面的风化历史表现出很好的一致性，然后我们可以基于风化指数的对比，用 LDP 的年代序列来矫正 YN 的年代序列（图 6.3）。本研究选择了 7 个峰谷对应良好的点，再加上 YN 剖面的底部年龄，共同确定了沉积序列 YN 的年代学框架（图 6.3）。

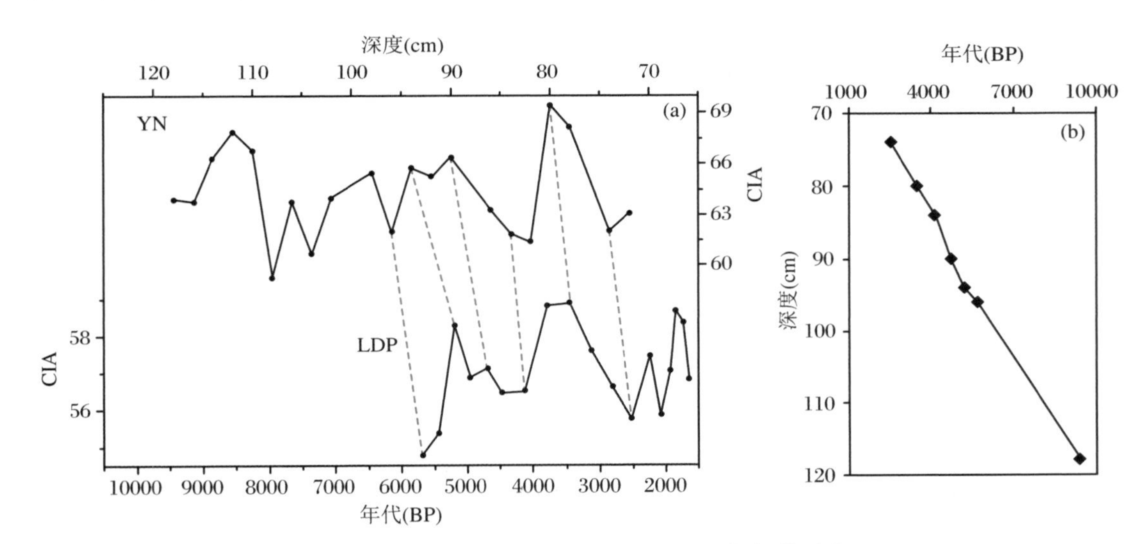

图 6.3　(a) 沉积序列 YN 和 LDP 中风化指数的对比；
(b) 沉积序列 YN 的年代学框架
红色虚线为比对良好的点。

6.2　新奥尔松地区光合生物量变化重建

6.2.1　有机生物标志物分析

生物标志物不仅能够反映动物活动的历史变化记录，还可以重建研究区域植被丰度的生态演化历史（Hu et al.，2013；Huang et al.，2010；Wang et al.，2007），尽管有机生物标志物可能会面临降解的问题，但是北极地区寒冷的气候条件非常有利于生物标志物的保存，甚至能够保存成千上万年（Cheng et al.，2016；Ogura et al.，1990）。因此有机生物标志物在极地地区是重建浮游生物和陆地植被变化的理想古气候指标（Cheng et al.，2016；Huang

et al.,2010;Wang et al.,2007)。

在这些有机生物标志物中,植醇是叶绿素植基侧链的水解产物,广泛存在于浮游植物和陆地植物中(Bechtel,Schubert,2009)。因此,沉积物中植醇的含量反映了浮游植物和陆地植物输入量的多少(Rontani,Volkman,2003),并成功用于指示光合生物量的多少(Boon et al.,1996)以及南极植被丰度的变化历史(Hu et al.,2013;Huang et al.,2010;Wang et al.,2007)。在斯瓦尔巴群岛上,植物种类丰富,在采样位置周围就发现了 4 种常见的苔原植物(*Dicranum angustum*、*Puccinellia phryganodes*、*Salix polaris* 和 *Saxifraga oppositifolia*)(Yuan et al.,2010)。除此之外,研究表明斯瓦尔巴群岛新奥尔松地区的净初级生产力反映了该地区光合能力和光合生物量的多少(Muraoka et al.,2008),因此,古海蚀凹槽沉积序列 YN 中的植醇主要来源于浮游生物及采样区周围的陆地苔原植物,从某种程度上,植醇的浓度也反映了研究区域光合生物量的多少。在本研究中,我们尝试利用沉积剖面 YN 中植醇的含量重建新奥尔松地区在 9400～2200 yr BP 期间的光合生物量变化历史。

古海蚀凹槽沉积剖面 70～118 cm 段的植醇含量变化范围为 0.1～1.7 $\mu g \cdot g^{-1}$,平均值为 0.9 $\mu g \cdot g^{-1}$。图 6.4 展示了沉积序列中植醇含量的整体变化趋势,其含量在沉积序列最底部处在很低的水平,然后逐渐升高并达到较高的水平,在 105 cm 左右达到峰值,随后植醇的含量快速降低。总体来说,沉积序列中植醇的含量与 TOC 含量的变化趋势基本一致。

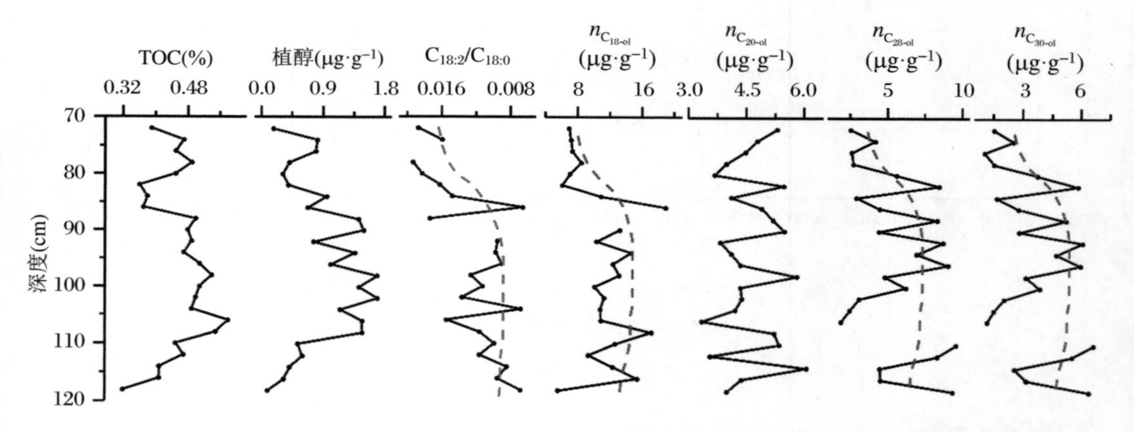

图 6.4 沉积序列 YN(70～118 cm 段)中 TOC、植醇、脂肪酸 $C_{18:2}/C_{18:0}$ 比值、脂肪烷醇的含量变化

脂肪醇主要来自于植物的表面蜡质,因此可以用来区分不同的植物来源(Meyers,2003)。一般来说,短链的脂肪醇主要来自于低等的浮游植物,而长链脂肪醇来源于高等陆地植被(Meyers,2003)。根据前人的研究结果(Meyers,2003;Wang et al.,2007),湖泊藻类中脂肪醇的碳数为 C_{16}～C_{22},而陆地植被的脂肪醇碳数为 C_{26}、C_{28} 和 C_{30},在本研究中,我们根据不同碳数脂肪醇的含量,选择 C_{18}～C_{20} 脂肪醇作为湖泊藻类的代表性生物标志物,选择 C_{28}～C_{30} 脂肪醇作为陆地植物的代表性生物标志物,图 6.4 展示了不同碳数脂肪醇的变化趋势,很明显,C_{18} 脂肪醇的含量明显高于 C_{20} 脂肪醇,所以这里主要用 C_{18} 脂肪醇的含量指示湖泊藻类的输入。沉积序列 85 cm 以下的部分,C_{18}、C_{28} 和 C_{30} 脂肪醇的含量都处在较高的水平,但是在 70～85 cm 间的部分,其含量降到很低的水平(图 6.4)。因此,古海蚀凹槽沉积中湖泊浮游植物($n_{C_{18\text{-}ol}}$)与陆地植物($n_{C_{28\text{-}ol}}$ 和 $n_{C_{30\text{-}ol}}$)输入量的变化趋势相似,并且与重建的光合生物量的变化记录(植醇含量)基本一致。

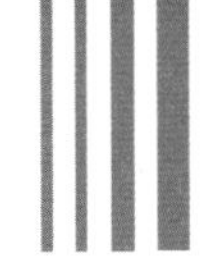

脂肪酸在湖泊、海洋沉积物中也是广泛存在的，一般来说，短链的脂肪酸主要来自于低等生物，而长链脂肪酸来源于高等植物(Meyers，2003)。其中，$n_{C_{18}}$脂肪酸是生物细胞膜的重要组成部分，因此，在低温的气候条件下，生物为了保持细胞膜的流动性，会倾向于形成更多的不饱和脂肪酸(Meyers，2003)，从而使得饱和脂肪酸和不饱和脂肪酸的相对含量也会发生变化，所以其比值的变化从某种程度上也反映了古温度的变化(Meyers，2003)。Kawamura 和 Ishiwatari (1981)就利用日本 Biwa 湖泊沉积物中的饱和脂肪酸和不饱和脂肪酸的比值($C_{18:2}/C_{18:0}$)重建了该地区历史时期古温度的变化，$C_{18:2}/C_{18:0}$比值越高，说明温度越低，反之亦然。因此，本研究也利用 $C_{18:2}/C_{18:0}$比值作为古温度的指标重建了该地区的古温度记录(图 6.4)，其中在 85～118 cm 段，$C_{18:2}/C_{18:0}$比值较低，气候相对温暖，而70～85 cm 段的 $C_{18:2}/C_{18:0}$比值较高，说明气候寒冷。

综上所述，利用植醇重建研究区域的光合生物量的变化记录与 TOC 的变化完全一致，并且利用不同碳数的脂肪醇重建的湖泊藻类和陆地植物输入量的变化趋势与光合生物量的记录也是非常相似的，这些变化也符合 $C_{18:2}/C_{18:0}$比值重建的研究地区的古温度记录，气候比较温暖时，光合生物量较高，这也说明了我们重建的光合生物量记录的正确性。

6.2.2　生物标型元素分析

无机生物标型元素可以作为指示沉积柱中主要物源输入的重要地球化学指标，在南极和中国南海地区，生物标型元素已经被成功用于重建历史时期的海鸟数量变化记录(Liu et al.，2005；Liu et al.，2006；Sun et al.，2000；Xu et al.，2011)。本研究也测试了沉积序列中 TOC、TN 以及多种常量微量元素的浓度(图 6.5)，由于古海蚀凹槽沉积中有很大一部分物源来自风化产物，很明显 Al_2O_3、K_2O、Fe_2O_3、MgO、Na_2O 主要来自于风化产物的输入。

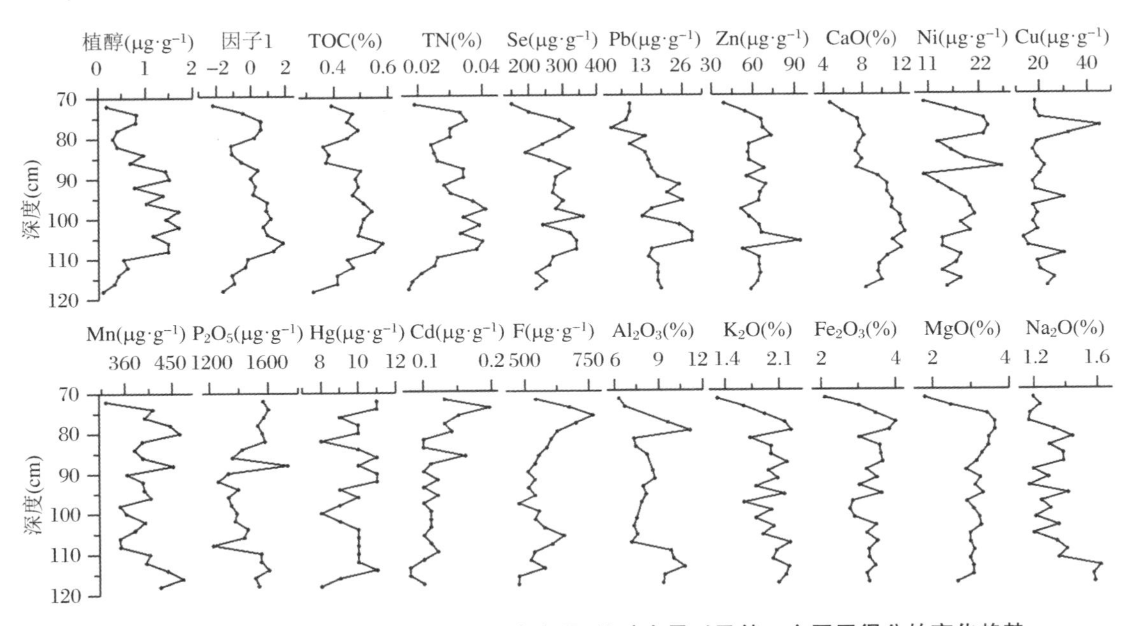

图 6.5　古海蚀凹槽沉积序列 YN 中元素含量、植醇含量以及第一主因子得分的变化趋势

我们对其他 13 个地球化学指标进行 R 聚类分析，结果显示，TOC、TN、Se、Pb、CaO 和 Zn 这些指标聚为一类（图 6.6），并且 6 个指标（生物标型元素）的变化趋势非常相似（图 6.5），说明沉积序列中这 6 种元素很可能有共同的物质来源。主成分分析（PCA）是确定元素组合、分析控制沉积柱中元素组成主要因素的重要方法（Liu et al.，2006；Sun et al.，2000；Xu et al.，2011）。通过对以上 13 个地球化学指标进行主成分分析，发现第一主成分主要载荷元素为 TOC、TN、Se、Pb、CaO 和 Zn，是影响沉积物元素变化的主要因素，其中第一主因子（PC1）的得分与 TOC 和 TN 含量显著相关（相关系数分别为 0.90 和 0.89），这表明 PC1 很可能指示了有机质输入对沉积物的元素地球化学特征产生的影响。

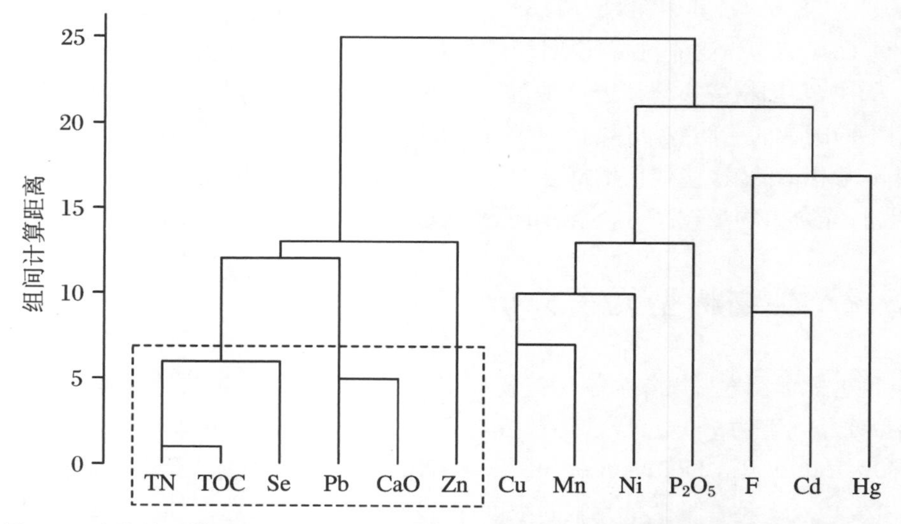

图 6.6　古海蚀凹槽沉积序列 YN 中 TOC、TN 以及元素等化学指标的 R 聚类分析结果

根据对古海蚀凹槽沉积序列的物源分析，沉积物中的有机质主要来源于周围的苔原植物、湖泊内的浮游植物以及海鸟粪。尽管我们暂时无法确定不同来源输入的有机质在总有机质中所占的比例，但是研究表明，在极地地区，植被、浮游植物以及海鸟数量的变化都与温度变化具有正相关关系（Alsos et al.，2016；Birks，1991；Sun et al.，2004；Sun et al.，2000；Yang et al.，2018b；Yoon et al.，2006）。因此，PC1 可以作为指示光合生物量变化的辅助指标。

6.3　光合生物量变化与气候变化的响应关系

利用植醇含量重建的新奥尔松地区光合生物量变化记录与总有机质的变化趋势一致，并经历了 4 个发展阶段（图 6.7）。阶段Ⅰ（9400～7700 yr BP）：距今 9400 年左右的冷事件过后，光合生物量开始逐渐增长；阶段Ⅱ（7700～5200 yr BP）：光合生物量在这一阶段维持在较高的水平，这可能与全新世大暖期（HTM）温暖的气候条件有关；阶段Ⅲ（5200～3300 yr BP）：该时期光合生物量变化很大，但总体趋势是下降的；阶段Ⅳ（3300～2200 yr BP）：光合

生物量基本保持稳定，只有在 3000～2500 yr BP 期间达到了一个小的峰值。

本研究中，我们利用 $C_{18:2}/C_{18:0}$ 比值作为古温度指标，并将其与重建的光合生物量（植醇）、浮游生物输入量（$n_{C_{18\text{-ol}}}$）以及陆地植物输入量（$n_{C_{28\text{-ol}}}$ 和 $n_{C_{30\text{-ol}}}$）进行了对比（图 6.4）。总体来说，除了光合生物量记录的开始阶段，高的光合生物量对应温暖的气候条件，这可能是因为 9400 yr BP 冰消之后，光合生物需要一段时间生长和发展。为了更好地解释光合生物量在 9400～2200 yr BP 期间的变化，我们将重建的光合生物量记录与斯瓦尔巴群岛周边的古气候记录进行了对比（图 6.7）。

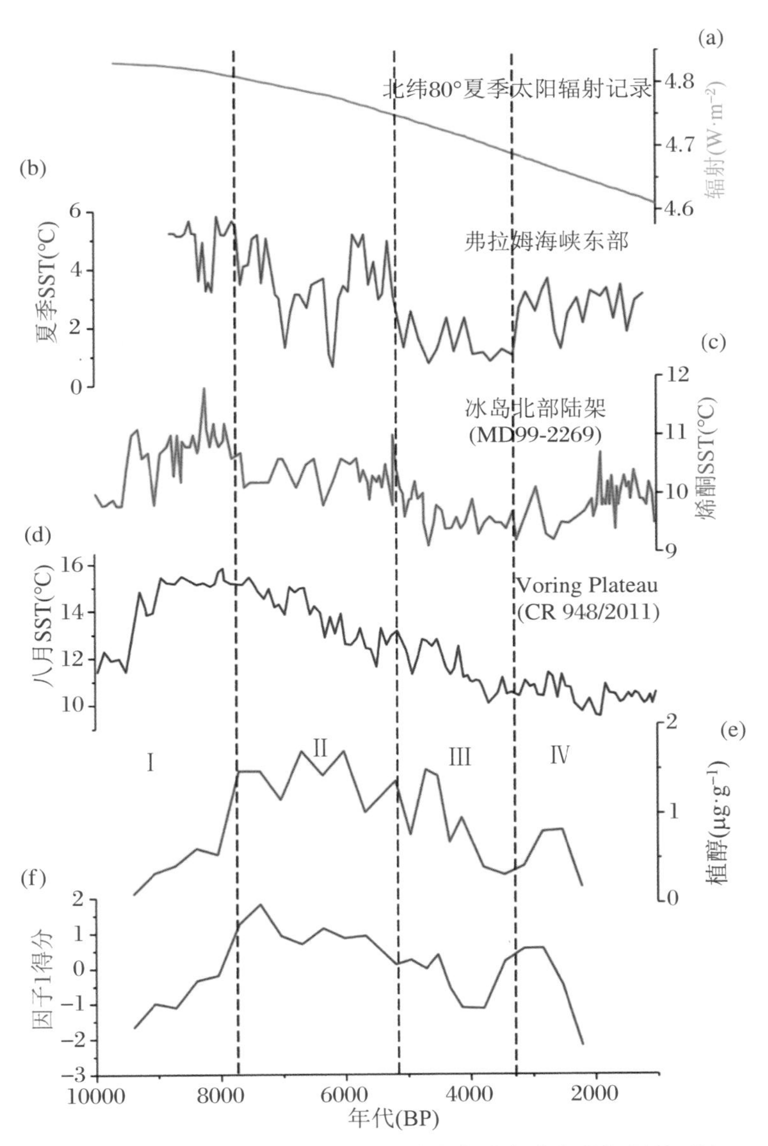

图 6.7　新奥尔松地区光合生物量的变化与北极古气候记录的对比

(a) 北纬 80°夏季太阳辐射记录(Huybers, 2006)；(b) 弗拉姆海峡东部的夏季海表温度变化记录(Werner et al., 2013)；(c) 冰岛北部陆架的夏季海表温度重建记录(Kristjánsdóttir et al., 2017)；(d) 挪威海地区的 SST 记录(Andersen et al., 2004)；(e) 本研究基于植醇含量重建的新奥尔松地区光合生物量的变化记录；(f) 主成分分析得到的因子 1 得分。

光合生物量最初在9400 yr BP左右一直保持在相对较低的水平，随后保持稳步增长。根据$C_{18:2}/C_{18:0}$比值重建的该地区的古温度变化，9400 yr BP之后是气候相对温暖的时期，这与冰岛北部陆架（Kristjánsdóttir et al.，2017）和挪威海地区（Andersen et al.，2004）重建的海表温度记录一致，并且斯瓦尔巴群岛地区利用烯酮重建的温度变化也显示该时期的气候条件比晚全新世更加温暖（van der Bilt et al.，2016），有利于植被的生长。因此，距今9400年左右冰消之后，光合生物量的持续增长很可能与日益改善的气候环境状况有关，温暖的气候条件有利于植被和浮游植物的发展和繁盛。

在阶段Ⅱ，光合生物量维持在相对较高的水平并在7700 yr BP左右达到峰值。该阶段正好处于HTM，HTM是全新世以来非常温暖的一个时期，有利于植被和浮游生物的生长。斯瓦尔巴群岛Skartjørna湖的沉积记录显示，植物大化石的丰度和多样性在8500～6400 yr BP期间达到峰值（Alsos et al.，2016），这也进一步说明了斯瓦尔巴地区在该时期经历了温暖的气候条件。另外，光合生物量在7700 yr BP左右达到峰值，这也与利用烯酮重建的斯瓦尔巴群岛地区的温度记录在7800 yr BP左右达到峰值的结果一致（van der Bilt et al.，2016）。全新世大暖期温暖的气候条件主要受到太阳辐射强度的控制（van der Bilt et al.，2016）。其实，全新世大暖期不仅存在于斯瓦尔巴群岛上，在北极其他地区都存在明显的全新世大暖期，比如，冰岛北部陆架（Kristjánsdóttir et al.，2017）、挪威海地区（Andersen et al.，2004）以及弗拉姆海峡东部（Werner et al.，2013）的海表温度重建记录都显示在8200～5500 yr BP期间是一个相对温暖的时期（图6.7）。在格陵兰南部，全新世大暖期发生在8000～2000 yr BP期间，最温暖的时期发生在7500 yr BP左右，在格陵兰西部，海水最高温度发生在7000～6500 yr BP期间（Kaufman et al.，2004），除此之外，冰岛地区*Betula pubescens*含量以及花粉的沉积速率在7500～6700 yr BP期间达到最高值（Kaufman et al.，2004）。因此，阶段Ⅱ全新世大暖期温暖的气候条件促进了新奥尔松地区植被和浮游生物持续繁荣。

在阶段Ⅲ，光合生物量在5200～3300 yr BP期间快速下降，这可能跟中全新世气候转型期间，气候由全新世大暖期的温暖状态向寒冷气候状态过渡有关（Larsen et al.，2012）。冰岛北部陆架、挪威海地区以及弗拉姆海峡东部地区的海表温度变化在5200～3300 yr BP期间也都表现出一个快速下降的趋势（图6.7），并且斯瓦尔巴群岛湖泊沉积物中的大化石和古DNA的含量在6000～4000 yr BP期间也有一个快速下降的趋势（Alsos et al.，2016）。光合生物量在5200 yr BP左右的快速下降标志着全新世大暖期的结束，这与在冰岛沉积物中记录到的生物硅和硅藻丰度下降的结果一致（Larsen et al.，2012）。4300 yr BP左右光合生物量的快速下降很可能与4200 yr BP左右的快速降温事件有关，并且这次快速降温事件在北极多个地区都有记录（Bond et al.，1997；Larsen et al.，2012；Roland et al.，2014）。中全新世气候转型期间寒冷的气候条件可能与逐渐减弱的太阳辐射有关，代表着北大西洋地区受北极海冰和表层海水强烈影响的阈值响应（van der Bilt et al.，2016）。

在阶段Ⅳ期间，光合生物量一直处在相对较低的水平，在3000～2500 yr BP期间出现了一个小的峰值。这种变化趋势与冰岛北部陆架和挪威海地区的海表温度记录看似并不一致，但是与弗拉姆海峡东部的海表温度变化非常一致。因此，区域的气候环境变化有可能在该阶段内对光合生物量的变化有更大的影响。研究表明，北大西洋涛动可能控制着斯瓦尔

巴群岛地区晚全新世以来的气候变化(van der Bilt et al.,2016)。当北大西洋涛动处于正相位时,斯瓦尔巴群岛气候温暖,周边海域海冰减少;而当北大西洋涛动处于负相位时,气候则比较寒冷(van der Bilt et al.,2016)。重建的北大西洋涛动指数显示,在3300～2500 yr BP期间,气候模式主要由正相位的北大西洋涛动主导(Olsen et al.,2012),因此新奥尔松地区的气候在此期间处于一个相对温暖的时期,这也得到了斯瓦尔巴地区利用烯酮重建的温度结果的证实(van der Bilt et al.,2016)(图6.7)。

新奥尔松地区过去光合生物量的变化与周边地区古气候记录具有良好对应关系,这说明北极光合生物量的变化可能主要受到北极温度变化的影响,光合生物量在气候温暖的时候增加,在气候寒冷的时候降低。在斯瓦尔巴群岛的Skartjørna湖泊沉积中也发现了类似的现象(Alsos et al.,2016),除此之外,斯瓦尔巴群岛地区的多项研究也表明,植物生物量(van der Wal,Stien,2014)与灌木生长(Buchwal et al.,2013;Rozema et al.,2009;Weijers et al.,2010)都与该地区的夏季温度紧密相关,因此,本研究为了解和预测未来北极生态系统对气候变化的响应提供了数据支撑。

6.4　古海蚀凹槽中的小冰期冰川沉积物记录

6.4.1　形貌学证据

通过对沉积剖面YN的岩性分析,可以发现中段明显不同于上段和下段,中段缺少正常的沉积层序,并且含有很多大小不一的砾石,粒径大小在3 mm～3 cm之间,有的甚至达到5 cm以上,这些砾石有以下3个特点(图6.8):① 缺少正常的沉积层序,分选磨圆很差;② 砾石多为棱角状、次棱角状,大小变化很大;③ 大多数砾石表面存在冰擦痕、挤压坑。

砾石的这些形貌特征很有可能是冰川作用的结果。其中砾石上的冰擦痕一般可以用来作为判断冰川活动的依据(Alonso-Muruaga et al.,2018;Assine et al.,2018;Chen et al.,2014;McClenaghan et al.,2018;Mottin et al.,2018;Svendsen et al.,2015;Swift et al.,2018)。正常情况下,冰擦痕的存在是判断冰川活动的一个重要依据,尽管缺少冰擦痕也不能排除冰川来源(Harland et al.,1966)。冰川在前进过程中,冰川的滑动会产生一系列的侵蚀和沉积过程(Evans et al.,2006),砾石经过冰川的刨蚀和压磨作用而形成的各种结构可以很好地保存在砾石表面,并可以用于反映当时的搬运历史和沉积环境。除此之外,冰碛物中的石块一般都具有尖锐的棱角(Ali et al.,2017;Sovetov,2015)。这些结构特征与中段砾石的表面结构特征非常相似,因此,中段沉积物的形成很可能与冰川活动有关。

6.4.2　粒度分析证据

沉积物的粒度分布特征被广泛应用于沉积过程和沉积环境的研究(Sun et al.,2005),

图 6.8　中段(10～70 cm)沉积物中砾石的形貌特征

其中粒度的统计参数(平均粒径、分选系数、偏度和峰度)对于区分不同的沉积环境很有帮助(Liu et al.,2016)。我们利用 Blott 和 Pye (2001)提出的计算方法得到古海蚀凹槽沉积物中平均粒径(Mz)、标准偏差(σ)、偏度(Sk)、峰度(Kg)4 个粒度统计参数值,并且也分析了沉积物中黏土(<2 μm)、粉砂(2～63 μm)和砂(>63 μm)的含量组成。结果显示中段沉积物的粒度分布和粒度统计参数特征明显不同于上段和下段(图 6.9 和图 6.10)。

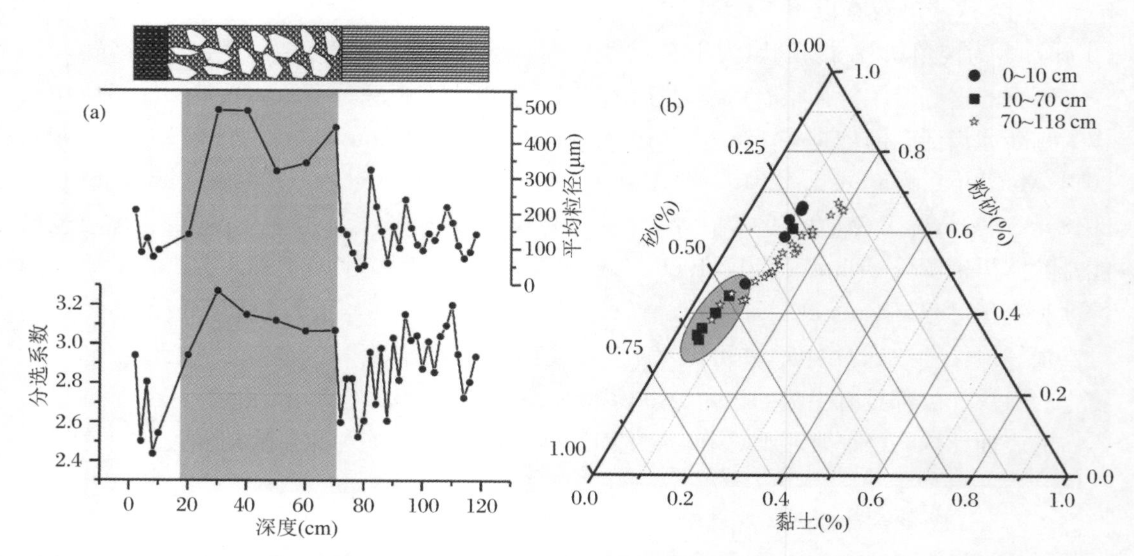

图 6.9　(a) 古海蚀凹槽沉积序列中平均粒径和分选系数的变化;(b) 古海蚀凹槽沉积序列 YN 中黏土、粉砂和砂含量的三元相图

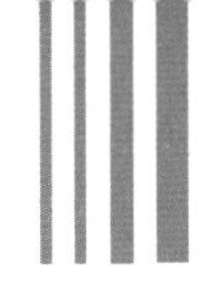

由于粒度分析仪只能识别粒径小于 2 mm 的组分，因此，对中段沉积物进行粒度分析时，我们筛掉了粒径大于 2 mm 的砾石，此处讨论的粒度组成特征也是沉积物中小于 2 mm 组分的粒度分析结果。从图 6.9 中可以清楚地看到，中段沉积物的中值粒径和分选系数明显大于上段和下段，说明中段沉积物中含有较多的大颗粒组分，并且分选性极差，而冰碛物的特点就是粒径差别显著，分选很差（Niekus et al.，2016；van Dijk，2016）。为了更形象地表示沉积序列 YN 中黏土、粉砂和砂的组成，我们做了沉积物中不同组分含量的三元相图（图 6.9），显然，中段沉积物的粒度组成以粗砂为主导，而上段和下段沉积物则含有更多的粉砂组分。

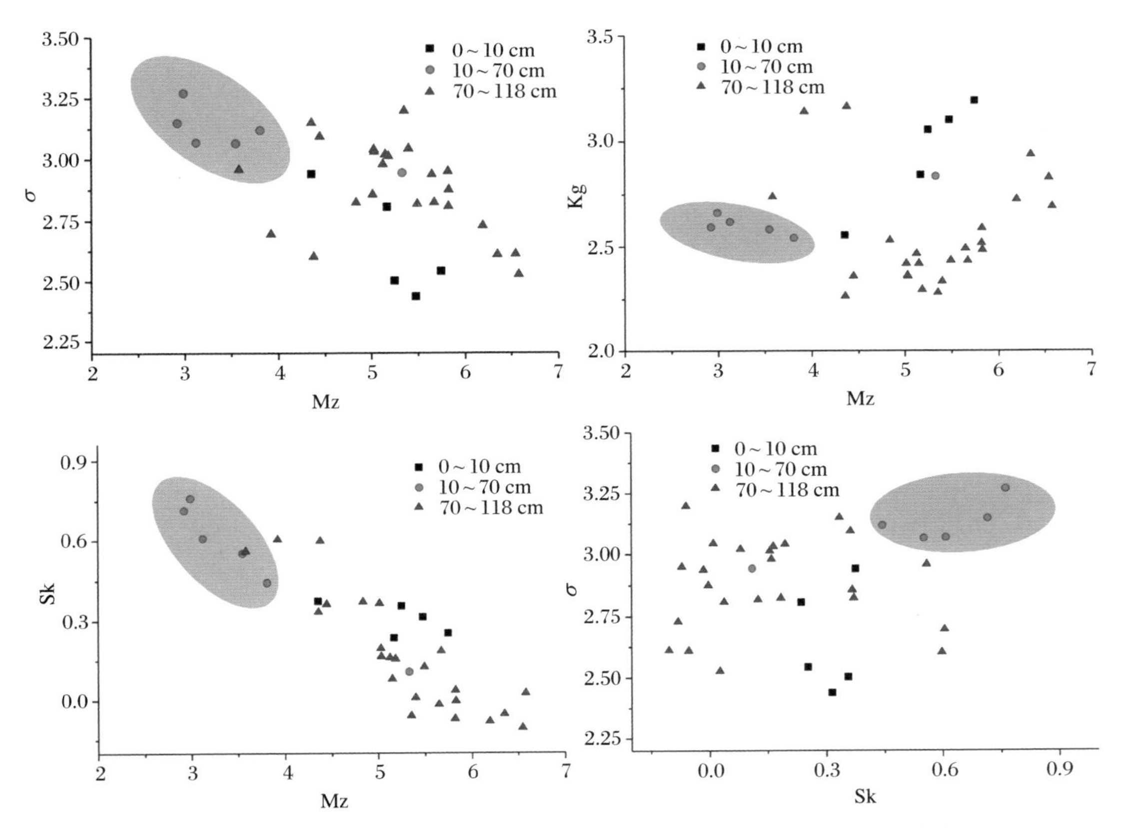

图 6.10　古海蚀凹槽沉积序列 YN 中不同粒度统计参数（Mz、σ、Sk 和 Kg）的关系

其中阴影部分指示的是 10～70 cm 段沉积物的粒度参数。

除此之外，粒度分布的统计参数二元图解结果（图 6.10）也显示中段沉积物与上段和下段具有显著差异，中段沉积物具有更粗的平均粒径、更大的标准偏差和偏度值，说明具有更粗的平均粒径、更差的分选性以及更正的偏态。这些特征与冰碛物的定义（为冰川搬运和携带的由黏土、砂、砾石等碎屑物质组成的没有经过再沉积过程而形成的没有层序、分选很差的沉积物）也是完全符合的（Landim，Frakes，1968；Niekus et al.，2016；van Dijk，2016）。

6.4.3 有机质来源证据

湖泊和海洋沉积物中的有机质数量和种类可以记录研究区域的古气候和古环境信息(Kołaczek et al.,2015;Meyers,1994;Mirosław-Grabowska et al.,2015)。其中沉积物有机质的C/N比和δ^{13}C值能够完好保存几百万年的古环境信息,并被广泛用于区分沉积物中有机质的来源(Choudhary et al.,2009)。古海蚀凹槽沉积序列中段(10~70 cm)的碳氮比在19~55之间变化(图6.11),差别非常大,说明这一段沉积物的有机质来源非常复杂。

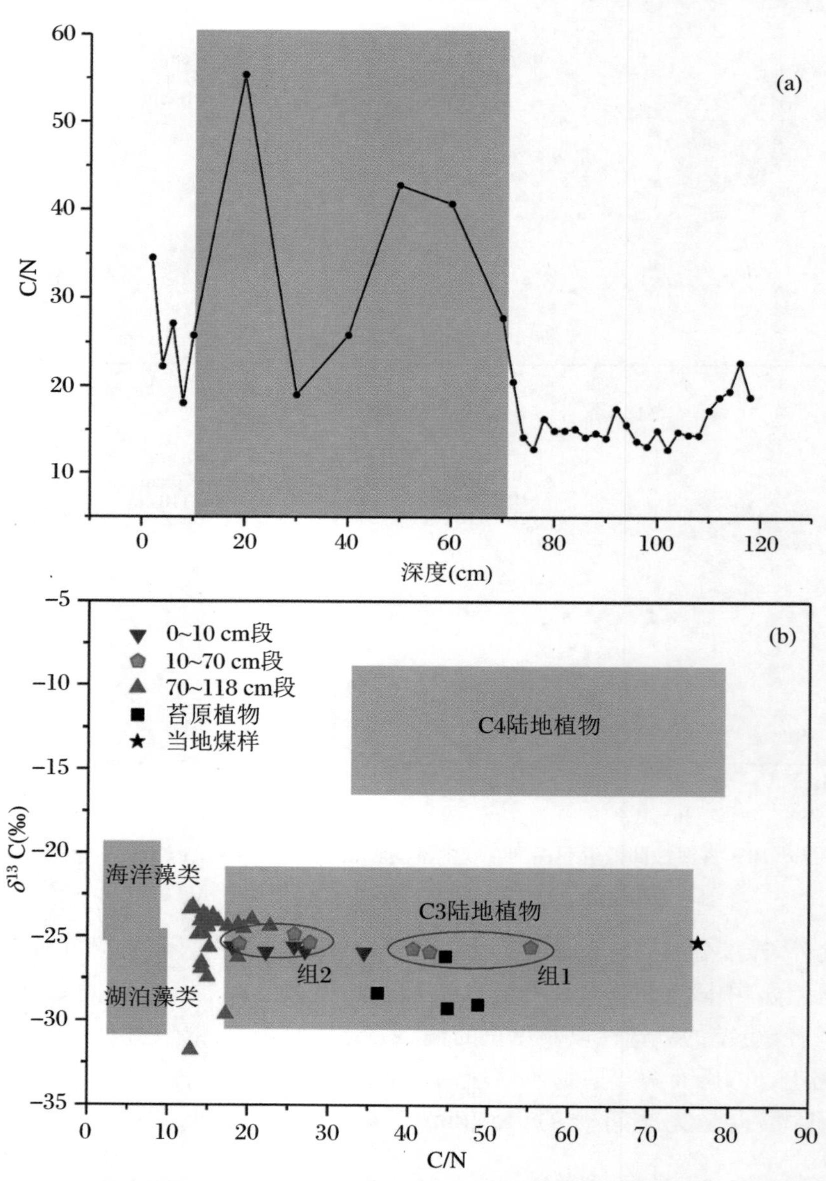

图6.11 (a)古海蚀凹槽沉积序列中C/N比的变化;(b)不同物质来源有机质C/N比和δ^{13}C值的对比图(根据Meyers (1994)和Yuan等(2010)改绘)

(a)中阴影部分是中段(10~70 cm)沉积物的C/N比。

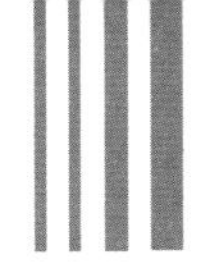

为了更好地确定有机质的来源，我们将古海蚀凹槽不同层位的沉积物、采样地区4种常见的苔原植物以及当地的煤样中C/N比和$\delta^{13}C$值数据投点到图6.11中，其中，中段有一半样品（组1）落在了4种常见的苔原植物周围，而另外一半（组2）则落在苔原植物与湖泊沉积物（Yuan et al.，2010）之间。显然，中段沉积物的有机质来源非常复杂，组1样品中的有机质主要来源于当地的苔原植物，而组2样品的有机质可能受到了当地苔原植物和湖泊沉积物的共同影响（图6.11），因此，中段沉积物中的有机质存在多个有机质来源，而冰川活动可以很好地解释有机质来源复杂的问题，冰川在前进过程中，会剥蚀地表并携带当地的苔原植物随冰碛物共同前进，当冰川前缘到达采样点位置时，古海蚀凹槽的表层沉积物会被冰川擦掉，并与冰碛物混到一起形成新的沉积物保存在古海蚀凹槽中。

综上所述，中段沉积物的有机质来源与在上段和下段的有机质来源显著不同，并且其复杂的有机质来源很可能与冰川活动有关，结合其中段沉积物中砾石的形貌特征及粒度分布特征，中段沉积物很可能是冰期形成的冰碛物。

6.4.4　年代学证据

由于冰碛物很难确定准确的年代，因此，要想确定古海蚀凹槽沉积序列中段的冰碛物年龄，就要知道沉积序列中上段的底部年龄和下段的顶部年龄，通过这两个年龄来限定中段冰碛物的形成年代。通过^{210}Pb定年可知上段沉积物是在过去一百年中沉积的（图6.12），并且在6.1节中我们也建立了下段沉积物的年代学框架，年龄跨度在2219～9400 yr BP之间，因此，中段沉积物是在距今2219年到公元1900年间沉积的。

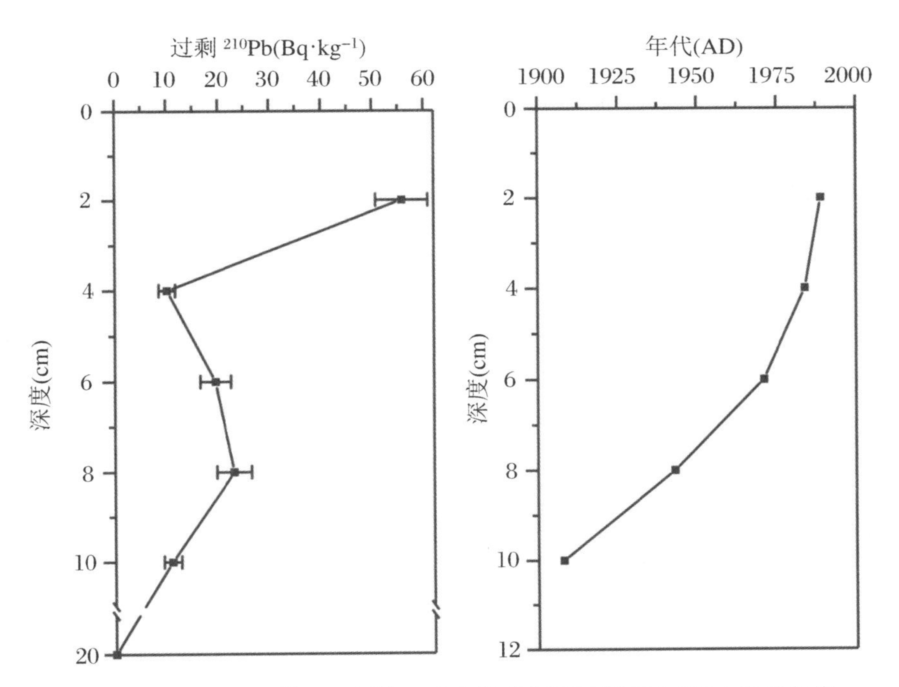

图6.12　基于CRS模式利用^{210}Pb定年技术得到沉积序列YN上段的年代

根据前文对中段沉积物的形貌特征、粒度特征和有机质来源的分析，中段沉积物很可能

是冰川前进带来的冰碛物。研究区域位于一级阶地的岸边，远离当今冰架前缘的位置，因此只有大规模的冰川前进才有可能到达研究区域。考虑到中段沉积物的形成时间在距今 2219 年到公元 1900 年之间，并且研究表明，在斯瓦尔巴群岛的西海岸，小冰期的冰川扩张是整个全新世以来最大的一次（Mangerud，Landvik，2007；Salvigsen，Høgvard，2006；Svendsen，Mangerud，1997），因此，有理由认为中段的沉积物是在小冰期期间形成的冰碛物。另外，最近一项研究也在新奥尔松地区最表层的有机质沉积层之下的沉积中发现了冰川活动形成的冰碛物（Kar et al.，2018），这也与本研究结果一致。

从冰碛物的厚度来看，小冰期的冰川前缘可能已经超越了采样点所在的位置，由于古海蚀凹槽沉积剖面 YN 位于新奥尔松的岸边，因此，冰川前缘很可能已经推进到王湾的海里。此前对王湾的海洋调查发现，王湾中存在很长一条平行于海岸的砾石带，该区域难以采集到深度长于 40 cm 的沉积层，在薄的沉积层下分布着大量的砾石，由于采样困难，我们没有采集到海底的砾石样品，但是这很可能是小冰期时冰碛垄推进到王湾的直接证据，因此，未来需要更多关于海洋中冰碛物的调查研究，这也为冰川学家研究过去冰川活动历史提供了一种新的研究思路。

根据以上分析结果，古海蚀凹槽沉积序列 YN 经历了 3 个沉积阶段，YN 的下段沉积为距今 9400～2219 年之间正常的湖泊沉积物，中段为小冰期时冰川前进带来的冰碛物，根据对斯瓦尔巴群岛 Karlbreen 冰川平衡线海拔高度（ELA）的重建结果，该地区的小冰期从距今 450 年左右开始，直到公元 20 世纪结束（Røthe et al.，2015）。因此，该沉积剖面存在一个从距今 2219 年到公元 1520 年长达 1800 年左右的沉积间断。我们认为，该沉积间断很可能是由于在小冰期期间，冰川前缘超过了采样位置，并剥蚀掉部分前期已经存在的沉积物，造成了距今 2219 年到小冰期期间的沉积间断，并导致了中段冰碛物的形成。而从公元 1900 年以后，小冰期结束，气候转暖，古海蚀凹槽重新开始接受沉积。

6.5 古海蚀凹槽中发现冰川沉积物的古气候意义

众所周知，新仙女木时期是全球范围内非常寒冷的一个时期，在大量的气候记录中都有明显的大规模快速降温现象（Bond et al.，2001；Bond et al.，1997；van der Bilt et al.，2015），因此，北大西洋地区的冰川在新仙女木时期也有显著的扩张，但是，Mangerud 和 Landvik（2007）提出在斯匹次卑尔根岛的西海岸，小冰期的冰川扩张程度是整个全新世以来最大的一次，甚至超越了新仙女木时期。但是据我们所知，目前这样的证据只在 Scottbreen（Mangerud，Landvik，2007）、Linnévatnet（Svendsen，Mangerud，1997）和 Bockfjorden（Salvigsen，Høgvard，2006）这 3 个地方找到（图 6.13），显然，该结论还需要更多的沉积证据来支撑。

本研究表明，小冰期的冰川前缘已经到达采样位置，根据在新仙女木时期斯瓦尔巴群岛地区的大概冰架范围（图 6.13）（Mangerud，Landvik，2007；Svendsen et al.，2004），新仙女木时期的冰川前缘并没有到达采样位置，因此本研究很可能在新奥尔松地区找到了证明小冰期的冰川比新仙女木时期冰川更大的又一新证据。并且在斯瓦尔巴群岛西部，小冰期时的冰川平衡线显著低于新仙女木时期（图 6.13）（Mangerud，Landvik，2007；Svendsen et al.，2004），这也为本研究提供了坚实的理论依据。Mangerud 和 Landvik（2007）认为造成这一结果的可能原因是新仙女木时期斯匹次卑尔根岛西海岸的降水太少。

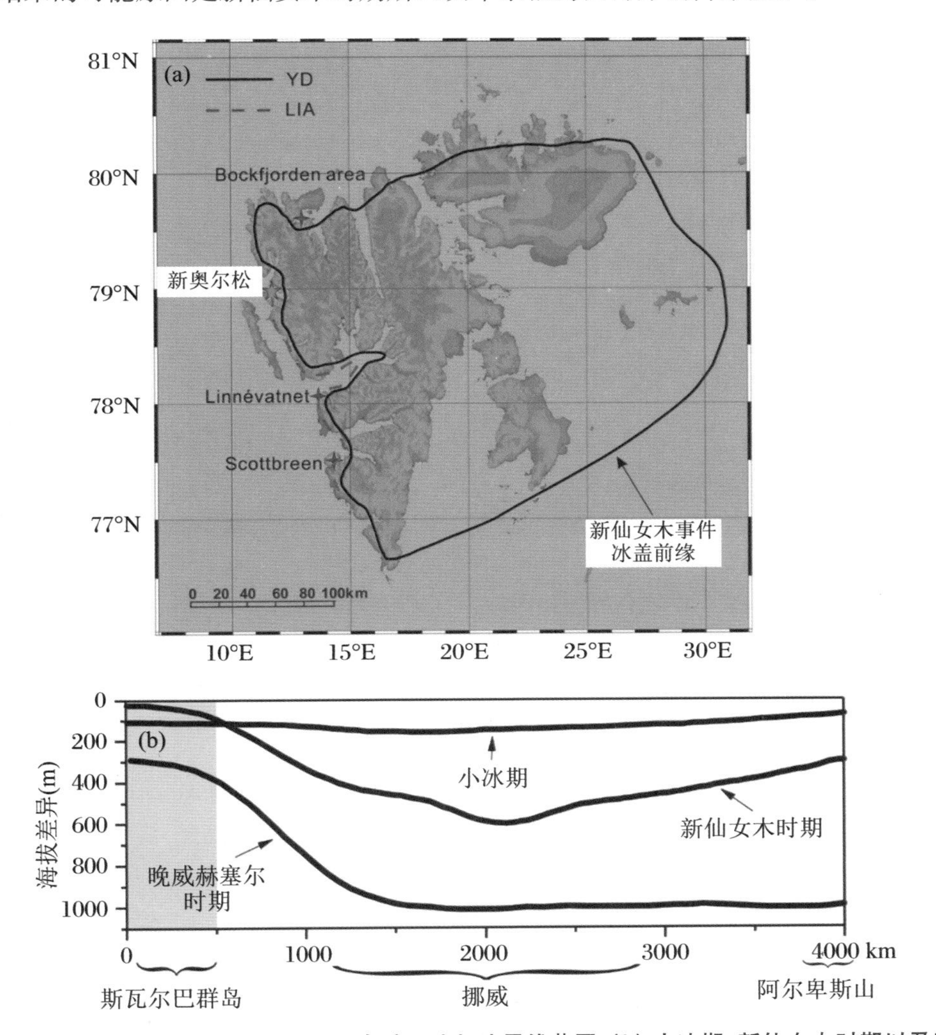

图 6.13　(a) 新仙女木时期斯瓦尔巴群岛地区冰架边界线范围；(b) 小冰期、新仙女木时期以及晚威赫塞尔冰川时期冰川平衡线海拔高度示意图（根据 Mangerud，Landvik，2007 改绘）

在斯瓦尔巴群岛的西海岸，边界线误差不超过 30 km，而在群岛东侧边界线只是大概范围，误差可能超过 100 km。红色虚线为斯匹次卑尔根岛西侧小冰期冰川前缘边界线的大致范围。蓝色星状标记代表发现小冰期冰进超越新仙女木时期证据的位置，红色星状标记代表采样位置。

结合前人对小冰期冰川范围的研究，我们绘制了小冰期的冰川前缘在斯匹次卑尔根岛西海岸可能的大概范围（见图 6.13 中的红色虚线），当然，这还需要以后更多的相关研究结果对其进行补充和完善，以提高小冰期的冰川前缘边界线的准确性。

参考文献

Ali D O, Spencer A M, Fairchild I J, et al., 2017. Indicators of relative completeness of the glacial record of the Port Askaig Formation, Garvellach Islands, Scotland[J]. Precambrian Research. DOI: 10.1016/J.PRECAMRES.2017.12.005.

Alonso-Muruaga P J, Limarino C O, Spalletti L A, et al., 2018. Depositional settings and evolution of a fjord system during the carboniferous glaciation in Northwest Argentina[J]. Sedimentary Geology, 369: 28-45.

Alsos I G, Sjögren P, Edwards M E, et al., 2016. Sedimentary ancient DNA from Lake Skartjørna, Svalbard: assessing the resilience of arctic flora to Holocene climate change[J]. The Holocene, 26: 627-642.

Andersen C, Koc N, Jennings A, et al., 2004. Nonuniform response of the major surface currents in the Nordic Seas to insolation forcing: implications for the Holocene climate variability [J]. Paleoceanography, 19(2). DOI: 10.1029/2002PA000873.

Arppe L, Kurki E, Wooller M J, et al., 2017. A 5500-year oxygen isotope record of high arctic environmental change from southern Spitsbergen[J]. The Holocene, 27: 1948-1962.

Assine M L, de Santa Ana H, Veroslavsky G, et al., 2018. Exhumed subglacial landscape in Uruguay: erosional landforms, depositional environments, and paleo-ice flow in the context of the late Paleozoic Gondwanan glaciation[J]. Sedimentary Geology, 369: 1-12.

Bechtel A, Schubert C J, 2009. A biogeochemical study of sediments from the eutrophic Lake Lugano and the oligotrophic Lake Brienz, Switzerland[J]. Organic Geochemistry, 40: 1100-1114.

Birks H H, 1991. Holocene vegetational history and climatic change in west Spitsbergen-plant macrofossils from Skardtjørna, an Arctic lake[J]. The Holocene, 1: 209-218.

Bond G, Kromer B, Beer J, et al., 2001. Persistent solar influence on North Atlantic climate during the Holocene[J]. Science, 294: 2130-2136.

Bond G, Showers W, Cheseby M, et al., 1997. A pervasive millennial-scale cycle in North Atlantic Holocene and glacial climates[J]. Science, 278: 1257-1266.

Boon P I, Virtue P, Nichols P D, 1996. Microbial consortia in wetland sediments: a biomarker analysis of the effects of hydrological regime, vegetation and season on benthic microbes[J]. Canadian Journal of Physiology & Pharmacology, 47: 83-90.

Buchwal A, Rachlewicz G, Fonti P, et al., 2013. Temperature modulates intra-plant growth of Salix polaris from a high Arctic site (Svalbard) [J]. Polar Biology, 36: 1305-1318.

Chen A, Tian M, Zhao Z, et al., 2014. Macroscopic and microscopic evidence of Quaternary glacial features and ESR dating in the Daweishan Mountain area, Hunan, eastern China[J]. Quaternary International, 333: 62-68.

Cheng W, Sun L, Kimpe L E, et al., 2016. Sterols and stanols preserved in pond sediments track seabird biovectors in a High Arctic environment[J]. Environmental Science & Technology, 50: 9351-9360.

Chistyakova N, Ivanova E, Risebrobakken B, et al., 2010. Reconstruction of the postglacial environments in the southwestern Barents Sea based on foraminiferal assemblages[J]. Oceanology, 50: 573-581.

Choudhary P, Routh J, Chakrapani G J, 2009. An environmental record of changes in sedimentary organic matter from Lake Sattal in Kumaun Himalayas, India[J]. Science of The Total Environment, 407:

2783-2795.

Cohen J, Screen J A, Furtado J C, et al., 2014. Recent Arctic amplification and extreme mid-latitude weather[J]. Nature Geoscience, 7: 627-637.

Divine D, Isaksson E, Martma T, et al., 2011. Thousand years of winter surface air temperature variations in Svalbard and northern Norway reconstructed from ice-core data[J]. Polar Research. DOI: 10.3402/polar.v30i0.7379.

Evans D, Phillips E, Hiemstra J, et al., 2006. Subglacial till: formation, sedimentary characteristics and classification[J]. Earth-Science Reviews, 78: 115-176.

Farnsworth W R, Ingólfsson Ó, Retelle M, et al., 2018. Svalbard glaciers re-advanced during the Pleistocene-Holocene transition[J]. Boreas, 47: 1022-1032.

Forman S L, Miller G H, 1984. Time-dependent soil morphologies and pedogenic processes on raised beaches, Bröggerhalvöya, Spitsbergen, Svalbard Archipelago[J]. Arctic and Alpine Research: 381-394.

Forman S L, Mann D H, Miller G H, 1987. Late Weichselian and Holocene relative sea-level history of Bröggerhalvöya, Spitsbergen[J]. Quaternary Research, 27: 41-50.

Forman S, Lubinski D, Ingólfsson Ó, et al., 2004. A review of postglacial emergence on Svalbard, Franz Josef Land and Novaya Zemlya, northern Eurasia[J]. Quaternary Science Reviews, 23: 1391-1434.

Grabiec M, Ignatiuk D, Jania J, et al., 2018. Coast formation in an Arctic area due to glacier surge and retreat: The Hornbreen-Hambergbreen case from Spistbergen [J]. Earth surface processes and Landforms, 43: 387-400.

Gregory A, Balascio N L, D′Andrea W J, et al., 2017. Holocene glacier activity reconstructed from proglacial lake Gjøavatnet on Amsterdamøya, NW Svalbard [J]. Quaternary Science Reviews, 183: 188-203.

Grove J M, 2004. Little ice ages: ancient and modern [M]. 2nd Edn. London: Routledge.

Guilizzoni P, Marchetto A, Lami A, et al., 2006. Records of environmental and climatic changes during the late Holocene from Svalbard: palaeolimnology of Kongressvatnet[J]. Journal of Paleolimnology, 36: 325-351.

Hu Q H, Sun L G, Xie Z Q, et al., 2013. Increase in penguin populations during the Little Ice Age in the Ross Sea, Antarctica[J]. Scientific Reports, 3: 2472.

Huang J, Sun L G, Huang W, et al., 2010. The ecosystem evolution of penguin colonies in the past 8500 years on Vestfold Hills, East Antarctica[J]. Polar Biology, 33: 1399-1406.

Huybers P, 2006. Early Pleistocene glacial cycles and the integrated summer insolation forcing[J]. Science, 313: 508-511.

Isaksson E, Hermanson M, Hicks S, et al., 2003. Ice cores from Svalbard: useful archives of past climate and pollution history[J]. Physics and Chemistry of the Earth, 28: 1217-1228.

Jessen S P, Rasmussen T L, Nielsen T, et al., 2010. A new Late Weichselian and Holocene marine chronology for the western Svalbard slope 30000-0 years BP [J]. Quaternary Science Reviews, 29: 1301-1312.

Kar R, Mazumder A, Mishra K, et al., 2018. Climatic history of Ny-Ålesund region, Svalbard, over the last 19000 yr: insights from quartz grain microtexture and magnetic susceptibility [J]. Polar Science, 18: 189-196.

Kaufman D S, Ager T A, Anderson N J, et al., 2004. Holocene thermal maximum in the western Arctic (0°W ~180°W) [J]. Quaternary Science Reviews, 23: 529-560.

Kawamura K, Ishiwatari R, 1981. Polyunsaturated fatty acids in a lacustrine sediment as a possible indicator of paleoclimate[J]. Geochimica et Cosmochimica Acta, 45: 149-155.

Kołaczek P, Mirosław-Grabowska J, Karpińska-Kołaczek M, et al., 2015. Regional and local changes inferred from lacustrine organic matter deposited between the Late Glacial and mid-Holocene in the Skaliska Basin (north-eastern Poland) [J]. Quaternary International, 388: 51-63.

Kristjánsdóttir G B, Moros M, Andrews J T, et al., 2017. Holocene Mg/Ca, alkenones, and light stable isotope measurements on the outer North Iceland shelf (MD99-2269): a comparison with other multi-proxy data and sub-division of the Holocene[J]. The Holocene, 27: 52-62.

Landim P M, Frakes L A, 1968. Distinction between tills and other diamictons based on textural characteristics[J]. Journal of Sedimentary Research, 38(4): 1213-1223.

Landvik J Y, Bondevik S, Elverhøi A, et al., 1998. The last glacial maximum of Svalbard and the Barents Sea area: ice sheet extent and configuration[J]. Quaternary Science Reviews, 17: 43-75.

Larsen D J, Miller G H, Geirsdóttir Á, et al., 2012. Non-linear Holocene climate evolution in the North Atlantic: a high-resolution, multi-proxy record of glacier activity and environmental change from Hvítárvatn, central Iceland[J]. Quaternary Science Reviews, 39: 14-25.

Lehman S J, Forman S L, 1992. Late Weichselian glacier retreat in Kongsfjorden, west Spitsbergen, Svalbard[J]. Quaternary Research, 37: 139-154.

Liu X D, Sun L G, Xie Z Q, et al., 2005. A 1300-year record of penguin populations at Ardley Island in the Antarctic, as deduced from the geochemical data in the ornithogenic lake sediments [J]. Arctic, Antarctic, and Alpine Research, 37: 490-498.

Liu X D, Vandenberghe J, An Z, et al., 2016. Grain size of Lake Qinghai sediments: implications for riverine input and Holocene monsoon variability[J]. Palaeogeography, Palaeoclimatology, Palaeoecology, 449: 41-51.

Liu X D, Zhao S P, Sun L G, et al., 2006. Geochemical evidence for the variation of historical seabird population on Dongdao Island of the South China Sea[J]. Journal of Paleolimnology, 36: 259-279.

Mangerud J, Landvik J Y, 2007. Younger Dryas cirque glaciers in western Spitsbergen: smaller than during the Little Ice Age[J]. Boreas, 36: 278-285.

Mangerud J, Bolstad M, Elgersma A, et al., 1992. The last glacial maximum on Spitsbergen, Svalbard. Quaternary Research, 38: 1-31.

Matthes F E, 1939. Report of committee on glaciers, April 1939 [J]. Eos, Transactions American Geophysical Union, 20: 518-523.

McClenaghan M B, Paulen R C, Oviatt N M, 2018. Geometry of indicator mineral and till geochemistry dispersal fans from the Pine Point Mississippi Valley-type Pb-Zn district, Northwest Territories, Canada [J]. Journal of Geochemical Exploration, 190: 69-86.

Meyers P A, 1994. Preservation of elemental and isotopic source identification of sedimentary organic matter[J]. Chemical Geology, 114: 289-302.

Meyers P A, 2003. Applications of organic geochemistry to paleolimnological reconstructions: a summary of examples from the Laurentian Great Lakes[J]. Organic Geochemistry, 34: 261-289.

Mirosław-Grabowska J, Niska M, Kupryjanowicz M, 2015. Reaction of lake environment on the climatic cooling: transition from the Eemian Interglacial to Early Vistulian on the basis of Solniki palaeolake sediments (NE Poland) [J]. Quaternary International, 386: 158-170.

Mottin T E, Vesely F F, de Lima Rodrigues M C N, et al., 2018. The paths and timing of late Paleozoic ice revisited: New stratigraphic and paleo-ice flow interpretations from a glacial succession in the upper

Itararé Group (Paraná Basin, Brazil) [J]. Palaeogeography, Palaeoclimatology, Palaeoecology, 490: 488-504.

Müller J, Werner K, Stein R, et al., 2012. Holocene cooling culminates in sea ice oscillations in Fram Strait [J]. Quaternary Science Reviews, 47: 1-14.

Muraoka H, Noda H, Uchida M, et al., 2008. Photosynthetic characteristics and biomass distribution of the dominant vascular plant species in a high Arctic tundra ecosystem, Ny-Ålesund, Svalbard: implications for their role in ecosystem carbon gain[J]. Journal of Plant Research, 121: 137.

Nesbitt H, Young G, 1982. Early Proterozoic climates and plate motions inferred from major element chemistry of lutites[J]. Nature, 299: 715-717.

Niekus M T, van Balen R, Bongers J, et al., 2016. News from the north: A late Middle Palaeolithic site rich in handaxes on the Drenthe-Frisian till plateau near Assen, the Netherlands; first results of a trial excavation[J]. Quaternary International, 411: 284-304.

Nuth C, Kohler J, König M, et al., 2013. Decadal changes from a multi-temporal glacier inventory of Svalbard[J]. The Cryosphere, 7: 1603-1621.

Oerlemans J, 2005. Extracting a climate signal from 169 glacier records[J]. Science, 308: 675-677.

Ogura K, Machihara T, Takada H, 1990. Diagenesis of biomarkers in Biwa Lake sediments over 1 million years[J]. Organic Geochemistry, 16: 805-813.

Olsen J, Anderson N J, Knudsen M F, 2012. Variability of the North Atlantic Oscillation over the past 5200 years[J]. Nature Geoscience, 5: 808-812.

Rasmussen T L, Thomsen E, Skirbekk K, et al., 2014. Spatial and temporal distribution of Holocene temperature maxima in the northern Nordic seas: interplay of Atlantic-, Arctic-and polar water masses [J]. Quaternary Science Reviews 92: 280-291.

Reimer P J, Bard E, Bayliss A, et al., 2013. Intcal 13 and Marine 13 radiocarbon age calibration curves 0-50000 years BP[J]. Radiocarbon, 55: 1869-1887.

Reusche M, Winsor K, Carlson A E, et al., 2014. ^{10}Be surface exposure ages on the late: Pleistocene and Holocene history of Linnébreen on Svalbard[J]. Quaternary Science Reviews, 89: 5-12.

Risebrobakken B, Moros M, Ivanova E V, et al., 2010. Climate and oceanographic variability in the SW Barents Sea during the Holocene[J]. The Holocene, 20: 609-621.

Roland T P, Caseldine C J, Charman D J, et al., 2014. Was there a '4.2 ka event' in Great Britain and Ireland? Evidence from the peatland record[J]. Quaternary Science Reviews, 83: 11-27.

Rontani J F, Volkman J K, 2003. Phytol degradation products as biogeochemical tracers in aquatic environments[J]. Organic Geochemistry, 34: 1-35.

Røthe T O, Bakke J, Vasskog K, et al., 2015. Arctic Holocene glacier fluctuations reconstructed from lake sediments at Mitrahalvøya, Spitsbergen[J]. Quaternary Science Reviews, 109: 111-125.

Rozema J, Boelen P, Doorenbosch M, et al., 2006. A vegetation, climate and environment reconstruction based on palynological analyses of high arctic tundra peat cores (5000-6000 years BP) from Svalbard[J]. Plant Ecology, 182: 155-173.

Rozema J, Weijers S, Broekman R, et al., 2009. Annual growth of Cassiope tetragona as a proxy for Arctic climate: developing correlative and experimental transfer functions to reconstruct past summer temperature on a millennial time scale[J]. Global Change Biology, 15: 1703-1715.

Salvigsen O, Høgvard K, 2006. Glacial history, Holocene shoreline displacement and palaeoclimate based on radiocarbon ages in the area of Bockfjorden, north-western Spitsbergen, Svalbard[J]. Polar Research,

25:15-24.

Sobota I, Nowak M, Weckwerth P, 2016. Long-term changes of glaciers in north-western Spitsbergen[J]. Global and Planetary Change, 144:182-197.

Solomina O N, Bradley R S, Hodgson D A, et al., 2015. Holocene glacier fluctuations[J]. Quaternary Science Reviews, 111:9-34.

Solomina O N, Bradley R S, Jomelli V, et al., 2016. Glacier fluctuations during the past 2000 years[J]. Quaternary Science Reviews, 149:61-90.

Sovetov J, 2015. Tillites at the base of the Vendian Taseeva Group in the stratotype section (Siberian craton)[J]. Russian Geology and Geophysics, 56:1522-1530.

Sun L G, Liu X D, Yin X B, et al., 2005. Sediments in palaeo-notches: potential proxy records for palaeoclimatic changes in Antarctica[J]. Palaeogeography, Palaeoclimatology, Palaeoecology, 218: 175-193.

Sun L G, Liu X D, Yin X B, et al., 2004. A 1500-year record of Antarctic seal populations in response to climate change[J]. Polar Biology, 27:495-501.

Sun L G, Xie Z Q, Zhao J L, 2000. A 3000-year record of penguin populations[J]. Nature, 407:858-858.

Svendsen J I, Mangerud J, 1997. Holocene glacial and climatic variations on Spitsbergen, Svalbard[J]. The Holocene, 7:45-57.

Svendsen J I, Briner J P, Mangerud J, et al., 2015. Early break-up of the Norwegian channel ice stream during the last glacial maximum[J]. Quaternary Science Reviews, 107:231-242.

Svendsen J I, Elverhmi A, Mangerud J, 1996. The retreat of the Barents Sea Ice Sheet on the western Svalbard margin[J]. Boreas, 25:244-256.

Svendsen J I, Gataullin V, Mangerud J, et al., 2004. The glacial history of the Barents and Kara Sea region [J]. Quaternary Glaciations-Extent and Chronology, 1:369-378.

Swift D A, Cook S J, Graham D J, et al., 2018. Terminal zone glacial sediment transfer at a temperate overdeepened glacier system[J]. Quaternary Science Reviews, 180:111-131.

Szczuciński W, Zajączkowski M, Scholten J, 2009. Sediment accumulation rates in subpolar fjords-Impact of post-Little Ice Age glaciers retreat, Billefjorden, Svalbard[J]. Estuarine, Coastal and Shelf Science, 85: 345-356.

van der Bilt W G M, Bakke J, Vasskog K, et al., 2015. Reconstruction of glacier variability from lake sediments reveals dynamic Holocene climate in Svalbard[J]. Quaternary Science Reviews, 126:201-218.

van der Bilt W G, D'Andrea W J, Bakke J, et al., 2016. Alkenone-based reconstructions reveal four-phase Holocene temperature evolution for High Arctic Svalbard[J]. Quaternary Science Reviews, 183: 204-213.

van der Wal R, Stien A, 2014. High-arctic plants like it hot: a long-term investigation of between year variability in plant biomass[J]. Ecology, 95:3414-3427.

Walker D A, Raynolds M K, Daniëls F J, et al., 2005. The circumpolar Arctic vegetation map[J]. Journal of Vegetation Science, 16:267-282.

Wang J J, Sun L G, 2007. Molecular organic geochemistry of ornithogenic sediment from Svalbard, Arctic [J]. Chinese Journal of Polar Science, 20:32-39.

Wang J J, Wang Y H, Wang X M, et al., 2007. Penguins and vegetations on Ardley Island, Antarctica: evolution in the past 2400 years[J]. Polar Biology, 30:1475-1481.

Wanner H, Solomina O, Grosjean M, et al., 2011. Structure and origin of Holocene cold events[J].

Quaternary Science Reviews,30:3109-3123.

Weijers S, Broekman R, Rozema J, 2010. Dendrochronology in the High Arctic: July air temperatures reconstructed from annual shoot length growth of the circumarctic dwarf shrub Cassiope tetragona[J]. Quaternary Science Reviews,29:3831-3842.

Werner K, Müller J, Husum K, et al., 2016. Holocene sea subsurface and surface water masses in the Fram Strait: comparisons of temperature and sea-ice reconstructions[J]. Quaternary Science Reviews, 147:194-209.

Werner K, Spielhagen R F, Bauch D, et al., 2013. Atlantic Water advection versus sea-ice advances in the eastern Fram Strait during the last 9 ka: Multiproxy evidence for a two-phase Holocene [J]. Paleoceanography,28:283-295.

Xu L Q, Liu X D, Sun L G, et al., 2011. A 2200-year record of seabird population on Ganquan Island, South China Sea[J]. Acta Geologica Sinica (English Edition),85:957-967.

Yang Z K, Sun L G, Zhou X, et al., 2018a. Mid to late Holocene climate change record in palaeo-notch sediment from London Island, Svalbard[J]. Journal of Earth System Science, 127:57.

Yang Z K, Wang Y H, Sun L G, 2018b. Records in palaeo-notch sediment: changes in palaeoproductivity and their link to climate change from Svalbard[J]. Advances in Polar Science, 29(4):243-253.

Yoon H, Khim B, Lee K, et al., 2006. Reconstruction of postglacial paleoproductivity in Long Lake, King George Island, West Antarctica[J]. Polish Polar Research, 27:189-206.

Yuan L X, Sun L G, Long N Y, et al., 2010. Seabirds colonized Ny-Ålesund, Svalbard, Arctic ~9400 years ago[J]. Polar Biology, 33:683-691.

Yuan L X, Sun L G, Wei G J, et al., 2011. 9400 yr BP: the mortality of mollusk shell (Mya truncata) at High Arctic is associated with a sudden cooling event[J]. Environmental Earth Sciences, 63:1385-1393.

第7章　伦敦岛古海蚀凹槽沉积记录的气候与环境变化信息

杨仲康　袁林喜　孙立广

北极地区在全球气候系统中发挥着至关重要的作用，近年来，北极气候变暖的速度是全球平均的两倍，即北极放大现象(Cohen et al.,2014)，并且气候模型结果显示未来气候变暖的极地放大效应仍将持续。北极快速的变暖加剧了北极海冰的融化，对北极气候系统造成了重要影响。近年来北半球中纬度地区频繁的极端天气事件也与北极放大作用存在密切的关系(Cohen et al.,2014)。然而北极地区的器测气候记录非常稀少且很少有超过100年的记录，因此，需要重建更多长时间尺度的气候变化记录来研究北极地区在自然状态下的气候变化，这对于评价和预测未来气候变化也有重要意义。

全新世气候并不像大家一直认为的那么稳定，而是在几百年到上千年的时间尺度上存在很大的变化(Bond et al.,2001;Bond et al.,1997;Wanner et al.,2011)。Bond等(1997)通过对北大西洋的冰筏事件研究表明，全新世气候存在一个大概(1470±500)年的变化周期。快速的气候变化事件在全新世期间时常发生，比如，距今2800年冷事件(Plunkett, Swindles,2008)，距今4200年冷事件(Roland et al.,2014)，距今5800年冷事件(Ojala et al.,2014)等。快速的气候变化事件也激发了更多的科学家来研究北极地区的全新世气候变化。其中在斯瓦尔巴群岛地区就有大量的研究来重建气候变化以及快速的降温事件(Bakke et al.,2018;Gregory et al.,2017;Luoto,Ojala,2018;Mangerud,Svendsen,2018;Ojala et al.,2014;Røthe et al.,2015;Rasmussen,Thomsen,2015;Rasmussen et al.,2014;Telesiński et al.,2018;van der Bilt et al.,2015)。比如van der Bilt等(2015)重建了斯瓦尔巴地区的冰川活动历史以及全新世气候状况；Rasmussen等(2014)利用斯瓦尔巴群岛西侧陆架海洋沉积重建了该地区全新世以来表层水和底层水的温度变化历史。尽管如此，这些重建记录的研究载体基本都集中在海洋沉积和冰川湖泊沉积，很少发现利用稳定的积水区沉积重建气候变化的报道。

海洋、湖泊、冰川沉积物被广泛用于重建古气候、古生态变化及冰川活动历史(Balascio et al.,2015;Bond et al.,2001;Bond et al.,1997;Sun et al.,2000;van der Bilt et al.,2015)。然而，北极气候指标仍然非常稀少并且分布很不均匀(van der Bilt et al.,2015;Wanner et al.,2011)。尤其是在斯瓦尔巴群岛上，很难找到全新世以来保存完好的长时间跨度的沉积序列，因为在西斯匹次卑尔根岛上，冰川活动在小冰期时期是全新世以来规模最大的一次，甚至比新仙女木时期的冰川还要大(Mangerud,Landvik,2007)。大规模的冰进极大地破坏了湖泊和阶地上的沉积序列，限制了我们对斯匹次卑尔根岛地区气候与环境变化的理解。

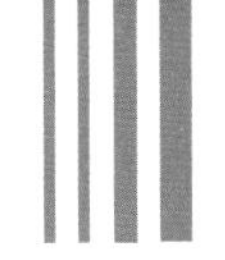

北极相对简单的生态系统对北极快速的气候变化非常敏感。其湖泊沉积物中的有机质主要是由湖泊内的藻类和流域内陆源植物碎屑组成的(Kołaczek et al.,2015;Meyers,Ishiwatari,1993)。当湖泊内部及周围植被繁盛的时候,湖泊沉积记录中有机质的含量也会相应地增加。有机质是湖泊沉积物中的重要组成部分,可以为过去气候、环境变化历史提供重要的信息(Kołaczek et al.,2015;Vreca,Muri,2006)。但是据我们所知,在斯瓦尔巴群岛上,利用湖泊沉积物研究古生产力变化的报道非常少。我们认为,造成这一结果的原因是斯匹次卑尔根岛西海岸在小冰期期间的冰川是整个全新世以来规模最大的一次(Mangerud,Landvik,2007),破坏了大量的湖泊沉积序列,因此,我们难以找到理想的研究材料。在南极,Sun 等(2005)发现了保存完好的古海蚀凹槽沉积物,并提出古海蚀凹槽沉积是研究古气候、古环境的理想载体。

在本研究中,我们在伦敦岛也发现了保存完好的古海蚀凹槽沉积(图 7.1),尝试用其重建该地区中晚全新世以来的气候及古生产力的变化历史,并探讨斯瓦尔巴群岛地区生态对气候的响应规律。

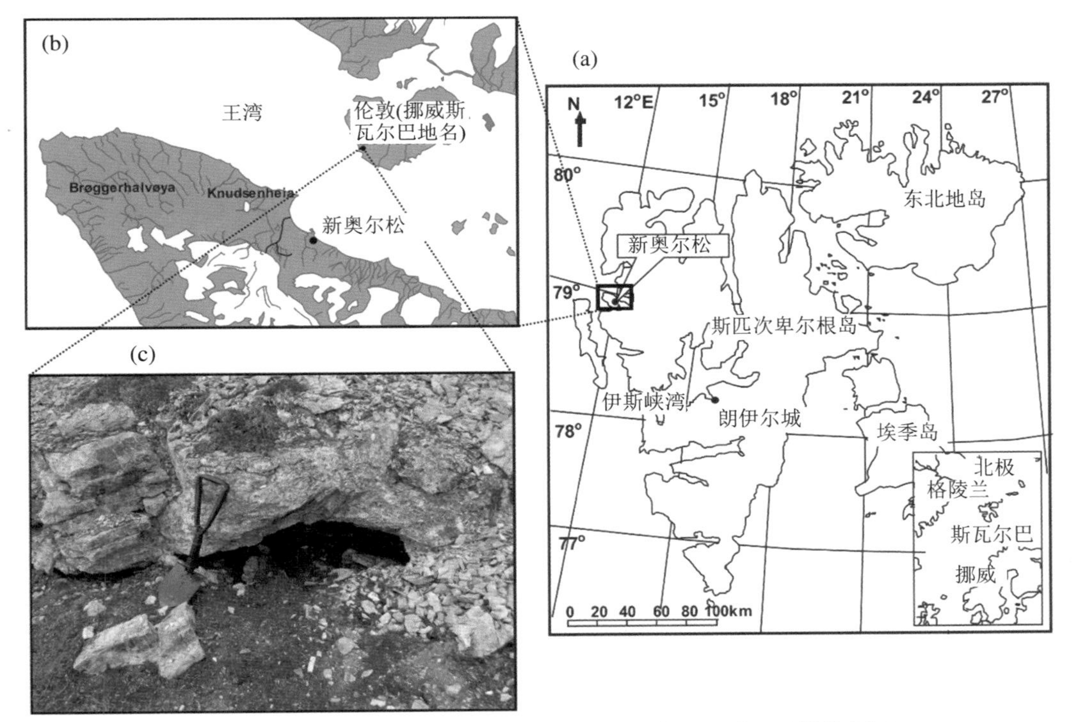

图 7.1 (a) 斯瓦尔巴群岛采样位置图;(b) 新奥尔松地区采样位置图;(c) 古海蚀凹槽剖面 LDP 的现场照片

7.1 古海蚀凹槽沉积特征与年代学

在古海蚀凹槽沉积剖面 LDP 中选取 7 个沉积物样品进行 AMS ^{14}C 定年,定年结果见表 7.1。沉积样品是陆相沉积物,因此需要对定年结果进行陆地储库校正,基于 IntCal 13

校正曲线(Reimer et al.,2013),利用 Clam 2.2 软件(Blaauw,2010)对定年结果进行校正得到校准年龄(表 7.1)。为获得沉积序列的年代-深度模型,利用 Clam 2.2 软件(Blaauw,2010)通过线性内插的方法对定年结果进行拟合,拟合结果(图 7.2)包括最佳拟合年龄以及 95%置信度的年龄区间,图 7.2 中的年代-深度模型就是基于最佳拟合年龄得到的。因此海蚀凹槽至少在 5700 yr BP 前就开始接受沉积,并在大约距今 1600 年沉积停止。可靠的年代学框架也为我们后续重建该地区的古气候、古环境记录奠定了坚实的基础。

表 7.1　古海蚀凹槽沉积剖面 LDP 的 AMS ^{14}C 年代测试结果

样品编号	实验室编号	材料	^{14}C 年代(BP)	最小值(yr BP)	最大值(yr BP)	平均年龄(yr BP)
LDP-1	20595	沉积物	1740±20	1599	1708	1654
LDP-3	19042	沉积物	1890±25	1773	1890	1832
LDP-4	19043	沉积物	1970±25	1874	1953	1914
LDP-6	19044	沉积物	2230±25	2154	2272	2213
LDP-9	19045	沉积物	2960±25	3057	3210	3134
LDP-13	19047	沉积物	4000±25	4458	4521	4490
LDP-18	UOC-1910	沉积物	4941±54	5588	5753	5671

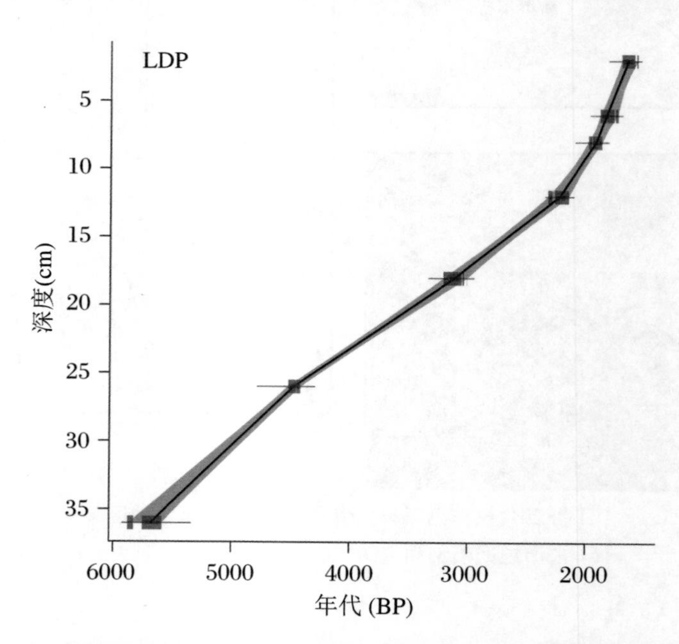

图 7.2　基于沉积物放射性^{14}C定年结果建立的沉积剖面 LDP 的年龄-深度模型

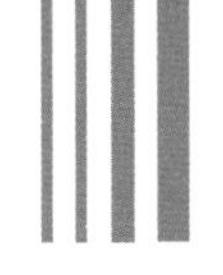

7.2　古海蚀凹槽沉积环境及形成过程

7.2.1　基本理化指标分析

一般来说，总有机碳（TOC）和总氮（TN）含量是反映沉积物中有机质相对含量的理想指标。在沉积剖面LDP中，总有机碳和总氮含量随时间变化的趋势非常相似（图7.3），它们之间高度相关（$R^2=0.9031$，$P<0.01$），其中总有机碳的含量变化范围为0.86%～2.84%，平均值为1.86%，而总氮的含量在0.12%～0.42%之间变化，平均值为0.25%。总有机碳和总氮含量沿沉积剖面自下而上总体呈现上升的变化趋势（图7.3），因此，沉积剖面中有机质含量从底部到顶部是不断升高的。碳氮比（TOC/TN）被广泛地用于区分有机质的来源，沉积序列LDP的碳氮比变化范围很小，在7.7～10.22范围波动，这也说明该海蚀凹槽沉积物中有机质的来源相对稳定。

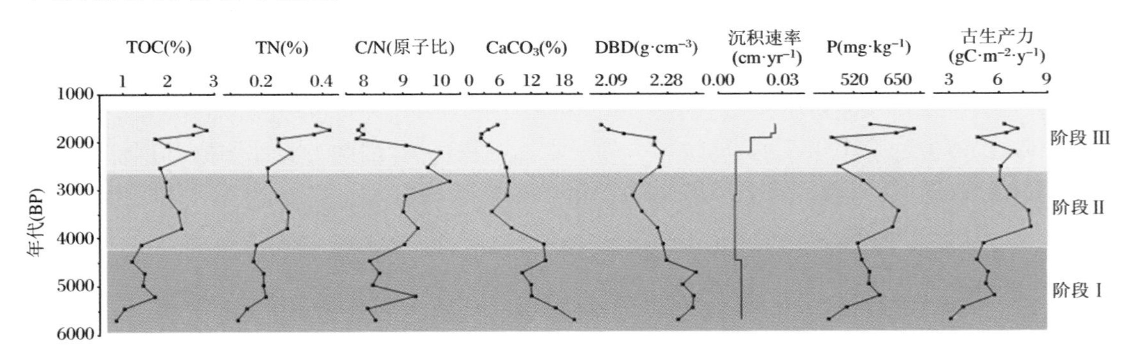

图7.3　古海蚀凹槽沉积剖面LDP中总有机碳、总氮、碳氮比、碳酸钙、干密度、沉积速率、磷含量以及古生产力的变化趋势

根据Müller等(2012)提出的碳酸钙含量计算公式（$w_{CaCO_3}=(w_{TC}-w_{TOC})\times 8.333$），得到碳酸钙含量的变化范围为2.34%～20.21%，并且其含量自下而上呈现一个总体下降的趋势，总体与干密度的变化趋势一致（图7.3），但是与总有机碳和总氮的含量变化呈现相反的变化趋势，可能与有机质输入的稀释作用有关，Yoon等(2006)利用西南极长湖沉积物重建古生产力变化时也得到了类似的结果。

沉积剖面中P的含量在444.07～695.09 $mg\cdot kg^{-1}$之间变化（图7.3），其平均值为558.59 $mg\cdot kg^{-1}$。一般认为，P含量是影响湖泊生产力的限制营养因素，高的P含量对应高的湖泊生产力(Schindler，1978)，本研究中，P含量与TOC含量的变化趋势一致。

根据以上地球化学指标随时间的变化趋势，可以将其大致分为3个阶段（图7.3）。其中，阶段Ⅰ主要表现为TOC、TN和P的含量较低，对应较高的碳酸钙含量和干密度，这说明有机质输入较少。总有机碳和总氮的含量在阶段Ⅰ和阶段Ⅱ之间跌入谷值，这很可能与距今4200年左右的冷事件有关(Roland et al.，2014)。随后，TOC、TN和P的含量在3700 yr BP左右达到了峰值，并逐渐降低，直到在2800 yr BP左右再次跌入低谷，这很可能也是由于这段时间寒冷的气候条件导致的(Plunkett,Swindles,2008)。碳酸钙含量和干密度在阶段Ⅱ一直处于下降趋势,而碳氮比的变化趋势却正好相反,这说明在这一时期外源有机质的输入增加。总体来说,TOC、TN和P的含量在阶段Ⅲ一直表现为上升的趋势,但是碳氮比却在此期间有一个急剧的下降,可能与外源有机质输入突然减少有关。

7.2.2 沉积环境分析

湖泊沉积物中的有机质可以记录古气候、古环境非常多的重要信息(Vreca,Muri,2006)。目前,沉积物中的碳氮比已经被广泛地用于区分不同有机质的来源。众所周知,湖泊藻类和浮游植物富含蛋白质而含有较少的纤维素,因此拥有较低的碳氮比(4~10),而陆源植物因为较高的纤维素含量和较低的蛋白质含量而具有较高的碳氮比(一般≥20)(Meyers,1994)。在本研究中,沉积物中碳氮比在7.78~10.22之间变化,说明沉积物中的有机质主要来源于湖泊藻类。除此之外,沉积物中的稳定碳同位素和碳氮比可以共同来区分有机质的来源(Meyers,1994),将古海蚀凹槽沉积物的稳定碳同位素值与相应的碳氮比投到C/N-δ^{13}C二元判定图中(图7.4),基本所有的数值点都落在了湖泊藻类这一区域,这也说明了湖泊藻类是沉积物中有机质的主要贡献者。一般认为,当TOC含量大于1%并且沉积物中C/N比值在6~15之间时,沉积物中有机质主要来源于湖泊中的浮游生物(Sampei,Matsumoto,2001),本海蚀凹槽沉积序列中C/N比值在7.8~10.2之间变化,并且TOC含量大于1%(图7.3),说明有机质主要来源于湖泊中的浮游生物。除此之外,该沉积序列中的Sr/Ba比值也都是小于1的,反映了一种淡水相沉积环境,因此古海蚀凹槽沉积物是在湖泊环境中形成的,与南极的研究结果一致(Sun et al.,2005)。

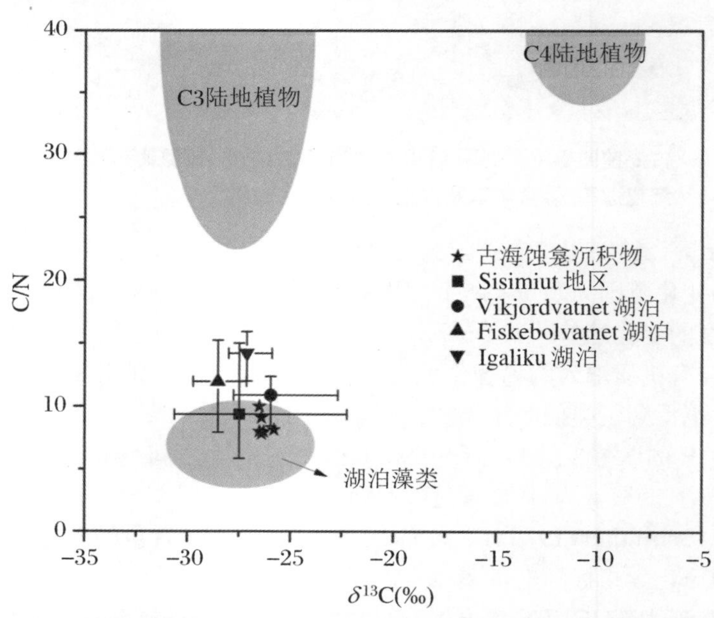

图7.4 湖泊藻类、C3植物、C4植物以及古海蚀凹槽沉积物的C/N-δ^{13}C二元判定图

格陵兰西南侧的湖泊(Leng et al.,2012)、挪威北部湖泊Vikjordvatnet和Fiskebolvatnet(Balascio,Bradley,2012)以及格陵兰南部Igaliku湖泊(Massa et al.,2012)的沉积物C/N-δ^{13}C数据也投到图中作为对比。

7.2.3 古海蚀凹槽形成过程

根据对南极古海蚀凹槽的研究经验(Sun et al.,2005),结合古海蚀凹槽沉积剖面 LDP 的年代学框架以及研究区域古气候资料,我们提出了古海蚀凹槽沉积 LDP 的形成过程。北极斯瓦尔巴群岛在末次冰盛期完全被巴伦支海晚威赫赛尔冰架覆盖(Landvik et al.,1998),直到 13000～12000 yr BP,晚威赫赛尔冰架前缘逐渐退至斯瓦尔巴西海岸,随后被冰封的岛屿逐渐呈现出来,并且冰盖退出王湾之后,海水涌入王湾,海湾开始出现(Forman et al.,2004;Lehman,Forman,1992;Mangerud et al.,1992)。该地区的基岩海岸经过海浪长期的冲刷、侵蚀作用,导致部分强度较弱的基岩形成凹槽(图 7.5(a))。在大概距今 10000 年左右,Broggerhalvoya 岛的相对海平面快速下降(30 m($\cdot$ 1000 yr)$^{-1}$)(Forman et al.,2004;Forman et al.,1987),使得海蚀凹槽被抬升到海平面以上(图 7.5(b)),直到(9440 ± 130)yr BP,王湾冰盖彻底退去。但是直到 5700 yr BP 左右海蚀凹槽才开始接受沉积,中间出现了接近 4000 年的沉积间断,这可能是因为 5700 yr BP 之前有一个非常寒冷的时期(Bond et al.,2001;van der Bilt et al.,2015),冰进产生的终碛物或者其他外力作用在海蚀凹槽前缘形成了拦水坝(图 7.5(c)),在海蚀凹槽周围形成积水区,并开始接受沉积。在 1600 yr BP 左右,气候转暖(Bond et al.,2001),积水区发生溃坝或者由于外界原因将拦水坝破坏,沉积停止(图 7.5(d))。随后,海蚀凹槽前缘的沉积物被剥蚀殆尽,只有海蚀凹槽内的沉积物被完好地保存了下来,但是海蚀凹槽中缺失了从 1600 yr BP 到现在的沉积物。

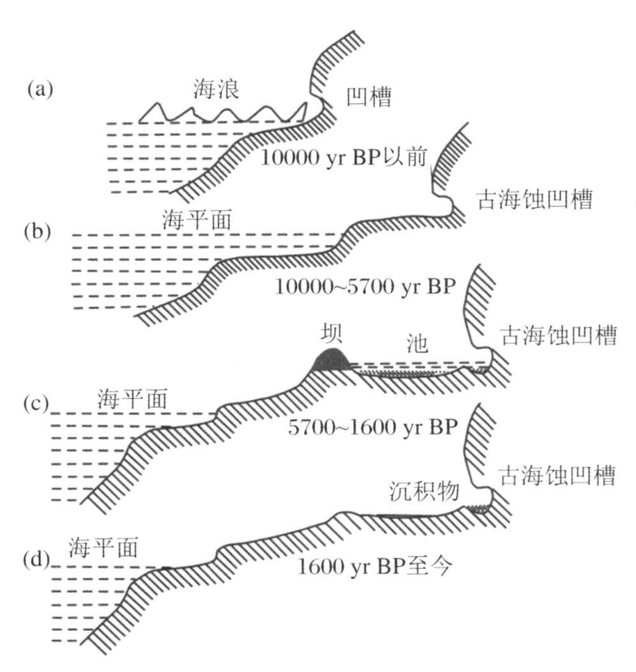

图 7.5　古海蚀凹槽形成过程的示意图

(a) 基岩海岸被海浪侵蚀形成凹槽;(b) 凹槽被抬升至海平面以上;(c) 古海蚀凹槽开始接受沉积;(d) 物源中断,沉积停止,沉积物被完好地保存到古海蚀凹槽中。

7.3 距今 6000～2000 年伦敦岛的气候与环境变化

7.3.1 风化历史及其古气候意义

化学蚀变指数(Nesbitt，Young，1982)、化学风化指数 (CIW)(Harnois，1988)和斜长石蚀变指数(PIA)(Fedo et al.，1995)被广泛地用于指示沉积物的风化历史。CIA 是指示沉积物或土壤化学风化程度的理想指标，计算公式为 CIA = $[w_{Al_2O_3}/(w_{Al_2O_3} + w_{CaO*} + w_{Na_2O} + w_{K_2O})]\times 100$，其中 w_{CaO*} 仅指硅酸盐矿物中 CaO 的含量(后文公式中亦如此)，因此，由于沉积物中碳酸盐的存在，对测得的 CaO 含量进行校正非常必要。McLennan (1993)提出一个近似的校正方法，即假定硅酸盐中 Ca/Na 的比值是一定的。该海蚀凹槽沉积序列中 CIA 的值在 54.77～58.88 之间变化，平均值为 57.07。沉积物和古土壤中 K 的含量与其底部来源相比明显偏高(Fedo et al.，1995)，这是由于黏土矿物沉积之后发生交代变质作用以及伊利石化作用导致 K 的富集(Eze，Meadows，2013)。风化指标 CIW 的公式中因为不含有 K 的组分因而可以避免这个问题(Harnois，1988)；PIA 的提出是为了用来指示斜长石的风化程度(Fedo et al.，1995)，其计算公式分别为 CIW = $[w_{Al_2O_3}/(w_{Al_2O_3} + w_{CaO*} + w_{Na_2O})]\times 100$ 和 PIA = $[(w_{Al_2O_3} - w_{K_2O})/(w_{Al_2O_3} + w_{CaO*} + w_{Na_2O} - w_{K_2O})]\times 100$。沉积剖面 LDP 中 CIW 的变化范围是 62.28～67.44，平均值为 65.11；PIA 的变化范围是 56.29～61.90，平均值为 59.39。总体来说，古海蚀凹槽沉积序列中的风化指标都表现出了相似的风化强度历史(图 7.6)。

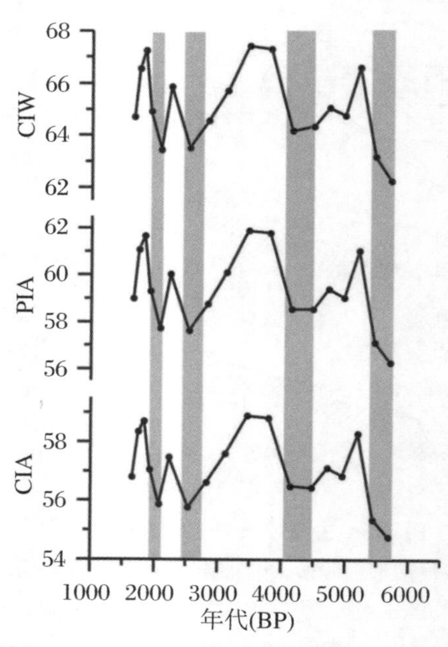

图 7.6 古海蚀凹槽沉积序列 LDP 中 3 个常用化学风化指标(CIA、CIW、PIA)的变化历史

通过对沉积物分析得到的矿物蚀变地球化学指标被广泛地用于确定源区的风化状况(Garzanti,Resentini,2015)。化学风化强度严重影响沉积物中主量元素和矿物的组成(Fedo et al.,1995;McLennan,1993;Nesbitt,Young,1982)。而这些地球化学特征最终会被转移到沉积记录中(Nesbitt,Young,1982;Selvaraj,Chen,2006)。所以保存完好的沉积序列可以作为重建源区风化历史的理想材料。除此之外,化学风化指标被广泛地用于古气候重建(Garzanti,Resentini,2015)。由于沉积物和土壤在地球的最表面形成与气候变化有着直接的联系,因此,化学风化指标也是相对于其他气候指标来说评估气候状况最直接的指标(Sheldon,Tabor,2009)。一般来说,化学风化速率在温暖湿润的气候条件下较高,而在寒冷干燥的气候条件下较低(Qiao et al.,2009)。

目前,有大量的风化指标被用来评价不同沉积物的风化状况。例如,风化指标 CIA、PIA 和 CIW 非常适合用于确定沉积物的化学风化强度(Fedo et al.,1995;Selvaraj,Chen,2006)。其中高的 CIA 值表明,相比较为稳定的组分(Al^{3+}、Ti^{4+}),性质活泼的阳离子(Ca^{2+}、Na^{+}、K^{+}等)会大量流失,而对于较低的 CIA 值,活泼阳离子则流失较少,表明化学蚀变作用较弱,反映了干冷的气候条件(Fedo et al.,1995;Nesbitt,Young,1982)。总体来说,古海蚀凹槽沉积序列的 CIA 值一直保持在相对较低的水平(图 7.6),说明该地区化学风化程度较弱,这可能与北极高纬地区严酷的气候环境有关。根据 CIA 反映的研究区域的风化历史,新奥尔松地区在 5250～5150 yr BP、3800～3500 yr BP、2350～2150 yr BP 和 1900～1700 yr BP 期间化学风化程度相对较高,气候相对温暖,而在 1900～2000 yr BP、2600～2700 yr BP、4100～4500 yr BP 和 5400～5700 yr BP 期间风化程度较低,可能与寒冷的气候条件有关。另外两个化学风化指标(CIW 和 PIA)的变化也与 CIA 具有显著的正相关关系(图 7.6),这些指标共同反映了该地区可靠的化学风化历史,因此,本研究将这些风化指标进行标准化处理($Z=(X-A)/\mathrm{STD}$;其中 X 是原始数值,A 是平均值,STD 是标准偏差),将其平均值作为风化指标(WI)来反映研究区域的风化历史(图 7.7)。

除此之外,由于古海蚀凹槽沉积是在湖泊环境中沉积形成的,这也使其成为研究古气候、古环境的理想材料(Sun et al.,2005)。近年来,湖泊沉积物中的 TOC 和 TN 含量被广泛地用于指示古气候的变化(Choudhary et al.,2010;Kigoshi et al.,2014;Yoon et al.,2006),由于古海蚀凹槽中的沉积物是在相对封闭的环境中形成的,风力引起湖水混合作用较弱,并且几乎没有经历过生物扰动,所以这也有利于古海蚀凹槽沉积中有机物的保存(Melles et al.,2007;Vogel et al.,2013)。目前已有大量的研究确定了 TOC 含量与温度之间的关系(Melles et al.,2007;Vogel et al.,2013;Yoon et al.,2006),本研究中 TOC 的含量变化也与风化指标具有很好的一致性(图 7.7),因此,古海蚀凹槽沉积序列的 TOC 含量可以作为指示气候变化的辅助指标。

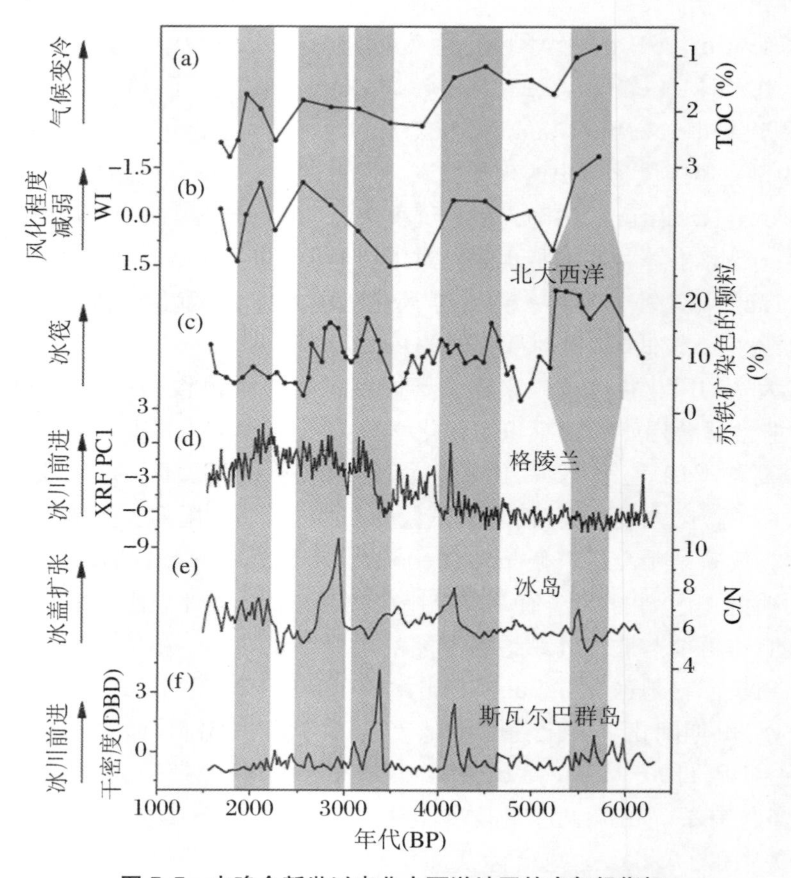

图 7.7 中晚全新世以来北大西洋地区的古气候指标

(a) 沉积序列 LDP 中的 TOC 含量；(b) 本研究重建的该地区的风化历史；(c) 北大西洋深海沉积中的冰筏事件记录(Bond et al.,2001)；(d) 格陵兰湖泊记录的冰川活动历史(Balascio et al.,2015)；(e) 冰岛湖泊沉积记录的冰盖大小变化记录(Larsen et al.,2012)；(f) 斯瓦尔巴群岛湖泊沉积的干密度变化反映的冰川活动历史(van der Bilt et al.,2015)。其中灰色条带指示这些指标反映的冷期。

7.3.2 中晚全新世气候变化记录

通过对北大西洋深海沉积物的研究发现，在整个全新世期间存在多次快速降温事件(Bond et al.,2001；Bond et al.,1997)。这些快速降温事件很可能与温盐环流、太阳活动、火山喷发以及冰川融水有关(Wanner et al.,2011)。为了更好地了解北大西洋地区全新世气候变化，近年来，科学家在北大西洋、格陵兰、冰岛以及斯瓦尔巴群岛地区也做了很多的工作(Balascio et al.,2015；Bond et al.,2001；Harris et al.,2009；Larsen et al.,2012；Müller et al.,2012；van der Bilt et al.,2015)。本研究也将我们重建的中晚全新世气候记录与北大西洋、格陵兰、斯瓦尔巴群岛及冰岛地区的气候指标进行了对比(图 7.7)。

古海蚀凹槽沉积记录显示，在 5700～5400 yr BP，TOC 含量非常低，这可能与这段时间

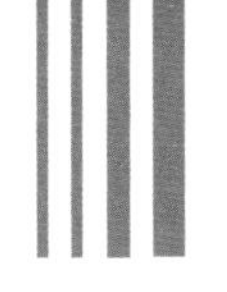

处于积水区形成初期、浮游生物数量较少有关，并且此时的风化强度也比较弱，反映了寒冷的气候条件，这与北大西洋和格陵兰斯科斯比湾地区的气候记录是一致的（Bond et al.，1997；Funder，1978）。5600 yr BP 左右寒冷的气候条件标志着全新世大暖期的结束（Funder，1978；Larsen et al.，2012），这也得到了斯瓦尔巴群岛 Skartjørna 湖泊沉积记录的证实，其古 DNA 记录表明该地区在 6600～5500 yr BP 由温暖湿润的气候向寒冷干燥的气候转变（Alsos et al.，2016）。同时，弗拉姆海峡附近的 IP_{25} 记录也显示海冰数量在 6000 yr BP 左右大量增加（Müller et al.，2012）。

在 5000～4000 yr BP 期间，斯瓦尔巴群岛西部地区冰川开始扩张（Harris et al.，2009），与之相对应的是，斯瓦尔巴群岛地区的冰前沉积物也记录到 4200 yr BP 左右的一次冰进事件（van der Bilt et al.，2015），与北大西洋地区 4200 yr BP 左右的冰筏事件一致（Bond et al.，1997）。因此，古海蚀凹槽沉积序列记录中较弱的风化强度和较低的 TOC 含量很可能与这次冷事件有关。同时，4200 yr BP 左右，格陵兰的冰进（Balascio et al.，2015）以及冰岛冰盖的扩张（Larsen et al.，2012）也为此次冷事件的存在提供了佐证。

在 3500～2500 yr BP 这段时间内，研究区域的风化强度很弱，并且 TOC 含量也一直处在较低的水平（图 7.7），说明斯瓦尔巴地区在这段时间内可能经历了一段寒冷的时期。斯瓦尔巴群岛地区的冰前沉积物在 3300 yr BP 左右记录到了一次冰进事件，在 3230 yr BP 之后，由于缺少水汽来源不利于冰川的发展（van der Bilt et al.，2015），因此，3230 yr BP 之后斯瓦尔巴群岛地区的气候变化历史很难在该记录中保存下来。但是在这段时间内，弗拉姆海峡的海冰数量增加（Müller et al.，2012）、冰岛的 Langjökull 冰盖扩张（Larsen et al.，2012）、北大西洋的冰筏事件（Bond et al.，1997）以及格陵兰 Kulusuk 冰川的明显前进（Balascio et al.，2015）与本研究记录是非常一致的。

在 2000～1900 yr BP，风化指数和 TOC 含量的突然减低说明新奥尔松地区可能经历了一次快速降温事件，尽管有些记录（Larsen et al.，2012；van der Bilt et al.，2015）并不明显，但是斯瓦尔巴群岛的古 DNA 记录（Alsos et al.，2016）以及水文气候记录（Balascio et al.，2016）均显示该地区在 1800 yr BP 左右突然转变为寒冷的气候环境。

因此，重建的气候变化记录与北大西洋的冰筏事件以及格陵兰、冰岛和斯瓦尔巴群岛的冰川活动具有很好的一致性，沉积序列记录了 5700～5400 yr BP、4400～4100 yr BP、3200～2600 yr BP 以及 2000～1900 yr BP 这 4 个相对较冷的时期，并且在这些时期内，一般都伴随有冰筏事件与冰川前进事件的发生。

全新世以来斯瓦尔巴群岛的气候在不同时期是由不同的驱动因子控制的（van der Bilt et al.，2016）。根据本研究利用风化指数和 TOC 含量重建的气候记录，5400～4200 yr BP 间，重建的研究区域的气候记录与弗拉姆海峡东部的 SST 记录（Werner et al.，2013）是一致的（图 7.8），弗拉姆海峡 SST 从 5200 yr BP 开始不断地降低可能与来自北大西洋海冰和冷水的输入有关（Werner et al.，2013），主要受到了外界驱动因子（太阳辐射的减弱）的影响（van der Bilt et al.，2016）。但是新冰期（4300 yr BP 左右）开始以后，斯瓦尔巴群岛地区的气候变化与外部驱动因子（太阳辐射的变化）解耦，并逐渐受到北大西洋涛动的控制（van der Bilt et al.，2016）（图 7.8），北大西洋涛动与西风强度关系密切（Andersen et al.，2004），当北大西洋涛动处于正相位的时候，强劲的西风可以带动更多的低纬度的暖水进入斯瓦尔巴群岛地区，这也使得该地区变得更加温暖湿润，反之亦然（van der Bilt et al.，2016）。NAO 指数在 4300 yr BP 以后逐渐由负相位转变为正相位（Olsen et al.，2012），这也更加证明了本研究记录到的 3800～3500 yr BP 期间相对温暖的气候，而 2700～2600 yr BP 和 2000～1900 yr BP 期间相对寒冷的气候条件可能与 NAO 指数转为负相位有关。

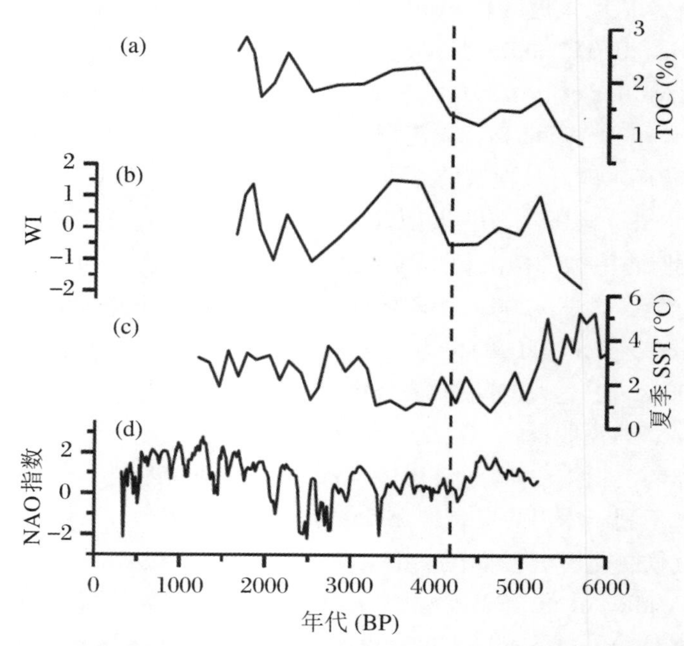

图 7.8　(a) 沉积序列 LDP 中的 TOC 含量；(b) 本研究重建的该地区的风化历史；(c) 弗拉姆海峡东部的 SST 记录（Werner et al.，2013）；(d) 过去 5200 年来的 NAO 指数（Olsen et al.，2012）

7.4　古海蚀凹槽沉积记录的古生产力变化

古海蚀凹槽沉积物中的有机质存在自源或他源两个来源，并且其各自所占的比例在不同的时期是不一样的。其中自源的有机质主要来源于积水区内部的藻类等浮游生物，而他源的有机质可能来源于周边植被的输入。因此，要想确定古生产力的变化，我们就要计算出自源的有机质输入所占的比例。一般认为，碳氮比是区分自源和他源有机质贡献的重要指标（Ishiwatari et al.，2005），Colman 等（1996）假设湖泊藻类的碳氮比为 7.4，陆源有机质的碳氮比为 22，估算了 Baikal 湖泊沉积物中陆源有机碳的含量，Ishiwatari 等（2005）也利用相似的假设来估算自源有机碳所占的比例，为了区分古海蚀凹槽沉积中不同有机质来源的比例，我们也运用了类似的二元混合模型。Yuan 等（2010）在我们的采样点周围测试了 4 种常见的苔原植物的碳氮比，其平均值为 43，所以本研究中假定该地区陆源输入有机质的碳氮比为 43；由于湖泊藻类的碳氮比基本处于 4～10 之间，我们假定自源输入有机质的碳氮比为

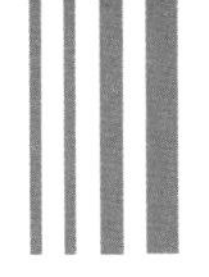

7。基于以上假设，我们计算了自源和他源有机质输入的相对比例（图7.9），结果显示，自源有机质输入所占比例高达91%～98%，并且自源有机质的变化与TOC的变化趋势也是基本一致的，因此，自源有机质输入是古海蚀凹槽中有机质的主要贡献者。

评估古生产力的变化历史对于了解斯瓦尔巴群岛地区生态对气候变化的响应具有重要的意义。本研究拟通过古生产力计算公式 $PP = (TOC\% \times DBD)/(0.0030 \times S^{0.3})$（其中DBD是干密度，$S$是沉积速率），评估古海蚀凹槽沉积记录的古生产力变化，为了更准确地估算古生产力的变化，我们利用自源有机质的含量计算了伦敦岛的古生产力变化历史（图7.3）。

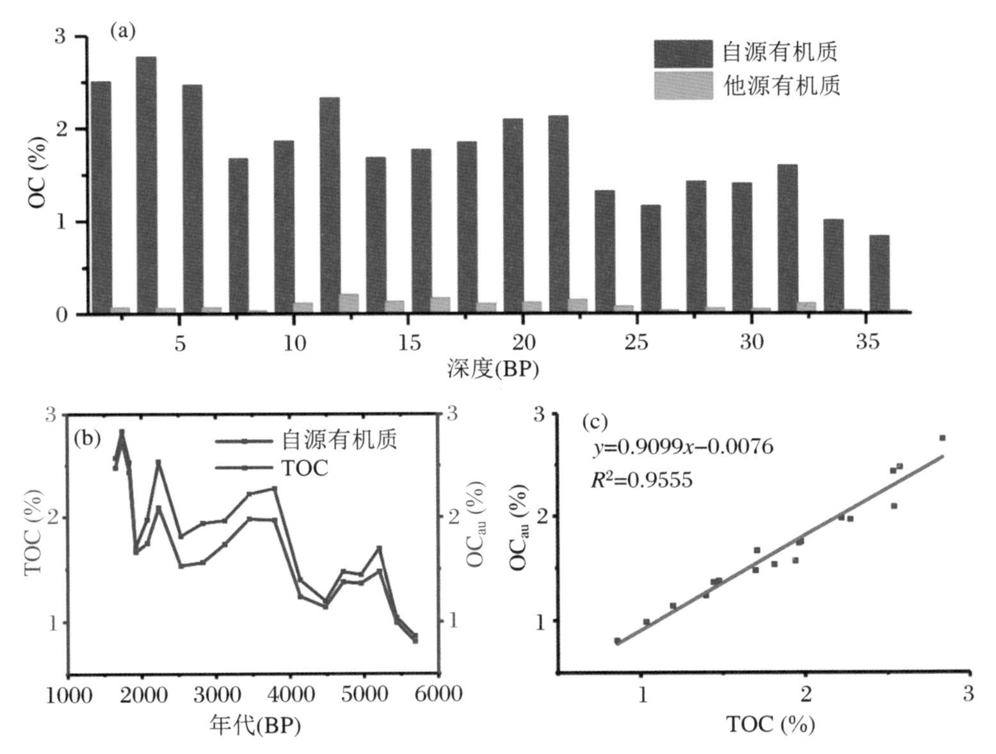

图7.9　(a) 自源和他源有机质含量变化；(b) 自源有机质与总有机碳变化趋势对比；(c) 自源有机质与总有机碳相关性分析

根据重建的古生产力变化历史（图7.3），在4200 yr BP以前，古生产力相对比较低（3～6 gC・m^{-2}・y^{-1}），此后，古生产力开始增加，并在3500 yr BP左右达到峰值（～8.6 gC・m^{-2}・y^{-1}）。随后古生产力开始不断下降，大概在2800 yr BP左右下降到6 gC・m^{-2}・y^{-1}，这可能与2800 yr BP左右的冷事件有关，然后古生产力开始逐渐增加，并一直保持在一个相对稳定的水平。

古海蚀凹槽沉积物的有机碳绝大部分来源于湖泊藻类，并且自源的有机碳的含量变化趋势与总有机碳的含量变化一致（图7.9），因此，海蚀凹槽沉积剖面LDP中总有机碳的含量变化可以很好地指示古生产力的变化。尽管利用P含量来重建古生产力的变化仍然存在很大的不确定性（Hiriart-Baer et al.，2011），但是仍然还有很多研究成功地利用P的含量反映了古生产力的变化（Brezonik，Engstrom，1998；Hiriart-Baer et al.，2011），本研究中P含量与我们估算的古生产力变化趋势一致,可以作为一个辅助指标来反映古生产力的变化。

除此之外,我们也分析了古海蚀凹槽沉积剖面的元素地球化学特征,对沉积序列的 19 个元素指标进行 R 聚类分析(图 7.10),结果显示,TOC、TN、Se、Pb、Zn、Ba、Co、Al_2O_3、Fe_2O_3 和 K_2O 聚为一类,说明这些元素的变化趋势基本一致。然后我们对这 19 个指标进行了主成分分析,第一主因子的特征元素为 TOC、TN、Se、P、Pb、Zn、Ba、Co、Al_2O_3、Fe_2O_3 和 K_2O,是这 19 个指标的主控因子。由于该海蚀凹槽沉积物的主要物质来源为风化产物和湖泊藻类的输入,其中 Al_2O_3、Fe_2O_3 和 K_2O 很明显与化学风化有关,而元素 TOC、TN、Se、P、Pb、Zn、Ba 和 Co 很可能与湖泊藻类的输入有关,研究表明,初级生产力控制着沉积物中大多数重金属的富集(Das et al.,2008),因此像 Pb 等重金属元素出现在聚类结果当中并不奇怪。由于第一主因子中的元素含量与 TOC、TN 含量高度相关,因此第一主因子很可能代表了总有机质的输入,第一主因子和 TOC 含量变化趋势非常相似(图 7.11)也进一步证明了这一点。

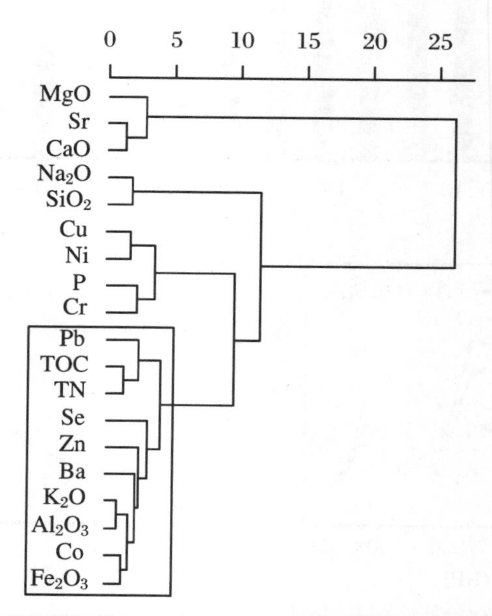

图 7.10 古海蚀凹槽沉积序列 LDP 中元素指标的 R 聚类分析结果

7.5 古生产力与气候变化之间的关系

湖泊沉积物是记录古气候、古环境变化的理想载体,并且湖泊古生产力的变化也是研究湖泊生态系统演化历史的重要指标。一般来说,古生产力的变化与气候变化紧密相关,气候温暖的时候,古生产力也会增加(Jiang et al.,2011;Prasad et al.,2016)。因此,气候变化也会在沉积物的有机质中留下痕迹。在本研究中,我们重建了斯瓦尔巴群岛地区中晚全新世以来古生产力的变化,并且将其与反映该地区植被变化的古 DNA 记录(Alsos et al.,2016)进行对比,相似的变化趋势(图 7.11)更加证实了本研究年代框架和古生产力记录的准确性。

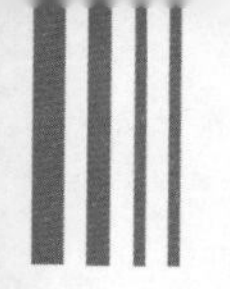

为了更好地了解北极地区生态系统和气候变化之间的响应关系，我们将重建的古生产力记录与周边区域的气候记录进行了对比(图 7.11)。

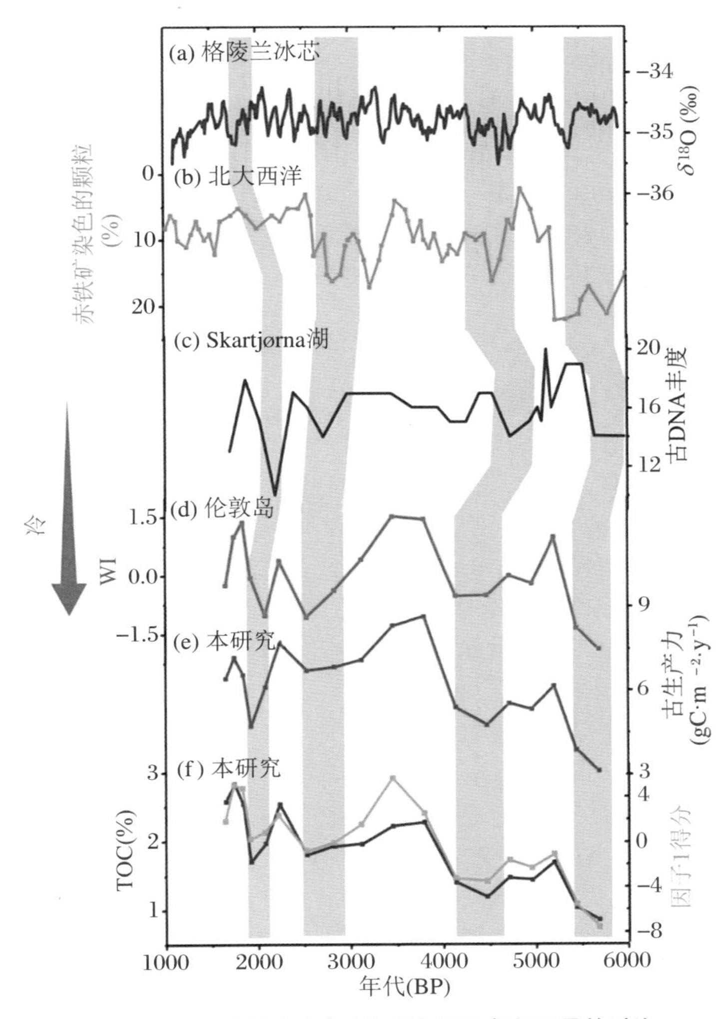

图 7.11　重建的古生产力记录与周边气候记录的对比

(a) 格陵兰冰芯的氧同位素记录(Johnsen et al.,1997)；(b) 北大西洋深海沉积中的冰筏事件记录(Bond et al.,2001)；(c) 斯瓦尔巴群岛 Skartjørna 湖泊沉积中的古 DNA 记录(Alsos et al.,2016)；(d) 伦敦岛的古气候记录(Yang et al.,2018)；(e) 本研究中重建的古生产力记录；(f) 本研究中 TOC 含量以及 PC1 因子得分。其中灰色条带指示的为冷期。

根据本章 7.3 节利用古海蚀凹槽沉积重建的气候变化记录，在 5700 yr BP 左右海蚀凹槽开始接受沉积，而在这期间是一个相对寒冷的时期，这个冷期在格陵兰冰芯的氧同位素中也有明显的记录(Johnsen et al.,1997)，跟北大西洋沉积物中记录到的冰筏事件一致(Bond et al.,1997)，这一时期的寒冷气候标志着全新世大暖期的结束(Funder,1978；Larsen et al.,2012)。在古海蚀凹槽形成初期的沉积物中，碳酸钙含量很高，总有机碳含量较低，这很可能是由于积水区形成早期，浮游生物尚不繁盛，有机质输入较低，而风化产物的输入比例相对偏高，并且斯瓦尔巴群岛 Skartjørna 湖泊沉积记录也显示，其烧失量在 5500 yr BP 左右有明显的下降(Alsos et al.,2016)。因此，较低的古生产力和古 DNA 丰度很可能是对这

段时间寒冷的气候条件的响应(图 7.11)。

距今 5700 年以后,伴随着沉积剖面中总有机碳和总氮含量的不断上升,碳酸钙的含量持续下降(图 7.3),这说明沉积物中有机质的含量开始不断上升,跟古生产力的上升趋势一致。根据格陵兰冰芯(GISP2)中氧同位素的变化以及北大西洋沉积物中染赤铁矿含量的变化可知,在 5200~4500 yr BP 左右气候处于相对温暖的状态,因此,不断上升的古生产力与这段时间温暖的气候条件有关。然而持续温暖的气候状态被距今 4200 年左右的冷事件打断(Bond et al.,1997;Johnsen et al.,1997;Roland et al.,2014),这与重建的伦敦岛地区气候记录也是一致的(Yang et al.,2018)。相应地,沉积物中总有机碳和总氮的含量以及古生产力的变化也在距今 4200 年左右出现了明显的谷值,碳酸钙的含量也在差不多相同的时间出现了小的峰值。

4200 yr BP 左右的冷事件之后,古生产力快速升高并且在距今 3500 年左右达到峰值。总有机碳和总氮含量的升高以及碳酸钙含量的降低也反映了海蚀凹槽沉积物中有机质含量的增加。在 4200~2800 yr BP 左右,碳氮比也有一个稳步升高过程,说明陆源有机质输入逐渐增加,格陵兰和北大西洋的古气候记录(图 7.11)表明这段时间是一个相对温暖的时期,古生产力的变化也与伦敦岛的气候变化记录一致(Yang et al.,2018)。然而在 2600 yr BP 左右,古生产力再次跌入谷值,Skartjørna 湖泊沉积中的古 DNA 丰度也快速下降,明显与 2800 yr BP 左右的冷事件有关,该冷期在格陵兰、北大西洋等多个地方都有记录(Balascio et al.,2015;Bond et al.,1997)。由此可见,古生产力的变化与气候变化具有同步的响应关系,当气候变冷的时候,古生产力也会相应地降低(图 7.11)。

根据格陵兰、北大西洋以及斯瓦尔巴等地的气候记录,2600~1600 yr BP 是一个相对温暖的时期(Bond et al.,2001;Johnsen et al.,1997;Yang et al.,2018)。与之对应的是,生产力在一个相对较高的水平波动,总有机碳含量除了在 1900 yr BP 左右有一个明显的谷值之外,整体呈现上升的趋势,而这并不是一个孤立的现象,Skartjørna 湖泊沉积中的古 DNA 丰度也在 1900 yr BP 左右跌入谷值(Alsos et al.,2016)。这一现象可能与一次降温事件有关,格陵兰冰芯记录显示该时期是一个相对寒冷的时期(Johnsen et al.,1997),在 1900 yr BP 左右,北大西洋沉积物中染赤铁矿的含量增加(Bond et al.,1997),东格陵兰的 Bregne 冰盖也发生了扩张(Levy et al.,2014),并且该地区的水文气候记录(Balascio et al.,2016)也显示在 1800 yr BP 左右突然转变为寒冷的气候环境。

总体而言,伦敦岛的古生产力变化与周边地区的古气候记录具有很好的一致性,因此,该地区古生产力的变化可能主要受控于气候变化,气候相对温暖的时期,古生产力也会增加。在印度 TsoMoriri 湖泊(Prasad et al.,2016)和西南极乔治王岛长湖(Yoon et al.,2006)的研究中也发现了相同的结果。除此之外,在重建的古生产力变化记录中,存在多个由降温事件导致的古生产力下降的现象,说明北极的湖泊生态系统对北极气候环境变化非常敏感,这为了解和预测未来北极生态系统的变化提供了数据支撑。

参考文献

孙立广,谢周清,刘晓东,等,2006.南极无冰区生态地质学[M].北京:科学出版社.

Alsos I G, Sjögren P, Edwards M E, et al., 2016. Sedimentary ancient DNA from Lake Skartjørna,

Svalbard:assessing the resilience of arctic flora to Holocene climate change[J]. The Holocene, 26: 627-642.

Andersen C,Koc N,Jennings A,et al.,2004. Nonuniform response of the major surface currents in the Nordic Seas to insolation forcing: implications for the Holocene climate variability [J]. Paleoceanography,19(2):1-16.

Bakke J,Balascio N,van der Bilt W G,et al.,2018. The Island of Amsterdamøya:a key site for studying past climate in the Arctic Archipelago of Svalbard[J]. Quaternary Science Reviews,183:157-163.

Balascio N L,Bradley R S,2012. Evaluating Holocene climate change in northern Norway using sediment records from two contrasting lake systems[J]. Journal of Paleolimnology,48:259-273.

Balascio N L,D′Andrea W J,Bradley R S,2015. Glacier response to North Atlantic climate variability during the Holocene[J]. Climate of the Past,11:1587-1598.

Balascio N L,D′Andrea W J,Gjerde M,et al.,2016. Hydroclimate variability of High Arctic Svalbard during the Holocene inferred from hydrogen isotopes of leaf waxes[J]. Quaternary Science Reviews, 183:177-187.

Blaauw M,2010. Methods and code for 'classical' age-modelling of radiocarbon sequences[J]. Quaternary Geochronology,5:512-518.

Bond G,Kromer B,Beer J,et al.,2001. Persistent solar influence on North Atlantic climate during the Holocene[J]. Science,294:2130-2136.

Bond G,Showers W,Cheseby M,et al.,1997. A pervasive millennial-scale cycle in North Atlantic Holocene and glacial climates[J]. Science,278:1257-1266.

Brezonik P L,Engstrom D R,1998. Modern and historic accumulation rates of phosphorus in Lake Okeechobee,Florida[J]. Journal of Paleolimnology,20:31-46.

Choudhary P,Routh J,Chakrapani G J,2010. Organic geochemical record of increased productivity in Lake Naukuchiyatal,Kumaun Himalayas,India[J]. Environmental Earth Sciences,60:837-843.

Cohen J,Screen J A,Furtado J C,et al.,2014. Recent Arctic amplification and extreme mid-latitude weather[J]. Nature Geoscience,7:627-637.

Colman S M,Jones G A,Rubin M,et al.,1996. AMS radiocarbon analyses from Lake Baikal,Siberia: challanges of dating sediments from a large,oligotrophic lake[J]. Quaternary Science Reviews,15: 669-684.

Das S K,Routh J,Roychoudhury A N,et al.,2008. Major and trace element geochemistry in Zeekoevlei, South Africa:a lacustrine record of present and past processes[J]. Applied Geochemistry,23:2496-2511.

Eze P N,Meadows M E,2013. Geochemistry and palaeoclimatic reconstruction of a palaeosol sequence at Langebaanweg,South Africa[J]. Quaternary International,376:75-83.

Fedo C M,Nesbitt H W,Young G M,1995. Unraveling the effects of potassium metasomatism in sedimentary rocks and paleosols,with implications for paleoweathering conditions and provenance[J]. Geology,23:921-924.

Forman S,Lubinski D,Ingólfsson Ó,et al.,2004. A review of postglacial emergence on Svalbard,Franz Josef Land and Novaya Zemlya,northern Eurasia[J]. Quaternary Science Reviews,23:1391-1434.

Forman S L,Mann D H,Miller G H,1987. Late Weichselian and Holocene relative sea-level history of Bröggerhalvöya,Spitsbergen[J]. Quaternary Research,27:41-50.

Funder S,1978. Holocene stratigraphy and vegetation history in the Scoresby Sund area,East Greenland [J]. Grønlands Geologiska Undersøgelse Bulletin,129:1-76.

Garzanti E, Resentini A, 2015. Provenance control on chemical indices of weathering (Taiwan river sands) [J]. Sedimentary Geology, 336: 81-95.

Gregory A, Balascio N L, D′Andrea W J, et al., 2017. Holocene glacier activity reconstructed from proglacial lake Gjøavatnet on Amsterdamøya, NW Svalbard [J]. Quaternary Science Reviews, 183: 188-203.

Harnois L, 1988. The CIW index: a new chemical index of weathering [J]. Sedimentary Geology, 55: 319-322.

Harris C, Arenson L U, Christiansen H H, et al., 2009. Permafrost and climate in Europe: monitoring and modelling thermal, geomorphological and geotechnical responses [J]. Earth-Science Reviews, 92: 117-171.

Hiriart-Baer V P, Milne J E, Marvin C H, 2011. Temporal trends in phosphorus and lacustrine productivity in Lake Simcoe inferred from lake sediment [J]. Journal of Great Lakes Research, 37: 764-771.

Ishiwatari R, Yamamoto S, Uemura H, 2005. Lipid and lignin/cutin compounds in Lake Baikal sediments over the last 37 kyr: implications for glacial-interglacial palaeoenvironmental change [J]. Organic Geochemistry, 36: 327-347.

Jiang S, Liu X D, Sun J, et al., 2011. A multi-proxy sediment record of late Holocene and recent climate change from a lake near Ny-Ålesund, Svalbard [J]. Boreas, 40: 468-480.

Johnsen S J, Clausen H B, Dansgaard W, et al., 1997. The $\delta^{18}O$ record along the Greenland Ice Core Project deep ice core and the problem of possible Eemian climatic instability [J]. Journal of Geophysical Research, 102: 26397-26410.

Kigoshi T, Kumon F, Hayashi R, et al., 2014. Climate changes for the past 52 ka clarified by total organic carbon concentrations and pollen composition in Lake Biwa, Japan [J]. Quaternary International, 333: 2-12.

Kołaczek P, Mirosław-Grabowska J, Karpińska-Kołaczek M, et al., 2015. Regional and local changes inferred from lacustrine organic matter deposited between the Late Glacial and mid-Holocene in the Skaliska Basin (north-eastern Poland) [J]. Quaternary International, 388: 51-63.

Landvik J Y, Bondevik S, Elverhøi A, et al., 1998. The last glacial maximum of Svalbard and the Barents Sea area: ice sheet extent and configuration [J]. Quaternary Science Reviews, 17: 43-75.

Larsen D J, Miller G H, Geirsdóttir Á, et al., 2012. Non-linear Holocene climate evolution in the North Atlantic: a high-resolution, multi-proxy record of glacier activity and environmental change from Hvítárvatn, central Iceland [J]. Quaternary Science Reviews, 39: 14-25.

Lehman S J, Forman S L, 1992. Late Weichselian glacier retreat in Kongsfjorden, west Spitsbergen, Svalbard [J]. Quaternary Research, 37: 139-154.

Leng M J, Wagner B, Anderson N J, et al., 2012. Deglaciation and catchment ontogeny in coastal south-west Greenland: implications for terrestrial and aquatic carbon cycling [J]. Journal of Quaternary Science, 27: 575-584.

Levy L B, Kelly M A, Lowell T V, et al., 2014. Holocene fluctuations of Bregne ice cap, Scoresby Sund, east Greenland: a proxy for climate along the Greenland Ice Sheet margin [J]. Quaternary Science Reviews, 92: 357-368.

Luoto T P, Ojala A E, 2018. Controls of climate, catchment erosion and biological production on long-term community and functional changes of chironomids in High Arctic lakes (Svalbard) [J]. Palaeogeography, Palaeoclimatology, Palaeoecology, 505: 63-72.

Müller J, Werner K, Stein R, et al., 2012. Holocene cooling culminates in sea ice oscillations in Fram Strait [J]. Quaternary Science Reviews, 47: 1-14.

Mangerud J, Bolstad M, Elgersma A, et al., 1992. The last glacial maximum on Spitsbergen, Svalbard[J]. Quaternary Research, 38: 1-31.

Mangerud J, Landvik J Y, 2007. Younger Dryas cirque glaciers in western Spitsbergen: smaller than during the Little Ice Age[J]. Boreas, 36: 278-285.

Mangerud J, Svendsen J I, 2018. The Holocene Thermal Maximum around Svalbard, Arctic North Atlantic; molluscs show early and exceptional warmth[J]. The Holocene, 28: 65-83.

Massa C, Bichet V, Gauthier É, et al., 2012. A 2500 year record of natural and anthropogenic soil erosion in South Greenland[J]. Quaternary Science Reviews, 32: 119-130.

McLennan S M, 1993. Weathering and global denudation[J]. The Journal of Geology, 101: 295-303.

Melles M, Brigham-Grette J, Glushkova O Y, et al., 2007. Sedimentary geochemistry of core PG1351 from Lake El'gygytgyn: a sensitive record of climate variability in the East Siberian Arctic during the past three glacial-interglacial cycles[J]. Journal of Paleolimnology, 37: 89-104.

Meyers P A, 1994. Preservation of elemental and isotopic source identification of sedimentary organic matter[J]. Chemical Geology, 114: 289-302.

Meyers P A, Ishiwatari R, 1993. Lacustrine organic geochemistry: an overview of indicators of organic matter sources and diagenesis in lake sediments[J]. Organic Geochemistry, 20: 867-900.

Miccadei E, Piacentini T, Berti C, 2016. Geomorphological features of the Kongsfjorden area: Ny-Ålesund, Blomstrandøya (NW Svalbard, Norway) [J]. Rendiconti Lincei, 27: 217-228.

Nesbitt H, Young G, 1982. Early Proterozoic climates and plate motions inferred from major element chemistry of lutites[J]. Nature, 299: 715-717.

Ojala A E, Moskalik M, Kubischta F, et al., 2014. Holocene sedimentary environment of a High-Arctic fjord in Nordaustlandet, Svalbard[J]. Polish Polar Research, 35: 73-98.

Olsen J, Anderson N J, Knudsen M F, 2012. Variability of the North Atlantic Oscillation over the past 5200 years[J]. Nature Geoscience, 5: 808-812.

Plunkett G, Swindles G, 2008. Determining the Sun's influence on Lateglacial and Holocene climates: a focus on climate response to centennial-scale solar forcing at 2800 yr BP [J]. Quaternary Science Reviews, 27: 175-184.

Prasad S, Mishra P K, Menzel P, et al., 2016. Testing the validity of productivity proxy indicators in high altitude Tso Moriri Lake, NW Himalaya (India) [J]. Palaeogeography, Palaeoclimatology, Palaeoecology, 449: 421-430.

Qiao Y S, Zhao Z Z, Wang Y, et al., 2009. Variations of geochemical compositions and the paleoclimatic significance of a loess-soil sequence from Garzê County of western Sichuan Province, China[J]. Chinese Science Bulletin, 54: 4697-4703.

Røthe T O, Bakke J, Vasskog K, et al., 2015. Arctic Holocene glacier fluctuations reconstructed from lake sediments at Mitrahalvøya, Spitsbergen[J]. Quaternary Science Reviews, 109: 111-125.

Rasmussen T L, Thomsen E, 2015. Palaeoceanographic development in S torfjorden, S valbard, during the deglaciation and H olocene: evidence from benthic foraminiferal records[J]. Boreas, 44: 24-44.

Rasmussen T L, Thomsen E, Skirbekk K, et al., 2014. Spatial and temporal distribution of Holocene temperature maxima in the northern Nordic seas: interplay of Atlantic-, Arctic- and polar water masses [J]. Quaternary Science Reviews, 92: 280-291.

Reimer P J, Bard E, Bayliss A, et al., 2013. Intcal 13 and Marine 13 radiocarbon age calibration curves 0-50000 years BP[J]. Radiocarbon, 55: 1869-1887.

Roland T P, Caseldine C J, Charman D J, et al., 2014. Was there a '4.2 ka event' in Great Britain and Ireland? Evidence from the peatland record[J]. Quaternary Science Reviews, 83: 11-27.

Sampei Y, Matsumoto E, 2001. C/N ratios in a sediment core from Nakaumi Lagoon, southwest Japan. Usefulness as an organic source indicator[J]. Geochemical Journal, 35: 189-205.

Schindler D W, 1978. Factors regulating phytoplankton production and standing crop in the world's freshwaters[J]. Limnology and Oceanography, 23: 478-486.

Selvaraj K, Chen C T A, 2006. Moderate chemical weathering of subtropical Taiwan: constraints from solid-phase geochemistry of sediments and sedimentary rocks[J]. The Journal of Geology, 114: 101-116.

Sheldon N D, Tabor N J, 2009. Quantitative paleoenvironmental and paleoclimatic reconstruction using paleosols[J]. Earth-Science Reviews, 95: 1-52.

Sun L G, Liu X D, Yin X B, et al., 2005. Sediments in palaeo-notches: potential proxy records for palaeoclimatic changes in Antarctica [J]. Palaeogeography, Palaeoclimatology, Palaeoecology, 218: 175-193.

Sun L G, Xie Z Q, Zhao J L, 2000. A 3000-year record of penguin populations[J]. Nature, 407: 858-858.

Telesiński M M, Przytarska J E, Sternal B, et al., 2018. Palaeoceanographic evolution of the SW Svalbard shelf over the last 14 000 years[J]. Boreas, 47: 410-422.

van der Bilt W G, D'Andrea W J, Bakke J, et al., 2016. Alkenone-based reconstructions reveal four-phase Holocene temperature evolution for High Arctic Svalbard [J]. Quaternary Science Reviews, 183: 204-213.

van der Bilt W G M, Bakke J, Vasskog K, et al., 2015. Reconstruction of glacier variability from lake sediments reveals dynamic Holocene climate in Svalbard[J]. Quaternary Science Reviews, 126: 201-218.

Vogel H, Meyer-Jacob C, Melles M, et al., 2013. Detailed insight into Arctic climatic variability during MIS 11c at Lake El'gygytgyn, NE Russia[J]. Climate of the Past, 9: 1467-1479.

Vreca P, Muri G, 2006. Changes in accumulation of organic matter and stable carbon and nitrogen isotopes in sediments of two Slovenian mountain lakes (Lake Ledvica and Lake Planina), induced by eutrophication changes[J]. Limnology and Oceanography, 51: 781-790.

Wanner H, Solomina O, Grosjean M, et al., 2011. Structure and origin of Holocene cold events[J]. Quaternary Science Reviews, 30: 3109-3123.

Werner K, Spielhagen R F, Bauch D, et al., 2013. Atlantic Water advection versus sea-ice advances in the eastern Fram Strait during the last 9 ka: Multiproxy evidence for a two-phase Holocene [J]. Paleoceanography, 28: 283-295.

Yang Z K, Sun L G, Zhou X, et al., 2018. Mid to late Holocene climate change record in palaeo-notch sediment from London Island, Svalbard[J]. Journal of Earth System Science, 127: 57.

Yoon H, Khim B, Lee K, et al., 2006. Reconstruction of postglacial paleoproductivity in Long Lake, King George Island, West Antarctica[J]. Polish Polar Research, 27: 189-206.

Yuan L X, Sun L, Long N Y, et al., 2010. Seabirds colonized Ny-Ålesund, Svalbard, Arctic ~9400 years ago [J]. Polar Biology, 33: 683-691.

第8章　距今9400年全新世气候灾难事件与北极钝贝衰亡

袁林喜　孙立广　谢周清　韦刚健

在过去的十几年以来，随着古气候研究载体的多样化和高分辨率化，科学界对全新世（从11500 yr BP至今）的气候变化认识正在发生着较大的变化，过去认为全新世气候较稳定，而现在则发现在全新世温暖期的大背景下，期间穿插着众多突然气候变冷（Rapid Climate Change，RCC）事件。已经识别并被广泛接受的RCC事件有新仙女木事件（Younger Dryas Event，YD）（11000 yr BP）（Johnsen et al.，2001）、8200 yr BP冷事件（Rohling，Pälike，2005），还有发生在6000～5000 yr BP（又称为5200 yr BP事件）、4200～3800 yr BP（又称为4200 yr BP事件）、3500～2500 yr BP、1200～1000 yr BP以及距今600年左右的小冰期事件（Mayewski et al.，2004）。这些RCC事件具有发生突然、持续时间短（百年尺度到十年尺度）、影响范围广等特征（Mayewski et al.，2004）。然而，一些相对变化幅度较小、影响范围也较小的区域性RCC事件很容易在全球高分辨气候资料对比时被忽视，有待进行更细致的工作进行识别。在末次冰消期末段，来自于北欧海（Nordic Seas）的大量淡水输入，开始对北大西洋的温盐环流（Thermohaline Circulation，THC）开关产生影响，减缓温盐环流的运行，可能会导致气候的不稳定，北欧海区域的湖泊沉积物、树轮、冰芯和海洋沉积物均记录到一次发生在距今10300年的冷事件（Björck et al.，2001；Husum，Hald，2002），并且这种影响一直持续到早全新世（Björck et al.，1996；Hald，Hagen，1998）。这些变化突然而分布广泛的RCC事件对自然生态系统会产生显著影响（Alley et al.，2003）。然而，对突然气候事件的广泛认同是最近的事情，因此对其对自然生态系统产生的影响作出正确评价是很困难的（Alley et al.，2003）。而且，可以预见的是，随着全球变暖、人类活动对自然气候系统干预越来越多的今天，这些突然气候变化事件发生的频率会越来越高。因此，对这些突然气候变化事件特征的认识有助于理解其驱动机制，从而为将来的预测提供理论基础。本研究对海蚀凹槽沉积中大量贝壳死亡的事实进行了研究，推测其突然死亡原因可能与发生在9400 yr BP的一次突然变冷事件有关，并进一步就其驱动机制和发生范围作了讨论（Yuan et al.，2011）。

8.1　钝贝生存时代的古温度重建

贝壳残体的碳氧同位素结果显示 $\delta^{18}O$ 在2.97‰～4.53‰的范围内波动，平均值为3.87‰（表8.1）。与氧同位素组成相比，碳同位素组成的变化范围则要大得多，为0.50‰～

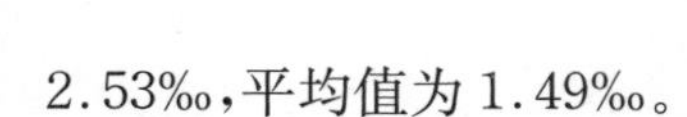

2.53‰，平均值为1.49‰。

已有研究显示北极巴伦支海峡的浅水贝壳生长缓慢，每年不到10 mm，其壳体碳酸盐很容易与环境水体达到碳氧同位素平衡（Khim et al.，2001）。本研究区域的现代贝壳年生长速率约为3.3 mm·yr^{-1}，凹槽沉积物中保存的古贝壳生长更为缓慢，约为2 mm·yr^{-1}，因此，有理由相信本研究中的贝壳壳体碳酸盐已经与环境水体达到了碳氧同位素交换平衡，据此可以重建当时环境水体的温度。

表8.1　70～118 cm段中的贝壳碳酸盐以及王湾海岸现代贝壳（种类相同）碳酸盐的稳定碳氧同位素组成

样本号		$\delta^{18}O_{PDB}$（‰）	$\delta^{13}C_{PDB}$（‰）
化石 *Mya truncata*	Yn-11	3.44	0.56
	Yn-12	4.02	1.55
	Yn-13	2.97	0.50
	Yn-14	3.83	1.33
	Yn-15	4.00	1.59
	Yn-16	3.61	1.52
	Yn-17	3.59	1.26
	Yn-18	3.39	1.89
	Yn-19	3.48	1.32
	Yn-20	4.01	2.19
	Yn-21	4.47	2.33
	Yn-22	4.20	1.27
	Yn-23	3.61	1.16
	Yn-24	4.10	1.34
	Yn-25	3.96	1.69
	Yn-26	3.42	0.71
	Yn-27	3.86	0.84
	Yn-28	3.72	0.95
	Yn-29	4.53	2.00
	Yn-30	4.27	2.53
	Yn-31	3.96	2.48
	Yn-32	3.73	1.47
	Yn-33	4.27	2.30
	Yn-34	4.39	1.09

续表

样本号		$\delta^{18}O_{PDB}$(‰)	$\delta^{13}C_{PDB}$(‰)
现代 *Mya truncata*	BJ-1	3.60	1.34
	BJ-2	3.61	1.33
	BJ-3	3.73	1.00
	BJ-4	4.07	2.07
	BJ-5	4.17	1.25
	BJ-6	4.35	2.43
	BJ-7	4.65	2.81

研究区域的浅水贝壳的氧同位素组成主要受控因素是贝壳生活时候的环境海水的氧同位素组成和海水温度(Epstein et al.,1953)。研究区域所在的王湾是一个半开放型的海湾封闭,其海湾海水组成有 3 个来源:来自于外海的温暖、高盐的大西洋海水($T>1$ ℃,$S>34.7$);本地的海湾海水($T<1$ ℃,$S>34.4$);来自于冰川融水和地表径流补充的淡水(Svendsen et al.,2002)。冬天的时候,不同组成的海湾海水会通过对流传送过程和海冰的形成进行均一化;夏天的时候,海湾海水前缘的不稳定导致大西洋海水入侵,侵入海水的多少会随着王湾春夏季节海水前缘的风向和风力大小,以及外海海水和海湾海水的相对密度结构的差别,每年都有所不同(Cottier et al.,2005)。暖的大西洋海水的氧同位素组成较高,$\delta^{18}O$ 值为 0.20‰,而研究区域冷的冰川融水的氧同位素组成则显著偏低,$\delta^{18}O$ 值为 −15.85‰。海湾的本地海水的 $\delta^{18}O$ 值为 −1.22‰,研究区域的现代大气降水的 $\delta^{18}O$ 值为 −11.55‰(Maclachlan et al.,2007)。

本研究中海蚀凹槽中出现的贝壳 *Mya truncata* 是一种浅水软体双壳类,经常生活在潮下带区域,一般水深不超过 10 m(Wlodarska-Kowalczuk,2007)。然而,研究显示,大西洋海水与本地海水的混合和交换只发生在水深 20 m 以下的水域 (Cottier et al.,2005)。因此,本研究中的贝壳碳氧同位素组成并没有受到大西洋海水同位素组成的影响,而只受本地海水和输入淡水的控制。根据研究区域 Kongsfjorden/BrØggerhalvØya 相对海平面变化曲线结果,在王湾于(9440±130)yr BP 发生冰盖完全消融之后,该区域的相对海平面一直很稳定(Lehman,Forman,1992;Forman et al.,2004)。这表明在 9400 yr BP 之后,研究区域的冰盖消融并不明显,以致不会影响到海湾的相对海平面的变化。因此,有理由认为,本研究中海蚀凹槽中保存的贝壳死亡之前生活的环境海水的氧同位素组成与现代海水的组成相似。

Harms 等于 2007 年分别在 4 月的最后一周、6 月的第一周、7 月的第一周和 9 月的第三周对王湾进行了 4 次传导率-温度-深度(CTD)巡航,本文从其研究中获得了水深 10 m 处(Kb4)的温度(T)和盐度(S)的数据,见表 8.2。其中,相应海水的 $\delta^{18}O_{water\text{-}VSMOW}$(‰)值通过该海域的海水氧同位素与海水盐度方程(Maclachlan et al.,2007)得出,方程如下:

$$\delta^{18}O_{water\text{-}VSMOW}(‰)=0.43\ S(盐度标准)-14.65$$

由于海湾水体的水文地理特征和温度特征具有季节性变化,其海水的氧同位素组成也具有较大的变化（表 8.2），这种变化的信息可以记录在与海水达到氧同位素交换平衡的贝壳碳酸盐里。因此，在这里可以应用 Grossman 和 Ku（1986）的文石-古温度方程来计算本研究海蚀凹槽中贝壳所记录的古温度：

$$T(℃)=20.6-4.34(\delta^{18}O_{aragonite}-\delta^{18}O_{water})$$

其中，贝壳文石的氧同位素组成（$\delta^{18}O_{aragonite}$）和海水的氧同位素组成（$\delta^{18}O_{water}$）均是用 PDB 作为标准的。而海水的不同标准转换公式为（Coplen et al.，1983；Coplen，1994）

$$\delta^{18}O_{water\text{-}PDB}=\delta^{18}O_{water\text{-}VSMOW}-0.26‰$$

因此文石-古温度重建公式如下：

$$T(℃)=19.47-4.34(\delta^{18}O_{aragonite\text{-}PDB}-\delta^{18}O_{water\text{-}VSMOW})$$

其中，T(℃)为贝壳生活水体的温度；$\delta^{18}O_{aragonite\text{-}PDB}$为贝壳碳酸盐（文石）的氧同位测量值；$\delta^{18}O_{water\text{-}VSMOW}$为环境水体的氧同位素测量值。

表 8.2　研究区域海域 10 m（Kb4）深度处的海水温度（T）和盐度（S）（Harms et al.，2007），通过该海域的海水氧同位素与海水盐度方程（Maclachlan et al.，2007）计算得到相应的海水 $\delta^{18}O_{water\text{-}VSMOW}$（‰）值

时间	T(℃)(10 m)	S(盐度标准)(10 m)	$\delta^{18}O_{water\text{-}VSMOW}$ (10 m)
4 月	0	34.5	0.185‰
6 月	1.5	34.4	0.142‰
7 月	4	34	−0.03‰
9 月	4	34.7	0.271‰

但是这个古温度重建公式需要经过研究区域的现代贝壳-水系统进行校正和检验。现代贝壳的氧同位素组成见表 8.1，现代海湾海水温度和海水同位素组成见表 8.2。由于在贝壳文石形成与环境海水达到氧同位素平衡时，当环境温度高时，平衡分馏效果较小；当环境温度低时，平衡分馏效果较大，因此研究区域现代 10 m 深度海水的最高水温为 4 ℃，对应的现代贝壳氧同位素组成应为最小值 3.60‰；研究区域现代 10 m 深度海水的最低水温为 0 ℃，对应的现代贝壳氧同位素组成应为最大值 4.65‰。这样，两组系列数据（0 ℃，4.65‰，0.185‰）和（4 ℃，3.60‰，0.271‰）被选用来校正原始的古温度重建公式，校正后的区域温度重建公式为

$$T(℃)=16.26-3.68(\delta^{18}O_{aragonite\text{-}PDB}-\delta^{18}O_{water\text{-}VSMOW})$$

在 $\delta^{18}O_{aragonite\text{-}PDB}$-$\delta^{18}O_{water\text{-}VSMOW}$和温度等值线的图解中（图 8.1），我们得到凹槽中贝壳表示的古温度范围为 −0.52～+4.78 ℃，高温（+4.78 ℃）很可能发生在夏季，而低温（−0.52 ℃）则会出现在冬季。整体而言，其比现代环境水体温度高出约 1 ℃（Yuan et al.，2011）。这一点得到了斯瓦尔巴群岛西海岸重建的 SST 的证实，SST 显示在 11000～9000 yr BP 期间比现代要暖和（Hald et al.，2007）。斯瓦尔巴群岛西部（Birks，1991）和巴伦支海西部（Wohlfarth et al.，1995）湖泊沉积物中的孢粉和大植物化石也记录了这种早全新世变暖现象，其时，大气温度比现在要高出约 2 ℃。

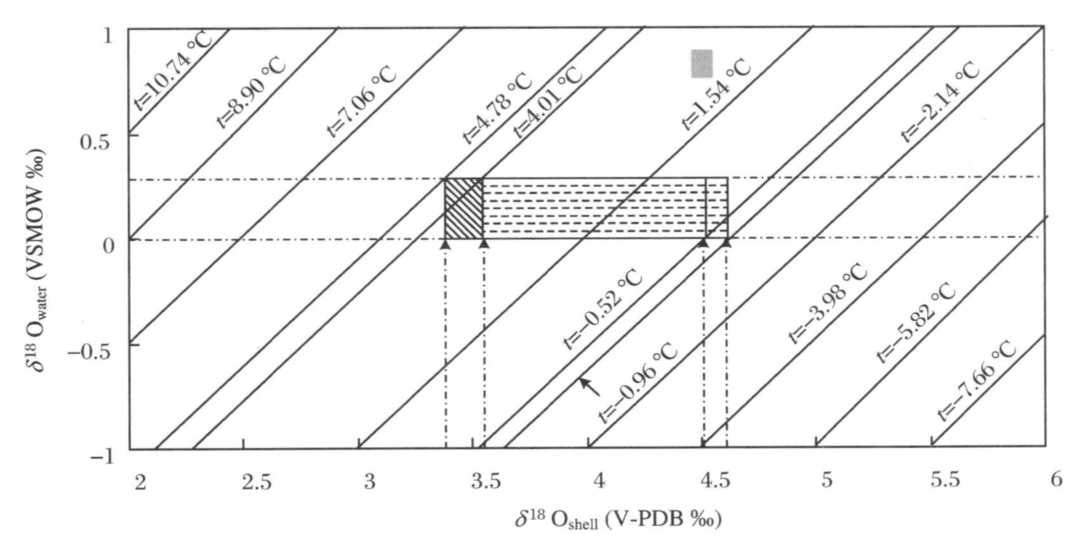

图 8.1　$\delta^{18}O_{aragonite\text{-}PDB}$-$\delta^{18}O_{water\text{-}VSMOW}$和温度等值线图

8.2　全新世气候灾难事件与北极钝贝衰亡

Hald 等(2007)对西斯匹次卑尔根流(WSC)路径下的海洋沉积物进行有孔虫种类和丰度分析，重建了斯瓦尔巴群岛西部边缘海域的具有 10～100 年分辨率的海平面温度记录，在全新世阶段明显记录了若干突然气候变化事件，包括新仙女木事件(Younger Dryas，YD)、8.2 kyr 事件、5500～3000 yr BP 事件、1000 yr BP 事件、400 yr BP 事件以及一些区域性气候事件，如 7500 yr BP 和 6500 yr BP 事件(Hald et al.，2007)。在早全新世暖期(11000～9000 yr BP)中出现了一次较为明显的突然降温事件，时间发生在约 9400 yr BP，持续时间较短，约 100 年，但是降温幅度明显，达～2 ℃(Hald et al.，2007)。更为有意义的是，这个冷事件发生的时间与本研究中贝壳大量同时死亡时间十分一致。此次冷事件的发生还有很多证据：对 Hald 等(2007)的工作重新认识发现，在 10000～9000 yr BP 期间，斯瓦尔巴群岛西部和巴伦支海西北部处于早全新世温暖期，生活在这些海域的冷水浮游有孔虫 *Neogloboquadrina pachyderma*(s)显著减少，而适宜生活在暖的大西洋海水与冷的北极海水混合前缘区域的亚北极浮游有孔虫 *Turborotalia quinqueloba* 显著增加(Sarnthein et al.，2003；Hald et al.，2004；Ebbesen et al.，2007)。可是，在这样的温暖期内，斯瓦尔巴群岛西部于约 9400 yr BP 出现冷水浮游有孔虫 *Neogloboquadrina pachyderma*(s)突然增加 40%，亚北极浮游有孔虫 *Turborotalia quinqueloba* 突然减少 20%的现象；巴伦支海西北部也于约 9000 yr BP 出现冷水浮游有孔虫 *Neogloboquadrina pachyderma*(s)突然增加 30%，在约 9400 yr BP 出现亚北极浮游有孔虫 *Turborotalia quinqueloba* 突然减少 20%的现象。同时，在北海和挪威海中部，极端嗜温浮游有孔虫 *Globigerina bulloides* 在 YD 事件之后出现显著增加，在约 10000 yr BP 达到峰值，随后突然减少并在 9400～9200 yr BP 达到最低值

(Klitgaard-Kristensen et al.,2001;Risebrobakken et al.,2003;Andersson et al.,2003)。因此,有理由相信在9400 yr BP研究区域的确发生了一次突然降温气候事件,很可能是这次事件导致王湾海域的浅海贝类的大量突然死亡。事实上,在末次冰消期末段,大量冰融水涌入北欧海,阻止温盐环流(THC),导致在北欧海区域于10300 yr BP发生了一次明显的降温事件(Husum,Hald,2002),并且这种效应一直持续到全新世早期,很可能导致了9400 yr BP冷事件的发生。大量对突然气候事件的生态效应研究显示,这些发生突然、影响范围大的降温气候事件会对自然生态系统产生致命的影响(Alley et al.,2003)。新仙女木事件导致大量北美哺乳动物物种的绝灭(Peteet et al.,1990);在8200年事件期间,欧洲中部的陆地生态系统发生了显著转变(Tinner,Lotter,2001);在全新世适宜期(Holocene climatic optimum)的中国南海,十年尺度的气候突变导致了繁茂的珊瑚周期性死亡(Yu et al.,2004);在遥远的南极,企鹅家族也因无法忍受发生在2300~1800 yr BP期间的气候变冷而出现种群数量锐减(Sun et al.,2000)。

那么,冷事件与贝壳死亡有何种直接联系?是怎样的一种机制导致贝壳大量死亡呢?这在目前对本研究来说是一个很难回答的问题,但是,在此仍尝试着对此作出一些理论分析。本研究中的浅海软体贝壳的生长受若干环境因素影响,包括环境水温(Kennish,Olsson,1975)、食物可获得性(Sato,1997)和盐度变化(Schöne et al.,2005)。研究显示环境水温和食物的可获得性是贝壳生长的主要控制因素(Sato,1999),而盐度变化对其生长的影响并不明显(Schöne et al.,2003;2005)。在研究区域,浅水软体贝壳 *Mya truncate* 的食物来源主要是冰融水带来的冰藻以及由地表径流输入的陆源有机质(Cottier et al.,2005),很显然,在冷事件发生期间,冰藻的输入量和陆源有机质的输入量均显著减少,进一步导致浅水贝壳的食物来源明显受到限制,贝壳的生长就会受到极大的影响。再加上冷事件发生期间,环境水温会显著下降,如果水温下降到贝壳的温度生长范围以下,那么贝壳就会停止生长(Yuan et al.,2011)。具体的机制研究需要进一步的工作。

对这些突然气候事件的认识对理解其驱动机制和人类活动对现代气候的影响以及未来气候的预测具有重要的意义。对11000~8000 yr BP的太阳活动强度变化进行检查发现,表征太阳活动的大气^{14}C产率(Oeschger et al.,1975)和^{10}Be通量(Yiou et al.,1997)在9400 yr BP前后出现显著增加,指示了太阳辐射强度的显著减弱。而这种变化幅度与10300年冷事件和8200年降温事件相当(图8.2(a))。但是,即使在一个太阳黑子活动周期中,太阳辐射量变化可达0.1%,可是这种变化量直接驱动地球表面的温度变化只有0.2℃(Chambers et al.,1999)。因此,太阳活动强度变化无法完全解释本研究揭示的距今9400年的突然变冷事件。

北极生态系统的正反馈机制对气候变化起到了极大的作用(ACIA,2004)。事实上,基于现在的器测数据可以发现,近几十年以来,北极地区的升温幅度是世界其他地区的两倍(ACIA,2004)。西斯匹次卑尔根流是联系高北极地区和北大西洋的重要能量通道,该洋流的改变会对高北极的气候变化产生显著影响。然而,对北大西洋高分辨冰筏事件记录分析发现,9400 yr BP左右记录了一次强烈的冰筏事件(Bond et al.,2001)(图8.2(b)),其时,北大西洋气候变冷,西斯匹次卑尔根流显著减弱,对高北极输送的热量也显著降低;同时,北冰洋冷水向南扩张,显著降低高北极地区海表面温度。因此,最终很可能导致强冷事件几乎

与北大西洋冰筏事件同时地发生在研究区域。

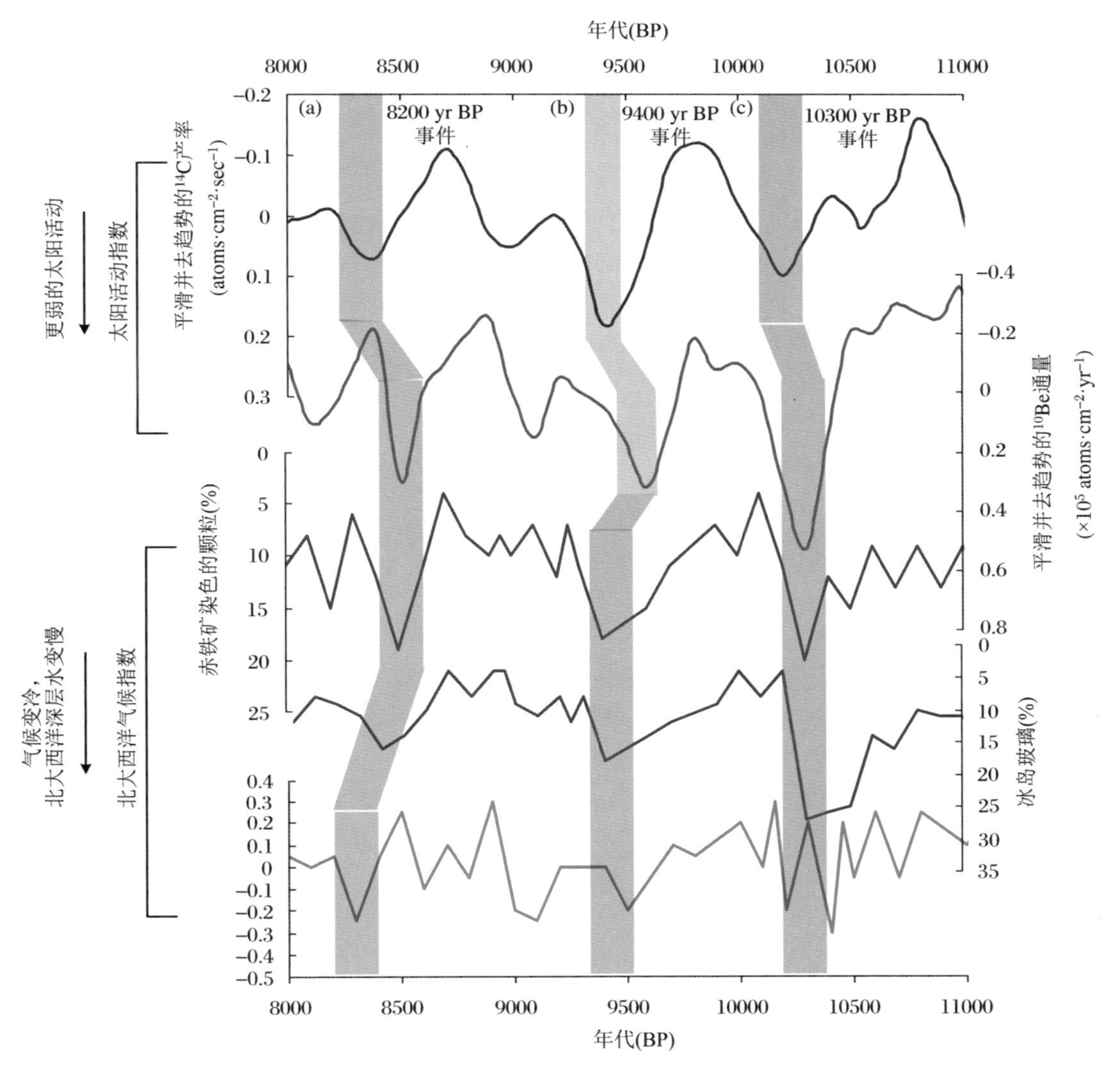

图 8.2　太阳活动强度、北大西洋气候所记录的早全新世突然变冷事件

包括 10300 年事件、9400 年事件和 8200 年事件。

总之，距今 9400 年冷事件在北半球的确发生了，并给高北极的贝类生态系统造成了灾害性的后果。该冷事件很可能是由减弱的太阳辐射驱动，通过温盐环流等正反馈放大，并最终导致高北极海表面温度急剧下降（Yuan et al.，2011）。

8.3　距今 9400 年冷事件的全球性

Mayewski 等(2004)对全球约 50 组古气候记录数据进行分析，发现全新世气候很不稳定，期间出现多达 6 个阶段的显著突然气候变化事件，分别是 9000～8000 yr BP，6000～

5000 yr BP，4200～3800 yr BP，3500～2500 yr BP，1200～1000 yr BP 以及 600～150 yr BP。然而，对这些数据重新检查发现，在 9400～9200 yr BP 期间也存在一次 RCC 事件。在北半球，格陵兰冰芯氧同位素 δ^{18}O（GRIP）记录了一次在 9400～9200 yr BP 期间的降温事件（Johnsen et al.，1992），格陵兰冰芯中 Na^+ 浓度（GISP2）的变化指示此时冰岛低压加深，而相应由冰芯中的 K^+ 浓度（GISP2）指示的西伯利亚高压出现明显加强（Meeker，Mayewski，2002），尽管其变化幅度较 8200 年事件要小。在北大西洋，此时出现了"冰筏"事件（Bond et al.，1997），北大西洋上空的西风带也明显增强（Bradbury et al.，1993）。Andreev 等（2002）通过湖泊孢粉记录重建了西伯利亚北部的 Taymyr 低地的全新世植被和气候特征，发现在 9600～9300 yr BP 期间西伯利亚北部的气温比现代下降了约 2 ℃，降水也相应下降了 25 mm。在挪威海，一个发生在约 10300 yr BP 的小但明显的降温事件被识别出来（Hald，Hagen，1998；Husum，Hald，2002），同样的降温事件也记录在北大西洋区域的湖泊沉积物、树轮、冰芯和海洋沉积物中（Björck et al.，2001）。Veski 等（2004）通过湖泊年纹泥系列定量重建了欧洲东部的年平均气温，结果显示在 9400～9200 yr BP 在欧洲东部是一段显著的冷期。在阿尔卑斯，石笋 δ^{18}O 记录（Katerloch Cave，Austria）显示在 9.1 kyr BP 附近出现 δ^{18}O 值显著降低，指示了在此期间在阿尔卑斯发生了突然降温事件，因此称之为 9.1 kyr BP 事件（Boch et al.，2009）。尽管与北大西洋的 9400 年冷事件在发生时间上有一定差别，但很可能是由同一触发机制导致的。在低纬地区，早全新世的温暖湿润气候被突然的干旱所打破，尤其在中国（Hodell et al.，1999）和海地（Hodell et al.，1991）最为明显。同时，阿拉伯海的夏季季风显著减弱（Mayewski et al.，2004）。在南半球，很可能由于 9400 年左右南部中纬西风带的增强导致了智利降水量增加（Heusser，Streeter，1980），而同时，莫桑比克海峡（Mozanbique Channel）（Bard et al.，1997）和本格拉洋流（Benguela Current）（Kim et al.，2002）的海表面温度出现明显降低。即使在东南极，绕极大气环流也出现减弱，冰雪累积率降低（Steig et al.，2000）；Taylor Dome 冰芯也记录了偏低的 δ^{18}O 值，指示了温度的降低（Steig et al.，2000）。

参考文献

Alley R B，Marotzke J，Nordhaus W D，et al.，2003. Abrupt climate change[J]. Science，209：2005-1010.

Andersson C，Risebrobakken B，Jansen E，et al.，2003. Late Holocene surface ocean conditions of the Norwegian Sea（Vøing Plateau）[J]. Paleoceanography，18(2)：1044-1057.

Andreev A A，Siegert C，Klimanov V A，et al.，2002. Late Pleistocene and Holocene vegetation and climate on the Taymyr Lowland，Northern Siberia[J]. Quaternary Research，57：138-150.

Arctic Climate Impact Assessment（ACIA），2004. Impacts of a Warming Arctic[M]. Cambridge，UK：Cambridge University Press.

Bard E，Rostek F，Sonzogni C，1997. Interhemispheric synchrony of the last deglaciation inferred from alkenone palaeothermometry[J]. Nature，385：707-710.

Birks H H，1991. Holocene vegetational history and climate change in west Spitsbergen-plant macrofossils from Skardtjøna，an Arctic lake[J]. The Holocene1：209-218.

Björck S，Kromer B，Johnson S，et al.，1996. Synchronized terrestrial-atmospheric deglacial records around the North Atlantic[J]. Science，274：1155-1160.

Björck S,Muscheler R,Kromer B,et al.,2001. High-resolution analysis of an early Holocene climate event may imply decreased solar forcing as an important climate trigger[J]. Geology,29:1107-1110.

Boch R,Spötl C,Kramers J,2009. High-resolution isotope records of early Holocene rapid climate change from two coeval stalagmites of Karterloch Cave,Austria[J]. Quaternary Science Reviews,28:2527-2538.

Bond G,Kromer B,Beer J,et al.,2001. Persistent solar influence on North Atlantic climate during the Holocene[J]. Science,294:2130-2136.

Bond G,Showers W,Cheseby M,et al.,1997. A pervasive millenial-scale cycle in North Atlantic Holocene and glacial climates[J]. Science,278:1257-1266.

Bradbury J P,Dean W E,Anderson R Y,1993. Holocene climatic and limnologic history of the north-central United States as recorded in the varved sediments of Elk Lake,Minnesota:a synthesis[J]. Geol Soc Am (Special paper),276:309-328.

Chambers F M,Ogle M I,Blackford J J,1999. Paleoenvironmental evidence for solar forcing of Holocene climate:linkages to solar science[J]. Progress Physics Geography,23:181-204.

Coplen T B,Kendall C,Hopple J,1983. Comparison of stable isotope reference samples[J]. Nature,302:236-238.

Coplen T B,1994. Reporting of stable hydrogen,carbon,and oxygen isotopic abundances[J]. Pure Applied Chemistry,66:273-276.

Cottier F,Tverberg V,Inall M,et al.,2005. Water mass modification in an Arctic fjord through cross-shelf exchange:the seasonal hydrography of Kongsfjorden,Svalbard[J]. Journal of Geophysics Research,110. DOI:10.1029/2004JC002757.

Ebbesen H,Hald M,Eplet T H,2007. Late glacial and early Holocene climatic oscillations on the western Svalbard margin,European Arctic[J]. Quaternary Science Reviews,26:1999-2011.

Epstein S,Buchsbaum R,Lowenstam H A,et al., 1953. Revised carbonate-water isotopic temperature scale [J]. Geol Soc Am Bull,64:1315-1326.

Forman S L,Lubinski D J,IngÓlfsson Ó,et al.,2004. A review of postglacial emergence on Svalbard,Franz Josef Land and Novaya Zemlya,northern Eurasia[J]. Quaternary Science Reviews,23:1391-1434.

Grossman E L,Ku T,1986. Oxygen and carbon isotope fractionation in biogenic aragonite:temperature effect[J]. Chemical Geology,19:91-132.

Hald M,Hagen S,1998. Early Preboreal cooling in the Nordic seas region triggered by meltwater[J]. Geology,26:615-618.

Hald M,Andersson C,Ebbesen H,et al.,2007. Variations in temperature and extent of Atlantic Water in the northern North Atlantic during the Holocene[J]. Quaternary Science Reviews,26:3423-3440.

Hald M,Ebbesen H,Forwick M,et al.,2004. Holocene paleoceanography and glacial history of the west Spitsbergen area,Euro-Arctic margin[M]//Holocene climate variability:a marine perspective. Oxford,UK:Pergamon:2075-2088.

Harms A A P,Tverberg V,Svendsen H,2007. Physical qualification and quantification of the water masses in the Kongsfjorden:Krossfjorden system cross section[J]. Oceans 2007:Europe:1-6.

Heusser C J,Streeter S S,1980. A temperature and precipitation record for the past 16000 years in southern Chile[J]. Science,210:1345-1347.

Hodell D A,Brenner M,Kanfoush S L,et al.,1999. Paleoclimate of southwestern China for the past 50000 years inferred from lake sediment records[J]. Quaternary Research,52:369-380.

Hodell D A,Curtis J H,Jones G A,et al.,1991. Reconstruction of Caribbean climate change over the past

10500 years[J]. Nature, 352: 790-793.

Husum K, Hald M, 2002. Early Holocene cooling events in Malangenfjord and the adjoining shelf, northeast Norwegian Sea[J]. Polar Research, 21: 267-274.

Johnsen S J, Dahl-Jensen D, Gundestrup N, et al., 2001. Oxygen isotope and palaeotemperature records from six Greenland ice-core stations: Camp Century, Dye-3, GRIP, GISP2, Renland and NorthGRIP[J]. Journal of Quaternary Science, 16: 299-307.

Johnsen S, Clausen H, Dansgaard W, et al., 1992. Irregular glacial interstadials recorded in a new Greenland ice core[J]. Nature, 359: 311-313.

Kennish M J, Olsson R K, 1975. Effects of thermal discharges on the microstructural growth of Mercenaria mercenaria[J]. Environmental Geology (Berl), 1: 41-64.

Khim B-K, Krantz D E, Brigham-Grette J, 2001. Stable isotope profiles of Late Interglacial (Pelukian Transgression) mollusks and paleoclimate implications in the Bering Strait Region[J]. Quaternary Science Reviews, 20: 463-483.

Kim J H, Schneider R R, Mqller P J, et al., 2002. Interhemispheric comparison of deglacial sea-surface temperature patterns in Atlantic eastern boundary currents[J]. Earth and Planetary Science Letters, 194: 383-393.

Klitgaard-Kristensen D, Sejrup H P, Haflidason H, 2001. The last 18 kyr fluctuations in Norwegian Sea surface conditions and implications for the magnitude of climatic change, evidence from the northern North Sea[J]. Paleoceanography, 16: 455-467.

Lehman S J, Forman S L, 1992. Late Weichselian glacier retreat in Kongsfjorden, West Spitsbergen, Svalbard[J]. Quaternary Research, 37: 139-154.

Maclachlan S E, Cottier F R, Austin W E N, et al., 2007. The salinity: δ^{18} O water relationship in Kongsfjorden, western Spitsbergen[J]. Polar Research, 26: 160-167.

Mayewski P A, Rohling E E, Stager J C, et al., 2004. Holocene climate variability[J]. Quaternary Research, 62: 243-255.

Meeker L D, Mayewski P A, 2002. A 1400-year high-resolution record of atmospheric circulation over the North Atlantic and Asia[J]. Holocene, 12: 257-266.

Oeschger H, Siegenthaler U, Schotterer U, et al., 1975. A box diffusion model to study the carbon dioxide exchange in nature[J]. Tellus, 27: 168.

Peteet D M, Vogel J S, Nelson D E, et al., 1990. Younger Dryas reversals in northeastern USA? AMS ages for an old problem[J]. Quaternary Research, 33: 219-230.

Risebrobakken B, Jansen E, Mjelde E, et al., 2003. A highresolution study of Holocene paleoclimatic and paleoceanogrpahic changes in the Nordic Seas[J]. Paleoceanography, 18: 1.

Sarnthein M, van Kreveld S, Erlenkeuser H, et al., 2003. Centennial-to-millennial-scale periodicities of Holocene climate and sediment injections off the western Barents shelf, 75° N[J]. Boreas, 32: 447-461.

Sato S, 1997. Shell microgrowth patterns of bivalves reflecting seasonal change of phytoplankton abundance[J]. Paleontol Res, 1: 260-266

Sato S, 1999. Genetic and environmental control of growth and reproduction of *P. japonicum* (Bivalvia: Veneridae) [J]. Veliger, 42: 54-61

Schöne B R, Hickson J, Osehmann W, 2005. Reconstruction of subseasonal environmental conditions using bivalve mollusk shells: a graphic model[J]. Geol Soc Am (Special paper), 395: 21-31

Schöne B R, Tanabe K, Dettman D L, et al., 2003. Environmental controls on shell growth rates and δ^{18}O of the shallow-marine bivalve mollusk *phacosoma japonicum* in Japan[J]. Mar Biol, 142: 473-485.

Steig E J, Morse D L, Waddington E D, et al., 2000. Wisconsinan and Holocene climate history from an ice core at Taylor Dome, western Ross Sea embayment, Antarctica[J]. Geografisker Annaler, 82A: 213-235.

Sun L G, Xie Z Q, Zhao J L, 2000. A 3000-year record of penguin populations[J]. Nature, 407: 858.

Svendsen H, Beszczynska-Moller A, Hagen J O, et al., 2002. The physical environment of Kongsfjorden-Krossfjorden, an Arctic fjord system in Svalbard[J]. Polar Research, 21: 133-166.

Tinner W, Lotter A F, 2001. Central European vegetation response to abrupt climate change at 8.2 ka[J]. Geology, 29: 551-554.

Veski A, Seppä H, Ojala A E K, 2004. Cold event at 8200 yr BP recorded in annually laminated lake sediments in eastern Europe[J]. Geology, 32(8): 681-684.

Wlodarska-Kowalczuk M, 2007. Molluscs in Kongsfjorden (Spitebergen, Svalbard): a species list and patterns of distribution and diversity[J]. Polar Research, 26: 48-63.

Wohlfarth B, Lemdahl G, Olsson S, et al., 1995. Early Holocene environment on Bjønøa (Svalbard) inferred from multidisciplinary lake sediment studies[J]. Polar Research, 14: 253-275.

Yiou F, Raisbeek G M, Baumgartner S, et al., 1997. Beryllium 10 in the Greenland Ice Core Project ice core at Summit, Greenland[J]. Journal of Geophysics Research, 102(C12): 783-726, 794.

Yu K F, Zhao J X, Liu T S, et al., 2004. High-frequency winter cooling and reef coral mortality during the Holocene climatic optimum[J]. Earth and Planetary Science Letters, 224: 143-155.

Yuan L X, Sun L G, Wei G J, et al., 2011. 9400 yr BP: the mortality of mollusk shell (*Mya truncate*) at high Arctic s associated with a sudden cooling event[J]. Environmental Earth Science, 63: 1385-1393.

第9章　加拿大北极群岛海鸟生物向量

程文瀚　Linda E. Kimpe　Mark L. Mallory
John P. Smol　Jules M. Blais　孙立广

9.1　北极群岛概述

冰冻圈是全球物质能量循环的一个重要组成部分，主要包括南北极和高山。其中南极被巨大冰盖覆盖，高山在全球分布零散，而北极则既有冰冻圈的偏远寒冷属性，也与北半球密集的人类活动息息相关。其中加拿大北极群岛又是尤其特殊的地区。

加拿大北极群岛位于北美洲的最北端，面积约 140 万 km^2，包含超过 36000 个岛屿。群岛中最大的岛是巴芬岛(Baffin Island)，面积 50.7 万 km^2，是世界第五大岛，而最北端的岛屿是埃尔斯米尔岛(Ellesmere Island)。大多数岛屿上无人居住，群岛区域内分布着零散的苔原植被。

加拿大北极地区栖息着数以百万计的海鸟。其中大多数海鸟是候鸟，在相对低纬度的地区越冬，夏季迁徙到高纬度地区捕食和繁殖。进入高纬度地区后，它们在海洋中捕食，在岛屿和峭壁上筑巢。通过排泄鸟粪和遗留尸体，这些候鸟给栖息地带来大量的有机物输入，在脆弱的高寒荒漠中支撑起一个个生态“热点”。

9.2　不同来源有机质的特征甾醇

甾醇是一类天然不饱和类固醇化合物，其骨架由 3 个六碳环和一个五碳环组成，3 位基团为氢氧基，17 位基团为特征性侧链。这一侧链通常有 8 个(含)以上碳原子。甾烷醇是甾醇加氢还原的产物，还原过程可发生在动物消化道或自然水环境中。甾醇对组成细胞膜结构和实现细胞膜的功能具有重要作用，例如胆甾醇是细胞膜骨架的重要组成部分，而谷甾醇及其他植醇主要存在于植物蜡中。因此，甾醇在微生物、动植物中均广泛存在。几种常见的甾醇结构如图 9.1 所示。

如前所述，不同的甾醇在生物体内各有特异性的作用，因此生物体在实现特定功能时需要的甾醇也具备特定的组合。前人在研究生物组织和排泄物时已经证实，不同物种可以产

生不同的特征甾醇。显而易见的是，胆甾醇作为细胞膜的重要组成部分，它在几乎所有生物体中均存在，而谷甾醇主要存在于植物来源的有机质中。此外，粪甾醇是人类粪便中含量最高的甾醇，主要通过微生物在肠道中降解胆甾醇产生，同时也在家禽家畜的粪便中存在。相对于粪甾醇，家禽家畜粪便中的主要甾醇为菜油甾烷醇和豆甾烷醇，可能与它们的食性有关。

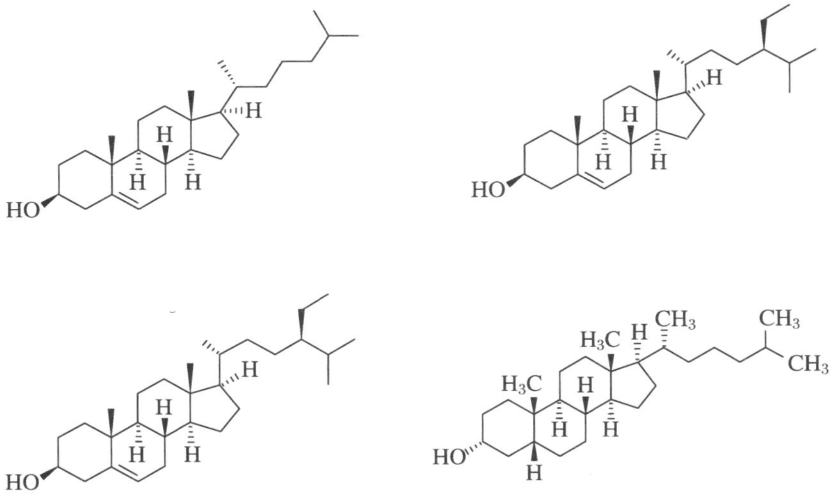

图 9.1　甾醇分子结构示意图

甾醇的结构决定了它们在水中溶解度较低，因此在进入水体中甾醇常常与固相颗粒物结合，从而进入沉积物中，留下沉积记录。稳定的碳环结构有助于甾醇抵抗沉积后的降解作用，然而在热带浅水环境下甾醇也可能在几年的时间段内发生明显降解，但是在寒冷和缺氧环境中，甾醇可以在沉积物中长时间保存。在分析环境样品中的甾醇时，通常的步骤是萃取—纯化—衍生化—上机测试。萃取流程一般采用弱极性有机溶剂，如二氯甲烷、丙酮等，在超声或加热条件下萃取甾醇。有条件的情况下可采用加速溶剂萃取仪进行萃取。萃取后的混合物可通过制备液相色谱进行分离提纯，获得其中的甾醇组分，以便上机分析。上机分析采用的检测仪器一般是气相色谱-质谱联用仪。当分析精度不足时，也可用硅甲基衍生化试剂将萃取所得的甾醇衍生化，提高气化能力。

9.3　生物向量带来的营养物质和污染物

维拉角(Cape Vera)位于加拿大北极地区的德文岛(Devon Island)，格陵兰岛以西约500 km(图 9.2)。每年夏天，有数万只暴雪鹱在海岸悬崖上筑巢。它们主要以鱼类和海洋无脊椎动物为食，给栖息地带来显著的鸟粪和其他残留物(如胃内容物、尸体)等输入。悬崖下方不同距离处存在多个淡水池塘，每个池塘受到不同程度的鸟类输入影响，并且存在肉眼明显可见的差异，藻类生物量随着远离鸟类群落而明显减少。所有这些池塘的面积都小于

100 m²，最大深度小于 1.5 m。虽然池塘都位于距海岸 2 km 范围内，但盐度测量显示没有明显的海水侵入。

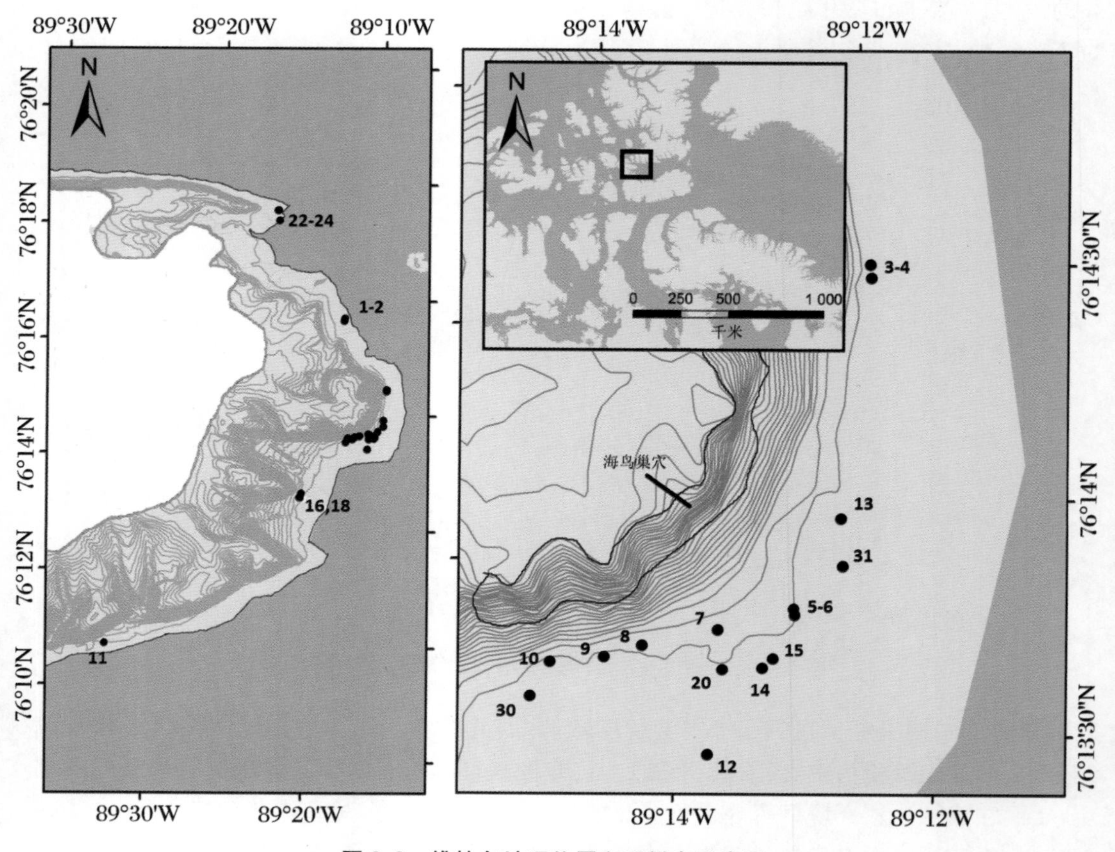

图 9.2 维拉角地理位置和采样点示意图

大多数池塘位于暴雪鹱栖息地附近，包括 CV5 到 CV10、CV12、CV14、CV15、CV20 和 CV30。特别是 CV8、CV9、CV10 和 CV30 位于悬崖脚下，接收到暴雪鹱栖息地最直接的大量鸟粪和残留物输入。CV5、CV6 和 CV7 稍远，但仍受到悬崖上暴雪鹱栖息地的直接影响。其余池塘距离栖息地较远，没有受到直接影响。表层沉积物样品采集于每个池塘的中心位置。同时采集了池塘边的苔藓等植物样品，以及暴雪鹱消化道内容物样品。

如图 9.3 所示，三个暴雪鹱消化道内容物中胆甾醇含量分别为 2.5 mg・g^{-1}、5.5 mg・g^{-1} 和 7.5 mg・g^{-1}，均占到总甾醇含量的 99.7% 以上。这些样品中谷甾醇的浓度分别为 4.5 μg・g^{-1}、14.4 μg・g^{-1} 和 6.3 μg・g^{-1}，占总甾醇和甾烷醇的比例不超过 0.25%。这一结果表明，胆甾醇是暴雪鹱消化道内容物中压倒性的主要甾醇。相比之下，苔藓样品中的胆甾醇为(43.6 ± 31.6)μg・g^{-1}，谷甾醇为(36.8 ± 14.2)μg・g^{-1}(n = 9)。它们在总甾醇和甾烷醇中的组成分别为(49.7 ± 17.2)% 和(50.2 ± 17.2)%，因此苔藓中胆甾醇和谷甾醇的比例大致相等。苔藓和暴雪鹱消化道内容物样品中均未检出粪甾醇。

胆甾醇(24.4 ± 23.0 μg・g^{-1}，n = 23)和谷甾醇(22.6 ± 13.5 μg・g^{-1}，n = 23)在维拉角所有池塘沉积物中均有发现，表明该地区动物和植物来源的物质广泛存在。胆甾醇(动物源性)浓度与 δ^{15}N 显著相关(Pearson 相关性，$r = 0.49$，$P < 0.02$)，而谷甾醇(植物源性)浓度

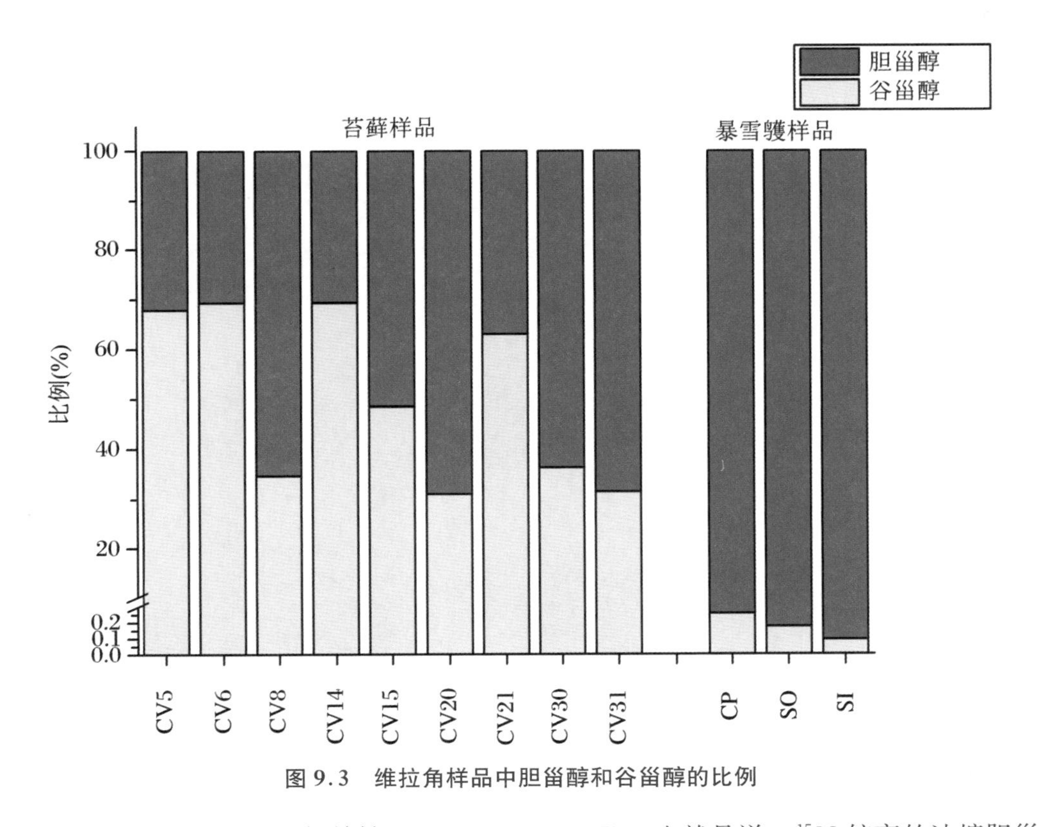

图 9.3 维拉角样品中胆甾醇和谷甾醇的比例

与 δ^{15}N 无相关性(Pearson 相关性,$R=0.12$,$P>0.5$)。也就是说,δ^{15}N 较高的池塘胆甾醇水平(海鸟输入)显著较高,但谷甾醇水平(植物输入)不高。因此,海洋来源的鸟类输入是这些池塘中高营养级物质的主要来源。最靠近暴雪鹱群落的池塘沉积物中的胆甾醇浓度,包括 CV8、CV9、CV10 和 CV30 是最高的(从 34 $\mu g \cdot g^{-1}$ 到 71 $\mu g \cdot g^{-1}$),表明这些池塘中有机质多来自鸟类生物向量。然而,这些池塘中的谷甾醇含量也很高,从 17 $\mu g \cdot g^{-1}$ 到 30 $\mu g \cdot g^{-1}$,表明植物源输入也很高,与这些池塘周围的茂密植被相关。支撑这些植被的营养物质也来自于鸟粪的输入。同时,CV14 的沉积物是没有直接从暴雪鹱栖息地接收输入的池塘之一,除了相对较高的谷甾醇(44 $\mu g \cdot g^{-1}$)外,还含有高胆甾醇(43 $\mu g \cdot g^{-1}$),说明甾醇的绝对浓度可能不是海鸟影响的有效指标。因此,我们基于海鸟和植物材料中不同的甾醇比例,将海鸟影响指数定义为胆甾醇/(胆甾醇+谷甾醇),作为相对海鸟输入到池塘沉积物的指示计。海鸟影响指数在与暴雪鹱群落相邻的每个池塘中均较高,包括 CV7、CV8、CV9、CV10 和 CV30。CV14 和其他较偏远的池塘的海鸟影响指数均较低,与这些受生物向量显著影响的池塘不一致。远离暴雪鹱栖息地的池塘,包括 CV23、CV24、CV2 和 CV12,海鸟影响指数最低。在这些池塘中,尽管 CV12 离暴雪鹱栖息地不远,却是受生物向量影响最小的池塘之一,可能是与它的水文环境有关,亦即没有接受栖息地的直接输入,也没有和接受直接输入的池塘相连。

在给栖息地附近带来营养物质输入的同时,海鸟生物向量也带来了可观的污染物输入。尤其是具备生物积累性的持久性有机污染物,在肉食性暴雪鹱的生物向量中显著积累。如图 9.4 所示,具有较高海鸟影响指数的池塘具有显著较高的狄氏剂(Pearson 相关性,$R=$

0.83，$n=11$，$P<0.001$）、总 PCBs（$R=0.69$，$P<0.02$）、HCB（$R=0.65$，$P<0.05$）、总 DDT（$R=0.63$，$P<0.05$）和甲氧氯（$R=0.60$，$P<0.05$），表明鸟类生物向量传输在维拉角的来源中起着重要作用。作为 DDT 较稳定的代谢产物之一，p，p′-DDE 的浓度远高于维拉角沉积物中 DDT 的浓度，与前人对北部烟鲱和其他北极海鸟的研究一致。它的浓度也与我们的海鸟影响指数显著相关（Pearson 相关性，$R=0.75$，$n=11$，$P<0.01$），但是 p，p′-DDT 和 o，p-DDT 的总和与海鸟影响指数并不显著相关（Pearson 相关性，$R=0.22$，$n=11$，$P>0.5$）。p，p′-DDE 是环境中 DDT 最持久和最稳定的代谢物，占海鸟组织中 DDT 总量的 85%以上，这可能是由饮食中的积累和 DDT 的体内代谢所致。

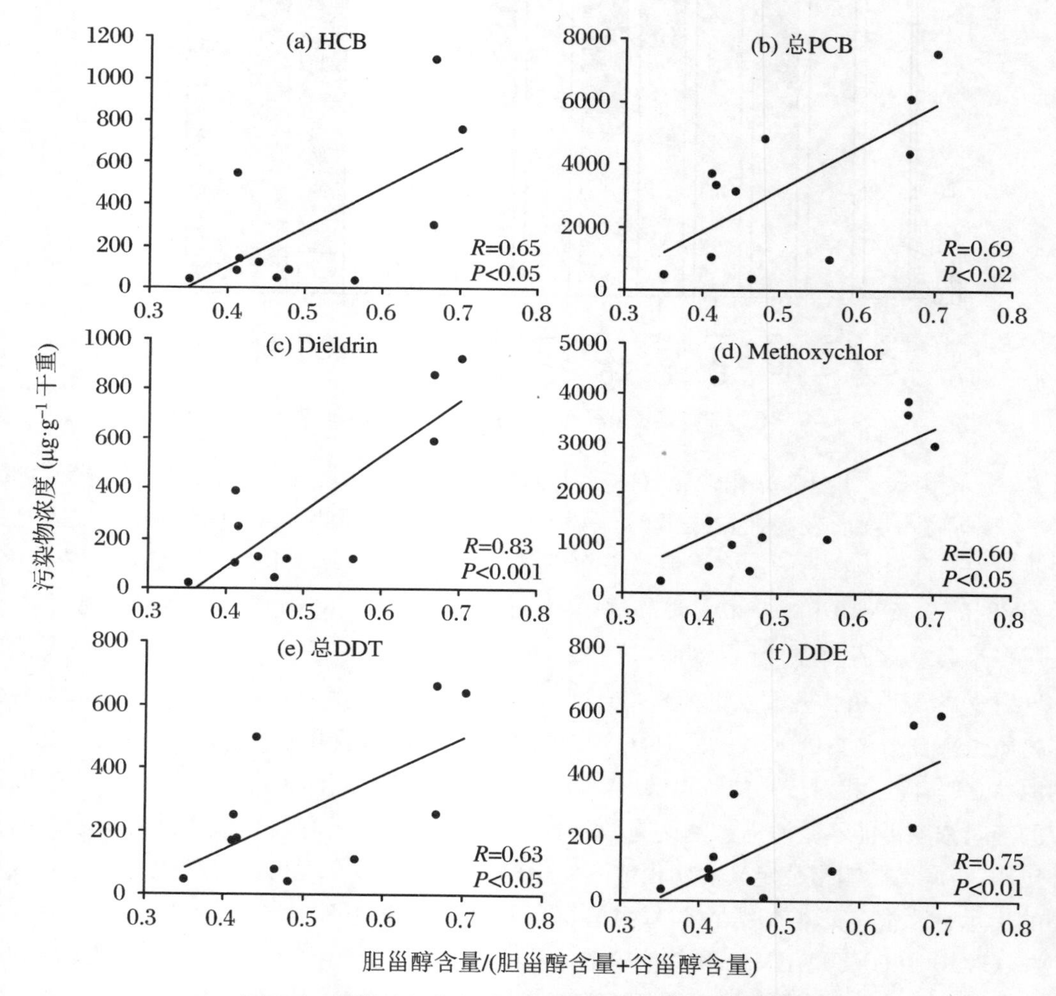

图 9.4　胆甾醇和谷甾醇比例与污染物浓度的线性关系

参考文献

孙立广，2006. 南极无冰区生态地质学及其形成与发展[J]. 自然杂志，28(3)：150-154.

孙立广，杨仲康，2017. 人类世生态地质学研究方法及应用研究[J]. 沉积学报，35(5)：958-967.

汪建君，孙立广，2008. 两极与中低纬地区粪土层生物标志物性质比较[J]. 中国科学技术大学学报，38(1)：

18-25.

Andersson R A, Meyers P A, 2012. Effect of climate change on delivery and degradation of lipid biomarkers in a Holocene peat sequence in the Eastern European Russian Arctic [J]. Organic Geochemistry, 53: 63-72.

Atwell L, Hobson K A, Welch H E, 1998. Biomagnification and bioaccumulation of mercury in an arctic marine food web: insights from stable nitrogen isotope analysis[J]. Canadian Journal of Fisheries and Aquatic Sciences, 55(5): 1114-1121.

Birk J J, Dippold M, Wiesenberg G L, et al., 2012. Combined quantification of faecal sterols, stanols, stanones and bile acids in soils and terrestrial sediments by gas chromatography-mass spectrometry[J]. Journal of Chromatography A, (1242): 1-10.

Black A L, Gilchrist H G, Allard K A, et al., 2012. Incidental observations of birds in the vicinity of Hell Gate Polynya, Nunavut: species, timing, and diversity[J]. Arctic, 65(2): 145-154.

Blais J M, Kimpe L E, McMahon D, et al., 2005. Arctic seabirds transport marine-derived contaminants [J]. Science, 309(5733): 445-445.

Blais J M, Macdonald R W, Mackay D, et al., 2007. Biologically mediated transport of contaminants to aquatic systems[J]. Environmental Science & Technology, 41(4): 1075-1084.

Borgå K, Fisk A T, Hoekstra P F, et al., 2004. Biological and chemical factors of importance in the bioaccumulation and trophic transfer of persistent organochlorine contaminants in arctic marine food webs[J]. Environmental Toxicology and Chemistry, 23(10): 2367-2385.

Borga K, Hop H, Skaare J U, et al., 2007. Selective bioaccumulation of chlorinated pesticides and metabolites in Arctic seabirds[J]. Environmental pollution, 145(2): 545-53.

Braune B, Chételat J, Amyot M, et al., 2015. Mercury in the marine environment of the Canadian Arctic: Review of recent findings[J]. Science of The Total Environment, 509: 67-90.

Bretsche M S, 1973. Membrane structure: some general principles[J]. Science, 181(4100): 622-629.

Brimble S K, Blais J M, Kimpe L E, et al., 2009. Bioenrichment of trace elements in a series of ponds near a northern fulmar (*Fulmarus glacialis*) colony at Cape Vera, Devon Island[J]. Canadian Journal of Fisheries and Aquatic Sciences, 66(6): 949-958.

Brimble S K, Foster K L, Mallory M L, et al., 2009. High Arctic ponds receiving biotransported nutrients from a nearby seabird colony are also subject to potentially toxic loadings of arsenic, cadmium, and zinc [J]. Environmental Toxicology and Chemistry, 28(11): 2426-2433.

Buckman A H, Norstrom R J, Hobson K A, et al., 2004. Organochlorine contaminants in seven species of Arctic seabirds from northern Baffin Bay[J]. Environmental pollution, 128(3): 327-338.

Campos V, Fracácio R, Fraceto L F, et al., 2012. Fecal sterols in estuarine sediments as markers of sewage contamination in the Cubatão area, São Paulo, Brazil[J]. Aquatic Geochemistry, 18(5): 433-443.

Carreira R S, Wagener A L R, Readman J W, 2004. Sterols as markers of sewage contamination in a tropical urban estuary (Guanabara Bay, Brazil): space-time variations[J]. Estuarine, Coastal and Shelf Science, 60(4): 587-598.

Dahl T, Falk-Petersen S, Gabrielsen G, et al., 2003. Lipids and stable isotopes in common eider, black-legged kittiwake and northern fulmar: a trophic study from an Arctic fjord[J]. Marine Ecology Progress Series, 256: 257-269.

Derrien M, Cabrera F A, Tavera N L V, et al., 2015. Sources and distribution of organic mattet along the Ring of Cenotes, Yucatan, Mexico: Sterol markers and statistical approaches[J]. Science of The Total

Environment,511:223-229.

Emslie S D,Patterson W P,2007. Abrupt recent shift in $\delta^{13}C$ and $\delta^{15}N$ values in Adélie penguin eggshell in Antarctica[J]. Proceedings of the National Academy of Sciences,104(28):11666-11669.

Foster K L,Kimpe L E,Brimble S K,et al.,2011. Effects of seabird vectors on the fate,partitioning,and signatures of contaminants in a high Arctic ecosystem[J]. Environmental Science & Technology,45(23):10053-10060.

Fu P, Kawamura K, Barrie L A, 2008. Photochemical and other sources of organic compounds in the Canadian high Arctic aerosol pollution during winter-spring[J]. Environmental science & technology,43(2):286-292.

Gabrielsen G W, Skaare J U, Polder A, et al., 1995. Chlorinated hydrocarbons in glaucous gulls (*Larus hyperboreus*) in the southern part of Svalbard[J]. Science of The Total Environment,160:337-346.

Gaston A J, Mallory M L, Gilchrist H G, et al., 2006. Status, trends and attendance patterns of the northern fulmar *Fulmarus glacialis* in Nunavut,Canada[J]. Arctic,59:165-178.

Hadley K R,Douglas M S,Blais J M,et al.,2010. Nutrient enrichment in the High Arctic associated with Thule Inuit whalers: a paleolimnological investigation from Ellesmere Island (Nunavut,Canada) [J]. Hydrobiologia,649(1):129-138.

Hadley K R,Douglas M S,McGhee R,et al.,2010. Ecological influences of Thule Inuit whalers on high Arctic pond ecosystems:a comparative paleolimnological study from Bathurst Island (Nunavut,Canada) [J]. Journal of Paleolimnology,44(1):85-93.

Heath R G,Spann J W,Kreitzer J,1969. Marked DDE impairment of mallard reproduction in controlled studies[J]. Nature,224:47-48.

Huang J,Sun L,Wang X,et al.,2011. Ecosystem evolution of seal colony and the influencing factors in the 20th century on Fildes Peninsula, West Antarctica[J]. Journal of Environmental Sciences, 23(9):1431-1436.

Huang T,Sun L G,Wang Y H,et al.,2014. Transport of nutrients and contaminants from ocean to island by emperor penguins from Amanda Bay,East Antarctic[J]. Science of The Total Environment,468:578-583.

Huang W Y, Meinschein W, 1976. Sterols as source indicators of organic materials in sediments[J]. Geochimica et Cosmochimica Acta,40(3):323-330.

Kallenborn R, Blais J M, 2015. Tracking contaminant transport from biovectors[J]. Springer Neth Contaminants:461-498. DOI:10.1007/978-94-017-9541-8_16.

Keatley B E,Blais J M,Douglas M S,et al.,2011. Historical seabird population dynamics and their effects on Arctic pond ecosystems:a multi-proxy paleolimnological study from Cape Vera,Devon Island,Arctic Canada[J]. Fundamental and Applied Limnology/Archiv für Hydrobiologie,179(1):51-66.

Keatley B E,Douglas M S,Blais J M,et al.,2009. Impacts of seabird-derived nutrients on water quality and diatom assemblages from Cape Vera,Devon Island,Canadian High Arctic[J]. Hydrobiologia,621(1):191-205.

Kling G W,Fry B,O'Brien W J,1992. Stable isotopes and planktonic trophic structure in arctic lakes[J]. Ecology,73:561-566.

Knudsen L B, Borga K,Jorgensen E H,et al.,2007. Halogenated organic contaminants and mercury in northern fulmars (*Fulmarus glacialis*): levels, relationships to dietary descriptors and blood to liver comparison[J]. Environmental pollution,146(1):25-33.

Krümmel E, Macdonald R, Kimpe L, et al., 2003. Aquatic ecology: delivery of pollutants by spawning salmon[J]. Nature, 425 (6955): 255-256.

Leeming R, Ball A, Ashbolt N, et al., 1996. Using faecal sterols from humans and animals to distinguish faecal pollution in receiving waters[J]. Water Research, 30(12): 2893-2900.

Liu X D, Li H C, Sun L G, et al., 2006. δ^{13}C and δ^{15}N in the ornithogenic sediments from the Antarctic maritime as palaeoecological proxies during the past 2000 yr[J]. Earth and Planetary Science Letters, 243(3): 424-438.

Mallory M L, 2006. The northern fulmar (*Fulmarus glacialis*) in Arctic Canada: ecology, threats, and what it tells us about marine environmental conditions[J]. Environmental Reviews, 14(3): 187-216.

Mallory M L, Akearok J A, Edwards D B, et al., 2008. Autumn migration and wintering of northern fulmars (*Fulmarus glacialis*) from the Canadian High Arctic[J]. Polar Biology, 31(6): 745-750.

Mallory M, Karnovsky N, Gaston A, et al., 2010. Temporal and spatial patterns in the diet of northern fulmars *Fulmarus glacialis* in the Canadian High Arctic[J]. Aquatic Biology, 10(2): 181-191.

Mariotti A, Germon J, Hubert P, et al., 1981. Experimental determination of nitrogen kinetic isotope fractionation: some principles; illustration for the denitrification and nitrification processes[J]. Plant and soil, 62(3): 413-430.

Michelutti N, Liu H, Smol J P, et al., 2009. Accelerated delivery of polychlorinated biphenyls (PCBs) in recent sediments near a large seabird colony in Arctic Canada[J]. Environmental pollution, 157(10): 2769-2775.

Michelutti N, McCleary K M, Antoniades D, et al., 2013. Using paleolimnology to track the impacts of early Arctic peoples on freshwater ecosystems from southern Baffin Island, Nunavut[J]. Quaternary Science Reviews, 76: 82-95.

Nishimura M, 1978. Geochemical characteristics of the high reduction zone of stenols in Suwa sediments and the environmental factors controlling the conversion of stenols into stanols[J]. Geochimica et Cosmochimica Acta, 42(4): 349-357.

Ogura K, Machihara T, Takada H, 1990. Diagenesis of biomarkers in Biwa Lake sediments over 1 million years[J]. Organic geochemistry, 16(4): 805-813.

Pautler B G, Austin J, Otto A, et al., 2010. Biomarker assessment of organic matter sources and degradation in Canadian High Arctic littoral sediments[J]. Biogeochemistry, 100 (1/2/3): 75-87.

Peng L, Kawagoe Y, Hogan P, et al., 2002. Sitosterol-β-glucoside as primer for cellulose synthesis in plants [J]. Science, 295(5552): 147-150.

Reeves A, Patton D, 2001. Measuring change in sterol input to estuarine sediments[J]. Physics and Chemistry of the Earth, Part B: Hydrology, Oceans and Atmosphere, 26(9): 753-757.

Rielley G, Collier R, Jones D, et al., 1991. The biogeochemistry of Ellesmere Lake, UK. I: source correlation of leaf wax inputs to the sedimentary lipid record[J]. Organic Geochemistry, 17(6): 901-912.

Ryan E, Galvin K, O'Connor T, et al., 2007. Phytosterol, squalene, tocopherol content and fatty acid profile of selected seeds, grains, and legumes[J]. Plant Foods for Human Nutrition, 62(3): 85-91.

Selbie D T, Lewis B A, Smol J P, et al., 2007. Long-term population dynamics of the endangered Snake River sockeye salmon: evidence of past influences on stock decline and impediments to recovery[J]. Transactions of the American Fisheries Society, 136(3): 800-821.

Sierszen M E, McDonald M E, Jensen D A, 2003. Benthos as the basis for arctic lake food webs[J]. Aquatic Ecology, 37(4): 437-445.

Smol J P, Douglas M S, 2007. From controversy to consensus: making the case for recent climate change in the Arctic using lake sediments[J]. Frontiers in Ecology and the Environment, 5(9): 466-474.

Smol J P, Stoermer E F, 2010. The diatoms: applications for the environmental and earth sciences[M]. Cambridge, UK: Cambridge University Press.

Sun L, Emslie S, Huang T, et al., 2013. Vertebrate records in polar sediments: biological responses to past climate change and human activities[J]. Earth-Science Reviews, 126: 147-155.

Thibodeau B, Hélie J F, Lehmann M F, 2013. Variations of the nitrate isotopic composition in the St. Lawrence River caused by seasonal changes in atmospheric nitrogen inputs[J]. Biogeochemistry, 115(1/2/3): 287-298.

Tolosa I, LeBlond N, Copin-Montégut C, et al., 2003. Distribution of sterol and fatty alcohol biomarkers in particulate matter from the frontal structure of the Alboran Sea (SW Mediterranean Sea) [J]. Marine Chemistry, 82(3): 161-183.

Vane C H, Kim A W, McGowan S, et al., 2010. Sedimentary records of sewage pollution using faecal markers in contrasting peri-urban shallow lakes[J]. Science of The Total Environment, 409(2): 345-56.

Venkatesan M I, Kaplan I R, 1990. Sedimentary coprostanol as an index of sewage addition in Santa Monica Basin, Southern California[J]. Environmental Science & Technology, 24(2): 208-214.

Venkatesan M, Ruth E, Kaplan I, 1986. Coprostanols in Antarctic marine sediments: a biomarker for marine mammals and not human pollution[J]. Marine Pollution Bulletin, 17(12): 554-557.

Volkman J K, 1986. A review of sterol markers for marine and terrigenous organic matter[J]. Organic Geochemistry, 9(2): 83-99.

Wakeham S G, Canuel E A, 1988. Organic geochemistry of particulate matter in the eastern tropical North Pacific Ocean: implications for particle dynamics[J]. Journal of Marine Research, 46(1): 183-213.

Wang J, Wang Y, Wang X, et al., 2007. Penguins and vegetations on Ardley Island, Antarctica: evolution in the past 2400 years[J]. Polar Biology, 30(11): 1475-1481.

Wenk C B, Zopfi J, Blees J, et al., 2014. Community N and O isotope fractionation by sulfide-dependent denitrification and anammox in a stratified lacustrine water column[J]. Geochimica et Cosmochimica Acta, 125: 551-563.

第10章 重建加拿大北极群岛海鸟与原住民历史

程文瀚 Linda E. Kimpe Mark L. Mallory
John P. Smol Jules M. Blais 孙立广

10.1 沉积柱年代学

沉积柱采集于维拉角CV9、CV13和CV30池塘中。其中CV9靠近悬崖底部，直接受到悬崖上暴雪鹱群落带来的鸟粪输入影响；CV30接近于CV9，但不与其相连；CV13距离暴雪鹱群落约1 km，其岸边有石块摆成的7个石环，是原住民的帐篷遗址。沉积柱采集于每个池塘靠近中心的位置，使用内径7.6 cm的PVC管采集，长度分别为22.5 cm、9.5 cm和23.5 cm。CV30分样间隔为1 cm，CV9和CV13分样间隔为0.5 cm。

CV9和CV30沉积柱均在1.25 cm处出现^{137}Cs峰。CV9和CV30沉积柱中分别在4.25 cm和3.25 cm处达到过量^{210}Pb的平衡。因此，^{210}Pb-^{137}Cs测年只能用于确定两个沉积柱表层几厘米的年代，并辅助确定^{14}C年代的储库效应。为进行^{14}C测年，我们委托专业人员从沉积柱中挑选出微化石，主要包括紫虎耳草(*Saxifraga oppositifolia*)叶、苔藓、水蚤(*Daphnia ephippia*)和幼虫蠓头蠓。其中陆生植物紫虎耳草与大气^{14}C平衡，因此最适合^{14}C测年，而后两种微化石可能受到来自水体的古老碳的影响，可能存在高达1000年的储库效应。

CV9沉积柱4.25 cm处总有机碳的放射性碳年龄为(486±27) yr BP或(1464±13)CE。而^{210}Pb-^{137}Cs年代显示，该部分的年龄为样品采集(2006 CE)前的(148±12)年，亦即(1858±12)CE。^{210}Pb-^{137}Cs年代和^{14}C年代之间的差异约为400年，因此我们将其确定为维拉角沉积柱中的储库年龄。前人对加拿大北极地区^{14}C储库效应做了总结：加拿大西北部北极群岛的储库效应为(335±85)年，这与我们的估计接近。在我们研究区域附近的^{14}C年龄测定时也发现，鲸骨、软体动物壳化石和陆生植物之间的储库效应在200～400年之间。在本研究中，采用储库年龄(400年)修正来自水生或混合微化石得到放射性碳年龄，而来自陆地微化石(紫虎耳草)的放射性碳年龄不进行储库年龄修正。未进行直接^{14}C测定的其他层位的年龄使用IntCal 13通过线性外推法和内插法确定，见表10.1。

表 10.1　维拉角沉积柱年代控制点

沉积柱	深度(cm)	样品量(mgC)	$\delta^{14}C$(‰)	原始^{14}C年龄(BP)	校正年龄(BP)	化石类型	储库校正年龄(BP)	化石物种
CV13	3.25	0.16	86.5±2.0	−660±15	−52±2	混合	现代	*Daphnia ephippia*
	8.75	0.019	−92.8±15.1	780±140	745±212	混合	345±212	*Daphnia ephippia*，摇蚊幼虫，苔藓
CV9	4.25	0.12	−49.7±2.2	410±20	493±13	混合	93±13	痕量有机物
	12.25	0.085	−142.2±3.4	1230±35	1169±64	混合	769±64	痕量有机物
	14.25	0.077	−146.1±3.8	1270±40	1215±47	混合	815±47	痕量有机物，植物组织，摇蚊
CV30	2.25	0.027	132.9±12.8	−990±100	现代	Terrestrial	Modern	*Saxifraga oppositifolia*
	10.25	0.040	−21.5±7.7	170±70	156±116	Terrestrial	156±116	*Saxifraga oppositifolia*
	22.0	0.069	−146.8±3.9	1275±40	1221±43	混合	821±43	*Saxifraga oppositifolia*，*Papaver* sp.，*Silene uralensis*

10.2　多指标重建海鸟生态历史

前人的研究已经开发了各种替代性指标来研究淡水沉积物中的海鸟生态历史，包括元素指标、稳定同位素指标和生物微化石等。其中最广泛使用的指标之一是稳定氮同位素比值($\delta^{15}N$)，在海鸟鸟粪中可高达25‰，而北极其他氮来源的$\delta^{15}N$通常低于7‰。而碳同位素指标$\delta^{13}C$可用于淡水沉积物中的陆地和海洋碳。在北极海鸟带来的有机质输入中，$\delta^{13}C$在−21‰～−17‰的小范围内波动，远高于陆生植物和水生初级生产者的−29‰～−22‰。由于各个单一指标均存在自身的局限性，近年来采用多个独立替代性指标研究古生态的做法越来越常见。

我们主要采用第9章介绍过的海鸟影响指数，亦即胆固醇/谷甾醇比($R_{c/s}$)作为重建海鸟生态历史的指标。如图10.1所示，这一指标CV9沉积柱底部较低，在约1200 CE时小幅增加，然后从约1700 CE急剧增加。CV9沉积柱中的$\delta^{15}N$趋势与$R_{c/s}$趋势基本一致，除了在1200 CE附近没有出现小幅上升。在CV9沉积柱中$\delta^{15}N$值和$R_{c/s}$之间存在显著的正相关关系(Pearson相关，$R^2=0.90$，$P<0.001$)。CV30沉积柱也采集于一个与暴雪鹱群落相邻的池塘，其$R_{c/s}$和$\delta^{15}N$曲线在时间和幅度上与CV9相似。两个指数在约18.25 cm深度的约1340 CE处达到最小值，之后在约1600 CE增加之前显示出一些波动，并在沉积柱表层增加到最大值。CV30(Pearson相关，$R^2_{24}=0.76$，$P<0.001$)和CV13(Pearson相关，$R^2_{19}=0.79$，$P<0.001$)沉积柱中的$\delta^{15}N$和$R_{c/s}$也显著相关。

CV9沉积柱中的$\delta^{13}C$值也与$R_{c/s}$和$\delta^{15}N$值变化趋势相似，并且$\delta^{13}C$和$\delta^{15}N$在CV9中显著正相关(Pearson相关，$R^2=0.89$，$P<0.001$)。这是因为海鸟或人类狩猎活动的养分输入导致藻类生产力增加，同样可能会增加沉积物中的$\delta^{13}C$：因为海鸟带来的营养物输入促

进藻类生长，光合作用优先利用溶解性无机碳(DIC)中较轻的^{12}C同位素，从而使得留在水体中的DIC富集较重的^{13}C同位素，提高$\delta^{13}C$值。因此，$\delta^{13}C$的增加表明海鸟带来的营养物输入增加了藻类产量。另一方面，^{13}C富集也可能是由于来自海洋的碳相对增加。表层$\delta^{13}C$最高值(－20.3‰)比底部最低值(－26.1‰)高约7‰，和海陆碳库同位素之差一致。无论如何，这两种情况都表明$\delta^{13}C$指标也有效重建了CV9沉积柱中暴雪鹱群落的建立和发展。CV13沉积柱中$\delta^{15}N$和$R_{c/s}$从大约1600 CE同时上升；在CV30沉积柱中，$\delta^{15}N$的最小值位于1280 CE，而$\delta^{13}C$的最小值位于1810 CE。综合3支沉积柱的结果表明，暴雪鹱最早在1100 CE于维拉角登陆，而1800 CE之后种群快速扩张。

对比前人测定了维拉角陆生植物的$\delta^{15}N$值(4.9±5.0‰)和$\delta^{13}C$值(－26.1±2.7)‰，以及水生植物的$\delta^{15}N$值(10.0±7.9)‰和$\delta^{13}C$值(－9.5±2.6)‰。两个$\delta^{15}N$值都接近于CV9底层沉积物的$\delta^{15}N$值(8.6‰)。该层位的$\delta^{13}C$值为－27.6‰，与陆生植物中发现的相似，表明当时CV9中的陆生有机碳源占优势，也可能来自草食性物种如黑雁(*Branta bernicla*)的粪便输入。

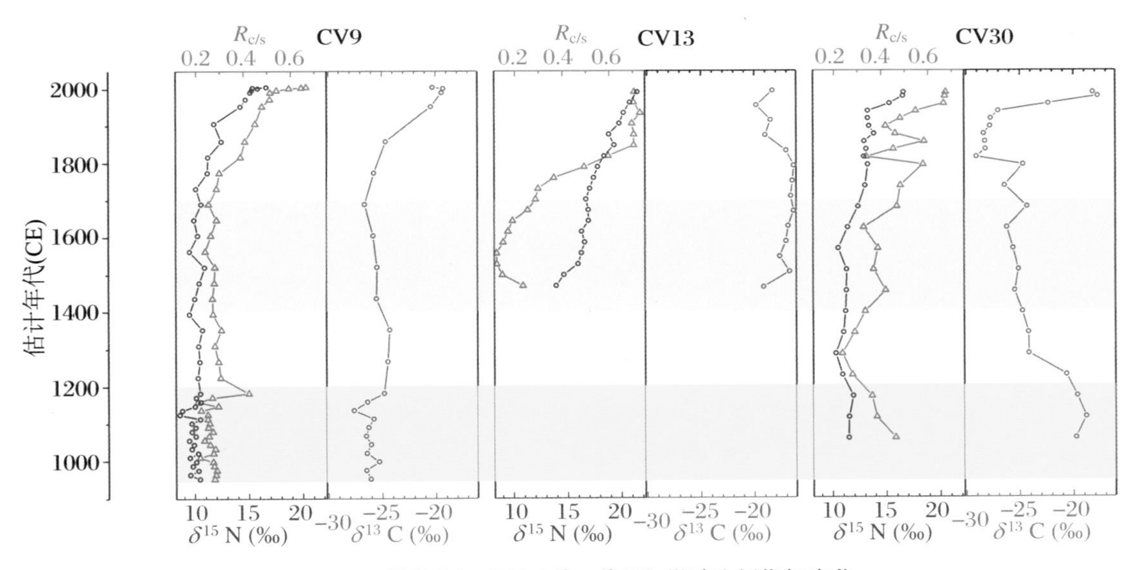

图 10.1　维拉角沉积柱中^{15}N、^{13}C和甾醇比例指标变化

CV9和CV30沉积柱底部的^{14}C年龄都属于中世纪暖期的早期，分别为952 CE和1058 CE。这两个底部年龄说明维拉角的生态系统自公元1000年左右开始了重要发展，这可能是水生沉积物在这些池塘中开始最初积累的时期。这一发现与该地区IP_{25}重建的春季海冰变化相吻合，有研究发现在大约公元1000年附近该地区春季海冰范围处于极低值。较小的海冰范围可以提高海鸟觅食区的初级生产力，并且对当时建立栖息地的暴雪鹱等海鸟具有更高的吸引力。此外，这些早期沉积物中淡水硅藻丰富且没有海洋硅藻，表明当时这些池塘已经在水文上与海洋分离，处于淡水环境。这可能意味着地壳上升使这些悬崖的底部抬高到海平面以上，并开始积累淡水沉积物。

有趣的是，无论在CV9($t_{25}=2.059$，$P=0.95$，student-t检验，下同)或CV30($t_4=2.776$，$P=0.86$)中，小冰期(约公元1400年—约170年)和中世纪暖期(约公元950年—约

1200 年)的 $R_{c/s}$值之间没有显著差异。同样,这两个时间段的 $\delta^{15}N$ 值在 CV9($t_{12}=2.179$, $P=0.12$)或 CV30($t_5=2.571$, $P=0.47$)中也没有显著差异。这一结果有两种可能的生态解释:其一,在这两个时期,暴雪鹱已经在维拉角的悬崖上建立了栖息地,但它们的数量仍然很少,因此从海洋来源进入池塘的鸟粪仍然很少;其二,维拉角下方的沿海滩涂也是重要的黑雁迁徙中途停留和觅食区。黑雁鸟粪的 $R_{c/s}$值(0.603 ± 0.099, $n=10$, 1 SD)远低于暴雪鹱样品(0.998 ± 0.001),因此沉积柱下部的低 $R_{c/s}$值也可能反映了在暴雪鹱未建立栖息地的情况下来自该物种的输入。由于暴雪鹱比黑雁具有相对较高的营养级,需要较高的海洋生产力来支持其种群,因此它们的种群对气候变化很敏感。暴雪鹱种群对小冰期没有明显响应,也可能表明此时维拉角的气候相对稳定。

在公元 1600 年以后,3 支沉积柱记录中的 $R_{c/s}$都急剧增加,表明暴雪鹱种群显著扩张,带来了更高的海洋源营养物质输入。这一时间节点与过去 200 多年间北大西洋其他栖息地的暴雪鹱种群扩张栖息地建立的历史非常吻合。此外,暴雪鹱也经常在原住民捕鲸、捕鱼和狩猎活动中掠食猎物的脂肪残渣。因此始于 1600 CE 附近并在 18 世纪和 19 世纪蓬勃发展的拉布拉多海和巴芬湾捕鲸活动,也大大增加了暴雪鹱的食物供应。同一时期气候变暖也可能有助于提高海洋生产力,并可能支持不断增长的暴雪鹱种群。来自维拉角同一池塘的沉积物序列中的其他替代性指标,例如摇蚊计数、硅藻群落变化和沉积叶绿 a 也指示了过去约 200 年池塘生产力的增加。

10.3 原住民历史重建

早期的考古记录显示古因纽特人和北欧人在德文岛北部和/或周边地区居住并留下了一些考古遗迹。但是由于该地区考古遗迹极其稀缺,考古学家无法确定该地区早期人类的定居和迁徙时间。根据位于 CV13 附近的一系列至少 7 个“帐篷环”(即直径为 2～2.5 m 的圆形石头排列)和弓头鲸(*Balaena mysticetus*)椎骨遗骸,我们可以确定在维拉角曾有原住民居住。在 CV30 沉积柱中,源自人类的粪甾醇在底部附近存在一个明显的峰值,其年龄为大约公元 1100 年,表明在维拉角的中世纪暖期有人居住(图 10.2)。这一时间与加拿大东部北极地区图勒人和北欧人出现的时间相吻合。当时气候变暖,该地区夏季海面无冰时间更长,因此加拿大北极群岛的弓头鲸的活动范围北移。前人的研究还发现附近的一个冰湖存在较大的海象(*Odobenus rosmarus*)种群。鲸鱼和海象的出现吸引了以捕鲸为生的原住民。CV30 沉积柱的粪甾醇浓度在大约 1300 CE 年下降到与其他两支沉积柱相似的水平,表明这一时期人类已经离开维拉角。离开的原因可能是中世纪暖期结束后冰盖和海冰范围增大,导致海洋哺乳动物种群减少,使该地区不再适合捕鲸为生的原住民和北欧象牙猎人。

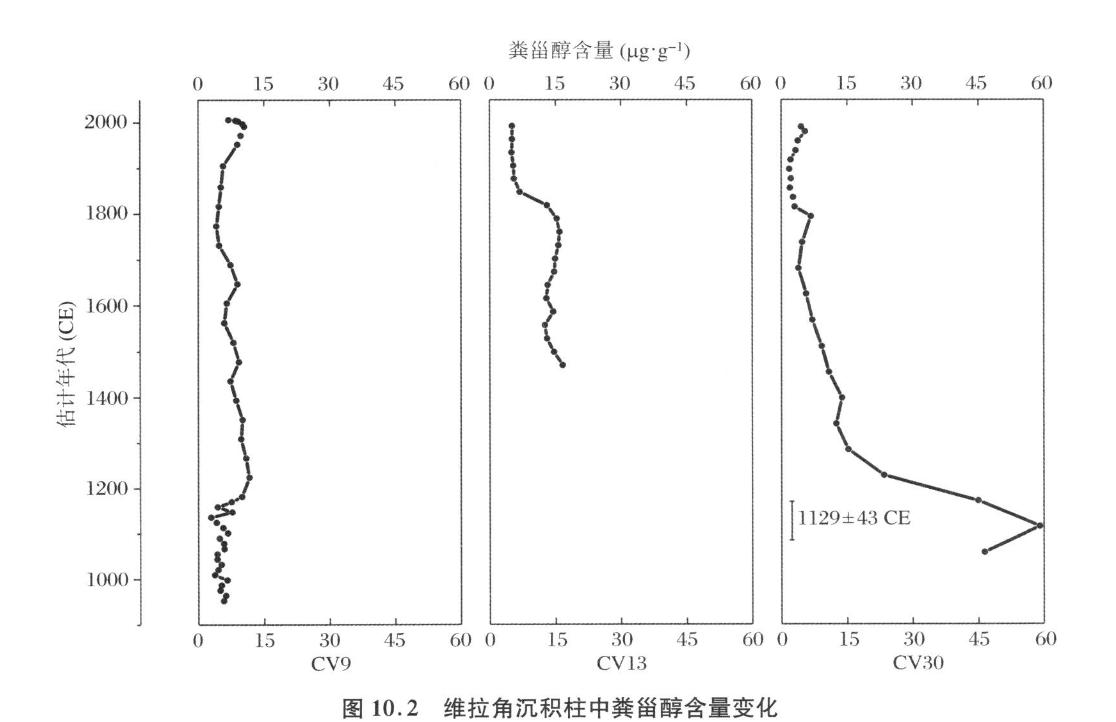

图 10.2 维拉角沉积柱中粪甾醇含量变化

参考文献

Abbott M B, Stafford Jr T W, 1996. Radiocarbon geochemistry of modern and ancient Arctic lake systems, Baffin Island, Canada[J]. Quaternary Research, 45: 300-311.

Black A L, Gilchrist H G, Allard K A, et al., 2012. Incidental observations of birds in the vicinity of Hell Gate Polynya, Nunavut: species, timing, and diversity[J]. Arctic, 65: 145-154.

Blais J M, et al., 2005. Arctic seabirds transport marine-derived contaminants[J]. Science, 309: 445-445.

Brown R G B, 1970. Fulmar distribution: a Canadian perspective[J]. Ibis, 112: 44-51.

Ceschim L M, Dauner A L, Montone R C, et al., 2016. Depositional history of sedimentary sterols around Penguin Island, Antarctica[J]. Antarct Sci., 28: 443-454.

Cheng W, et al., 2016. Sterols and stanols preserved in pond sediments track seabird biovectors in a High Arctic environment[J]. Environmental Science & Technology, 50: 9351-9360.

Choy E S, et al., 2010. An isotopic investigation of mercury accumulation in terrestrial food webs adjacent to an Arctic seabird colony[J]. Science of The Total Environment, 408: 1858-1867.

Coulthard R D, Furze M F, Pieńkowski A J, et al., 2010. New marine ΔR values for Arctic Canada[J]. Quaternary Geochronology, 5: 419-434.

D'Anjou R M, Bradley R S, Balascio N L, et al., 2012. Climate impacts on human settlement and agricultural activities in northern Norway revealed through sediment biogeochemistry[J]. Proceedings of the National Academy of Sciences, 109: 20332-20337.

Dahl T, et al., 2003. Lipids and stable isotopes in common eider, black-legged kittiwake and northern fulmar: a trophic study from an Arctic fjord[J]. Marine Ecology Progress Series, 256: 257-269.

Douglas M S, Smol J P, Savelle J M, et al., 2004. Prehistoric Inuit whalers affected Arctic freshwater ecosystems[J]. Proceedings of the National Academy of Sciences of the United States of America, 101: 1613-1617.

Dyke A S, Hooper J, Savelle J M, 1996. A history of sea ice in the Canadian Arctic Archipelago based on postglacial remains of the bowhead whale (*Balaena mysticetus*) [J]. Arctic: 235-255.

Finkelstein S, Ross J, Adams J, 2009. Spatiotemporal variability in Arctic climates of the past millennium: implications for the study of Thule culture on Melville Peninsula, Nunavut[J]. Arctic, Antarctic, and Alpine Research, 41: 442-454.

Finley K, 1990. Isabella Bay, Baffin Island: an important historical and present-day concentration area for the endangered bowhead whale (*Balaena mysticetus*) of the eastern Canadian Arctic[J]. Arctic: 137-152.

Fisher J, 1952. A history of the Fulmar (*Fulmarus*) and its population problems[J]. Ibis, 94: 334-354.

Foster K L, et al., 2011. Effects of seabird vectors on the fate, partitioning, and signatures of contaminants in a high Arctic ecosystem[J]. Environmental Science & Technology, 45: 10053-10060.

Gaston A J, Gilchrist H G, Mallory M L, 2005. Variation in ice conditions has strong effects on the breeding of marine birds at Prince Leopold Island, Nunavut[J]. Ecography, 28: 331-344.

Guo L, et al., 2004. Characterization of Siberian Arctic coastal sediments: Implications for terrestrial organic carbon export[J]. Global Biogeochemical Cycles: 18.

Hadley K R, Douglas M S, Blais J M, et al., 2010. Nutrient enrichment in the High Arctic associated with Thule Inuit whalers: a paleolimnological investigation from Ellesmere Island (Nunavut, Canada) [J]. Hydrobiologia, 649: 129-138.

Hargan K E, et al., 2018. Sterols and stanols as novel tracers of waterbird population dynamics in freshwater ponds[J]. Proc. R. Soc. B, 285: 20180631.

Hargan K, et al., 2017. Cliff-nesting seabirds influence production and sediment chemistry of lakes situated above their colony[J]. Science of The Total Environment, 576: 85-98.

Keatley B E, et al., 2011, Historical seabird population dynamics and their effects on Arctic pond ecosystems: a multi-proxy paleolimnological study from Cape Vera, Devon Island, Arctic Canada[J]. Fundamental and Applied Limnology, 179: 51-66.

King R H, 1991. Paleolimnology of a polar oasis, Truelove Lowland, Devon Island, N. W. T., Canada[J]. Hydrobiologia, 214: 317-325.

Klimaszyk P, Rzymski P, 2016. The complexity of ecological impacts induced by great cormorants. Hydrobiologia, 771: 13-30.

Li Y, et al., 2016. Sources and fate of organic carbon and nitrogen from land to ocean: identified by coupling stable isotopes with C/N ratio[J]. Estuarine, Coastal and Shelf Science, 181: 114-122.

Liu X, et al., 2006. δ^{13}C and δ^{15}N in the ornithogenic sediments from the Antarctic maritime as palaeoecological proxies during the past 2000 yr[J]. Earth and Planetary Science Letters, 243: 424-438.

Lucassen F, et al., 2017. The stable isotope composition of nitrogen and carbon and elemental contents in modern and fossil seabird guano from Northern Chile: marine sources and diagenetic effects[J]. PloS one, 12: e0179440.

Luoto T P, Brooks S J, Salonen V P, 2014. Ecological responses to climate change in a bird-impacted High Arctic pond (Nordaustlandet, Svalbard) [J]. Journal of Paleolimnology, 51: 87-97.

Mallory M L, Fontaine A J, 2004. Key marine habitat sites for migratory birds in Nunavut and the Northwest Territories[J]. Occasional Paper of the Canadian Wildlife Service, 109(109).

Mallory M L, Gilchrist H, 2005. Marine birds of the Hell Gate Polynya, Nunavut, Canada[J]. Polar Research, 24: 87-93.

Mallory M L, 2006. The northern fulmar (*Fulmarus glacialis*) in Arctic Canada: ecology, threats, and what it tells us about marine environmental conditions[J]. Environmental Reviews, 14: 187-216.

Mallory M, Forbes M, Ankney C, et al., 2008. Nutrient dynamics and constraints on the pre-laying exodus of high Arctic northern fulmars[J]. Aquatic Biology, 4: 211-223.

Mann M E, et al., 2009. Global signatures and dynamical origins of the Little Ice Age and Medieval Climate Anomaly[J]. Science, 326: 1256-1260.

McCartney A P, Savelle J M, 1985. Thule Eskimo whaling in the central Canadian Arctic[J]. Arctic Anthropology: 37-58.

McGhee R, 1984. Contact between native North Americans and the medieval Norse: a review of the evidence[J]. American Antiquity, 49: 4-26.

McGovern T H, 1980. Cows, harp seals, and churchbells: adaptation and extinction in Norse Greenland[J]. Human Ecology, 8: 245-275.

Michelutti N, Mallory M L, Blais J M, et al., 2011. Chironomid assemblages from seabird-affected High Arctic ponds[J]. Polar Biology, 34: 799-812.

Moore J, Hughen K, Miller G, et al., 2001. Little Ice Age recorded in summer temperature reconstruction from vared sediments of Donard Lake, Baffin Island, Canada[J]. Journal of Paleolimnology, 25: 503-517.

Park R W, 1993. The Dorset-Thule succession in Arctic North America: assessing claims for culture contact [J]. American Antiquity, 58: 203-234.

Reimer P J, et al., 2013. IntCal 13 and Marine 13 radiocarbon age calibration curves 0-50000 years BP[J]. Radiocarbon, 55: 1869-1887.

Schelske C L, Hodeli D A, 1991. Recent changes in productivity and climate of Lake Ontario detected by isotopic analysis of sediments[J]. Limnology and Oceanography, 36: 961-975.

Stirling I, 1980. The biological importance of polynyas in the Canadian Arctic[J]. Arctic: 303-315.

Sun L G, et al., 2013. Vertebrate records in polar sediments: biological responses to past climate change and human activities[J]. Earth-Science Reviews, 126: 147-155.

Sun L G, Xie Z Q, Zhao J L, 2000. Palaeoecology: a 3000-year record of penguin populations[J]. Nature, 407: 858-858.

Thomas E K, Briner J P, 2009. Climate of the past millennium inferred from varved proglacial lake sediments on northeast Baffin Island, Arctic Canada[J]. Journal of Paleolimnology, 41: 209-224.

Thompson D R, Furness R W, Lewis S A, 1995. Diets and long-term changes in $\delta^{15}N$ and $\delta^{13}C$ values in northern fulmars (*Fulmarus glacialis*) from two northeast Atlantic colonies[J]. Marine Ecology Progress Series, 125: 3-11.

Vare L L, Massé G, Gregory T R, et al., 2009. Sea ice variations in the central Canadian Arctic Archipelago during the Holocene[J]. Quaternary Science Reviews, 28: 1354-1366.

第11章　人类文明对北极新奥尔松地区环境的影响

贾　楠　孙立广　袁林喜　何　鑫　龙楠烨　谢周清

11.1　新奥尔松苔藓植被对现代污染源的指示作用

新奥尔松是北极地区重要的科考基地，飞机往来于朗伊尔宾和新奥尔松之间，夏季常有游轮靠岸到访。该地区煤和石灰岩储备丰富，早在1898年就开始了煤矿的开采活动，20世纪60年代以后，由于意外矿难事故，当地的煤矿开采活动逐渐衰落并最终停止（Hisdal，1998）。与南极和北极其他同纬度地区相比，本地区植被茂盛（以苔原地貌为主），有相对复杂的生态系统，且人类活动相对简单，是研究现代文明环境污染的良好的背景区域。本小节分析了新奥尔松地区不同区域土壤中Hg、Cd等重金属元素及S元素的含量，探讨了过去煤矿开采等人类活动对当地苔原植被的影响，并在当地苔原植被中遴选出了对本地污染敏感的植物。

11.1.1　新奥尔松地区3种苔原植物样品及土壤样品的采集和分析

从新奥尔松Zeppelinfjellet山坡下部开始，沿山体坡面穿过废弃煤矿开采区，向海岸边采集系列样品，采样区域水平跨度为1464 m，相对高差131 m（图11.1）。采样区域在海拔约80 m处有一北东向断层，断层以上为寒武-奥陶系地层，断层以下为第三纪煤系地层，表面由第四纪风化土壤覆盖。

在该剖面上设置12个采样点，分别采集了3种当地分布最广泛且数量最多的苔原植物（图11.2），包括苔藓类植物（*Dicranum angustum*）、穗状植物（*Puccinellia phryganodes*）和管状植物（*Salix polaris*）（以下讨论中分别用M-P、F-P、V-P表示）及对应土壤样品，并采集煤块样品1份。在第4、8、11等3个采样点没有发现*Puccinellia phryganodes*。同时在远离该煤矿区的新奥尔松机场东侧采集上述3种植物各一株及土壤样品（C-S），作为背景参考。

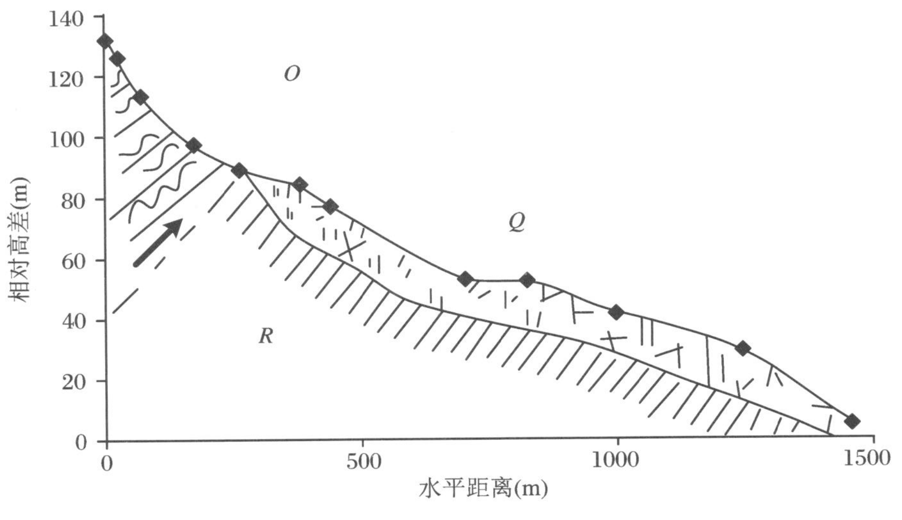

图 11.1　采样剖面图

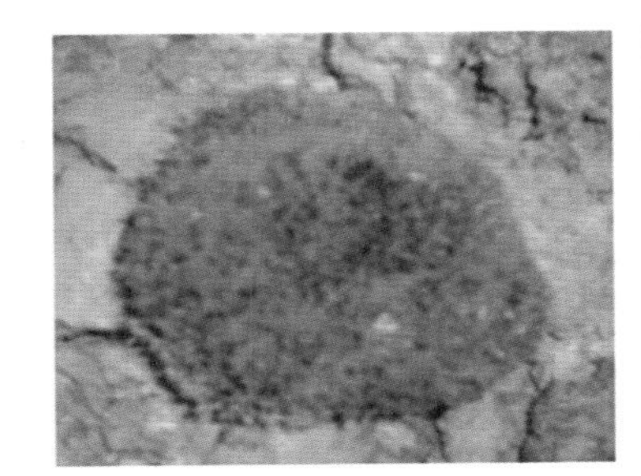

Dicranum angustum
苔藓类苔原植物/M-P

Puccinellia phryganodes
穗状苔原植物/F-P

Salix Polaris
管状苔原植物/V-P

图 11.2　当地分布最广泛的 3 种苔原植物

11.1.2　新奥尔松地区剖面土壤中的元素分布特征

对比煤块样品与背景土壤(C-S)中的元素含量，发现煤中 S、TOC、Se、Sr、Hg、Cd 的含量远远高于土壤中的含量，而 Cu、Ni、Pb、Mn、Fe_2O_3、As 的含量比土壤中的含量低 2～3 倍，Zn 和 P 的含量与土壤中的差别不大，见表 11.1。

表 11.1　煤样中元素含量与背景土壤(C-S)元素含量(g/g)比较

元素(单位)	煤	背景土壤
S($\times 10^{-2}$)	1.374	0.038
TOC($\times 10^{-2}$)	81.18	2.08
Se($\times 10^{-6}$)	2.73	0.38
Sr($\times 10^{-6}$)	242	80

续表

元素(单位)	煤	背景土壤
Hg($\times10^{-9}$)	144	0.68
Cd($\times10^{-6}$)	38	0.15
Cu($\times10^{-6}$)	12.7	23.4
Ni($\times10^{-6}$)	18.3	44.4
Pb($\times10^{-6}$)	7.3	13.7
Mn($\times10^{-6}$)	115	451
Fe_2O_3($\times10^{-2}$)	0.72	3.69
As($\times10^{-6}$)	3.85	5.3
Zn($\times10^{-6}$)	81.9	69.4
P($\times10^{-6}$)	513	618

从剖面土壤样品结果(图 11.3)来看,距采样起点水平距离为 600~1300 m 范围内(阴影部分),S、TOC、Se、Sr 等生物元素含量显著高于其他区域。由于煤样中 S、TOC、Se、Sr 含量均显著高于背景土壤(表 11.1),此处土壤中生物元素含量的显著不平衡现象很可能受到了过去采煤活动影响,该处曾经是煤矿开采区域。进入矿区后,Hg、Cd 等元素在土壤中显著升高,而 Cu、Ni、Pb、Zn、Mn、Fe_2O_3、As 等在土壤中均有不同程度的降低,这种现象与煤中的元素行为一致。由此可见,土壤中 Hg、Cd 和 S 主要来自当地采煤活动。

在非矿区的高海拔区域(距采样起点水平距离为 0~600 m),Hg、Sr、P、Cu、Ni、Pb、Zn、Mn、Fe_2O_3、As 等元素含量随着海拔的降低逐渐增高,但 S、TOC、Se、Cd 等元素的这种变化趋势不明显,而表层土壤粒度从山顶到海拔低的位置也有逐渐变细的趋势,这可能是由于风化搬运、淋滤作用导致易迁移元素向海拔低的地方富集。在距采样起点水平距离超过 1300 m 到海岸边的范围内,元素受科考站区和海水影响较大,含量变化更为复杂。

综上所述,本地区 Hg、Cd 等重金属及 S 的污染源与煤在开采过程中的暴露有显著的联系,当地煤矿开采等经济活动是当地 Hg、Cd、S 等元素的主要污染源。

11.1.3 新奥尔松苔原植被对现代污染源的指示作用

11.1.3.1 新奥尔松地区 3 种苔原植物对重金属元素和 S 的选择性吸收差异

M-P、F-P、V-P 中的 Fe、Zn、Mn、Cu、Ni、Pb、Se、As、Cd、Hg 10 种重金属元素含量平均值、变化范围及变异系数(表 11.2)结果表明,不同植物对元素的富集情况存在很大差别。

比较 3 种苔原植物在各点位上 S 与 10 种重金属元素的富集量,并比较了以 V-P 为基准的相对富集量,得到富集量倍数 M-P/V-P 和 F-P/V-P(图 11.4 中的折线图)。

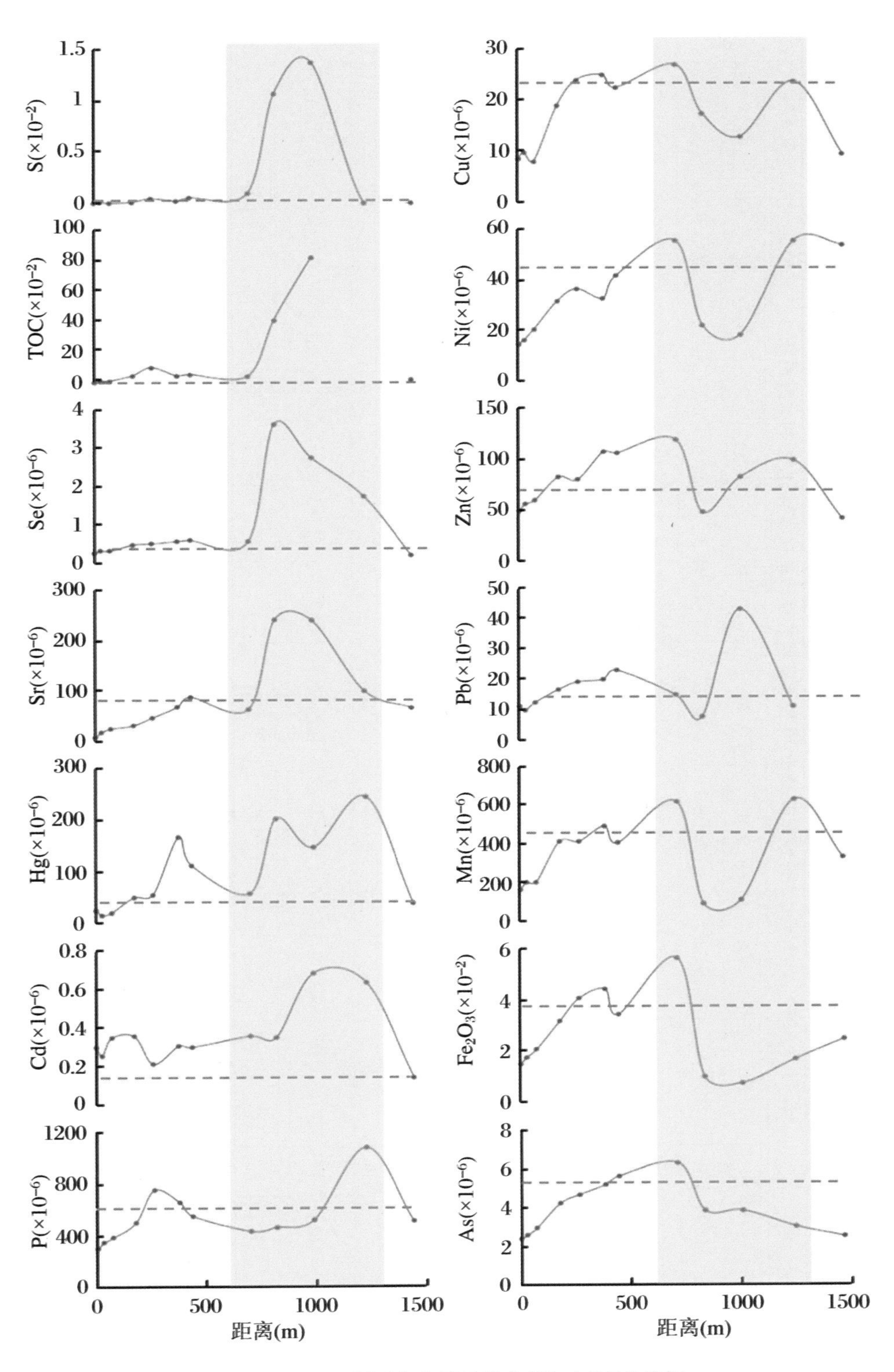

图 11.3　剖面上土壤元素含量(g/g)变化特征

虚线为背景土壤 C-S 值。

表 11.2　M-P、F-P、V-P 3 种苔原植物中 10 种重金属元素的平均含量(g/g)和变异系数

元素		Fe	Zn	Mn	Cu	Ni	Pb	Se	As	Cd	Hg
M 含量（$\times 10^{-6}$）	平均值	5171.67	184.6	111.05	9.08	13.75	8.34	1.11	1.14	0.51	0.078
	变化范围	1240～12840	77.2～310	554.9～178	2.8～20.0	6.4～28.5	2.02～22.9	0.25～4.03	0.29～3.65	0.22～0.92	0.037～0.185
变异系数		69.58%	36.65%	38.54%	59.07%	53.41%	64.81%	92.19%	81.14%	37.01%	56.71%
F 含量（$\times 10^{-6}$）	平均值	1140.38	98.04	123.85	4.06	4.33	2.05	0.49	0.31	0.40	0.035
	变化范围	235～1920	40.7～243	55～208	1.56～6.69	1.9～9.2	0.48～4.27	0.18～2.34	0.13～0.45	0.1～1.02	0.018～0.050
变异系数		46.31%	53.48%	39.22%	33.54%	46.47%	55.03%	126.4%	32.73%	71.37%	45.49%
V 含量（$\times 10^{-6}$）	平均值	951.08	53.12	45.41	2.22	2.76	1.57	0.29	0.23	0.29	0.021
	变化范围	432～2640	30.8～167	19.3～127	0.76～4.22	1.2～4.5	0.73～3.64	0.13～1.32	0.13～0.36	0.13～0.6	0.012～0.042
变异系数		61.31%	66.30%	65.31%	50.99%	37.54%	62.13%	111.9%	28.54%	54.12%	35.31%

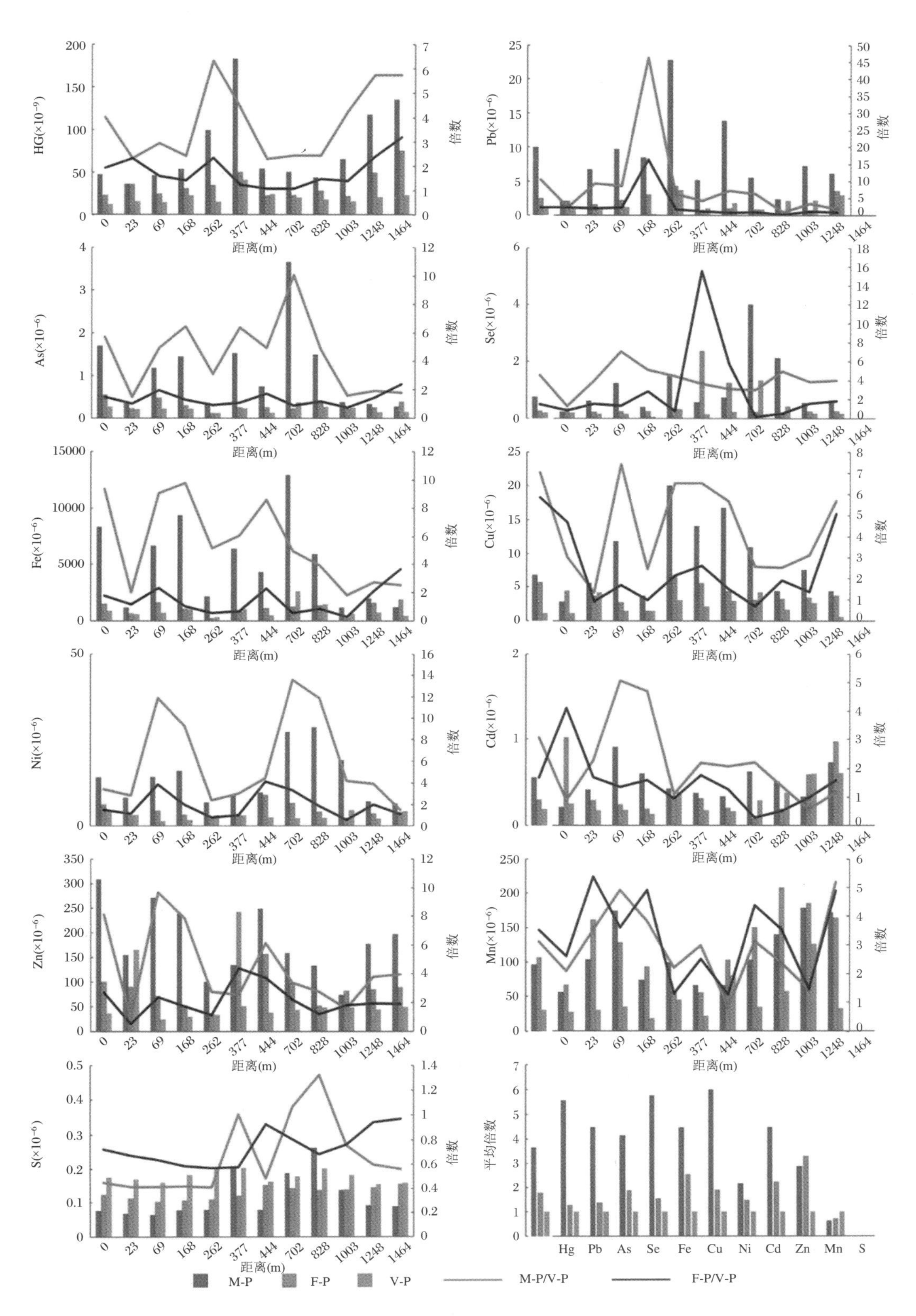

图 11.4　M-P、F-P、V-P 3 种植物对 S 和重金属元素在剖面上的吸收量的比较

3种苔原植物对Fe、Zn、Cu、Ni、Pb、Se、As、Cd、Hg等9种重金属污染元素的积累量在该剖面上表现出为M-P>F-P>V-P；对Mn的吸收表现为M-P=F-P>V-P；对S的富集量表现为M-P=F-P<V-P。进一步比较整个剖面中M-P、F-P、V-P对Hg等10种重金属元素和S的平均相对富集大小(图11.4中最后一张图)，结果显示，M-P对Hg、Se、Cu、Zn的富集约是F-P的2倍，V-P的4倍；对Pb、As的富集约是F-P、V-P的5～6倍，而F-P、V-P平均富集量相近；对Fe、Ni的富集约是F-P的2倍，V-P的5～6倍；对Cd的富集约是V-P的2倍，而F-P约是V-P的1.5倍；对Mn的富集M-P和F-P很相近，约为V-P的3倍；比较特别的是，3种植物对硫的富集水平相当。在相同的环境条件下，M-P对Hg、Cd等重金属元素吸收最为主动。

11.1.3.2 *Dicranum angustume* 对煤矿开采活动的响应

前文指出，煤矿的开采带来了Hg、Cd、S等元素的潜在污染。比较M-P和土壤的S、Hg、Cd的元素含量(图11.5)，发现其在煤矿开采区(图中阴影部分)M-P中的含量显著高于非煤矿区的植物体，且该变化趋势在M-P体内与土壤中一致。这表明煤矿的开采所带来的污染已在M-P中得到记录和反映，对当地的苔原植被具有潜在的影响。Holm等(2003)研究斯瓦尔巴地区煤矿的酸性排水发现这种酸性煤矿排水中含有很多高含量的重金属和硫酸盐，会对当地的苔原植被造成毁坏。Holte等(1996)对比斯瓦尔巴地区的朗伊尔宾海湾旁的煤矿堆，发现煤矿对海湾生物的生存和多样性有影响。图11.5同时也说明对污染最为敏感的M-P可以作为当地的污染监测和指示植物，指示当地的污染情况。

进一步比较发现，Se、As、Cu、Pb、Fe、Ni、Zn、Mn等重金属元素在M-P体内的积累量与土壤之间的变化趋势也具有相一致的关系，且在煤矿开采区内的变化趋势一致性更为明显，说明煤矿开采活动引起的污染可能属近程低空沉降污染，植物主要从土壤中吸收营养物质及相应的污染元素，同时也说明M-P不仅可以用来监测和指示这种由煤矿开采带来的Hg、Cd、S的元素污染，而且可以用于北极地区更广范围的其他重金属元素(如Pb、As等)污染的监测和指示。

Hg在接近矿区边缘的人类活动区(第11点)达到峰值点，这说明人类的活动排放的Hg污染比较明显。可是在接近海洋处(第12点)Hg浓度急剧下降，这可能是海洋水蒸气稀释作用的结果。Pb与Hg在第11点和第12点处有近似的行为。

综上，M-P即 *Dicranum angustum* 可以较好地指示环境的变化和差异，可优选为当地污染监测植物和重金属污染的敏感生物指示计。

11.1.3.3 与其他区域苔藓结果的比较

将新奥尔松地区与环北极地区的欧洲国家以及南北极区域的结果进行对比(表11.3)，结果显示，北极新奥尔松地区比环北极地区的欧洲国家重金属污染要小得多，而较南极地区和北极的格陵兰及阿拉斯加苔原则要严重。由此可见，极地地区由于远离大陆，所受到的工业污染的影响较小，但北极的斯瓦尔巴地区受当地煤矿开采活动等的影响，Hg、Cd等元素污染严重。

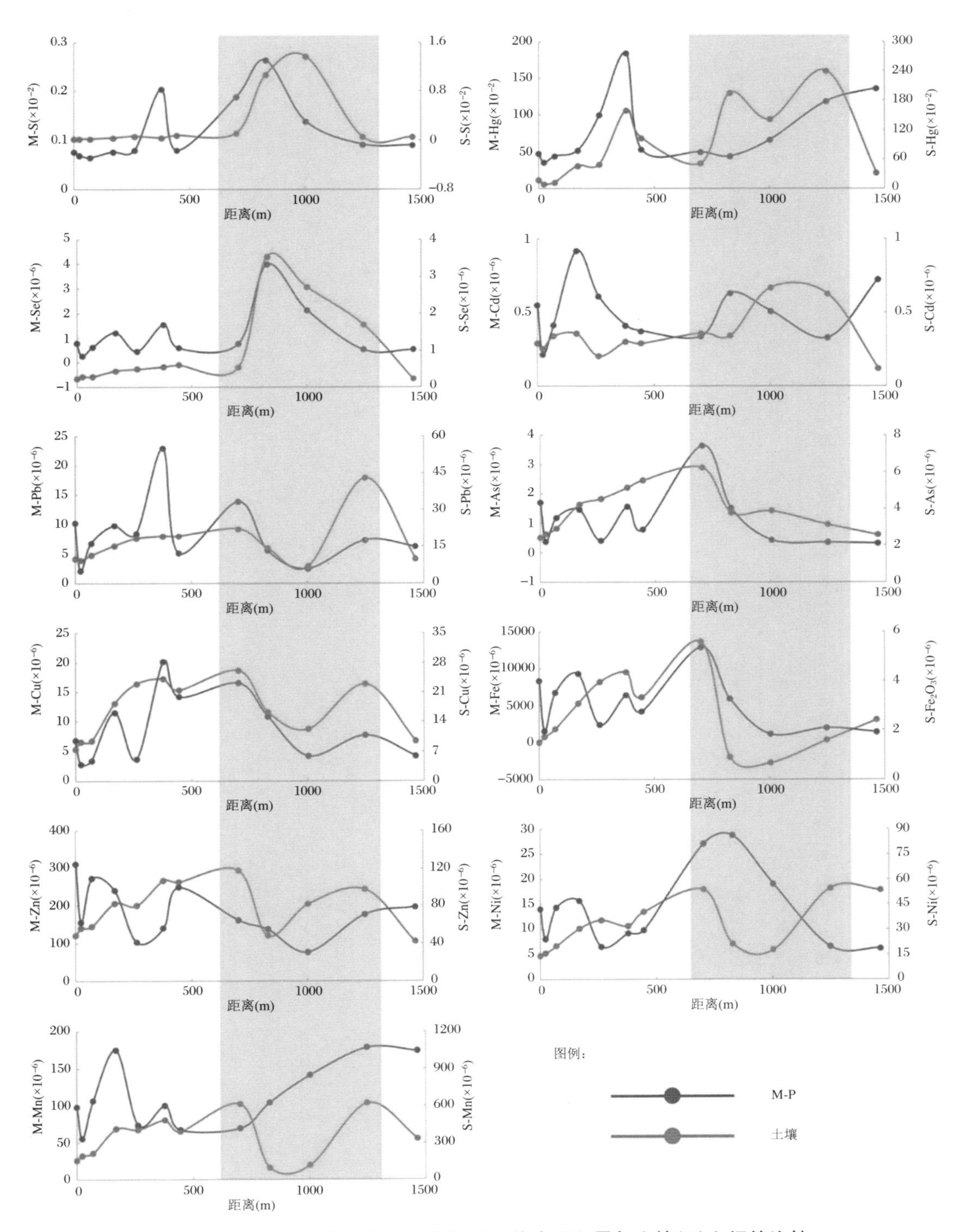

图 11.5　S 和 10 种重金属元素在 M-P 体内累积量与土壤(S)之间的比较

表 11.3　与环北极地区的欧洲国家和南北半球遥远区域苔藓类植物体内重金属元素含量($\times 10^{-6}$ g/g)比较

地区		苔藓种类	Cd	Hg	S	参考文献
环北极地区的欧洲国家		无明确分类	130～440	/	/	Grodzinska 等(2001)
北极地区	格陵兰苔原	*Hylocomium splendens*	0.08～0.36	0.07～0.13	/	Pilegaard (1987)
	阿拉斯加苔原	*H. splemdens*	无	无	/	Wiersma 等(1986)
	北欧国家位于极区的区域	*Pleurozium*	0.037～0.267 0.129(MED)	<0.04～0.765 0.051(MED)	613～2020 960(MED)	Reimann 等(2001)
	巴伦支海岸	巴伦支苔藓	0.032～0.536 0.132(MED)	<0.04～0.765 0.055(MED)	610～2020 965(MED)	Reimann 等(2001)
南极洲	乔治王岛	*Andreaea regularis*	无	无	/	沈显生等(2001)
	乔治王岛	无明确分类	0.063～0.162 0.10(MED)	0.017～0.14 0.075(MED)	/	蒲家彬等(1995)
	北维多利亚高地(冰原)	*Bryun pseudotriquetrum*	0.06～0.24 0.10(MED)	0.08～0.23 0.12(MED)	/	Bargagli 等(1995)
		Saroneurum glaciale	0.05～0.28 0.13(MED)	0.10～0.25 0.14(MED)		
新奥尔松		*Dicramum angustum*	0.33～0.63 0.455(MED)	0.045～0.119 0.070(MED)	920～2620 1710(MED)	本研究

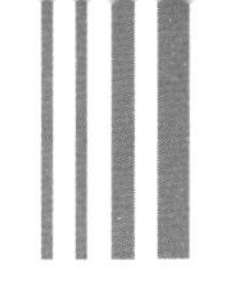

11.2　新奥尔松苔藓对 Sb 元素的累积效应

锑(Sb)是地壳中广泛存在于各种环境介质中的一种微量元素，由于其(特别是 +3 价 Sb)对人体和其他生物体都具有毒性作用，锑及其化合物已经被许多国家列为重点污染物。根据 He 等(2007)，环境中的 Sb 有 58%归因于人为排放源，包括城市垃圾焚化站、采矿厂、冶炼厂、发电厂、发电站、公路等。金属硫化物矿物(如煤等)中常常伴随有高含量的 Sb，一般认为包括化石燃料燃烧在内的高温过程是大气中 Sb 排放的主要人为源，因而对煤中 Sb 含量分布特征和环境影响的研究显得极为重要。世界煤中 Sb 的平均含量约为 3 $mg \cdot kg^{-1}$，远高于地壳中的平均水平 0.3 $mg \cdot kg^{-1}$，也要高于世界土壤中 Sb 的中位值(1.0 $mg \cdot kg^{-1}$)。虽然煤中的 Sb 含量平均值相对较高，但其最大值(17000 $mg \cdot kg^{-1}$，Qi et al.，2008)和最小值(0.007 $mg \cdot kg^{-1}$，Ren et al.，2006)间的差异很大。

前文提到，*Dicranum angustum* 可以较好地指示环境的变化和差异，能较好地反映新奥尔松地区的污染状况。本节以新奥尔松站区及其邻近地区苔藓和表层土壤为研究对象，讨论锑在新奥尔松不同区域的空间分布特征、不同环境介质中的行为特征及影响因素。

11.2.1　新奥尔松苔藓、表层土壤、煤和煤矸石样品的采集和分析

Dicranum anaqustum 和下覆土壤样品的具体采样点如表 11.4 和图 11.6 所示，分别采集于废弃煤矿区(简称 CM 系列)、机场周围(简称 AP 系列)和背景区(简称 BG 系列)，所有样品采集点分布于 0～131 m 海拔范围内。在 CM 区域内，采集了当地煤和煤矸石样品各 4 份。为了进一步讨论苔藓对 Sb 的吸收作用，选择 CM 系列一处采样点所采集的苔藓样品，将之尖部 1.5 cm 的绿色苔藓部分记作 CMG，其余偏黄色样品记作 CMY，并认为 CMY 生长时间长于 CMG。

将表面粘有土壤颗粒的苔藓样品用去离子水清洗干净后，经干燥后研磨均匀。采用 $HNO_3 + H_2SO_4 + HF$ 混合酸微波消解的方法溶样。土壤($d<2$ mm 部分)和沉积物样品经干燥研磨后，也采用相同过程溶样。煤和煤矸石样品采用 $H_2SO_4 + HNO_3$ 电炉高温加热的方式进行溶样。实验中所用试剂均为 MOS 级。使用 AFS-930 双道原子荧光光度计(北京吉天仪器公司)对 Sb 含量进行测定。为了验证实验的准确度，采用国家标准样品进行质量控制，误差控制在 5%以内。实验在中国科学技术大学极地环境研究室完成。

表 11.4　新奥尔松地区苔藓和土壤样品采集信息

编号	区域	采样位置		样品信息	编号	区域	采样位置		样品信息	编号	区域	采样位置		样品信息
		纬度(°N)	经度(°N)				纬度(°N)	经度(°N)				纬度(°N)	经度(°N)	
1	BG-1	78.93739	11.75103	苔藓，表层土	30	CM	78.91944	11.94344	苔藓，表层土	57	AP	78.92867	11.86022	苔藓，表层土
2	BG-1	78.93697	11.78422	苔藓，表层土	31	CM	78.91139	11.91139	苔藓，表层土	58	AP	78.92811	11.86050	苔藓，表层土
3	BG-1	78.93628	11.82950	苔藓，表层土	32	CM	78.92031	11.95064	苔藓，表层土	59	AP	78.92778	11.86069	苔藓，表层土
4	BG-1	78.93932	11.84182	表层土	33	CM	78.91167	11.91111	苔藓，表层土	60	AP	78.92731	11.85956	苔藓，表层土
5	BG-1	78.93849	11.85430	苔藓，表层土	34	CM	78.91736	11.93331	苔藓，表层土	61	AP	78.92647	11.85814	苔藓，表层土
6	BG-1	78.93946	11.83999	苔藓，表层土	35	CM	78.91250	11.90972	苔藓，表层土	62	AP	78.92445	11.85622	苔藓，表层土
7	BG-1	78.93739	11.75225	苔藓，表层土	36*	CM	78.91625	11.92836	苔藓，表层土	63	AP	78.92462	11.85615	苔藓，表层土
8	BG-1	78.93750	11.76872	苔藓，表层土	37	CM	78.91318	11.95270	苔藓，表层土	64	AP	78.92482	11.85632	苔藓，表层土
9	BG-1	78.93650	11.84803	苔藓，表层土	38	CM	78.91594	11.92525	苔藓，表层土	65	AP	78.92487	11.85680	苔藓，表层土
10	BG-1	78.93711	11.79033	苔藓，表层土	39	CM	78.91322	11.95310	苔藓，表层土	66	AP	78.92495	11.85695	苔藓，表层土
11	BG-1	78.93936	11.83852	苔藓，表层土	40**	CM	78.91528	11.91806	苔藓，表层土	67	AP	78.92513	11.85697	苔藓，表层土

续表

编号	区域	采样位置		样品信息	编号	区域	采样位置		样品信息	编号	区域	采样位置		样品信息
		纬度(°N)	经度(°N)				纬度(°N)	经度(°N)				纬度(°N)	经度(°N)	
12	BG-1	78.93913	11.84413	苔藓，表层土	41	CM	78.91345	11.95633	苔藓，表层土	68	AP	78.92545	11.85723	苔藓，表层土
13	BG-1	78.93733	11.75723	苔藓，表层土	42	CM	78.90522	11.95632	苔藓，表层土	69	AP	78.92578	11.85778	苔藓，表层土
14	BG-1	78.93859	11.85144	苔藓，表层土	43	CM	78.91997	11.94753	苔藓，表层土	70	AP	78.92587	11.85718	苔藓，表层土
15	BG-1	78.93767	11.75461	苔藓，表层土	44	CM	78.91343	11.95812	苔藓，表层土	71	AP	78.92597	11.85990	苔藓，表层土
16	BG-1	78.93846	11.85318	苔藓，表层土	45	CM	78.91878	11.93861	苔藓，表层土	72	AP	78.92610	11.85875	苔藓，表层土
17	BG-1	78.93938	11.83853	苔藓，表层土	46	CM	78.91352	11.96105	苔藓，表层土	73	AP	78.92618	11.85982	苔藓，表层土
18	BG-1	78.93689	11.79939	苔藓，表层土	47	CM**	78.91528	11.91806	苔藓，表层土	74	AP	78.92643	11.85973	苔藓，表层土
19	BG-1	78.93750	11.75533	苔藓，表层土	48	CM	78.91487	11.96270	苔藓，表层土	75	AP	78.92663	11.86017	苔藓，表层土
20	BG-1	78.93647	11.81753	苔藓，表层土	49	CM	78.91472	11.91722	苔藓，表层土	76	AP	78.92685	11.86077	苔藓，表层土
21	BG-1	78.93900	11.84535	苔藓，表层土	50	CM	78.91617	11.96522	苔藓，表层土	77	AP	78.92500	11.85703	表层土
22	BG-1	78.93874	11.84835	苔藓，表层土	51	CM	78.91417	11.91472	苔藓，表层土	78	AP	78.92572	11.85780	表层土

续表

编号	区域	采样位置		样品信息	编号	区域	采样位置		样品信息	编号	区域	采样位置		样品信息
		纬度(°N)	经度(°N)				纬度(°N)	经度(°N)				纬度(°N)	经度(°N)	
23	BG-2	78.91967	11.86053	苔藓,表层土	52	CM	78.91697	11.96880	苔藓,表层土	79	AP	78.92532	11.85700	表层土
24	BG-2	78.91411	11.85253	苔藓,表层土	53	CM	78.91333	11.91361	苔藓,表层土	80	AP	78.92718	11.86183	表层土
25	BG-2	78.91639	11.85789	苔藓,表层土	54	CM	78.91725	11.96873	苔藓,表层土	81	AP	78.92562	11.85750	表层土
26	BG-2	78.91347	11.85208	苔藓,表层土	55	CM	78.91306	11.91222	苔藓,表层土					
27	BG-2	78.91458	11.85325	苔藓,表层土	56**	CM	78.91528	11.91806	表层土					
28	BG-2	78.91297	11.85219	苔藓,表层土										
29	BG-2	78.91542	11.85511	苔藓,表层土										

* CMY 和 CMG 样品采样点;

** 3 份样品采样点位置接近,因本文中所选经纬度有效数字的原因无法区分,但三者位于距离矿口远近不同的位置。

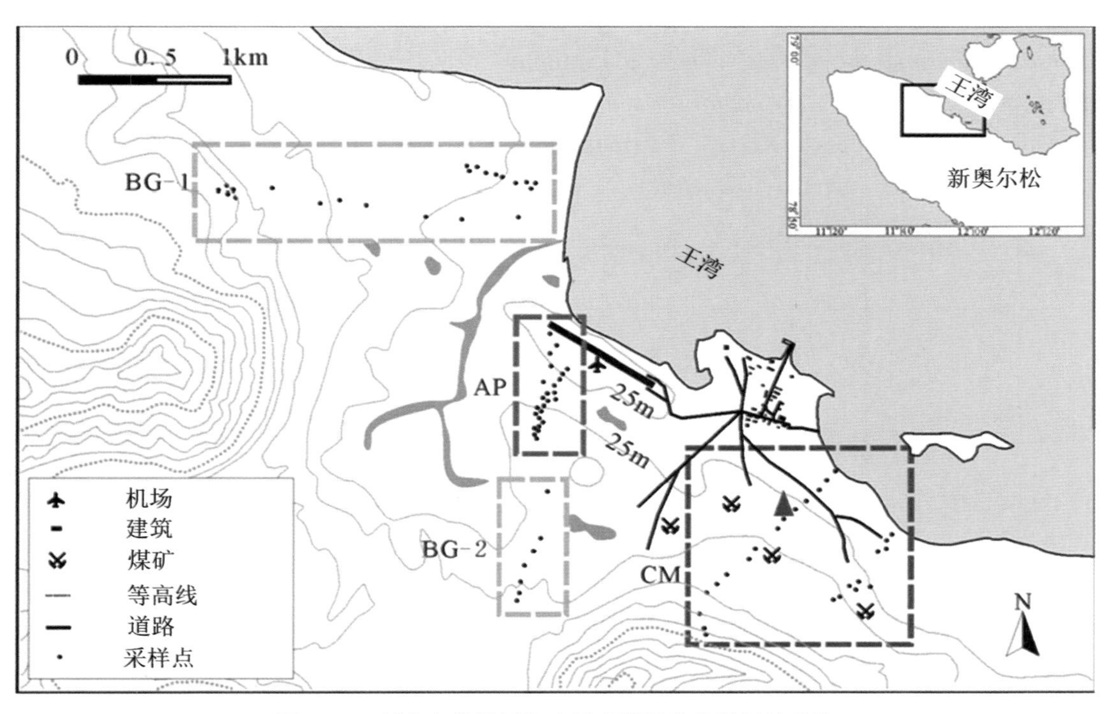

图 11.6　新奥尔松地区和表层土壤及苔藓样品的采集

共采集 81 份表层土壤样品、75 份苔藓生物样品。根据土壤和苔藓样品的样品采集位置，将其分为 3 个区域(CM、AP 和 BG(包括 BG1 和 BG2))。其中三角标志分别代表 CMY 和 CMG 的样品采集点。

11.2.2　新奥尔松地区煤、煤矸石、表层土壤中 Sb 的分布特征

新奥尔松地区与世界主要煤产地煤和煤矸石中的 Sb 含量如图 11.7 所示。世界主要煤产地煤中 Sb 的平均含量均较高，一般介于 0.05～10 mg • kg^{-1}，但在不同地区煤中 Sb 的含量有明显差异(Swaine，1990；Valković，1983；Qi et al.，2008；Ren et al.，2006；Wedepohl，1995；Koljonen，1992；Salminen et al.，2005；Steinnes，1995；Reimann et al.，2001；Reimann et al.，2006；Kleppin et al.，2008；Sucharová，Suchara，2004；Markert，1992)。在图 11.7 中，A：新奥尔松地区煤样品($n=4$，本研究)；B：新奥尔松地区煤矸石样品($n=4$，本研究)；C：世界煤(Swaine，1990；Valković，1983；Qi et al.，2008；Ren et al.，2006)；D：中国煤($n=756$，Qi et al.，2008)；E：美国煤($n=7599$，Ren et al.，2006)；F：上地壳平均值(Wedepohl，1995)；G：新奥尔松地区表层土壤(＜2 mm，$n=81$，本研究)；H：本研究 CM 系列表层土壤(＜2 mm，$n=27$)；I：本研究 AP 系列表层土壤(＜2 mm，$n=25$)；J：本研究 BG-2 系列表层土壤(＜2 mm，$n=7$)；K：本研究 BG-1 系列表层土壤(＜2 mm，$n=22$)；L：世界土壤平均值(＜2 mm，Koljonen，1992)；M：欧盟表层土(＜2 mm，$n=840$，Salminen et al.，2005)；N：北欧表层土(＜2 mm，$n=172$，Salminen et al.，2005)；O：南欧表层土(＜2 mm，$n=216$，Salminen et al.，2005)；P：新奥尔松地区 *Dicranum anaqustum*($n=75$，本研究)；Q：本研究 CM 系列 *Dicranum anaqustum*($n=27$)；R：本研究 AP 系列 *Dicranum anaqustum*

($n=20$);S:本研究 BG-2 系列 *Dicranum anaqustum*($n=7$);T:本研究 BG-1 系列 *Dicranum anaqustum*($n=21$);U:挪威 Finnmark 地区 *Hylocomium splendens*(Steinnes,1995);V:欧洲北极圈内 *Hylocomium splendens*(Reimann et al.,2001);W:Oslo 地区苔藓($n=40$,Reimann et al.,2006);X:Germany 地区苔藓(Siewers,Herpin,1998);Y:Czechia 地区苔藓($n=280$,Sucharová,Suchara,2004);Z:世界参考植物背景值(Markert,1992)。

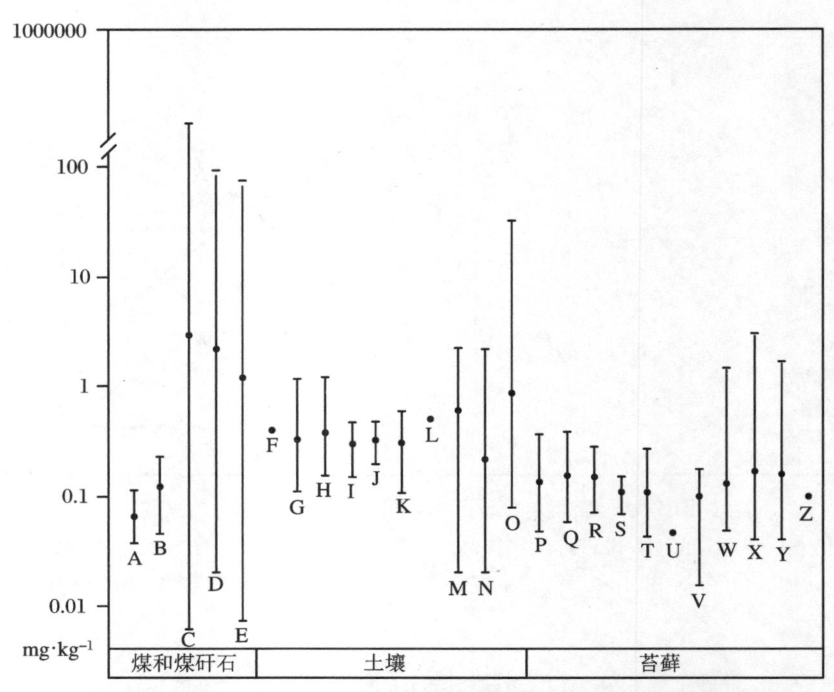

图 11.7　煤、煤矸石、土壤和苔藓在本研究及世界其他地区的含量分布

圆点为平均值,竖线代表分布范围。

与许多其他地区煤矿床中的结果不同,新奥尔松地区煤和煤矸石的研究结果表明,其中 Sb 含量的算术平均值只有 0.1 mg·kg^{-1},远低于世界平均值和 Sb 在上地壳的平均值。一般而言,煤中 Sb 的富集受到了多种因素的影响,新奥尔松地区煤和煤矸石中较低含量的 Sb 水平,可能是由于其成煤植物及成煤过程中特殊的沉积环境和构造因素共同导致的,本地区煤层的暴露风化并不是引起当地生态系统中 Sb 含量的分布差异的主要原因。

新奥尔松地区表层土壤中 Sb(以下简称 Sb_{soil})的分布特征如图 11.8 所示,其中所有表层土壤样品中 Sb 含量的平均值为 0.334 mg·kg^{-1},BG-1 和 BG-2 区域内的平均值分别为 0.310 mg·kg^{-1}和 0.320 mg·kg^{-1},AP 区域内平均值为 0.310 mg·kg^{-1},CM 区域内平均值为0.379 mg·kg^{-1},不同区域内 Sb 的分布特征的差异很大。

根据 EU(2008)的建议,土壤中 Sb 的环境容量为 37 mg·kg^{-1},这一值显著高于本研究土壤中 Sb 的平均水平(0.334 mg·kg^{-1}),研究区域内的 Sb 水平远小于会对人或其他生物体产生毒害的水平。此外,研究区域内 Sb_{soil}变化较大,其最高值 1.254 mg·kg^{-1}较最低值 0.114 mg·kg^{-1}高了一个数量级,表明 Sb_{soil}的分布特征可能主要受到了本地内源,即当地人类相关活动的影响。

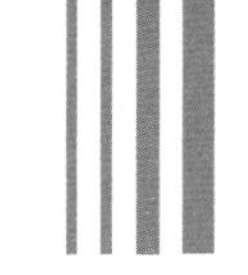

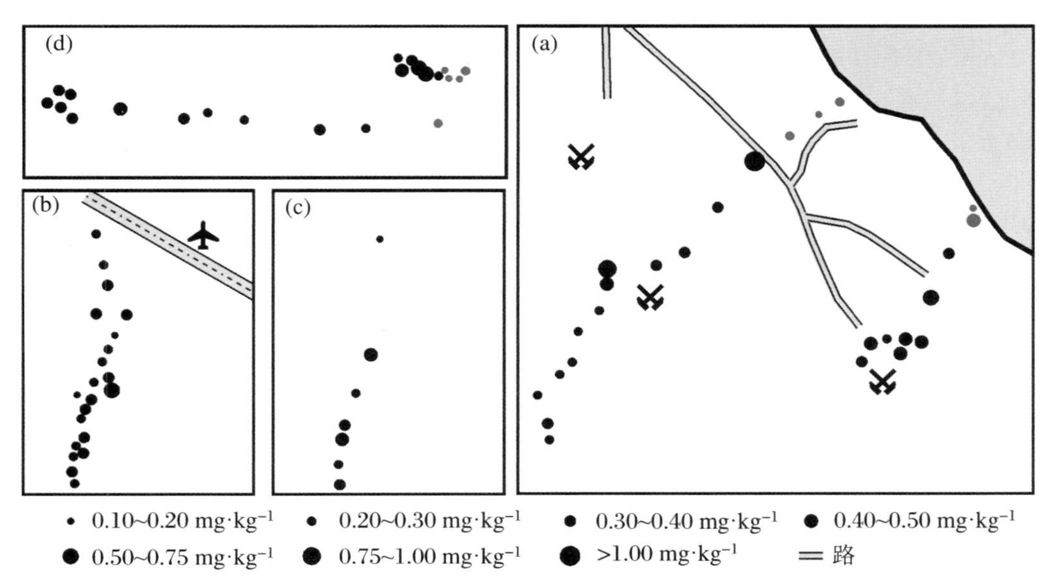

图 11.8　新奥尔松地区表层土壤中 Sb 的分布特征

图中红色指示离海岸线。

与欧洲其他地区表层土壤中 Sb 含量的结果相比(Salminen et al.,2005),研究区域内 Sb_{soil} 的平均值(0.334 mg · kg^{-1}),高于北欧地区表层土壤中 Sb 的平均水平(0.22 mg · kg^{-1}),低于南欧地区(0.88 mg · kg^{-1})、欧盟平均值(0.6 mg · kg^{-1})和世界土壤平均值(0.5 mg · kg^{-1},Koljonen,1992)。一般认为 Sb 在土壤中相对稳定,迁移性较差(Hammel et al.,2000),空气中气溶胶和粉尘等当中的 Sb 污染物会更容易停留在沉降的地方而不是迁移到低海拔地区或随地下水的流失而转移,本研究中 Sb_{soil} 结果与欧洲大陆其他地区间的差异可能部分取决于新奥尔松与欧洲大陆的隔绝。

研究区域内,BG-1 系列距离当地主要人类聚集地相对较远(距离新奥尔松站区直线距离约 4 km),BG-2 系列又并非处于人类聚集地的下风向(王树杰等,2017;邓海滨等,2005),两处都没有受到人类活动的直接干扰,可以将 BG 系列的 Sb_{soil} 平均值(0.313 mg · kg^{-1})作为研究地区表层土壤中的参考背景值。

AP 系列靠近新奥尔松飞机场,距人类聚集地相对较近(图 11.8),但从图 11.7 和图 11.8 所示的结果来看,AP 系列中 Sb_{soil} 的平均值(0.310 mg · kg^{-1},CV = 24.7%)与 BG 系列的平均值结果差异非常小。显然,对 AP 系列而言,当地人为活动(特别是当地飞机的起降过程)似乎并未对其造成额外 Sb 输入并引起 Sb_{soil} 的显著变化。

CM 系列 Sb_{soil} 平均值为 0.379 mg · kg^{-1},整体表现明显高于其他划分的研究区域,特别在煤矿矿口和主要道路附近,表层土壤样品中的 Sb 含量达到了极大值(图 11.8)。当地煤和煤矸石样品中的 Sb 含量很小,甚至远低于本研究中表层土壤中的平均值,当地煤层的自然暴露和风化过程并不会造成 Sb 含量的升高,CM 区域内 Sb_{soil} 极大值的出现可能主要受到了当地道路交通和过去煤矿开采活动过程的影响。

有研究表明,道路交通所产生的 Sb 的排放主要来自于轮胎、制动衬片等的摩擦过程。由于当地煤矿中 Sb 的含量很低,CM 区域内,煤矿矿口附近的高 Sb_{soil} 很可能主要归因于机

器的摩擦损耗和交通工具停靠等因素，特别在车辆刹车和启动频繁的地区会有更大的Sb排放。Hammel等(2000)的研究结果表明，Sb沉降到土壤中以后，活动性较弱，很少会迁移到其他地区，这也在一定程度上解释了CM系列土壤结果中较高变异系数(CV=56.9%)的出现，即由于Sb较弱的迁移能力，同系列中其他采样位置的Sb_{soil}水平与参考背景值差异不大。

除了人类活动的干预会造成Sb_{soil}在小范围内的升高以外，自然条件的作用也可能在一定程度上引起Sb_{soil}的空间分布变化。对各研究区域内距离海岸线小于400 m距离的样品进行了分析，以进一步探讨海水冲刷和冰雪融水可能造成的影响，为了扣除由于人为活动所造成的干扰，CM系列内受道路影响显著的样品未参与统计。

如图11.8所示，海岸线附近样品(共10份)中Sb_{soil}的平均值仅为0.217 mg·kg^{-1}，这一含量远小于前文中所确定的当地参考背景值(0.313 mg·kg^{-1})。一般认为表层土壤会对Sb产生轻微的富集作用(Reimann et al.,2009)，研究区位于北极圈内，每年春夏会产生大量的冰雪融水，特别是海岸带地区较其他区域有更多的海水冲刷侵蚀过程，这些过程都可能引起表层土壤的流失，从而造成海岸带地区由于富集Sb的部分表层土壤被带走，是使得剩余部分Sb水平显著低于当地Sb_{soil}平均值的主要原因。

11.2.3 新奥尔松地区苔藓中Sb的分布特征

研究区域苔藓样品中Sb(以下简称Sb_{moss})的分布特征如图11.9所示。研究区域内Sb_{moss}的平均值为0.133 mg·kg^{-1}，与Sb在表层土壤中的分布特征相似，也明显高于北欧主要国家和地区的Sb_{moss}，但低于欧洲更南边的德国、捷克等地(图11.7)。

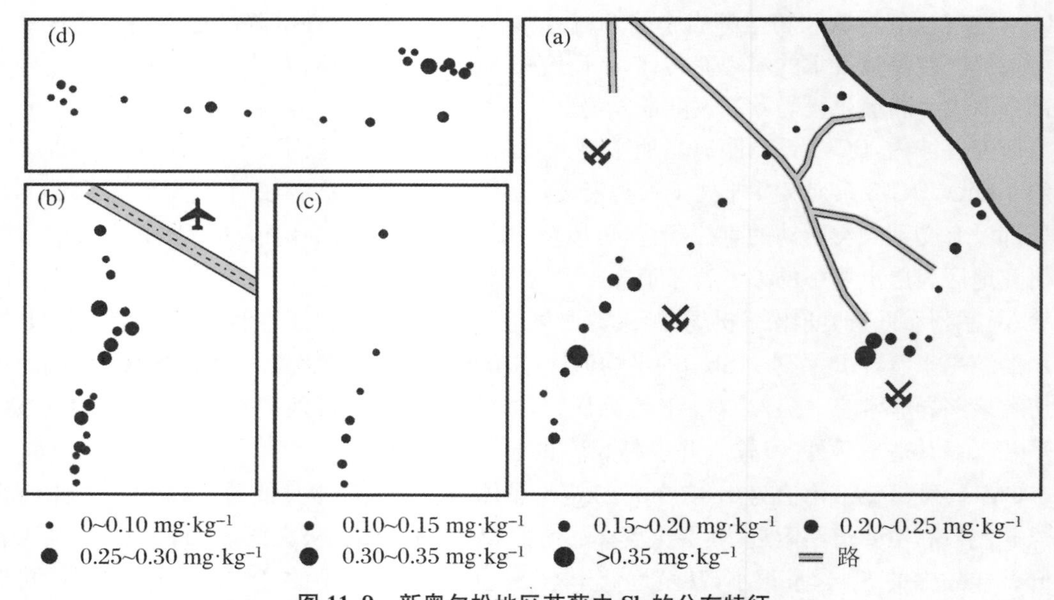

图11.9 新奥尔松地区苔藓中Sb的分布特征

研究区域内AP和CM系列Sb_{moss}平均值较BG系列而言均高了约50%，表明Sb_{moss}受到了小区域范围内Sb污染源的影响。然而从对Sb_{moss}和Sb_{soil}进行的相关性分析结果来看，Sb_{moss}与Sb_{soil}间没有表现出明显的相关关系(研究地区Sb_{moss}与Sb_{soil}的相关系数$R^2=0.01$)，

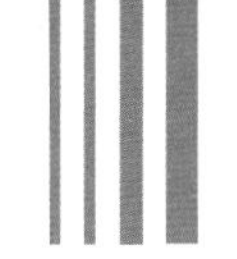

说明引起苔藓和土壤中 Sb 含量的分布特征的具体影响机制并不一致。

一般认为，苔藓主要从大气而非土壤中吸收物质，因而也常常被用作监测大气环境的指示植物。而 Berg 等(1995)的研究结果也表明，Sb 在苔藓中的分布特征与 Pb、Hg 类似，而这两种元素正是主要通过大气进行传输的污染元素。因此，新奥尔松地区 Sb_{moss} 与 Sb_{soil} 变化特征间的差异可能主要是由苔藓对 Sb 的吸收方式所致。

BG 系列中 Sb_{moss} 的平均值(0.108 mg・kg^{-1})明显低于 AP(0.149 mg・kg^{-1})和 CM 系列(0.148 mg・kg^{-1})。新奥尔松地区全年盛行东南风(王树杰等，2017；邓海滨等，2005)，对于 BG-1 系列而言，虽然其位于当地主要人类聚集地的下风向，但距离相对较远，区域内的苔藓所吸收的大气中的 Sb 受聚集地影响不大；对 BG-2 系列而言，其所处地势相对较高，且不处于主要活动区的下风向，区域内的苔藓同样很少受到当地人类活动的影响，其与本文其他研究区域内 Sb_{moss} 水平差异很大，因此本文选择 BG 系列 Sb_{moss} 平均值作为新奥尔松地区研究区域内 Sb_{moss} 的参考值。

与 Sb_{soil} 不同，Sb_{moss} 在 AP 系列内出现了较高值，且其含量的高低与机场距离无直接关系，AP 系列中 Sb_{moss} 极大值的出现与机场活动没有直接关系，Sb_{moss} 水平的异常很可能与采样点所处位置有关。AP 系列位于当地主要人类活动区下风向，距离人类聚集地相对较近(约 1.3 km)，极大值所在位置地势较低(图 11.6)，此处苔藓极易受到上风向中大气粉尘和气溶胶等的作用，从而造成植被中 Sb 含量的异常升高。

CM 系列中 Sb_{moss} 的分布特征受到了明显的人类活动的影响。但与 CM 区域内 Sb_{soil} 分布特征不同的是，该系列内极大值只出现在煤矿矿口附近，主要交通道路附近并没有出现相应高值。对处于同一植株不同位置的苔藓样品(CMG 和 CMY)的分析结果表明，尖部绿色样品(CMG)中 Sb_{moss} 为 0.088 mg・kg^{-1}，而其他部分样品(CMY)中 Sb_{moss} 为 0.249 mg・kg^{-1}，显然，苔藓样品的年老部分较年轻部分累积了更多的 Sb 成分，表明苔藓对 Sb 的吸收表现出一定程度的积累性，考虑到其在整个 CM 区域内的分布特征，认为 Sb_{moss} 与历史过程中的人类活动关系密切。

新奥尔松的过去煤矿开采活动始于 1898 年，直至 1963 年才最终关闭。矿口附近生长的苔藓较其他位置而言，受 Sb 排放源影响时间更久，持续时间更长，对过去煤矿开采过程中所引起的 Sb 污染的积累堆积作用表现更为明显。但对于 CM 区域内的道路而言，由于当地人口稀少，交通活动相对贫乏，长久以来，道路交通对当地 Sb 的贡献量一直较低。近些年来，随着研究活动和旅游业的发展，夏季研究人员和游客的数量开始逐渐上升，道路交通也开始逐渐对当地环境中的 Sb 产生影响，并在土壤中表现出来，但可能由于其影响的起始时间相对较晚，造成苔藓对 Sb 的积累时间也较短，因此表现在 CM 系列内 Sb_{moss} 峰值只出现在煤矿矿口附近，而非道路周围。

本地区 Sb_{soil} 和 Sb_{moss} 都从不同方面反映了当地 Sb 源的污染情况。但相较之下，Sb_{soil} 的分布特征主要反映了直接沉降到地表的 Sb 分布，而 Sb_{moss} 的变化则反映了会被苔藓植物吸收到植物体内的部分。两者皆对人类活动反应敏感，但 Sb_{moss} 在反映较大空间尺度和较长时间尺度 Sb 污染的累积情况方面较 Sb_{soil} 而言表现更突出。苔藓植物对于监测区域地表的 Sb 污染情况，特别在低 Sb 区域，有很大的应用前景。

11.3 北极 Juttahomen 岛泥炭层中污染元素的来源与传播途径

Juttahomen 岛位于斯瓦尔巴群岛的西北部，新奥尔松东北方向，与其隔海相望。小岛全长约 700 m，宽约 300 m，岛上一年中春、秋、冬季为冰雪覆盖，夏季覆盖大量苔藓植被，有大量海鸟聚集。岛上没有人员定期居住，少有游客或科考人员登岛，很少受到现代人类活动影响和干扰。

11.3.1 Juttahomen 岛泥炭剖面 BI 样品的采集与处理

泥炭层 BI 剖面(2008 年夏季)采集于 Juttahomen 岛东南部(78°56′15.1″N，12°18′02.9″E)，采样位置及现场照片如图 11.10 所示。在 Juttahomen 岛西侧面海湾处，苔藓植被丰富，采样点为水流经过点，表面有新鲜苔藓，采样点附近海鸟活动频繁。去除表层覆盖的现代苔藓生长层后，现场挖掘剖面，得到以 1.3 cm 间距的泥炭剖面样品 BI，共分 32 个样品，总长 41 cm。剖面中，泥炭样品呈黑色腐殖质，肉眼可见丰富的苔藓植物残体。同时，为探讨泥炭沉积剖面样品的物质组成端元，采集了新奥尔松地区少量动物粪便(鹅粪)。

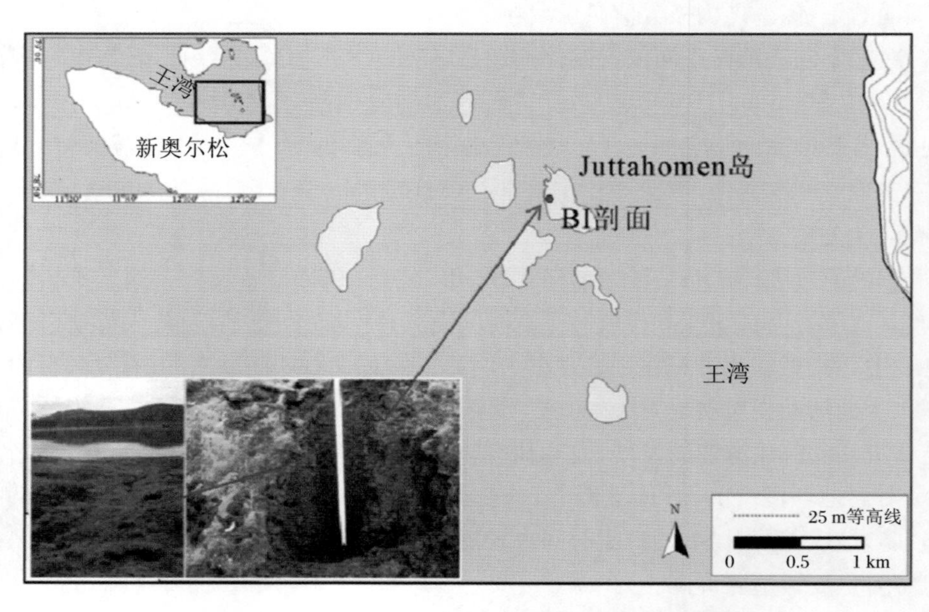

图 11.10 Juttahomen 岛和泥炭剖面 BI 的样品采集

BI 剖面的年代序列通过^{210}Pb-^{137}Cs 定年建立。经野外采集并现场分样的泥炭剖面 BI 样品，按从上至下的顺序，依次编号为 BI1 至 BI32。不同层位的样品经过干燥并研磨后，放入标准离心管中，静置一周左右，后放入美国 AMETEK 公司的低本底高纯锗 γ 能谱仪(型号 GWL2DSPEC2PLUS)进行测试。并采用最小二乘法回归计算剖面的沉积速率。

11.3.2　BI 剖面的^{210}Pb-^{137}Cs 特征

Juttahomen 岛上泥炭剖面 BI 中^{210}Pb-^{137}Cs 的垂直分布如图 11.11 所示。BI 剖面中，过剩^{210}Pb 的比活度在约 20 cm 处达到基本平衡，除 10 cm 前后的两个样品点以外，整体也表现出了一定的随深度的指数衰减趋势，但 10 cm 前后的两个样品的过剩^{210}Pb 的比活度显著高于剖面中其他层位样品，甚至也明显高于顶层样品中的过剩^{210}Pb 水平，表现出了过剩^{210}Pb 的沉积异常。BI 剖面中^{137}Cs 的比活度则在 9 cm 处达到活度最大峰值，认为其标志了发生于 1963AD 的核试验事件。

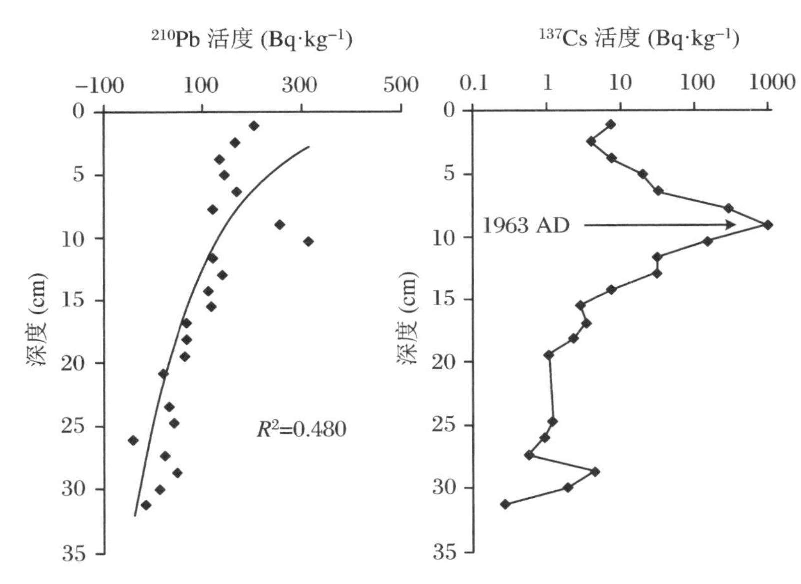

图 11.11　BI 泥炭剖面^{210}Pb-^{137}Cs 的垂直分布

影响沉积物中^{210}Pb、^{137}Cs 活度的因素很多，Michelutti 等(2008)曾对位于加拿大高纬地区 Devon 岛上海鸟聚集地附近沉积中^{210}Pb 的分布特征进行了研究和分析，结果认为海鸟活动没有显著升高该地区沉积中的^{210}Pb 通量，但是对于苔藓植被可能对^{210}Pb 所产生的影响尚未进行详细论证。为了进一步讨论苔藓植被对沉积剖面中^{210}Pb、^{137}Cs 活度可能产生的影响，本文对采自新奥尔松岛样品的测定结果见表 11.4。

表 11.4　部分现代苔藓植被中的过剩^{210}Pb 和^{137}Cs 的活度

（单位：Bq · kg^{-1}）

样品编号	Moss1	Moss2	Moss3	Moss4	Moss5	Moss6	Moss7	Moss8	Moss9	Moss10
样品性质	苔藓	苔藓	苔藓	藻类	藻类	苔藓	苔藓	苔藓	苔藓	藻类
^{210}Pb	627.99	881.09	390.13	161.34	247.78	178.27	698.09	621.08	531.83	399.63
^{137}Cs	5.40	15.38	−0.77	8.04	15.34	7.88	18.70	13.33	121.60	7.08

测试结果显示，在所测的现代植被样品中，^{210}Pb 和^{137}Cs 的活度特征在不同样品之间也表现出了较大的差异。因此，在受苔藓等植被活动影响显著的沉积剖面中，苔藓生态会对剖

面中的放射性核素活素产生一定程度的影响，很有可能影响了剖面中过剩^{210}Pb的分布。为了简单校正植被富集对结果的影响，本节也对过剩^{210}Pb活度通过$LOI_{550℃}$结果进行初步校正，其校正结果对深度的垂直分布特征如图11.12所示。从图中结果明显看出，校正后，过剩^{210}Pb活度与垂直深度显示出了明显的指数衰减关系。指数拟合方程的相关系数也由校正前的$R_1 = 0.693$变为校正后的$R_2 = 0.891$。

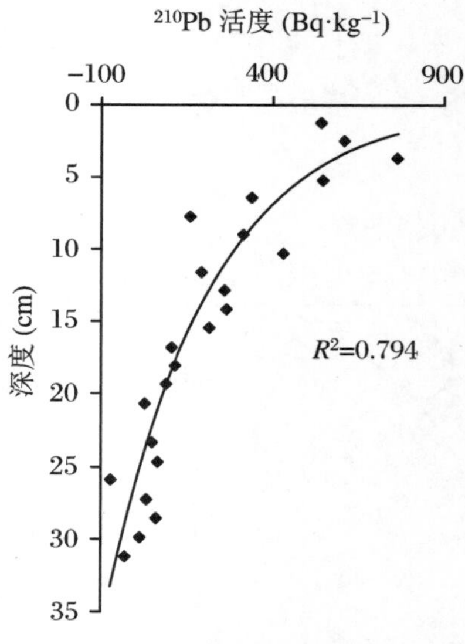

图11.12　BI泥炭剖面校正后过剩^{210}Pb的垂直分布

上述结果表明，通过选择合适的方法，可以对泥炭沉积剖面中的^{210}Pb、^{137}Cs活度进行科学校正，从而将其用于准确的年代学判定。这对于有机质含量，特别是苔藓成分相对较多的泥炭层剖面的年代学判定而言，将是一个有益的补充。由于本剖面在野外采样过程中，部分表层新鲜苔藓活体样品被人为地选择从剖面中去除，因此本文后续将不对历史时期元素指标随年代序列的变化进行深入讨论。

11.3.3　BI剖面的元素地球化学指标及其环境意义

BI剖面中包括LOI在内的17种元素指标的含量变化范围和平均值见表11.5，其随沉积垂直深度的变化趋势如图11.13所示。表11.5中同时列出本文对当地新鲜鹅粪样品所进行的元素测定结果，并综合了前人对新奥尔松地区远离人类活动区土壤、苔藓中不同元素的含量。

从图11.13中发现，除了表层6.5 cm以外(平均值约为30%)，$LOI_{550℃}$的含量在其余层位中整体含量均很高(平均值高达约70%，最高者超过80%)，且下部样品中$LOI_{550℃}$含量变化相对稳定。从样品采集现场发现沉积剖面自上而下均存在大量植物残体和腐殖质土壤，因此认为苔藓植被是BI剖面一个重要的物质组成端元。

表 11.5　*BI* 泥炭剖面和研究地区不同沉积端元中各元素的变化范围和平均值含量

元素	$LOI_{550℃}$ ($\times10^{-2}$)	P_2O_5 ($\times10^{-6}$)	Ti ($\times10^{-6}$)	Mn ($\times10^{-6}$)	MgO ($\times10^{-6}$)	Cu ($\times10^{-6}$)	Cr ($\times10^{-6}$)	Zn ($\times10^{-6}$)	Fe ($\times10^{-6}$)
平均值	56.7	2401	1769	134.5	7272	12.39	13.18	28.1	13152
变化范围	17.6～80.2	1190～3764	988～4120	54.7～395.9	5051～12536	7.75～23.55	7.98～27.16	17.2～49.5	7739～27223
土壤	2.08(TOC)*	1415*	—	451*	—	23.4*	—	69.4*	—
苔藓	—	1956***	69.7***	54.9*	2371***	2.8*	2.01***	77.2*	1240*
鹅粪	—	3867	7.4	131.6	9307	8.52	0.25	110.7	828
元素	Cd ($\times10^{-6}$)	Co ($\times10^{-6}$)	Ni ($\times10^{-6}$)	Sb ($\times10^{-6}$)	Pb ($\times10^{-6}$)	Hg ($\times10^{-9}$)	Se ($\times10^{-6}$)	As (10^{-6})	
平均值	1.74	4.42	10.0	0.493	4.51	48.0	1.31	1.57	
变化范围	0.95～4.05	2.74～9.56	7.5～15.1	0.257～0.664	2.10～10.30	30.7～114.6	0.58～2.07	0.80～4.31	
土壤	0.15*	—	44.4*	0.313**	13.7*	38*	0.38*	5.3*	
苔藓	0.22*	0.24***	6.4*	0.108**	2.02*	37*	0.25*	0.29*	
鹅粪	0.82	0.74	2.5	0.004	0.37	—	—	—	

* 引自袁林喜等，2006；** 引自 Jia et al.，2012；*** 引自本课题组未发表数据。

对比不同环境材料中元素的含量(表 11.5),发现 P 元素在不同组成端元间的差异很大,其中土壤和苔藓端元中 P 的含量相对较低,与 BI 沉积剖面中的最低值水平相当,而在鹅粪样品中含量达到最大值,因此认为剖面中 P 的含量变化主要受控于剖面中生物端元的成分变化。但根据吴虹玥等(2005)的研究,苔藓中 P 的含量一般差异较大(7.6×10^{-4}~2.83×10^{-3})(Reimann et al.,2001),而相关性分析结果也显示,BI 剖面中 P 与 $LOI_{550^\circ C}$ 间的相关性较差($R=0.399$),显然当地的苔藓植被沉积不是 P 的主要影响因素。

由图 11.13 可知,单一元素指标一般会受到多种因素共同作用的影响,对沉积物中不同元素指标结果进行统计学分析,可以从中提取出蕴含的主要环境气候信息,以便更好地对其进行解读。选择对 BI 剖面中不同层位沉积样品的元素结果进行主因子分析,以达到更好地辨识影响因素的目的。利用 SPSS 软件对不同层位的样品中包括烧失量在内的 17 种元素指标进行主因子分析,经 Kaiser 标准化的正交旋转,得到了旋转成分矩阵。计算结果显示,3 个因子的累积方差贡献高达 90.884%,基本代表了影响这 16 种元素指标变化因素的信息,其中第一和第二因子的累积贡献就达到了 76.972%。

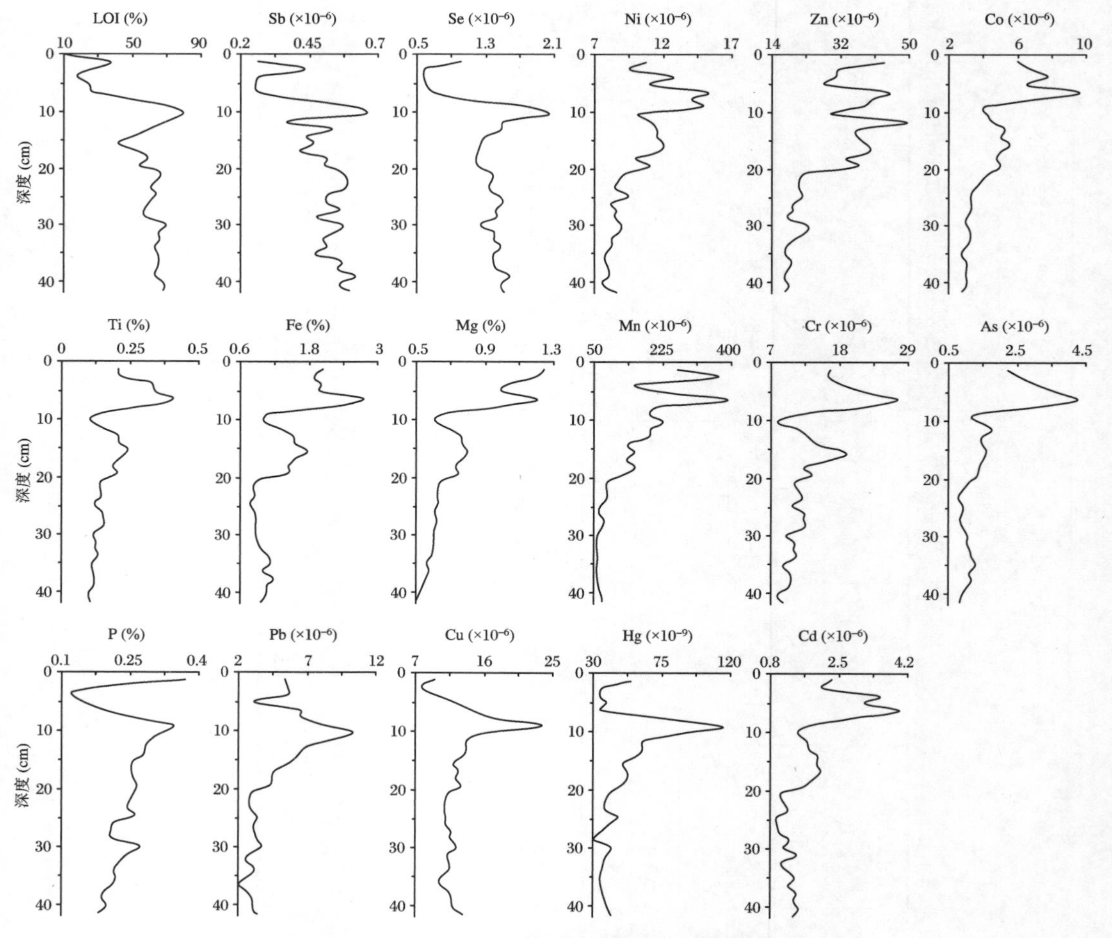

图 11.13 BI 泥炭剖面中元素指标的变化特征

表 11.6　BI 泥炭剖面环境指标因子载荷矩阵

公因子	F1	F2	F3
$LOI_{550℃}$	−0.883	0.375	−0.020
Se	−0.800	0.516	0.040
As	0.949	−0.078	0.079
Sb	−0.860	0.222	0.127
Hg	−0.063	0.962	0.049
Cd	0.955	−0.002	0.205
Co	0.974	0.074	0.003
Cr	0.931	−0.158	0.067
Cu	0.121	0.733	0.641
Fe	0.970	0.020	−0.075
Mg	0.925	−0.042	−0.291
Mn	0.814	0.319	−0.248
Ni	0.724	0.586	0.254
P	−0.222	0.755	−0.520
Pb	0.350	0.852	−0.050
Ti	0.950	−0.138	0.165
Zn	0.664	0.593	−0.276
累积方差	59.397%	76.972%	90.884%

根据旋转矩阵结果，F1 因子载荷值较大的元素为 $LOI_{550℃}$、Se、As、Sb、Cd、Co、Cr、Fe、Mg、Mn、Ni、Ti 和 Zn 等 13 种元素，其中正载荷为 As、Cd、Co、Cr、Fe、Mg、Mn、Ni、Ti 和 Zn，负载荷为 $LOI_{550℃}$、Se 和 Sb，载荷值绝对值均大于 0.7。如前文所述，BI 剖面中有大量腐殖质土壤，特别在上层几个样品中，植物残体清晰可见，认为 BI 剖面的主要沉积端元包括研究区域附近的植被和当地的沉积风化产物，同时认为，沉积物中的 $LOI_{550℃}$ 主要来自研究区过去生长的苔藓等植被，而 Ti、Fe、Mg、Mn 等主要来源于沉积风化产物。F1 因子以土壤沉积中的主要元素（Ti 等）为正载荷，以植被的代表性元素（$LOI_{550℃}$ 等）为负载荷，其随深度的变化序列（图 11.14）主要代表了当地的植被和沉积风化的端元比例水平，并在一定程度上表征了历史时期当地主要苔原植被的沉积水平。

F2 因子的正载荷元素为 Hg、Cu、Pb 和 P 等，载荷值大于 0.7。沉积剖面中 P 的来源一般主要来自沉积风化产物和过去植物活体的生物富集，但从表 11.6 的结果来看，P 在沉积剖面中的含量普遍高于当地植被和土壤中的含量，而鸟粪中 P 的含量又为明显高值，因此认为，BI 中高含量的 P 元素，可能主要受到了海鸟粪输入的影响。Juttahomen 岛夏季时鸟类活动繁盛，岛上鸟类数量众多，附近海湾中的鱼类和贝类为鸟类繁衍提供了丰富的食物来源。样品采集点位于 Juttahomen 岛海岸边，更容易受到鸟类活动的影响，因此认为，海鸟粪是影响 BI 沉积剖面的一个重要的沉积端元。

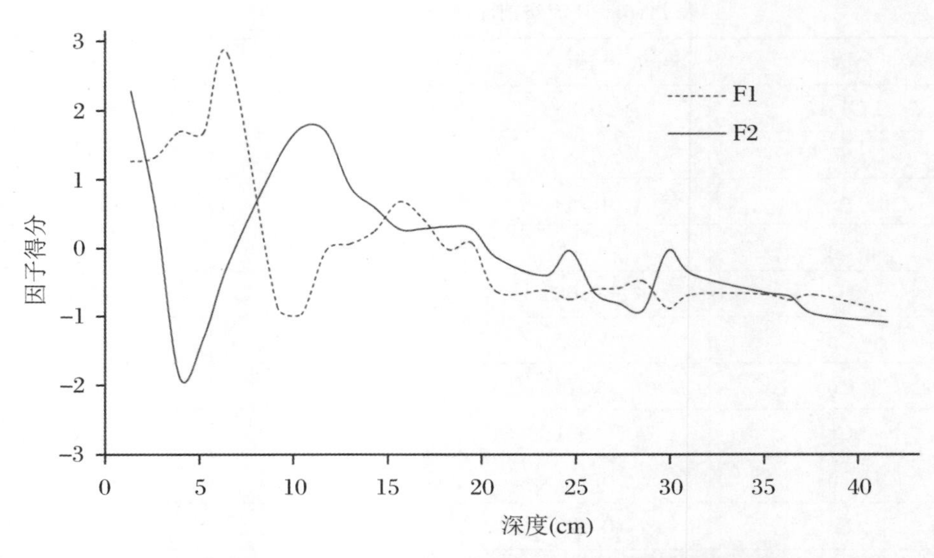

图 11.14 BI 泥炭沉积物中 F1、F2 因子得分随深度的变化图解

大量的西沙和南极等地的研究结果都表明，P 是鸟粪土的标志性元素（龚子同 等，1999；孙立广 等，2006；Sun et al.，2000；Sun，Xie，2001；刘晓东 等，2004），在海鸟活动旺盛的地区，沉积物中 P 含量的高低变化，能够在一定程度上反映当地海鸟种群数量的变化，从而作为鸟类数量反演的指标之一。因此认为，BI 剖面中明确指示 P 元素变化特征的 F2 因子随沉积深度的变化序列可能主要反映了在沉积剖面中所记录的历史时期海鸟类种群数量的变化。

综上，F1 和 F2 因子分别指示了泥炭剖面 BI 中不同沉积端元的变化特征。对大多数元素而言，如 $LOI_{550℃}$、Ti、Sb、Pb、Hg、P 等，其指标特征能够明确显示其主要受到了何种因子的控制，但对于少数元素，如 Zn、Ni、Se 等，对 F1 和 F2 因子的载荷绝对值相差不大，表明其含量变化特征的影响因素相对复杂，不同沉积端元的组成变化均会在不同程度上产生影响。

11.3.4 Juttahomen 岛 Hg、Pb、Sb 的传播途径

北半球是人类文明的主要集中地，北极地区邻近人类聚集地，相对于南极而言，受人类活动的影响较大。此外，由于当地人类活动稀少，没有明显的本地污染源，因而是研究历史时期北半球污染物的整体水平变化的良好场所之一，在此处开展的污染物研究项目，有助于进一步明确人类活动对自然的改造程度。

Juttahomen 岛地处欧洲北部 Svalbard 群岛西侧，附近人类活动稀少，本岛没有常住人口，人迹罕至。岛上和周围区域历史时期没有大规模典型的 Hg、Pb、Sb 等污染排放源，因此可以认为 BI 泥炭剖面中 Hg、Pb、Sb 等元素含量的变化特征是该研究区域内所受到的自然和远距离人为因素的综合作用的结果。

由于远离主要人类活动区，BI 沉积剖面中 Hg、Pb、Sb 等随深度的变化（图 11.13）并非主要受本地污染源的影响，而其明显高于本地背景地区主要沉积端元中的 Hg、Sb 等元素可能主要来自于其他地区污染物的远距离传输。

目前的研究结果表明,低纬度地区的 Hg 和 Pb 会随大气环流传输到北极地区,姜珊等(2010)新奥尔松地区的研究结果也表明,本地区 Hg 的输入主要受到了远距离大气污染源传输的影响,Liu 等(2012)的研究结果也表明新奥尔松地区的 Pb 污染主要来自于欧洲西部和俄罗斯地区的大气传输。

但在本文 Juttahomen 岛泥炭剖面 BI 中,即海鸟聚集地附近,Hg、Pb 的含量与 P 元素的变化趋势之间表现出明显的相关关系,显示其主要受到了能够代表海鸟类种群数量变化的 F2 因子的控制,从而表现为与鸟粪输入的密切关系。

海鸟处于海洋生态系统中食物链的顶端,由于其饮食结构的原因,在体内能够大量富集某些成分,并在鸟粪中表达出来,从而实现人类源污染物的远距离传播过程。Blais 等(2005)对 Cape Vera 沉积的研究结果表明,海鸟活动是引起北极地区海洋源污染物向陆地传输的一个重要因素,越来越多的研究结果也证实了海鸟在对北极地区有机污染物的传输方面所起的作用(Michelutti et al.,2009;Evenset et al.,2007;Choy et al.,2010)。

从泥炭剖面 BI 的元素指标和统计学分析结果中可以看出,虽然 Hg 和 Pb 与 LOI 表现出了一定的相关关系(相关系数分别为 0.372 和 0.220),但相对而言,其主要受 F2 因子控制,即受鸟粪输入的影响更为强烈。从而表明,在 Juttahomen 岛海鸟活动旺盛的苔原地带,由鸟粪等原因所带来的 Hg、Pb 等污染元素含量,较苔藓植被自身从空气中吸收和积累的元素组分更多,影响 BI 剖面中 Hg、Pb 污染程度的主要因素为海鸟粪的输入水平。

Sb 与 Hg、Pb 等相似,也是一种主要通过大气进行远距离传输的全球性污染元素(Filella et al.,2009;何孟常,万红艳,2004;Shotyk et al.,2005;吴丰昌 等,2008)。Berg 等(1995)的研究结果也表明,Sb 在苔藓中的分布特征与 Pb、Hg 类似。但是对泥炭剖面 BI 中 Sb 含量的研究结果,以及其他元素的主成分分析结果显示,Sb 与 Hg、Pb 不同,并非受控于指示海鸟类活动程度的 F2 因子,而是主要受控于主要反映当地苔原植被沉积程度的 F1 因子,而本文在前文的研究结果也表明,在当地现代苔藓植被中,Sb 能够得到充分积累,从而得到指示。

综上,Juttahomen 岛泥炭剖面中的 Sb 的变化主要受到了当地苔原植被活动的影响,因此认为泥炭剖面中的 Sb 主要来自于植被对大气中 Sb 的吸收过程,生物富集特别是海鸟体内的生物富集对于研究剖面中 Sb 的分布没有产生显著贡献。

参考文献

邓海滨,陆龙骅,卞林根,2005. 北极苔原 Ny-Ålesund 地区短期气候特征[J]. 极地研究,17:32-44.

龚子同,陈志诚,史学正,1999. 中国土壤系统分类:理论·方法·实践[M]. 北京:科学出版社.

何孟常,万红艳. 2004. 环境中锑的分布、存在形态及毒性和生物有效性[J]. 化学进展,16:131-135.

姜珊,刘晓东,刘楠,等,2010. 北极新奥尔松地区过去 200 年 Hg 污染记录及来源[J]. 环境科学,31:2220-2227.

刘晓东,孙立广,谢周清,等,2004. 海鸟活动在东南极中山站区莫愁湖沉积物中的记录[J]. 极地研究,16:295-309.

蒲家彬,李宗品,邵秘华. 1995. 南极乔治王岛环境质量现状调查[J]. 南极研究(中文版),7(2):51-58.

沈显生,孙立广,尹雪斌,等,2001. 南极乔治王岛六种苔藓植物的 X 荧光分析[J]. 极地研究,13(1):50-56.

孙立广,谢周清,刘晓东,等,2006.南极无冰区生态地质学[M].北京:科学出版社.

王树杰,丁明虎,孙维君,等,2017.北极 Ny-Ålesund 地区气候特征初步研究[J].冰川冻土,39:479-489.

吴丰昌,郑建,潘响亮,等,2008.锑的环境生物地球化学循环与效应研究展望[J].地球科学进展,23:350-56.

吴虹玥,包维楷,王安,2005.苔藓植物的化学元素含量及其特点[J].生态学杂志,24:58-64.

袁林喜,龙楠烨,谢周清,等,2006.北极新奥尔松地区现代污染源及其指示植物研究[J].极地研究,18:9-20.

Bargagle R,Brown D H,Nelli L,1995.Metal biomonitoring with mosses:procedures for correction for soil contamination[J].Environmental Pollution,89(2):169-175.

Berg T,Røyset O,Steinnes E,1995.Moss (Hylocomium Splendens) used as biomonitor of atmospheric trace element deposition:estimation of uptake efficiencies[J].Atmospheric Environment,29:353-360.

Blais J M,Kimpe L E,McMahon D,et al.,2005.Arctic Seabirds Transport Marine-Derived Contaminants [J].Science,309:445-445.

Choy E S,Kimpe L E,Mallory M L,et al.,2010.Contamination of an Arctic Terrestrial Food Web with Marine-Derived Persistent Organic Pollutants Transported by Breeding Seabirds[J].Environmental Pollution,158:3431-3438.

Evenset A,Carroll J,Christensen G N,et al.,2007.Seabird guano is an efficient conveyer of persistent organic pollutants (POPs) to Arctic Lake Ecosystems[J].Environment Science and Technology,41:1173-1179.

Fiella M,William P A,Belzile N,2009.Antimony in the environment:knows and unknows[J].Environmental Chemistry,6:95-105.

Grodzinska K,Szarek-Lukaszewska G,2001.Response of mosses to the heavy metal deposition in poland:an overview[J].Enviornmental Pollution,114:443-451.

Hammel W,Debus R,Steubing L,2000.Mobility ofantimony in soil and its availability to plants[J].Chemosphere,41:1791-1798.

He M C,2007.Distribution andpytoavailability of atimony at an atimony mining and smelting area,hunan,China[J].Environmental Geochemistry and Health,29:209-219.

Hisdal V,1998.Svalbard nature and history[M].Oslo:Norsk Polarinstitutt:98-100.

Holm E B,Brandvik P J,Steinnes E,2003.Pollution in acid mine drainage from mine tailings in Svabard,Norwegian Arctic[J].Journal De Physique I,107:625-628.

Holte B,Dahle S,Gulliksen B,et al.,1996.Some macrofaunal effects of local pollution and glacier induced sedimentation,with indicative chemical analyses,in the sediments of two Arctic fjords[J].Polar Biology,16:549-557.

Jia N,Sun L G,He X,et al.,2012.Distributions and impact factors of antimony in topsoils and moss in Ny-Ålesund,Arctic[J].Environmental Pollution,171:72-77.

Kleppin L,Pesch R,Schröder W,2008.CHAID models on boundary conditions of metal accumulation in mosses collected in Germany in 1990,1995 and 2000[J].Atmospheric Environment,42:5220-5231.

Koljonen T,1993.Geochemical atlas of finland,part 2:till:geological survey of finland[J].Journal of Geochemical Exploration,49(3):293-294

Liu X D,Jiang S,Zhang P F,et al.,2012.Effect of recent climate change on Arctic Pb pollution:acomparative study of historical records in lake and peat sediments[J].Environmental Pollution,160:161-168.

Markert B, 1992. Establishing of 'reference plant' for inorganic characterization of different plant species by chemical fingerprinting[J]. Water Air Soil Pollution, 64: 533-538.

Michelutti N, Keatley B E, Brimble S, et al., 2009. Seabird-driven shifts in Arctic pond ecosystems[J]. Proceedings of the Royal Society B, 276: 591-596.

Michelutti N, Blais J M, Liu H, et al., 2008. A test of the possible influence of seabird activity on the ^{210}Pb flux in high Arctic ponds at cape vera, Devon Islands, Nunavut: Implications for Radiochronology[J]. Journal of Paleolimnology, 40: 783-791.

Pilegaard K, 1987. Biological monitoring of airborne deposition within and around the ilimaussaq intrusion, sounthwest greenland[J]. Meddelelser Om Gronland Bioscience, 24: 3-28.

Qi C C, Liu G J, Chou C L, et al., 2008. Environmental geochemistry of antimony in Chinese coals[J]. Science of The Total Environment, 389: 225-234.

Reimann C, Arnoldussen A, Boyd R, et al., 2006. The influence of a city on element contents of a terrestrial moss (Hylocomium Splendens) [J]. Science of The Total Environment, 369: 419-432.

Reimann C, Niskavaara H, Kashulina G, et al., 2001. Critical remarks on the use of terrestrial moss (Hylocomium Splendens and Pleurozium Schreberi) for monitoring of airborne pollution [J]. Environmental Pollution, 113: 41-47.

Reimann C, Englmaier P, Flem B, et al., 2009. Geochemical gradients in soil O-horizon samples from Southern Norway: natural or anthropogenic? [J]. Applied Geochemistry, 24: 62-76.

Ren D, Zhao F, Dai S, et al., 2006. Geochemistry of trace elements in coals[M]. Beijing: Science Press: 261-266.

Salminen R, Batista M J, Bidovec M, et al., 2005. Geochemical atlas of Europe [J]. Journal of Environmental Monitoring, 7: 1135-1136.

Shotyk W, Krachler M, Chen B, 2005. Antimony: global environmental contaminant [J]. Journal of Environmental Monitoring, 7: 1135-1136.

Steinnes E, 1995. A critical evaluation of the use of naturally growing moss to monitor the deposition of atmospheric metals[J]. Science of The Total Environment, (160/161): 243-249.

Sucharovú J, Suchara I, 2004. Current multi-element distribution in forest epigeic moss in the Czeth Republic: a survey of the Czech National Biomonitoring Programme 2000 [J]. Chemosphere, 57: 1389-1398.

Sun L G, Xie Z Q, 2001. Relics: penguin population programs[J]. Science Progress, 84: 31-44.

Sun L G, Xie Z Q, Zhao J L, 2000. A 3000-year record of penguin populations[J]. Nature, 407: 858-858.

Swaine D J, 1990. Trace elements in coal [M]. London: Butterworths: 1-278.

Valković V, 1983. Trace elements in coal[M]. Florida: CrC Press, Inc.: 133-138.

Wedepohl K H, 1995. The Composition of the continental crust[J]. Geochimica et Cosmochimica Acta, 59: 1217-1232.

Wiersma G B, Slaughter C, Hilgert J, et al., 1986. Reconnaissance of Noatak National Preserve and Biosphere Reserve as a potential site for inclusion in the Integrated Global Background Monitoring Network[Z]. US Man and Biosphere Program. US Dept of State, NTIS PB 88-100037, Springgfield.

第12章　新奥尔松地区过去一百年来重金属污染历史

杨仲康　袁林喜　孙立广

北极斯瓦尔巴群岛地区看似远离大陆，受人类活动影响较弱，但是在该地区的北极熊、北极狐、北极海鸟等北极动物体内检测到了重金属和POPs等污染物的存在(Aubail et al.，2012；Fenstad et al.，2017；Fuglei et al.，2007；Norheim et al.，1992；Sagerup et al.，2009)，那么这些污染物的来源在哪里呢？大量的研究表明，斯瓦尔巴群岛地区的很多污染物来自于欧洲和俄罗斯的大气长距离传输(Hermanson et al.，2010；Liu et al.，2012；Spolaor et al.，2017)，Polkowska等(2011)研究发现欧洲的污染物通过大气长距离传输仅需要几天的时间就可以到达北极，洋流也可以向北极传输污染物，但是速度相对较慢，需要三四十年的时间。但是值得注意的是，近几十年来，斯瓦尔巴群岛上的人为活动影响也愈加严重，比如采矿活动(Abramova et al.，2016；Kim et al.，2011)、科学考察活动(Jia et al.，2012；Sander et al.，2006)以及北极旅游(Eckhardt et al.，2013；Kozak et al.，2013)等。

由于斯瓦尔巴群岛拥有丰富的煤矿资源(Hisdal，1998)，进入20世纪以后，挪威和俄罗斯在此大肆开展煤矿开采活动，这也一度成为斯瓦尔巴群岛主要的人为活动(Birks et al.，2004；Yang et al.，2017)，给当地造成了严重的环境污染，主要污染物包括重金属(Cu、Cd、As、Hg等)、有机污染物以及酸性废水等(Granberg et al.，2017)。近年来随着前往斯瓦尔巴群岛生活、考察以及旅游人数的快速增加，也给当地带来了越来越多的环境污染问题，这些污染物进入北极生态系统之后，会在陆地生物、水生生物和海洋生物体内聚集，随着营养级的升高发生生物放大作用(Dehn et al.，2006；Jæger et al.，2009)，进而对北极植物、北极动物，甚至对人体造成伤害，某些重金属污染物可以对肝脏、骨骼、神经和免疫系统造成伤害，并有可能引发癌症(Koivula，Eeva，2010；Nordberg et al.，2014)。因此，开展斯瓦尔巴群岛地区重金属污染历史和现状的调查和评估工作显得尤为必要。

1991年成立的北极监测和评估组织(AMAP)就是为了定期对北极污染现状进行评估，其中AMAP的首要任务之一就是监测和评估北极的重金属污染。新奥尔松地区作为世界上最北的人类居住区，分布有多个国家的科学考察站，因此，研究新奥尔松地区的污染历史和现状对于了解斯瓦尔巴群岛乃至北极地区的环境状况具有重要作用。在新奥尔松地区重金属污染物的空间分布方面，Jia等(2012)分析了新奥尔松地区表层土和苔藓样品中元素Sb含量的空间分布特征，认为Sb污染主要与人为活动有关；Hao等(2013)利用新奥尔松地区40个表层土壤样品分析了该地区多个重金属元素(Cr、Ni、Cu、Zn、As、Cd、Hg、Pb)的空间分布特征，并确定了其基线值；此外，也有研究利用王湾的表层沉积物样品，分析了峡湾内的重金属污染现状和空间分布特征(Grotti et al.，2013；Lu et al.，2013)。但是，关于新奥尔松

地区重金属污染变化历史方面的研究还相对较少，据我们所知，目前该地区仅有关于 Hg、Pb、Sb 这 3 种重金属元素变化历史的报道(Jiang et al.，2011；Liu et al.，2012；Sun et al.，2010)，仍然缺少对其他重金属元素污染变化历史及其与人类活动关系的研究。

在本研究中，利用在北极新奥尔松地区采集到的古海蚀凹槽沉积剖面 YN(图 6.1)，分析了其中 6 种典型重金属元素(Cu、Pb、Cd、Hg、As、Se)在时间上的变化规律，评估了其污染程度以及与人类活动之间的关系。

12.1 重金属元素污染历史

本研究使用的样品是采自新奥尔松地区的古海蚀凹槽沉积剖面 YN(图 6.1)，其详细的岩性特征描述可以参考第 6 章。根据第 6 章的内容可知，该沉积剖面可以分为 3 段：0～10 cm 段(上段)、10～70 cm 段(中段)和 70～118 cm 段(下段)，其中下段是在距今 9400～2200 年期间形成的沉积物，中段是小冰期期间形成的冰碛物，上段是小冰期结束后，过去 100 年来形成的沉积物，本章将着重研究过去 100 年来该地区重金属污染物的变化历史，分析与人类活动之间的关系，评估其污染现状及生态风险。

本章选择了 6 种典型的重金属元素(Cu、Pb、Cd、Hg、As、Se)，并分析了它们在沉积剖面中的含量(图 12.1)，这些重金属元素在整个剖面上的变化范围分别为 13～142(Cu)，3～255(Pb)，0.08～0.9(Cd)，0.008～1.19(Hg)，2.74～10.14(As)和 0.1～1.17(Se)mg・kg^{-1}，其中，各种重金属元素在沉积剖面 3 段不同层位上的含量范围见表 12.1。根据上、中、下 3 段中不同重金属元素的含量变化记录(图 12.1)可以发现，上段的重金属元素含量明显高于其他两段，并且所有的重金属含量在上段都表现出了一个快速上升的趋势，相比之下，这些重金属元素的含量在中段和下段的沉积中含量非常低，并且也没有明显大幅度的波动变化。对比新奥尔松地区表层土壤中 Cu(11.5 mg・kg^{-1})、Pb(4.38 mg・kg^{-1})、Hg(0.27 mg・kg^{-1})和 As(2.6 mg・kg^{-1})的基线含量(Hao et al.，2013)，可以发现沉积剖面 YN 中段和下段的重金属含量与该地区的基线值非常接近，但是上段的重金属含量都显著高于基线水平和其他两段的含量，这说明上段沉积物中明显受到了外界污染物输入的影响。

为了更好地分析沉积剖面 YN 中重金属元素含量的分布特征，我们也将本文研究结果与该地区表层土壤和海洋沉积物中重金属含量以及斯瓦尔巴群岛其他地区的相关研究结果进行了对比(表 12.1)。新奥尔松表层土壤中重金属 Pb 和 As 的含量(Hao et al.，2013)与沉积剖面上段相对比较一致，但是明显高于中段和下段的含量，相反，表层土壤中 Cu 和 Hg 的含量略高于中段和下段，却明显低于沉积剖面上段的含量，对于重金属元素 Cd 来说，表层土壤中的含量存在异常的高值，显著高于沉积剖面中 Cd 的含量。新奥尔松附近海洋表层沉积物中重金属的含量(Lu et al.，2013；Zaborska et al.，2017)略低于该地区表层土壤中的含量(表 12.1)，总体来说，海洋表层沉积物中重金属的含量与沉积剖面中段和下段的含量比较接近，但明显低于上段的含量(表 12.1)，因此，沉积剖面上段沉积物很可能受到了人类活动的影响。皮拉米登是苏联曾经在斯瓦尔巴群岛采矿的地方，严重受到人类活动的干扰，与新奥尔松地区类似，Krajcarovά 等(2016)分析了皮拉米登表层土壤中多种重金属元素的含量(表 12.1)，与本文研究结果对比后发现，除了皮拉米登表层土壤中有一个 Cu 含量的异常高值以外(Krajcarovά et al.,2016)，沉积剖面 YN 上段沉积物中重金属元素含量与皮拉米登表层土壤比较接近。此外，还有一个有趣的现象，沉积剖面 YN 上段沉积物中 Pb 的含量显著高于皮拉米登表层土壤中的含量，而 Cd 的含量却明显低于皮拉米登表层土壤中的含量(表 12.1)。

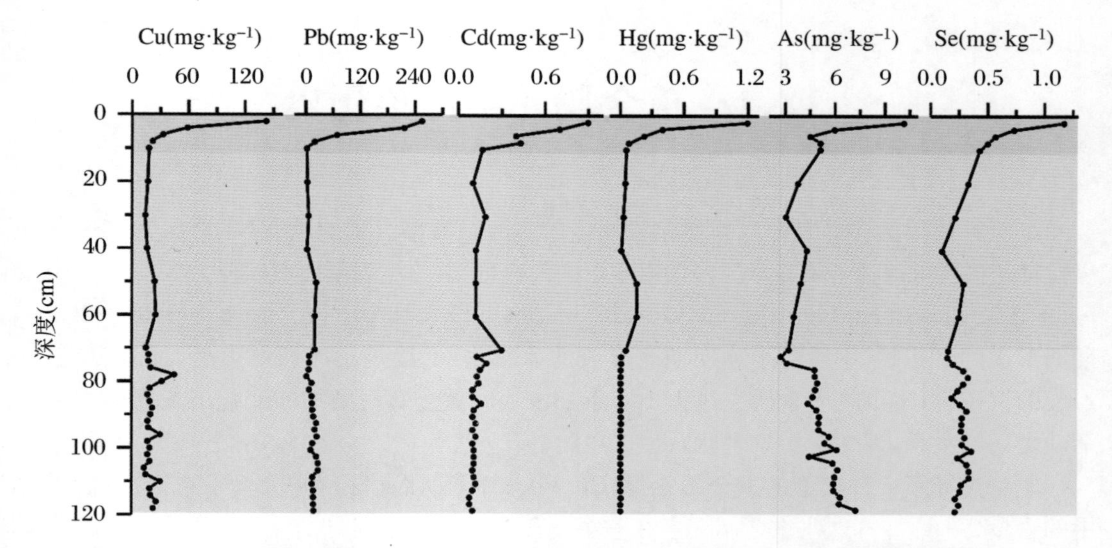

图 12.1　古海蚀凹槽沉积剖面 YN 中重金属元素 Cu、Pb、Cd、Hg、As 和 Se 的变化

表 12.1　斯瓦尔巴群岛不同地区的沉积物或表层土壤中重金属元素 Cu、Pb、Cd、Hg、As 和 Se 的含量对比

(单位：mg·kg⁻¹)

地点	Cu	Pb	Cd	Hg	As	Se	参考文献
0～10 cm	18～142	3～255	0.17～0.9	0.055～1.19	4.54～10.14	0.43～1.17	本研究
10～70 cm	14～25	4～24	0.1～0.3	0.014～0.158	3.06～4.32	0.1～0.33	本研究
70～118 cm	13～45	3～29	0.08～0.2	0.008～0.011	2.74～7.27	0.15～0.36	本研究
新奥尔松表层土壤	7.84～47.3	0～129	0～2.4	0.21～0.38	2.17～9.22		Hao et al., 2013
新奥尔松基线	11.5	4.38		0.27	2.6		Hao et al., 2013
王湾海洋表层沉积	21.26～36.6	10.68～36.59	0.13～0.63	0.008～0.065			Lu et al., 2013
王湾海洋表层沉积	～12～40	～12～35	～0.06～0.33				Zaborska et al.,2017
皮拉米登土壤	24.5～659	5.8～36.8	3.34～10.6	0.004～0.736	2.33～8.30		Krajcarovά et al.,2016
斯匹次卑尔根岛基岩	0.2～98	0.7～57	0.01～0.1	0.001～0.014			Wojtuń et al.,2018
上地幔	28	17	0.09	0.05	4.8	0.09	Rudnick and Gao,2003

续表

地点	Cu	Pb	Cd	Hg	As	Se	参考文献
一级土壤环境质量标准	≤35	≤35	≤0.2	≤0.15	≤15		GB 15618—1995
二级土壤环境质量标准	≤100	≤350	≤0.2	≤1.0	≤30		GB 15618—1995

12.2　重金属污染物来源分析

大量研究表明，北极污染物主要来源于自然源和人为源(Singh et al.，2013)，其中自然源主要来自于基岩风化和海浪飞沫(Singh et al.，2013)，人为源主要包括大气长距离传输(Hermanson et al.，2010；Liu et al.，2012；Spolaor et al.，2017)和当地人为源的排放(Abramova et al.，2016；Jia et al.，2012；Kim et al.，2011；Sander et al.，2006)。此外，海鸟活动也是向极地传输污染物的重要媒介(Blais et al.，2005；Chu et al.，2019；Huang et al.，2014；Ziółek et al.，2017)。那么，古海蚀凹槽沉积剖面YN中重金属元素来源于哪里呢?

首先，通过将中段、下段沉积物中的重金属含量与新奥尔松地区表层土壤及基线水平的对比(表12.1)，可以发现中段、下段沉积物中的重金属含量明显低于该地区表层土壤重金属的含量，但是高于该地区的基线水平，考虑到新奥尔松地区冰消之后，海鸟在距今9400年左右就登陆此地(Yuan et al.，2010)，因此，我们认为除了自然源的输入之外，中段和下段沉积物中的重金属很可能与此地的海鸟活动有关。

对于沉积剖面的上段沉积物来说，其重金属含量明显高于沉积剖面的中段和下段，但是与该地区表层土壤的重金属含量水平比较接近(表12.1)，而新奥尔松地区的表层土壤明显受到了人类活动的影响(Hao et al.，2013)。此外，Boyle等(2004)分析了斯瓦尔巴群岛地区6根湖泊沉积柱中的重金属元素含量，发现有5根沉积柱的重金属元素与自然因素以及大气沉降有关，并且其重金属含量也明显低于上段沉积物的重金属含量。因此，自然源污染物输入、大气长距离传输以及海鸟活动均无法解释上段沉积物中如此高的重金属含量，上段沉积物中的重金属很可能主要与当地的人为活动有关。值得一提的是，沉积剖面中最顶部沉积物的重金属含量高于该地区的表层土壤，这可能是因为采样点就位于科学考察站旁边，受人类活动影响比较严重。

新奥尔松地区当地的人为活动主要包括采矿和科学考察等，进入20世纪以后，挪威人在此广泛开展煤矿开采活动，这也成为该地区主要的人为活动(Birks et al.，2004；Yang et al.，2017)。尽管新奥尔松煤矿在1962年由于一次矿难事故导致煤矿关闭，但是，废弃的煤矿仍然在风力、降水以及冰川融水的冲刷作用下影响着该地区的环境，到了20世纪80年代，新奥尔松地区的人口数量和旅游人数快速增加(Eckhardt et al.，2013；Kozak et al.，2013；Zaborska et al.，2017)，这也给新奥尔松地区带来了大量的重金属污染(Hao et al.，2013)。此外，轮船航行也是该地区一个重要的污染源(Zhan et al.，2014)，比如，大型轮船

经过新奥尔松时，可以导致气溶胶中重金属 Pb 的浓度增加到平时的 40 倍左右（Zhan et al.，2014）。因此，新奥尔松地区不断增加的人为活动强度是导致该地区过去 100 年来重金属污染日益严重的最主要因素。

12.3 环境污染现状评估

重金属元素对人体和动植物都具有严重的毒害作用，会对生物体主要的功能器官（如肝脏、肾脏、大脑等）和系统（如免疫系统、神经系统等）造成损害（Fenstad et al.，2017；Koivula，Eeva，2010；Nordberg et al.，2014；Sonne et al.，2009）。其中重金属元素 Pb、Cd、Hg 和 As 是人体非必需的，具有显著的毒性，而重金属元素 Cu 和 Se 是人体必需的，但是当其浓度超过某一界限值后就会成为对生物体有毒害的元素（Nordberg et al.，2014）。尽管这些重金属元素在自然界中都存在，但是人类活动（比如金属冶炼、工业生产、化石燃料燃烧等）会释放大量的重金属元素，从而显著提高环境中这些重金属元素的含量。目前，已经在北极斯瓦尔巴群岛的北极熊、北极狐、海豹、北极海鸟等北极动物体内检测到了重金属和 POPs 等污染物的存在（Aubail et al.，2012；Fenstad et al.，2017；Fuglei et al.，2007；Hargreaves et al.，2011；Norheim et al.，1992；Sagerup et al.，2009；Sonne et al.，2009）。因此，重金属污染已经成为北极地区主要的环境问题之一。

为了更好地评估过去一百年来新奥尔松地区的污染状况，我们选取了 3 个污染评估指标对沉积剖面的上段沉积物进行分析，3 个指标分别为污染负荷指数（PLI）、地质累积指数（I_{geo}）和富集系数（EF），这些指标被广泛用于评估环境中的污染状况（Das et al.，2008；Krajcarová et al.，2016；Liu et al.，2018；Loska et al.，2004；Sun et al.，2010；Zaborska et al.，2017）。

污染负荷指数是指沉积物中每个重金属元素富集因子（CF）的几何平均值，其中 CF 是沉积物中的重金属元素含量（C_m）与地质背景中该重金属元素含量（C_b）的比值（Rudnick，Gao，2003），如果 PLI<1，则认为沉积物或者土壤没有被污染，反之，如果 PLI>1，则认为沉积物或者土壤已经被污染。PLI 和 CF 的计算公式如下：

$$\mathrm{CF} = C_m / C_b$$

$$\mathrm{PLI} = \sqrt[n]{\mathrm{CF}_1 \times \mathrm{CF}_2 \times \mathrm{CF}_3 \times \cdots \times \mathrm{CF}_n} \quad (n\text{ 为重金属元素的数目})$$

地质累积指数（I_{geo}）是由 Müller (1981) 提出的，随后被广泛用于评估沉积物和土壤中的污染状况（Das et al.，2008；Liu et al.，2018），其计算公式如下：

$$I_{geo} = \log_2[C_m/(1.5 \times C_b)]$$

其中，C_m是沉积物中重金属元素含量的测量值，C_b为上地幔中该重金属元素含量的背景值（Rudnick，Gao，2003）。根据 Müller (1981) 对 I_{geo} 的划分，可以将污染程度分为 7 级，分别为 $I_{geo} \leqslant 0$：一级，无污染；$0 < I_{geo} \leqslant 1$：二级，极为轻微污染；$1 < I_{geo} \leqslant 2$：三级，轻微污染；$2 < I_{geo} \leqslant 3$：四级，中等程度污染；$3 < I_{geo} \leqslant 4$：五级，较为严重污染；$4 < I_{geo} \leqslant 5$：六级，严重污染；$I_{geo} > 5$：七级，极为严重污染。

富集系数是指沉积物中重金属元素含量与该元素在地质背景中含量的对比，用于评估人类活动对沉积物中元素含量的影响（Kowalska et al.，2016）。其计算公式如下：

$$\mathrm{EF} = (C_{\mathrm{m}}/C_{\mathrm{ref}})/(B_{\mathrm{m}}/B_{\mathrm{ref}})$$

其中，C_{m}是沉积物中重金属元素含量的测量值，C_{ref}是样品中参考元素的含量，B_{m}和B_{ref}分别是新奥尔松地区该重金属元素含量的背景值和参考元素的含量（Wang et al.，2007）。本研究选择Fe作为参照元素计算沉积物中的富集系数（Zaborska et al.，2017）。

通过对沉积剖面上段沉积物的PLI分析（表12.2），所有层位的PLI值都大于1，说明上段沉积物都有不同程度的污染，另外，沉积物的PLI值自下而上是不断升高的，这说明新奥尔松地区在过去100年来污染程度不断加重。那么，在沉积剖面不同的层位中，到底有哪些重金属污染？不同的重金属污染程度又是怎么样的呢？

表12.2　沉积剖面YN上段沉积物中不同层位的PLI值以及各重金属元素的I_{geo}值

I_{geo}	Cu	Pb	Cd	Hg	As	Se	PLI
2 cm	1.76	3.32	2.73	3.99	0.49	3.12	8.89
4 cm	0.49	3.08	2.38	2.42	−0.27	2.43	5.06
6 cm	−0.35	1.44	1.57	1.59	−0.67	2.08	2.89
8 cm	−0.93	−0.35	1.68	0.15	−0.49	1.89	1.88
10 cm	−1.22	−3.09	0.30	−0.45	−0.49	1.67	1.03

我们进一步对不同层位的I_{geo}进行了分析（表12.2），总体来说，0～10 cm段的底部沉积物基本没有受到任何污染，只有Se存在轻微污染，而对于0～10 cm段的顶部沉积物来说，除了As和Cu轻微污染以外，其他重金属元素都有中等到严重程度的污染。对比这几种重金属元素的I_{geo}值（表12.2）可以发现，元素Pb、Cd、Hg和Se在沉积剖面中的污染程度最为严重，这几种重金属元素在8～10 cm几乎没有污染或者只有轻微污染，但是在6 cm以上，这些重金属的污染程度就逐渐从轻微污染转变为中等污染，直到顶部的严重污染；相比之下，沉积剖面中重金属Cu和As除了最顶部的样品受到轻微污染以外，顶部以下的样品未受到Cu和As的污染。

根据对沉积剖面YN上段沉积物中不同重金属元素的EF计算结果（图12.2），可以清晰地发现，沉积物中基本不存在重金属元素Cu、Se和As的污染，但是元素Pb、Cd和Hg在沉积剖面中存在显著的富集现象，该研究结果也与I_{geo}分析结果完全一致。

由此可见，沉积剖面顶部沉积物中多个重金属元素都存在明显的富集现象。为了更好地了解沉积物的环境质量，我们将其与土壤环境质量标准（GB 15618—1995）进行了对比（表12.1），中段和下段沉积物基本都符合一级土壤环境质量标准，沉积物质量基本保持自然背景水平，不存在重金属污染，但是对于上段的沉积物来说，部分层位的重金属含量已经达到甚至超过了二级土壤环境质量标准。尽管这样的重金属含量水平暂时不会对植物和环境造成严重危害，但是很可能会对人体健康造成危害。虽然沉积剖面中沉积物的重金属污染还不是非常严重，但是可以发现过去100年来，Pb、Cd和Hg等元素存在显著的富集现象。此外，尽管重金属元素Cu、Se和As的富集现象并不明显，但是其含量在过去100年来有快速的上升趋势，这说明人类活动对当地环境造成了严重的影响和破坏。因此，本节研究结果也给我们敲响了警钟，为了保护北极纯净原始的环境，我们应该提高环保意识，降低人类活动对北极环境的干扰强度，也可以采取必要的修复措施对北极环境污染加以治理。

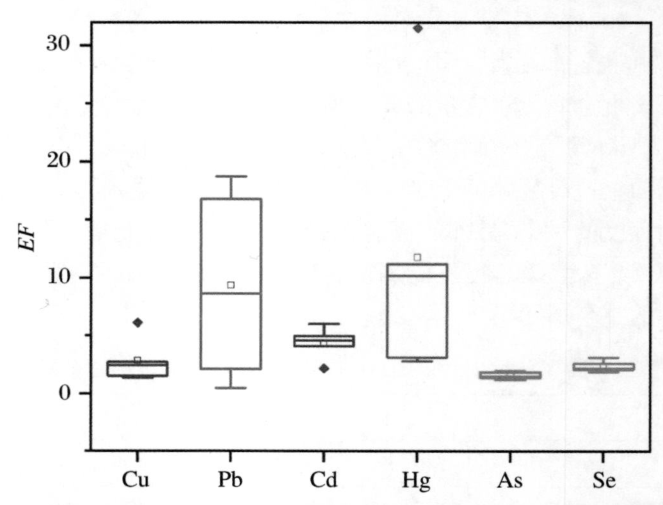

图 12.2　沉积剖面 YN 上段沉积物中重金属元素 Cu、Pb、Cd、Hg、As 和 Se 的富集系数计算结果

12.4　污染物传输途径综合分析

基于以上分析结果，过去 100 年来，新奥尔松地区的重金属元素 Pb、Cd、Hg 和 Se 污染相对较为严重，并存在显著的富集现象。因此，本小节对这些元素可能的传输途径进行了详细分析，主要的传输途径包括远距离传输（大气长距离传输和洋流传输）和本地人为活动（科学考察活动、煤矿开采以及北极旅游活动等）（图 12.3）。

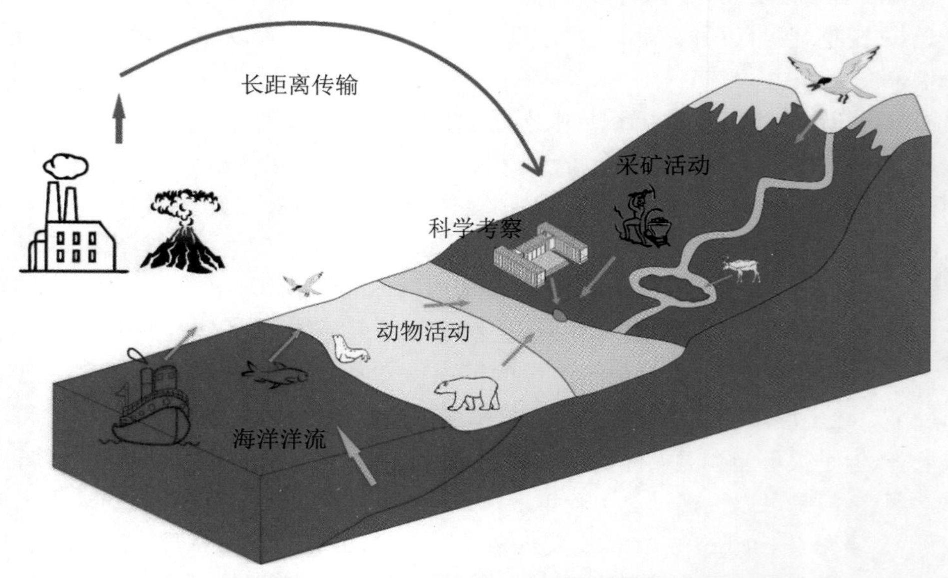

图 12.3　新奥尔松地区各个污染物来源的传输过程示意图（根据 Kozak 等（2016）改绘）

根据图 12.2 可知，重金属元素 Pb 富集最为明显，并且其含量也显著高于曾经也是矿区并受到人类活动显著影响的皮拉米登地区。由于新奥尔松地区主要使用汽油发电（Rose et al.，2004；Sun et al.，2010），并且近年来也经常有游轮经过此地（图 12.3），而这些燃油中同样含有高浓度的 Pb（Zhan et al.，2014），因此，我们认为这是导致该地区重金属 Pb 显著富集的主要原因。近百年来，沉积剖面中重金属元素 Cd 的含量明显高于新奥尔松地区的基线以及地质背景含量，但是显著低于斯瓦尔巴群岛的皮拉米登地区（表 12.1），土壤中 Cd 的来源主要包括基岩风化输入和人为活动输入，显然，基岩风化输入不会导致沉积物中 Cd 含量的异常富集。该地区的人为源污染主要有大气长距离传输和本地污染源（图 12.3），由于新奥尔松地区和皮拉米登地区同处斯瓦尔巴群岛，其污染物来源的差异主要就在本地污染源方面，而 Cd 的污染源主要来源于燃煤、燃煤过程中产生的飞灰、道路粉尘和固体垃圾等（Singh，McLaughlin，1999），因此，相对于新奥尔松地区，皮拉米登地区高浓度的 Cd 可能与该地区的燃煤发电有关（Krajcarová et al.，2016）。尽管新奥尔松地区不存在燃煤发电的情况，但是煤矿开采活动确实也会导致重金属 Cd 的污染（Wang et al.，2007），这也进一步证明了煤矿开采活动对新奥尔松地区造成了明显的 Cd 污染。对于重金属元素 Hg 来说，新奥尔松与皮拉米登地区含量接近，但都显著高于该地区的背景值（表 12.1），高浓度的 Hg 含量很可能与当地的煤矿开采活动有关，并且 Hg 的大气长距离传输以及当地站区活动也进一步加剧了该地区的 Hg 污染程度（图 12.3）。Wang 等（2007）研究结果表明，新奥尔松地区煤矿开采活动导致了该地区重金属 Hg 和 Cd 的严重污染，这也跟本研究结果一致。据我们所知，目前关于斯瓦尔巴群岛地区 Se 元素含量的研究还相对较少，根据 Wang 等（2007）对新奥尔松地区煤（2.73 $mg \cdot kg^{-1}$）和背景土壤（0.38 $mg \cdot kg^{-1}$）中 Se 含量的报道，该地区的煤中确实含有较高浓度的 Se，并且研究表明煤矿开采、化石燃料燃烧等人类活动确实会向环境中释放大量的 Se（Mosher，Duce，1987）。尽管重金属元素 Cu 和 As 并不存在明显的富集现象，但是近年来其含量的快速升高明显与人类活动有关。

以上分析是对该地区重金属元素污染的主要因素进行了讨论，其他因素也会对该地区的重金属污染具有一定的贡献，比如，大气的长距离传输（Hermanson et al.，2010；Liu et al.，2012；Spolaor et al.，2017），生物通过生物放大作用由海洋向陆地的传输（Blais et al.，2005；Chu et al.，2019；Huang et al.，2014）等。本小节绘制了该地区污染物来源的示意图，尽管在不同的时期，对不同的元素来说，这些污染源的贡献比例存在较大的差异，但是这为我们提供了该地区相对完整的污染物来源清单，为今后更加明确地减少污染物排放、保护北极环境提供了依据。

参考文献

Abramova A，Chernianskii S，Marchenko N，et al.，2016. Distribution of polycyclic aromatic hydrocarbons in snow particulates around Longyearbyen and Barentsburg settlements，Spitsbergen[J]. Polar Record，52：645-659.

Aubail A，Dietz R，Rigét F，et al.，2012. Temporal trend of mercury in polar bears (*Ursus maritimus*) from Svalbard using teeth as a biomonitoring tissue[J]. Journal of Environmental Monitoring，14：56-63.

Birks H J B，Jones V J，Rose N L，2004. Recent environmental change and atmospheric contamination on

Svalbard as recorded in lake sediments: an Introduction[J]. Journal of Paleolimnology, 31: 403-410.

Blais J M, Kimpe L E, McMahon D, et al., 2005. Arctic seabirds transport marine-derived contaminants [J]. Science, 309: 445-445.

Boyle J F, Rose N L, Appleby P, et al., 2004. Recent environmental change and human impact on Svalbard: the lake-sediment geochemical record[J]. Journal of Paleolimnology, 31: 515-530.

Chu Z D, Yang Z K, Wang Y H, et al., 2019. Assessment of heavy metal contamination from penguins and anthropogenic activities on fildes peninsula and ardley island, antarctic [J]. Science of The Total Environment, 646: 951-957.

Das S K, Routh J, Roychoudhury A N, et al., 2008. Major and trace element geochemistry in Zeekoevlei, South Africa: a lacustrine record of present and past processes[J]. Applied Geochemistry, 23: 2496-2511.

Dehn L A, Follmann E H, Thomas D L, et al., 2006. Trophic relationships in an Arctic food web and implications for trace metal transfer[J]. Science of The Total Environment, 362: 103-123.

Eckhardt S, Hermansen O, Grythe H, et al., 2013. The influence of cruise ship emissions on air pollution in Svalbard: a harbinger of a more polluted Arctic? [J] Atmospheric Chemistry and Physics, 13: 8401-8409.

Fenstad A A, Bustnes J O, Lierhagen S, et al., 2017. Blood and feather concentrations of toxic elements in a Baltic and an Arctic seabird population[J]. Marine Pollution Bulletin, 114: 1152-1158.

Fuglei E, Bustnes J O, Hop H, et al., 2007. Environmental contaminants in arctic foxes (*Alopex lagopus*) in Svalbard: relationships with feeding ecology and body condition [J]. Environmental Pollution, 146: 128-138.

Granberg M E, Ask A, Gabrielsen G W, 2019, Local contamination in Svalbard: overview and suggestions for remediation actions[R]. Affiliation: Norwegian Polar Institute.

Grotti M, Soggia F, Ianni C, et al., 2013. Bioavailability of trace elements in surface sediments from Kongsfjorden, Svalbard[J]. Marine Pollution Bulletin, 77: 367-374.

Hao Z L, Wang F, Yang H Z, 2013. Baseline values for heavy metals in soils on Ny-Ålesund, Spitsbergen Island, Arctic: the extent of anthropogenic pollution[J]. Proceedings Advanced Materials Research, 779: 1260-1265.

Hargreaves A L, Whiteside D P, Gilchrist G, 2011. Concentrations of 17 elements, including mercury, in the tissues, food and abiotic environment of Arctic shorebirds[J]. Science of The Total Environment, 409: 3757-3770.

Hermanson M H, Isaksson E, Forsström S, et al., 2010. Deposition history of brominated flame retardant compounds in an ice core from Holtedahlfonna, Svalbard, Norway [J]. Environmental Science & Technology, 44: 7405-7410.

Hisdal V, 1998. Svalbard nature and history[Z].

Huang T, Sun L, Wang Y, et al., 2014. Transport of nutrients and contaminants from ocean to island by emperor penguins from Amanda Bay, East Antarctic [J]. Science of The Total Environment, 468: 578-583.

Jæger I, Hop H, Gabrielsen G W, 2009. Biomagnification of mercury in selected species from an Arctic marine food web in Svalbard[J]. Science of The Total Environment, 407: 4744-4751.

Jia N, Sun L G, He X, et al., 2012. Distributions and impact factors of antimony in topsoils and moss in Ny-Ålesund, Arctic[J]. Environmental Pollution, 171: 72-77.

Jiang S, Liu X, Chen Q, 2011. Distribution of total mercury and methylmercury in lake sediments in Arctic Ny-Ålesund[J]. Chemosphere, 83: 1108-1116.

Kim J H, Peterse F, Willmott V, et al., 2011. Large ancient organic matter contributions to Arctic marine sediments (Svalbard) [J]. Limnology and Oceanography, 56: 1463-1474.

Koivula M J, Eeva T, 2010. Metal-related oxidative stress in birds [J]. Environmental Pollution, 158: 2359-2370.

Kowalska J, Mazurek R, Gąsiorek M, et al., 2016. Soil pollution indices conditioned by medieval metallurgical activity: a case study from Krakow (Poland) [J]. Environmental Pollution, 218: 1023-1036.

Kozak K, Polkowska Ż, Luks B, et al., 2016. Arctic catchment as a sensitive indicator of the environmental changes: distribution and migration of metals (Svalbard) [J]. International Journal of Environmental Science and Technology, 13: 2779-2796.

Kozak K, Polkowska Ż, Ruman M, et al., 2013. Analytical studies on the environmental state of the Svalbard Archipelago provide a critical source of information about anthropogenic global impact [J]. TrAC Trends in Analytical Chemistry, 50: 107-126.

Krajcarová L, Novotný K, Chattová B, et al., 2016. Elemental analysis of soi and Salix polaris in the town of Pyramiden and its surroundings (Svalbard) [J]. Environmental Science and Pollution Research, 23: 10124-10137.

Liu J, Wang J, Xiao T, et al., 2018. Geochemical dispersal of thallium and accompanying metals in sediment profiles from a smelter-impacted area in South China [J]. Applied Geochemistry, 88: 239-246.

Liu X, Jiang S, Zhang P, et al., 2012. Effect of recent climate change on Arctic Pb pollution: a comparative study of historical records in lake and peat sediments [J]. Environmental Pollution, 160: 161-168.

Loska K, Wiechuła D, Korus I, 2004. Antimony concentration in farming soil of southern Poland [J]. Bulletin of Environmental Contamination and Toxicology, 72: 858-865.

Lu Z, Cai M, Wang J, et al., 2013. Levels and distribution of trace metals in surface sediments from Kongsfjorden, Svalbard, Norwegian Arctic [J]. Environmental Geochemistry and Health, 35: 257-269.

Müller G, 1981. Die Schwermetallbelastung der Sedimente des Neckars und seiner Nebenflusse: eineBestandsaufnahme [J]. Chemical Zeitung, 105: 157-164.

Mosher B W, Duce R A, 1987. A global atmospheric selenium budget [J]. Journal of Geophysical Research: Atmospheres, 92: 13289-13298.

Nordberg G F, Fowler B A, Nordberg M, 2014. Handbook on the toxicology of metals [M]. New York: American Academic Press.

Norheim G, Skaare J U, Wiig Ø, 1992. Some heavy metals, essential elements, and chlorinated hydrocarbons in polar bear (*Ursus maritimus*) at Svalbard [J]. Environmental Pollution, 77: 51-57.

Polkowska Ż, Cichała-Kamrowska K, Ruman M, et al., 2011. Organic pollution in surface waters from the Fuglebekken Basin in Svalbard, Norwegian Arctic [J]. Sensors, 11: 8910-8929.

Rose N L, Rose C, Boyle J F, et al., 2004. Lake-sediment evidence for local and remote sources of atmospherically deposited pollutants on Svalbard [J]. Journal of Paleolimnology, 31: 499-513.

Rudnick R L, Gao S, 2003. Composition of the continental crust [J]. Treatise on Geochemistry, 3: 659.

Sagerup K, Savinov V, Savinova T, et al., 2009. Persistent organic pollutants, heavy metals and parasites in the glaucous gull (*Larus hyperboreus*) on Spitsbergen [J]. Environmental Pollution, 157: 2282-2290.

Sander G, Holst A, Shears J, 2006. Environmental impact assesment of the research activities in Ny-Ålesund 2006 [Z].

Singh B R, McLaughlin M J, 1999. Cadmium in soils and plants, Cadmium in soils and plants [M]. Berlin: Springer: 257-267.

Singh S M, Sharma J, Gawas-Sakhalkar P, et al., 2013. Atmospheric deposition studies of heavy metals in Arctic by comparative analysis of lichens and cryoconite[J]. Environmental Monitoring and Assessment, 185: 1367-1376.

Sonne C, Aspholm O, Dietz R, et al., 2009. A study of metal concentrations and metallothionein binding capacity in liver, kidney and brain tissues of three Arctic seal species [J]. Science of The Total Environment, 407: 6166-6172.

Spolaor A, Barbaro E, Mazzola M, et al., 2017. Determination of black carbon and nanoparticles along glaciers in the Spitsbergen (Svalbard) region exploiting a mobile platform[J]. Atmospheric Environment, 170: 184-196.

Sun L G, Yuan L X, Jia N, et al., 2010. Sb Pollution in the Soil, Moss and Sediments of Ny-Ålesund, Svalbard, Arctic[EB/OL]. http://www.paper.edu.cn/releasepaper/content/201001-201468.

Wang X F, Yuan L X, Luo H H, et al., 2007. Source of and potential bio-indicator for the heavy metal pollution in Ny-Ålesund, Arctic[J]. Chinese Journal of Polar Science, 18(2): 110-121.

Wojtuń B, Samecka-Cymerman A, Kolon K, et al., 2018. Metals in Racomitrium lanuginosum from Arctic (SW Spitsbergen, Svalbard archipelago) and alpine (Karkonosze, SW Poland) tundra[J]. Environmental Science and Pollution Research, 25(13): 12444-12450.

Yang Z K, Yuan L X, Wang Y H, et al., 2017. Holocene climate change and anthropogenic activity records in Svalbard: a unique perspective based on Chinese research from Ny-Ålesund[J]. Advances in Polar Science, 28: 81-90.

Yuan L X, Sun L G, Long N Y, et al., 2010. Seabirds colonized Ny-Ålesund, Svalbard, Arctic ~9400 years ago[J]. Polar Biology, 33: 683-691.

Zaborska A, Beszczyńska-Möller A, Włodarska-Kowalczuk M, 2017. History of heavy metal accumulation in the Svalbard area: distribution, origin and transport pathways[J]. Environmental Pollution, 231: 437-450.

Zhan J Q, Gao Y, Li W, et al., 2014. Effects of ship emissions on summertime aerosols at Ny-Ålesund in the Arctic[J]. Atmospheric Pollution Research, 5: 500-510.

Ziółek M, Bartmiński P, Stach A, 2017. The influence of seabirds on the concentration of selected heavy metals in organic soil on the Bellsund coast, western Spitsbergen[J]. Arctic, Antarctic, and Alpine Research, 49: 507-520.

第13章　气候变化对新奥尔松地区元素地球化学的影响

杨仲康　孙立广

过去二百多年来，欧洲地区密集的工业活动严重影响了北极地区的生态环境（Kozak et al.，2016；Liu et al.，2012）。为了监测和评价北极环境，1991年制订了北极监测和评估计划（AMAP），其重要目标之一就是重金属污染评价。近几十年来，斯瓦尔巴群岛上煤炭开采（Abramova et al.，2016；Kim et al.，2011）、科学考察（Jia et al.，2012；Sander et al.，2006）和汽油发电（Roseet al.，2004；Sun et al.，2010；Yang et al.，2020）等人类活动已经严重污染了当地环境。此外，多项研究都在北极熊、北极狐、北极海鸟和海豹体内检测到重金属或持久性有机污染物的存在（Aubailet al.，2012；Fenstad et al.，2017；Fuglei et al.，2007；Norheim et al.，1992；Sagerup et al.，2009；Sonne et al.，2009）。因此，亟须对北极环境进行深入的研究。

自20世纪以来，斯瓦尔巴群岛上主要的人为活动包括煤炭开采、科学考察和北极旅游等（Abramova et al.，2016；Birks et al.，2004；Yang et al.，2020）。Yang等（2020）利用古海蚀凹槽剖面重建了黄河站附近过去百年来的重金属污染历史，研究表明当地煤矿开采、汽油发电、旅游船只和污染物的长距离输送使得过去百年来的重金属含量迅速增加；新奥尔松地区Hg、Pb和Sb污染的沉积记录也表现出相似的增长趋势（Jiang et al.，2011a，2011b；Liu et al.，2012；Sun et al.，2010）。此外，靠近煤矿区或科学考察站地区的表层沉积物也受到当地人类活动的严重影响（Kozak et al.，2016；Krajcarová et al.，2016）。然而，斯瓦尔巴群岛上相对偏远地区的湖泊可能没有受到人为活动的严重影响。Boyle等（2004）综述了斯瓦尔巴群岛多个湖泊的沉积和环境变化记录，结果表明，相对于格陵兰冰芯记录，偏远湖泊沉积物对重金属污染信号的记录并不敏感，这可能与较弱的污染信号和沉积记录的自然变化有关。根据沉积物的无机地球化学和生物组分的变化，Boyle等（2004）认为这些改变很可能与近期的气候变化有关。并且，Liu等（2012）研究表明斯瓦尔巴群岛湖泊中Pb污染主要受到气候变化过程的影响。

本章在新奥尔松地区距离科学考察站较远的地区采集了两根湖泊沉积柱（LDL和YL），并分析了17种元素（Cu、Zn、Pb、Co、Ni、Cr、Sr、Ba、Mn、P、Ti、K_2O、Na_2O、CaO、MgO、Fe_2O_3、Al_2O_3）含量，化学蚀变指数和总有机碳含量的变化，强调了气候变化对北极湖泊沉积物中元素地球化学在垂向分布上的重要影响。

13.1 新奥尔松沉积柱中元素的垂向分布特征

两根沉积柱分别采自新奥尔松地区远离科学考察站的两个小湖泊(图 13.1)。沉积柱 LDL(78°57′07″N,12°04′13.33″E)长度为 35 cm,取样间距为 0.5 cm;沉积柱 YL(78°57′44″N,11°38′28″E)长度为 22 cm,取样间距为 0.5 cm。从野外照片(图 13.1(c)和(d))可以看出,两个湖泊地形较为平坦,集水区面积较大,主要被苔原植物覆盖。采样湖泊附近有许多海鸟居住。根据对岩性的观察,沉积柱 LDL 顶端 6 cm 和 YL 顶端 7 cm 包含大量的藻类碎片,而沉积柱 LDL 20～35 cm 段和 YL 7～22 cm 段主要是棕色粉质黏土层;此外,沉积柱 LDL 6～20 cm 段是黑色泥土层。

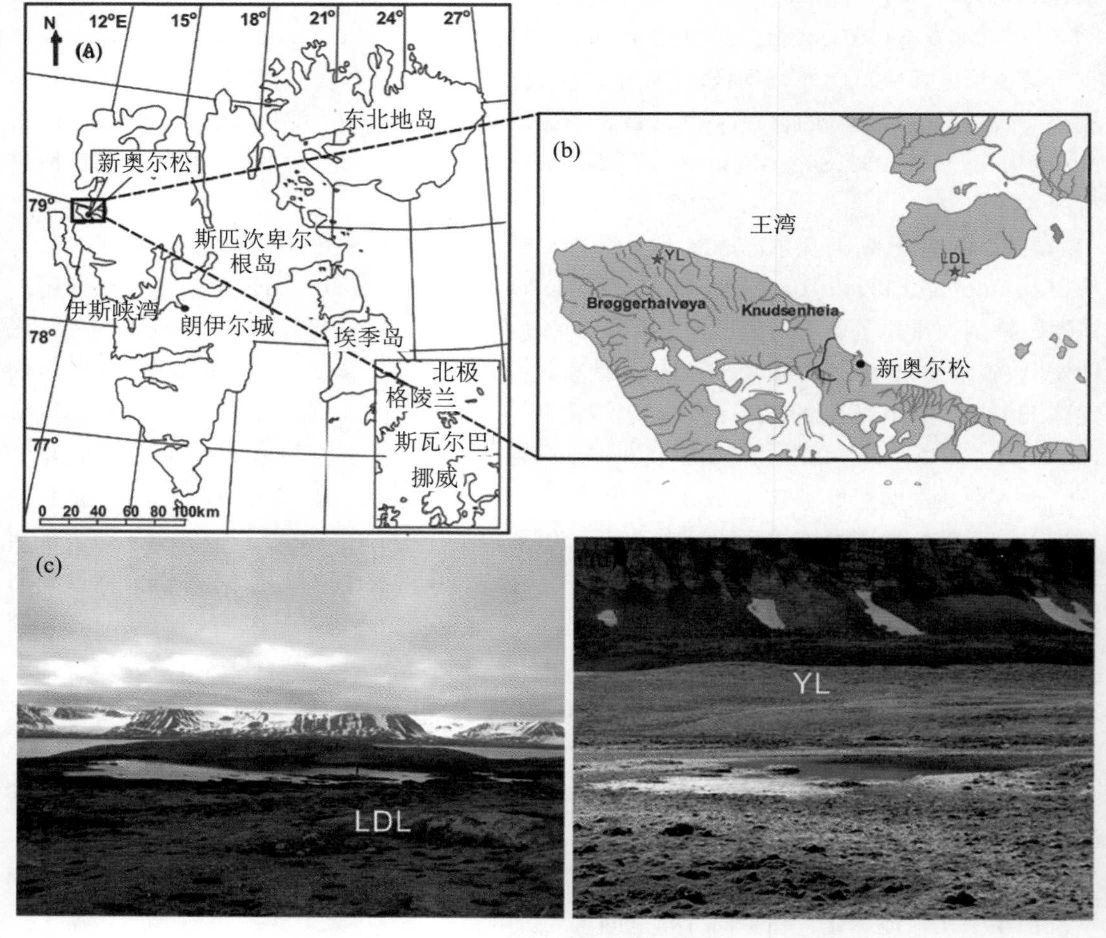

图 13.1 研究区域及采样地点地图

(a) 斯瓦尔巴群岛的位置;(b) 新奥尔松的位置;(c) 采样点 LDL 的现场图;(d) 采样点 YL 的现场图。

沉积物 LDL 中测定了 17 种元素(Cu、Zn、Pb、Co、Ni、Cr、Sr、Ba、Mn、P、Ti、K_2O、

Na_2O、CaO、MgO、Fe_2O_3、Al_2O_3）和 TOC 的含量。微量元素（Cu、Zn、Pb、Co、Ni、Cr、P）的含量分别为 6～13 mg・kg^{-1}（Cu），27.5～41.2 mg・kg^{-1}（Zn），12～17.9 mg・kg^{-1}（Pb），5.2～10.5 mg・kg^{-1}（Co），7.2～18.1 mg・kg^{-1}（Ni），19.6～50.7 mg・kg^{-1}（Cr）和 490～1271 mg・kg^{-1}（P）（图 13.2），主量元素（K_2O、Na_2O、CaO、MgO、Fe_2O_3、Al_2O_3、Sr、Ba、Mn 和 Ti）的含量分别为 0.8%～2.1%（K_2O），0.5%～1.6%（Na_2O），2.3%～11.6%（CaO），1.4%～3.5%（MgO），2%～3.5%（Fe_2O_3），4%～9%（Al_2O_3），67～131 mg・kg^{-1}（Sr），199～434 mg・kg^{-1}（Ba），130～414 mg・kg^{-1}（Mn）和 963～1900 mg・kg^{-1}（Ti）。通过沉积物剖面 LDL（图 13.2）各元素的垂向变化可知，沉积柱 0～6 cm 层中 Pb、P、CaO 和 TOC 的含量呈现自下而上快速增加的趋势，且显著高于 6～35 cm 层。而元素 Cu、Zn、Co、Ni、Cr、Sr、Ba、Ti、K_2O、Na_2O、MgO、Fe_2O_3、Al_2O_3 的含量在 0～6 cm 层呈逐渐下降的趋势，且低于 6～35 cm 土层。

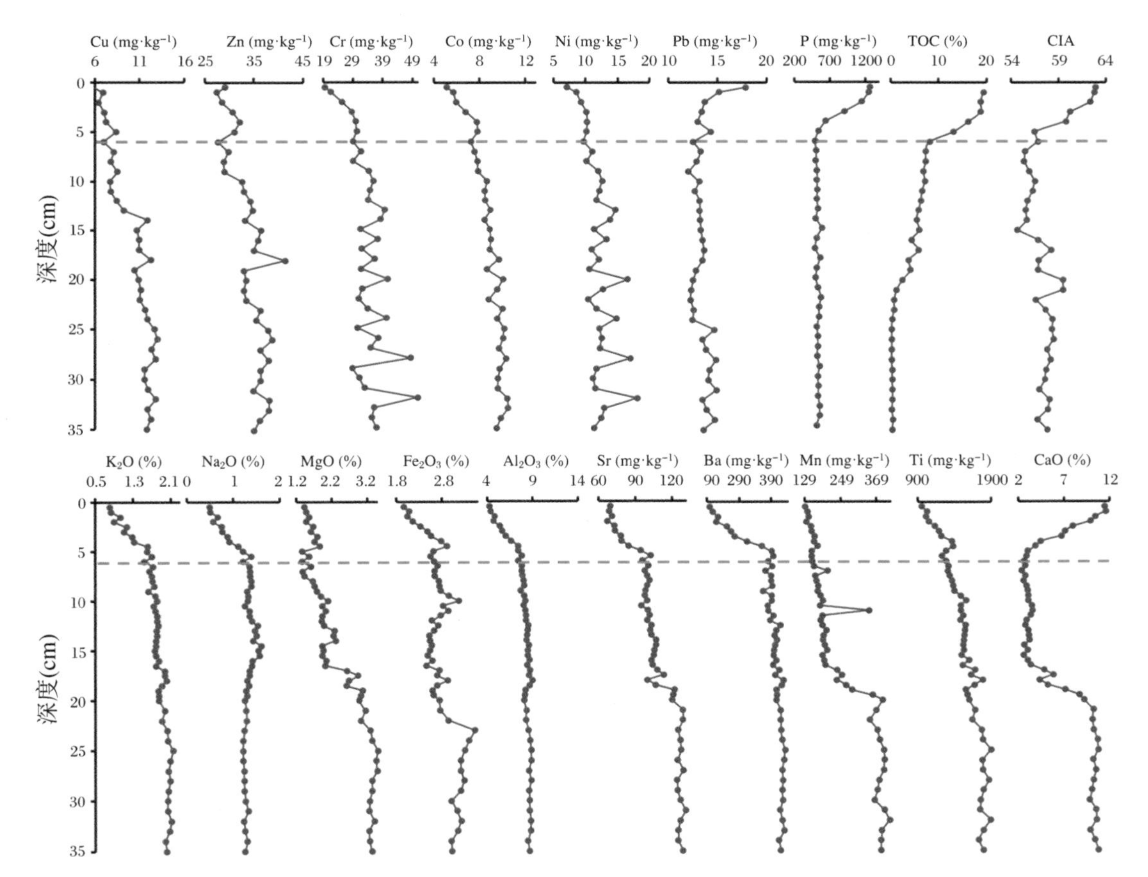

图 13.2　沉积物剖面 LDL 中 17 种元素（Cu、Zn、Pb、Co、Ni、Cr、Sr、Ba、Mn、P、Ti、K_2O、Na_2O、CaO、MgO、Fe_2O_3、Al_2O_3）浓度、CIA 和 TOC 含量的垂直分布

为了更好地对比北极偏远湖泊沉积物中元素组成的垂向分布特征，在新奥尔松地区远离科学考察站的地方采集了另一根湖泊沉积物 YL 并测定了 17 种元素（Cu、Zn、Pb、Co、Ni、Cr、Sr、Ba、Mn、P、Ti、K_2O、Na_2O、CaO、MgO、Fe_2O_3、Al_2O_3）和 TOC 的含量。结果显示，微量元素（Cu、Zn、Pb、Co、Ni、Cr、P）的含量分别为 7～11 mg・kg^{-1}（Cu），45～57 mg・kg^{-1}

(Zn),12～21 mg・kg^{-1}(Pb),6.6～11 mg・kg^{-1}(Co),14～19.1 mg・kg^{-1}(Ni),30～49 mg・kg^{-1}(Cr)和 575～888 mg・kg^{-1}(P)(图 13.3),主量元素(K_2O、Na_2O、CaO、MgO、Fe_2O_3、Al_2O_3、Sr、Ba、Mn 和 Ti)的含量分别为 1.1%～1.4%(K_2O),0.35%～0.51%(Na_2O),1%～1.6%(CaO),0.69%～0.78%(MgO),1.4%～1.5%(Fe_2O_3),5.5%～7%(Al_2O_3),47～57 mg・kg^{-1}(Sr),204～252 mg・kg^{-1}(Ba),57～67 mg・kg^{-1}(Mn)和 964～1185 mg・kg^{-1}(Ti)。总体而言,沉积物剖面 YL 与沉积物剖面 LDL 的元素含量是相当的。同样,根据沉积柱 YL 的元素组成,YL 也可分为两段(图 13.3),这些元素在 YL 中的垂直变化趋势与沉积物剖面 LDL 变化趋势一致。0～7 cm 层中 Pb、P、CaO 和 TOC 含量呈增长趋势,Cu、Zn、Co、Ni、Cr、Ba、Ti、K_2O、Na_2O、MgO、Fe_2O_3、Al_2O_3 含量逐渐降低。此外,在 7～22 cm 层,除 P 和 Cr 外大部分元素几乎没有太大的波动。

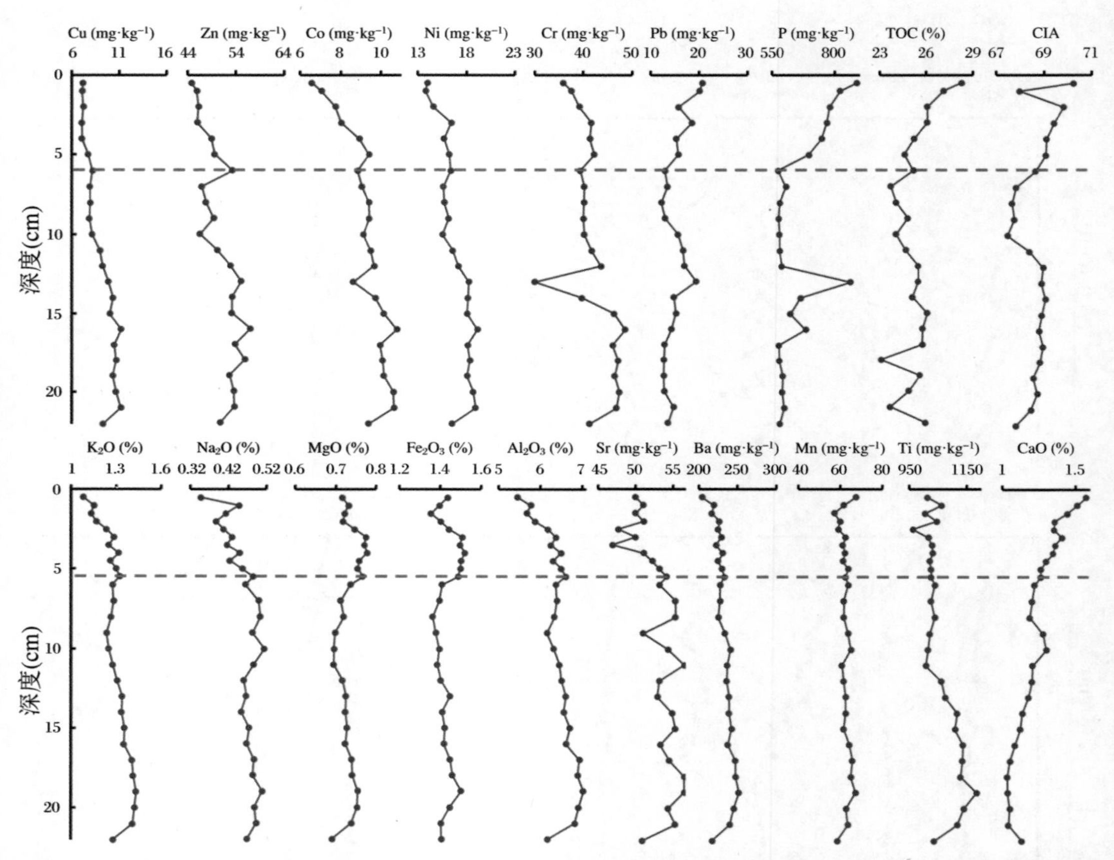

图 13.3　沉积物剖面 YL 中 17 种元素(Cu、Zn、Pb、Co、Ni、Cr、Sr、Ba、Mn、P、Ti、K_2O、Na_2O、CaO、MgO、Fe_2O_3、Al_2O_3)浓度、CIA 和 TOC 含量的垂直分布

一般来说,由于近几十年来人类活动日益频繁,湖泊沉积物中重金属含量应自底层向表层逐渐升高。例如,Yang 等(2020)研究表明黄河站附近 0～10 cm 沉积层中潜在有毒元素(Cu、Pb、Cd、Hg、As 和 Se)含量呈现出上升趋势,而且其含量显著高于 10～118 cm 沉积层的含量,这可能与新奥尔松地区的科学考察和煤矿开采活动有关;在世界其他地区也可以发现类似的现象(Dong et al.,2021;Varol et al.,2020)。然而,本研究中两个偏远的北极湖泊沉积物中大部分微量元素和主量元素的含量自下而上呈现下降趋势,这有悖于我们的常规

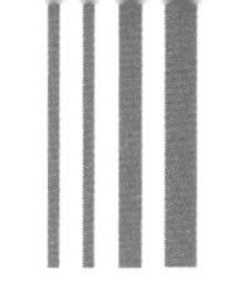

认知。事实上,Outridge 等(2017)研究发现气候变化(特别是气温)可以通过影响流域地质侵蚀速率和水生初级生产力来改变北极湖泊沉积物剖面中无机和有机地球化学组成。此外,根据大量斯瓦尔巴群岛偏远地区湖泊的沉积记录,Boyle 等(2004)也发现沉积物的无机地球化学和生物组成的变化很可能与最近的气候变化有关。因此,本研究中沉积柱的无机地球化学组成可能与近几十年来快速变化的气候有关。

13.2 痕量元素污染评估

为了更好地探讨沉积物剖面 LDL 和 YL 中的元素组成,我们与斯瓦尔巴群岛其他地区表层土壤和海洋沉积物中痕量元素的含量进行了对比(表 13.1)。沉积物剖面 LDL 和 YL 中痕量元素含量显著低于新奥尔松表层土壤样品(Hao et al.,2013)。皮拉米登与新奥尔松地区有相似的地理环境和采矿历史,同样受到人类活动的严重影响,对比发现,沉积物剖面 LDL 和 YL 中的痕量元素 Cu、Co 和 Ni 含量显著低于皮拉米登表层土壤(Krajcarová et al.,2016),而皮拉米登表层土壤中 Pb 和 Cr 的含量仅略高于沉积物剖面 LDL 和 YL(表 13.1)。此外,王湾沉积物中痕量元素的含量低于新奥尔松表层土壤,但仍远高于 LDL 和 YL 剖面沉积物中痕量元素的含量。Halbach 等(2017)对阿德文特达伦的 16 个表层土壤样品和新奥尔松周边地区 41 个土壤样品中的 Al、As、Cd、Cr、Cu、Fe、Hg、Mn、Ni、Pb、S 和 Zn 含量进行分析,这些采样点均远离人为活动区,结果表明斯匹次卑尔根岛偏远地区表层土壤样品中痕量元素的含量(表 13.1)与沉积物剖面 LDL 和 YL 的含量相当。因此,沉积物剖面 LDL 和 YL 中痕量元素的变化极有可能与自然因素有关,与人类活动关系不大。相较于新奥尔松地区基线值(表 13.1),沉积物剖面 LDL 和 YL 中 Cu 和 Cr 的含量与基线值是相当的,Zn 含量低于基线值,而 Pb 的含量比基线值高 3～4 倍,这可能与新奥尔松地区的汽油发电有关(Rose et al.,2004;Yang et al.,2020;Zhan et al.,2014)。尽管如此,沉积物剖面 LDL 和 YL 中 Pb 含量与斯匹次卑尔根群岛偏远地区表层土壤样品中 Pb 含量基本一致(表 13.1)。参照《土壤环境质量标准》(GB 15618—2018 和 GB 15618—1995),沉积物剖面 LDL 和 YL 中 6 种痕量元素(Cu、Zn、Pb、Co、Ni、Cr)的浓度均达到一级标准,低于风险筛查值。

基于以上分析,沉积物剖面 LDL 和 YL 的环境质量基本保持在自然本底水平,没有明显受到人类活动污染的影响。因此,沉积物剖面 LDL 和 YL 中元素组成的垂直分布可能受自然因素的控制,而不是受人类活动的影响。

表 13.1　斯瓦尔巴群岛不同地区沉积物和表层土壤中微量金属(Cu、Zn、Pb、Co、Ni、Cr)含量　　(单位:mg・kg^{-1})

样品性质		采样地点	Cu	Zn	Pb	Co	Ni	Cr	来源
LDL	范围	沉积物	6～13	27.5～41.2	12～17.9	5.2～10.5	7.2～18.1	19.6～50.7	本研究
	平均值	沉积物	10.1	34	13.6	8.8	12	33.7	本研究
YL	范围	沉积物	7～11	45～57	12.3～21	6.6～11	14～19.1	30～49	本研究
	平均值	沉积物	9	51	15.4	9.2	17	42	本研究
斯匹次卑尔根岛		表层土壤	4.0～17.8	16～106	5.6～25.1		2.0～24.9	2.2～47.8	Halbach et al.,2017
新奥尔松		表层土壤	7.84～47.3	26.5～123	0～129		1.72～38.8	13.3～127	Hao et al.,2013
新奥尔松		背景值	11.5	77.3	4.38		6.24	24.7	Hao et al.,2013
皮拉米登		表层土壤	24.5～659		5.8～36.8	6.1～49.8	25.8～56.1	25.4～61.9	Krajcarová et al.,2016
王湾		海洋沉积物	21.26～36.6	50.28～199.07	10.68～36.59			48.65～81.84	Lu et al.,2013
上地壳		大陆地壳	28	67	17	17.3	47	92	Rudnick,Gao,2003
一级		土壤	≤35	≤100	≤35		≤40	≤90	GB 15618—1995
二级		土壤	≤100	≤300	≤350		≤60	≤350	GB 15618—1995
风险筛选值		土壤	≤100	≤300	≤170		≤190	≤250	GB 15618—2018

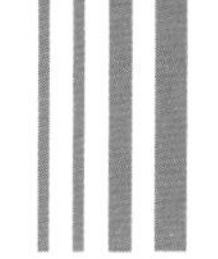

13.3 元素垂向异常分布的潜在影响机制

由于沉积物剖面 LDL 和 YL 中大部分微量元素（Cu、Zn、Co、Ni、Cr）和主量元素（Sr、Ba、Ti、K_2O、Na_2O、MgO、Fe_2O_3、Al_2O_3）的含量均呈自底部向表层逐渐下降的趋势，只有指标 Pb、P、CaO、TOC 和 CIA 呈上升趋势（图 13.2 和图 13.3），我们分析了影响因素，进行了统计分析，并探讨了元素垂向分布异常的潜在原因（图 13.4）。湖泊沉积物元素组成的影响因素包括化学风化速率、粒度分布、沉积后成岩作用、生物地球化学过程、水文变化、初级生产力以及人类活动（Outridge et al.，2017；Smol et al.，2005）。考虑到北极地区变暖的速度是全球平均变暖速度的两倍（Cohen et al.，2014），快速的气候变化可能会通过影响化学风化速率和初级生产力进而影响沉积物的元素地球化学过程（Outridge et al.，2017）。

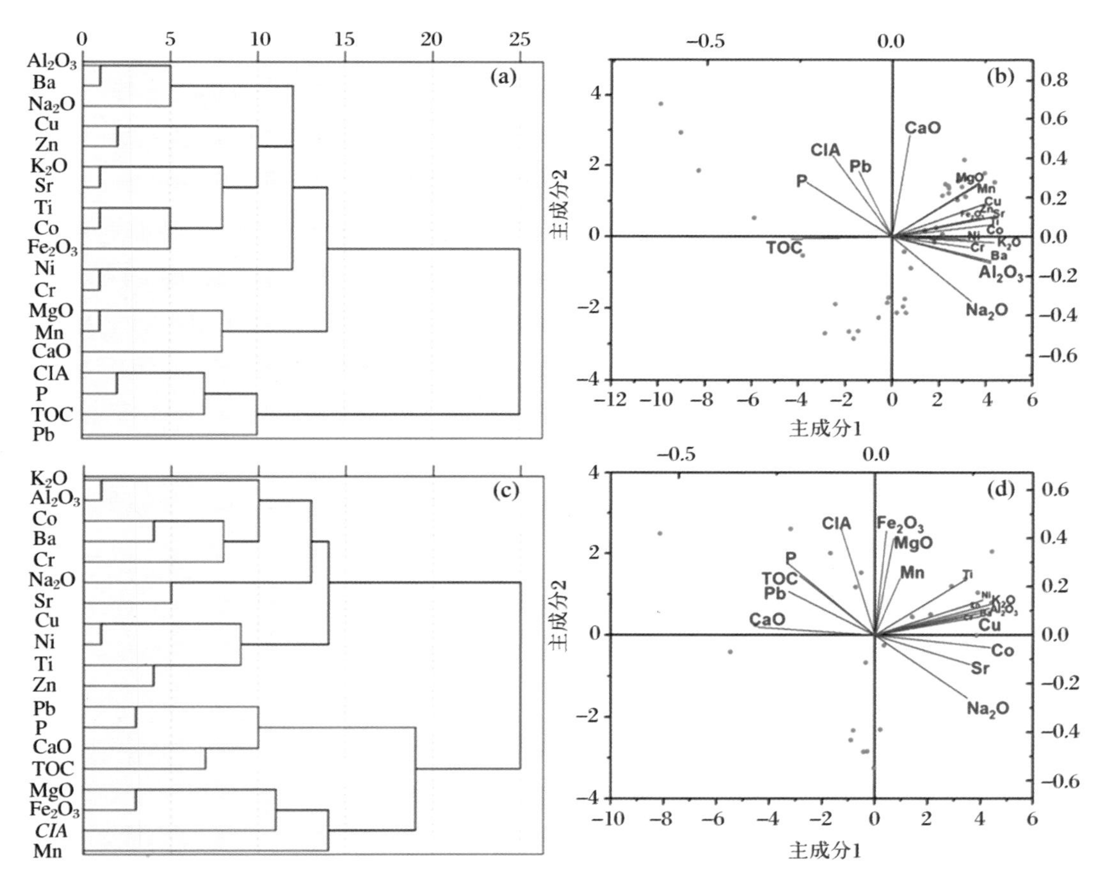

图 13.4 17 种元素（Cu、Zn、Pb、Co、Ni、Cr、Sr、Ba、Mn、P、Ti、K_2O、Na_2O、CaO、MgO、Fe_2O_3、Al_2O_3）浓度、CIA 和 TOC 含量的统计分析

（a）LDL 沉积物剖面的聚类分析结果；（b）LDL 沉积物剖面的主成分分析结果；
（c）YL 沉积物剖面聚类分析结果；（d）YL 沉积物剖面主成分分析结果。

根据联合国政府间气候变化专门委员会报告可知，全球变暖是毋庸置疑的，自20世纪50年代以来，许多观测到的变化是过去几十年到几千年来前所未有的。此外，由于北极放大效应，过去几十年来北极地区的气候变暖形势更加严峻（Cohen et al.，2014）。根据北半球的年平均气温异常记录（64°N～90°N）（图13.5，GISTEMP Team，2021：GISS Surface Temperature Analysis（GISTEMP），version 4，https://data.giss.nasa.gov/gistemp/），气温从1880年开始呈快速上升的趋势，这与北极矮灌木仙桃根长重建的7月平均气温变化一致（Weijers et al.，2010），因此，研究区域正在经历一个明显的气候变暖过程。

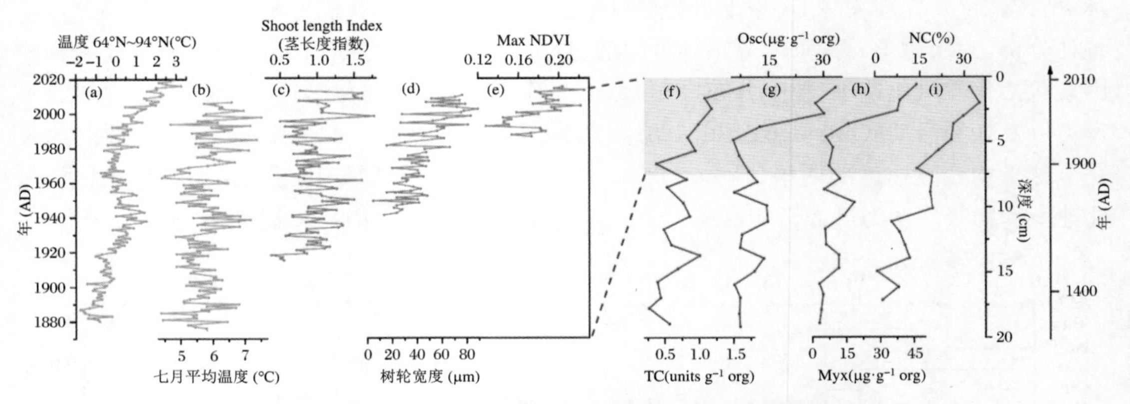

图13.5　近百年来高北极地区温度、植被和初级生产力的变化历史

考虑到化学风化速率与气候条件密切相关，并可能强烈影响沉积物的元素地球化学组成（Garzanti，Retiini，2015；Yang et al.，2018a），本研究采用化学蚀变指数，即CIA评价湖泊沉积物剖面LDL和YL的化学风化程度。CIA值的计算公式如下：$CIA=[m_{Al_2O_3}/(m_{Al_2O_3}+m_{CaO*}+m_{Na_2O}+m_{K_2O})]\times100$，其中$m_{CaO*}$仅代表硅酸盐矿物中CaO的含量。沉积柱LDL的CIA值为55～63，平均为58；沉积柱YL的CIA值为67～70，平均为69。从图13.2和图13.3可以看出，LDL和YL沉积柱的CIA值在沉积柱顶部7 cm段都呈现迅速增加的趋势，而在7 cm以下部分的CIA值波动较小。因此，沉积柱LDL和YL顶部CIA值的增加表明化学风化速率的增强，这与近几十年来气候快速变暖是一致的。

湖泊沉积记录中的TOC含量已被广泛用于古气候的辅助指标（Choudhary et al.，2010；Kigoshi et al.，2014；Melles et al.，2007；Yang et al.，2018a；Yoon et al.，2006）。沉积物剖面LDL和YL的TOC含量在垂向上也呈现出逐渐增加的趋势（图13.2和图13.3），这与CIA的变化趋势一致。因此，近几十年来，大量的有机物可能被输送到湖泊中。由于北极地区植被特别容易受到温度变化的影响（Macias-Fauria et al.，2012），在斯瓦尔巴群岛的不同生态系统中可以观察到植被生物量与夏季温度之间存在显著的关系（van der Wal，Stien，2014）。这很可能与斯瓦尔巴群岛的海洋条件所形成的云层覆盖有关，使得夏季气温成为指示光可利用性的有效指标，进而可以很好地指示植物生产力。极地柳树纹层平均宽度、格陵兰四棱岩须的根长和斯瓦尔巴群岛部分地区（78°N）植被指数的变化记录在过去的几十年里均呈上升趋势（图13.5），这也进一步证实了植被生产力的提高。此外，湖泊沉积柱中记录的类胡萝卜素、藻黄素、叶黄素和叶绿素的含量也在过去200年里逐渐增加（图13.5），表明新奥尔松地区的湖泊初级生产力不断提高（Jiang et al.，2011a，2011b）。因此，沉积柱

顶部 TOC 含量的逐渐增加很可能与近几十年来快速气候变暖导致的植物生物量和湖泊初级生产力的增加有关。

由于沉积柱 LDL 和 YL 中大部分微量元素(Cu、Zn、Co、Ni、Cr)和常量元素(Sr、Ba、Ti、K_2O、Na_2O、MgO、Fe_2O_3、Al_2O_3)的含量在沉积柱上部均呈下降趋势,异于常规认知。为了探究元素垂向分布异常的影响因素,对各种元素含量的数据进行聚类分析和主成分分析(图 13.4)。沉积柱 LDL 中 17 种元素(Cu、Zn、Pb、Co、Ni、Cr、Sr、Ba、Mn、P、Ti、K_2O、Na_2O、CaO、MgO、Fe_2O_3、Al_2O_3)、CIA 和 TOC 含量的聚类结果表明,指标 Pb、P、CIA 和 TOC 聚在一起(图 13.4(a));沉积柱 YL 也得到了类似的结果,Pb、P、TOC、CaO 聚在一起(图 13.4(c))。此外,对这些地球化学参数进行了主成分分析(图 13.4(b)和(d)),结合聚类分析和主成分分析结果,Pb、P、CaO、CIA 和 TOC 可能受到相似的环境地球化学过程和影响因素的控制,元素成分的垂向分布特征也进一步证实了这一点(图 13.2 和图 13.3)。在此基础上,我们提出了影响偏远湖泊沉积柱元素垂向分布异常的潜在原因。近几十年来,北极地区气候变暖的速度是全球平均速度的两倍(Cohen et al.,2014),快速变暖的气候可能会进一步加速局部的化学风化速率(Garzanti,Resentini,2015;Qiao et al.,2009;Yang et al.,2018a)。考虑到研究区地质背景中灰岩所占比例较高(Hisdal,1998;Yuan et al.,2010),近几十年高的风化率可能导致湖泊沉积物中 Ca 含量逐渐增加。更重要的是,北极地区气候变暖可以促进植被生长和初级生产力的提高(Alsos et al.,2016;Prasad et al.,2016;van der Wal,Stien,2014;Yang et al.,2019;Yang et al.,2018b)。因此,更多的有机质可以被输送到湖泊中,这与 TOC 含量的快速增加是一致的。此外,采样位置附近栖息着大量海鸟,海鸟粪便中磷含量较高,可作为植被重要的营养来源。从野外照片(图 13.1)可以看出,采样区周围有大量的苔原植物,快速增加的 P 输入可以进一步促进研究区植被的繁殖和初级生产力提高。因此,沉积物剖面上部有机质和 CaO 的高含量很可能稀释了其他元素的浓度。值得注意的是,Pb 含量迅速增加的趋势与新奥尔松地区的汽油发电机和来自欧洲的远距离大气输送有关(Boyle et al.,2004;Halbach et al.,2017;Yang et al.,2020),并且沉积柱中 Pb 含量与斯匹次卑尔根群岛偏远地区表层土壤样品 Pb 含量基本一致(Halbach et al.,2017)(表 13.1)。研究表明,气候变暖对偏远湖泊无机元素地球化学分布的影响不容忽视。

参考文献

Abramova A,Chernianskii S,Marchenko N,et al.,2016. Distribution of polycyclic aromatic hydrocarbons in snow particulates around Longyearbyen and Barentsburg settlements,Spitsbergen[J]. Polar Record,52:645-659.

Alsos I G,Sjögren P,Edwards M E,et al.,2016. Sedimentary ancient DNA from Lake Skartjørna,Svalbard:Assessing the resilience of arctic flora to Holocene climate change[J]. The Holocene,26:627-642.

Aubail A,Dietz R,Rigét F,et al.,2012. Temporal trend of mercury in polar bears (*Ursus maritimus*) from Svalbard using teeth as a biomonitoring tissue[J]. Journal of Environmental Monitoring,14:56-63.

Birks H J B,Jones V J,Rose N L,2004. Recent Environmental Change and Atmospheric Contamination on Svalbard as Recorded in Lake Sediments:an Introduction[J]. Journal of Paleolimnology,31:403-410.

Boyle J F, Rose N L, Appleby P, et al., 2004. Recent environmental change and human impact on Svalbard: the lake-sediment geochemical record[J]. Journal of Paleolimnology, 31: 515-530.

Buchwal A, Rachlewicz G, Fonti P, et al., 2013. Temperature modulates intra-plant growth of *Salix polaris* from a high Arctic site (Svalbard) [J]. Polar Biology, 36: 1305-1318.

Choudhary P, Routh J, Chakrapani G J, 2010. Organic geochemical record of increased productivity in Lake Naukuchiyatal, Kumaun Himalayas, India[J]. Environmental Earth Sciences, 60: 837-843.

Cohen J, Screen J A, Furtado J C, et al., 2014. Recent Arctic amplification and extreme mid-latitude weather[J]. Nature Geoscience, 7: 627-637.

Dong M, Chen W, Chen X, et al., 2021. Geochemical markers of the Anthropocene: perspectives from temporal trends in pollutants[J]. Science of The Total Environment, 763: 142987.

Førland E J, Benestad R, Hanssen-Bauer I, et al., 2011. Temperature and precipitation development at Svalbard 1900-2100[J]. Advances in Meteorology, 2011: 893709.

Fenstad A A, Bustnes J O, Lierhagen S, et al., 2017. Blood and feather concentrations of toxic elements in a Baltic and an Arctic seabird population[J]. Marine Pollution Bulletin, 114: 1152-1158.

Fuglei E, Bustnes J O, Hop H, et al., 2007. Environmental contaminants in arctic foxes (*Alopex lagopus*) in Svalbard: relationships with feeding ecology and body condition [J]. Environmental Pollution, 146: 128-138.

Garzanti E, Resentini A, 2015. Provenance control on chemical indices of weathering (Taiwan river sands) [J]. Sedimentary Geology, 336: 81-95.

Halbach K, Mikkelsen Ø, Berg T, Steinnes E, 2017. The presence of mercury and other trace metals in surface soils in the Norwegian Arctic[J]. Chemosphere, 188: 567-574.

Hao Z L, Wang F, Yang H Z, 2013. Baseline values for heavy metals in soils on Ny-Ålesund, Spitsbergen Island, Arctic: the extent of anthropogenic pollution[J]. Advanced Materials Research: 1260-1265.

IPCC, 2014. Climate change 2014: synthesis report[R]. Geneva, Switzerland: Contribution of Working Groups Ⅰ, Ⅱ and Ⅲ to the Fifth Assessment Report of the Intergovernmental Panel on Climate Change: 151.

Jia N, Sun L, He X, et al., 2012. Distributions and impact factors of antimony in topsoils and moss in Ny-Ålesund, Arctic[J]. Environmental Pollution, 171: 72-77.

Jiang S, Liu X, Chen Q, 2011. Distribution of total mercury and methylmercury in lake sediments in Arctic Ny-Ålesund[J]. Chemosphere, 83: 1108-1116.

Jiang S, Liu X, Sun J, et al., 2011. A multi-proxy sediment record of late Holocene and recent climate change from a lake near Ny-Ålesund, Svalbard[J]. Boreas, 40: 468-480.

Kigoshi T, Kumon F, Hayashi R, et al., 2014. Climate changes for the past 52 ka clarified by total organic carbon concentrations and pollen composition in Lake Biwa, Japan[J]. Quaternary International, 333: 2-12.

Kim J H, Peterse F, Willmott V, et al., 2011. Large ancient organic matter contributions to Arctic marine sediments (Svalbard)[J]. Limnology and Oceanography, 56: 1463-1474.

Kozak K, Polkowska Ż, Luks B, et al., 2016. Arctic catchment as a sensitive indicator of the environmental changes: distribution and migration of metals (Svalbard) [J]. International Journal of Environmental Science and Technology, 13: 2779-2796.

Krajcarová L, Novotný K, Chattová B, et al., 2016. Elemental analysis of soi and Salix polaris in the town of Pyramiden and its surroundings (Svalbard)[J]. Environmental Science and Pollution Research, 23:

10124-10137.

Liu X, Jiang S, Zhang P, et al., 2012. Effect of recent climate change on Arctic Pb pollution: a comparative study of historical records in lake and peat sediments[J]. Environmental Pollution, 160: 161-168.

Lu Z, Cai M, Wang J, et al., 2013. Levels and distribution of trace metals in surface sediments from Kongsfjorden, Svalbard, Norwegian Arctic[J]. Environmental Geochemistry and Health, 35: 257-269.

Macias-Fauria M, Forbes B C, Zetterberg P, et al., 2012. Eurasian Arctic greening reveals teleconnections and the potential for structurally novel ecosystems[J]. Nature Climate Change, 2: 613-618.

Melles M, Brigham-Grette J, Glushkova O Y, et al., 2007. Sedimentary geochemistry of core PG1351 from Lake El'gygytgyn: a sensitive record of climate variability in the East Siberian Arctic during the past three glacial-interglacial cycles[J]. Journal of Paleolimnology, 37: 89-104.

Norheim G, Skaare J U, Wiig Ø, 1992. Some heavy metals, essential elements, and chlorinated hydrocarbons in polar bear (*Ursus maritimus*) at Svalbard[J]. Environmental Pollution, 77: 51-57.

Outridge P M, Sanei H, Mustaphi C, et al., 2017. Holocene climate change influences on trace metal and organic matter geochemistry in the sediments of an Arctic lake over 7000 years[J]. Applied Geochemistry, 78: 35-48.

Prasad S, Mishra P K, Menzel P, et al., 2016. Testing the validity of productivity proxy indicators in high altitude Tso Moriri Lake, NW Himalaya (India) [J]. Palaeogeography, Palaeoclimatology, Palaeoecology, 449: 421-430.

Qiao Y, Zhao Z, Wang Y, et al., 2009. Variations of geochemical compositions and the paleoclimatic significance of a loess-soil sequence from Garzê County of western Sichuan Province, China[J]. Chinese Science Bulletin, 54: 4697-4703.

Rose N L, Rose C, Boyle J F, et al., 2004. Lake-sediment evidence for local and remote sources of atmospherically deposited pollutants on Svalbard[J]. Journal of Paleolimnology, 31: 499-513.

Rudnick R L, Gao S, 2003. Composition of the continental crust[J]. Treatise on Geochemistry, 3: 659.

Sagerup K, Savinov V, Savinova T, et al., 2009. Persistent organic pollutants, heavy metals and parasites in the glaucous gull (*Larus hyperboreus*) on Spitsbergen[J]. Environmental Pollution, 157: 2282-2290.

Sander G, Holst A, Shears J, 2006. Environmental impact assesment of the research activities in Ny-Ålesund [EB/OL]. http://hdl.handle.net/11250/172971.

Smol J P, Wolfe A P, Birks H, et al., 2005. Climate-driven regime shifts in the biological communities of arctic lakes[C]. Proceedings of the National Academy of Sciences of the United States of America, 102: 4397-4402.

Sonne C, Aspholm O, Dietz R, et al., 2009. A study of metal concentrations and metallothionein binding capacity in liver, kidney and brain tissues of three Arctic seal species[J]. Science of The Total Environment, 407: 6166-6172.

Sun L, Yuan L, Jia N, et al., 2010. Sb Pollution in the Soil, Moss and Sediments of Ny-Ålesund, Svalbard, Arctic[EB/OL]. http://www.paper.edu.cn/releasepaper/content/201001-201468.

van der Wal R, Stien A, 2014. High-arctic plants like it hot: a long-term investigation of between-year variability in plant biomass[J]. Ecology, 95: 3414-3427.

Varol M, Canpolat Ö, Eri K K, et al., 2020. Trace metals in core sediments from a deep lake in eastern Turkey: vertical concentration profiles, eco-environmental risks and possible sources[J]. Ecotoxicology and Environmental Safety, 189: 110060.

Vickers H, Høgda K A, Solbø S, et al., 2016. Changes in greening in the high Arctic: insights from a 30 year AVHRR max NDVI dataset for Svalbard[J]. Environmental Research Letters, 11: 105004.

Weijers S, Broekman R, Rozema J, 2010. Dendrochronology in the High Arctic: July air temperatures reconstructed from annual shoot length growth of the circumarctic dwarf shrub Cassiope tetragona[J]. Quaternary Science Reviews, 29: 3831-3842.

Weijers S, Buchwal A, Blok D, et al., 2017. High Arctic summer warming tracked by increased Cassiope tetragona growth in the world's northernmost polar desert[J]. Global Change Biology, 23: 5006-5020.

Yang Z K, Sun L G, Zhou X, et al., 2018a. Mid-to-late Holocene climate change record in palaeo-notch sediment from London Island, Svalbard[J]. Journal of Earth System Science, 127: 57.

Yang Z K, Wang J J, Yuan L X, et al., 2019. Total photosynthetic biomass record between 9400 and 2200 BP and its link to temperature changes at a High Arctic site near Ny-Ålesund, Svalbard[J]. Polar Biology, 42: 991-1003.

Yang Z K, Wang Y H, Sun L G, 2018b. Records in palaeo-notch sediment: changes in palaeoproductivity and their link to climate change from Svalbard[J]. Advances in Polar Science, 29: 243-253.

Yang Z K, Yuan L X, Xie Z Q, et al., 2020. Historical records and contamination assessment of potential toxic elements (PTEs) over the past 100 years in Ny-Ålesund, Svalbard[J]. Environmental Pollution, 266: 115205.

Yoon H, Khim B, Lee K, et al., 2006. Reconstruction of postglacial paleoproductivity in Long Lake, King George Island, West Antarctica[J]. Polish Polar Research, 27: 189-206.

Yuan L X, Sun L G, Long N Y, et al., 2010. Seabirds colonized Ny-Ålesund, Svalbard, Arctic ~9400 years ago[J]. Polar Biology, 33: 683-691.

Zhan J Q, Gao Y, Li W, et al., 2014. Effects of ship emissions on summertime aerosols at Ny-Ålesund in the Arctic[J]. Atmospheric Pollution Research, 5: 500-510.

Zhang T, Wei X L, Zhang, Y Q, et al., 2015. Diversity and distribution of lichen-associated fungi in the Ny-Ålesund Region (Svalbard, High Arctic) as revealed by 454 pyrosequencing[J]. Scientific Reports, 5: 14850.

第14章 气候变化对北极甲烷排放的影响

谢周清 俞娟 何鑫 余夏薇 孙立广

CH_4是一种重要的温室气体(Dickinson,Cicerone,1986),大气滞留寿命约为12.4年,其温室效应增温潜势(GWP_{100})是CO_2的28倍(IPCC AR5,2014),温室效应潜力远远高于CO_2。甲烷也是一种活性气体,在对流层和平流层的化学反应中起重要作用(Cicerone,Oremland,1988)。对流层中的CH_4可以被OH自由基氧化,形成HCHO、O_3、CO和水汽等,从而影响大气的氧化能力。平流层中的CH_4与Cl反应,影响平流层O_3的大气化学过程。

北冰洋沉积物中储藏了大量的有机碳,冻土地带和冰川区域下埋藏着巨大的CH_4(储量可达1200 pg C,全球大气中的CH_4储量仅为5 pg C)(李玉红,2014),从而成为潜在的甲烷排放源,但由于广泛存在的永久冻土层和低温阻碍了CH_4的产生和释放,因而早期的研究往往忽视了这部分排放。近年来随着北极永冻层的逐渐融化,大量的甲烷从永冻土中释放出来。Shakhova等(2010)测算了2003—2008年期间西伯利亚北极大陆架水体以及大气中的甲烷含量,结果表明北极地区甲烷平均浓度为1.85×10^{-6},为40万年来最高,同时也是现今全球大气平均甲烷浓度的3倍,而东西伯利亚北极大陆架地区大气中甲烷浓度更是高达2×10^{-6}。

2019年全球地表大气中的甲烷平均浓度为$(1866.3\pm3.3)\times10^{-9}$,比2011年高出3.5%,比工业革命以前大气甲烷浓度水平高出156%(IPCC AR6,2021)。根据美国国家海洋和大气管理局(NOAA)编制的数据,2021年9月,大气中的甲烷平均浓度达到创纪录的1.9×10^{-6},是近40年来的最高纪录。北极海冰面积以每十年3.5%~4.1%的速度融化(Box et al.,2019),随着开阔海域的增加,CH_4的排放量显著增多,尤其在夏季,北极海域可能是大气CH_4的强源(Kort et al.,2012b)。北极的快速变化对甲烷排放的影响不容忽视。

14.1 极地甲烷源汇及研究现状

14.1.1 极地甲烷的源和汇

甲烷不同于二氧化碳,它是由广泛的自然源和人为源直接释放到大气环境中。其中人为源包括化石燃料的燃烧、生物质燃烧、稻田、反刍动物和废物降解等,自然源主要包括湿地、海洋、河口、河流、冻土、天然气、白蚁类、地质来源(如火山)等(Anderson et al.,2010;

Khalil,2000)。甲烷来源又可分为生物源和非生物源,生物源主要是来自细菌的厌氧分解产气及对有机物的降解,非生物源释放如天然气产生、传输、分布过程中出现泄漏,或者来自煤矿等(Wuebbles,Hayhoe,2002)。与甲烷的大量源相比,对流层中的甲烷的主要汇是通过与OH自由基(·OH)反应消耗,·OH主要是对流层中臭氧和水汽的光解形成的,它是对流层中大多数污染物的主要氧化剂,包括CO、NO_x及有机化合物等(Crutzen,1995)。由·OH氧化甲烷比例接近90%,这使得·OH浓度成了甲烷在大气环境中去除速率的最重要的决定因素(Kirschke et al.,2013;Wuebbles,Hayhoe,2002)。其他甲烷的汇还包括嗜甲烷氧化菌、海洋边界层汇中来自海盐的Cl自由基(·Cl)及平流层的·Cl和O自由基(·O)等Allan et al.,2007;Cicerone,Oremland,1988;Curry,2007)。

目前,有研究表明,由于浮游生物的作用及海底沉积物释放等,全球大部分海洋的表层水处于甲烷过饱和状态(Cicerone,Oremland,1988),因此,海洋可以看作甲烷的排放源。海洋中的甲烷主要来自产甲烷微生物代谢及甲烷水合物的泄漏。产甲烷微生物是一种严格的厌氧微生物,在海洋沉积物中可以将沉积物中的有机碳还原形成甲烷(Damm et al.,2008)。而海水中含有悬浮颗粒物,又为产甲烷菌提供了丰富的有机碳营养物和厌氧微环境,从而使产甲烷菌能够在富含氧的海水表层产生甲烷(Karl,Tilbrook,1994)。此外,地球上最大自然气体累积形式就是气体水合物,许多海域的海底埋藏了大量的气体水合物,主要发现它们在大陆沉积外的沿岸,较小程度上如极地的冻土,这些水合物存储是亚稳定的、动态的,因此,甲烷会从这些水合物中泄漏出来(Kvenvolden,1988;Kvenvolden,1995)。通过对水合物气体组分及来自气体水合物样品中甲烷组分中碳同位素的测试,发现水合物笼状结构内含有甲烷分子,甲烷主要是微生物还原沉积的有机物中的CO_2产生的,这些水合物包含大于~99%的甲烷,而$\delta^{13}C_{PDB}$变化范围从-57‰到-73‰(Kvenvolden,1995)。然而还存在有地热来源产生的甲烷存在于气体水合物中,如墨西哥湾和里海发现的气体水合物主要是地热源产生的甲烷,气体水合物中甲烷含量为21%~97%,同位素$\delta^{13}C_{PDB}$变化范围为-29‰~-57‰。其他地区可能还有微生物和地热源的共同作用产生的甲烷,但微生物源产生的甲烷总是起主要作用(Kvenvolden,1995;Kvenvolden,Rogers,2005)。因此,基于对甲烷来源的研究,不同区域的海洋大气甲烷的时空变化特征吸引着人们的注意。

北冰洋沉积物中储藏了大量的有机碳(Gramberg et al.,1985),从而成为潜在的甲烷排放源,但由于广泛存在的永久冻土层和低温阻碍了甲烷的产生和释放,因而早期的研究往往忽视了这部分排放。最近,北极陆架海受到了广泛关注:包括东西伯利亚和拉普捷夫海(Shakhova,Semiletov,2007;Shakhova et al.,2010)、巴伦支海(Damm et al.,2008;Damm et al.,2005;Damm et al.,2007;Lammers et al.,1995;Savvichev et al.,2004)、波弗特(Kvenvolden et al.,1993;Macdonald,1976)以及西北航道(Kitidis et al.,2010)。有研究表明,由于热熔岩作用(thermokarst taliks)、生物生产、河流输入等因素的影响,使北极陆架海成为一个重要的甲烷排放源(Shakhova,Semiletov,2007)。Damm等(2008)还研究了北极海域浮游微生物利用二甲巯基丙酸内盐(DMSP)代谢产生甲烷的过程。但目前对北极海域甲烷排放的研究多集中在陆架海域,由于常年海冰覆盖的影响,在北极中心海域开展的相关研究较少。Damm等(2010)研究发现,在北极中心海域氮磷比低的源自太平洋的表层水团中浮游微生物可以利用DMSP产生甲烷。此外,由于北极地区广泛存在的冻土层含有大

量的有机碳，使北极苔原成为一个潜在的巨大甲烷源（Berestovskaya et al.，2005；von Fischer et al.，2010），北极的湖泊也是排放甲烷的重要场所（Walter et al.，2008）。

14.1.2　甲烷的时空变化和研究现状

冰芯的记录可以让我们知道历史时期大气甲烷的浓度变化情况，而现代大气甲烷浓度系统监测最早开始于1978年（Vogels，1979）。结合冰芯结果和现代观测结果发现大气中甲烷的浓度水平在工业革命以前约7.15×10^{-7}，随后开始增长（IPCC，2007），但到1999年以后增长速率开始下降，出现一个稳定的时期（Dlugokencky et al.，1992），而到2007年大气甲烷的观测结果显示甲烷浓度又以10 $nmol\cdot mol^{-1}\cdot yr^{-1}$的速率增加（Rigby et al.，2008；Sussmann et al.，2012）。有研究者结合模型推断1999—2006年期间，甲烷浓度处于稳定状态很大可能是由于化石燃料的释放趋于逐渐减少到达至稳定状态，而2006年以后甲烷浓度再增加，则可能是自然湿地释放和化石燃料释放增加引起的，但对于这两个来源的相对贡献率仍不清楚（Kirschke et al.，2013）。在空间范围上，大气甲烷存在着显著的南北半球的差异，有研究表明北半球的大气甲烷的平均浓度比南半球要高$8\times10^{-8}\sim10^{-7}$，约5%，这也反映了北半球是甲烷的较大的源（Rasmussen，Khalil，1984；Wahlen，1993）。

Ehhalt首次确定了甲烷作为源和汇对大气存储库的贡献（Ehhalt，1974）。然后，在南北半球出现了大量的甲烷浓度及$\delta^{13}C\text{-}CH_4$的测量（Quay et al.，1999）。这些研究主要提供了关于甲烷及$\delta^{13}C\text{-}CH_4$的季节循环、源、汇及浓度长期变化趋势的信息（Quay et al.，1999；Tyler et al.，2007）。然而，大部分的观测主要集中于陆地的观测，陆地观测总是难以避免当地污染，而这种陆地污染在海洋地区则会减少。最早在北大西洋和太平洋海区的大气甲烷的观测发现大气甲烷在30°N开始呈现下降趋势，这种下降趋势一直延伸到20°S（Ehhalt，1978）。作为对比，在南大西洋地区用船舶作为载体采集的空气样品中，大气甲烷并没有明显的纬度变化趋势（Alvala et al.，2004）。另外一个在太平洋调查大气$\delta^{13}C\text{-}CH_4$的研究中发现$\delta^{13}C\text{-}CH_4$有3个不同的纬度分布带（Lowe et al.，1999）。甲烷和$\delta^{13}C\text{-}CH_4$的纬度变化对于理解控制它们变化的化学、动力学过程有着重要作用。在高纬度地区，有研究表明了北冰洋表层海水和欧洲沿岸地区的甲烷是过饱和的（Bange，2006；He et al.，2013；Kort et al.，2012a）。然而，海洋边界层从中纬度地区到高纬地区大气甲烷的浓度数据及$\delta^{13}C\text{-}CH_4$的观测极度缺乏，尤其是目前气候变暖对于北冰洋地区海洋的物理和化学特征都有着重要的影响。

14.2　研究区域

北冰洋是世界上最小、最浅的大洋，位于地球的最北端，被欧亚大陆和北美大陆所围绕着，一边通过白令海峡与太平洋相连，另一边又通过挪威海、格陵兰海及加拿大群岛-巴芬湾与大西洋相通。北冰洋面积约为1.31×10^{7} km^2，占世界海洋总面积的3.65%，平均水深为

1296 m。北冰洋有宽广的大陆架，陆架主要集中在欧亚大陆一侧，这种大陆架面积在其他大洋中不超过10%，但占了北冰洋总面积的33.6%。北冰洋陆架有众多边缘海和陆间海，包括巴芬湾、波弗特海、楚科奇海、东西伯利亚海、拉普捷夫海、喀拉海、巴伦支海、挪威海、格陵兰海等。本小节研究的北冰洋是指纬度大于66.5°N(北极圈)的海区。

北冰洋的温盐结构特征与其他大洋不同，主要表现为表层水温低、盐度低；中层水温高、盐度高，在100～200 m之间长年存在一个盐跃层(史久新，赵近平，2003)。北冰洋表层水结构复杂，受到太平洋入流的水、沿岸径流水、冰雪融水的影响，径流水和冰融化水是淡水输入，从而影响北冰洋表层水的特征。

北冰洋一个是半封闭的海洋，大西洋水体会通过弗莱姆海峡和巴伦支海进入北冰洋，由于高盐度和较大的密度，大部分的海水会在斯瓦尔巴群岛北部下沉，然后进入北冰洋的深海盆循环，形成深层水和底层水(Aagaard et al.,1985;Rudels et al.,1999)。而另一边，太平洋海水会经白令海峡进入北冰洋的白令海，太平洋水进入白令海后分3支：一支从东面沿着阿拉斯加沿岸到巴罗，然后向东沿着陆坡流向格陵兰岛北部，这支水流只有很少部分在地形变化区因涡旋剪切作用进入海盆；另外两支流入楚克奇海陆架，通过两条深水道即Herald峡谷与中央水道，大部分太平洋入流的海水进入加拿大海盆，一部分参与波弗特涡旋，一部分穿过加拿大群岛进入北大西洋，还有一部分成为穿极流，由弗莱姆海峡进入大西洋(Jones et al.,1998;Steele et al.,2004)。

北冰洋海水占全球1%，但河水输入的径流量占全球径流量的11%(Shiklomanov et al.,2000)。径流可分为地面径流、地下径流和壤中流，地面径流从狭义上来说就是河川径流。环北极地区河流众多，每年从欧亚大陆及北美大陆输入的径流约为3300 km^3(Aagaard,Carmack,1989)，按地理区域可将淡水来源划分为十大流域，如图14.1所示，分别为南北哈德森湾和詹姆士湾(Southern,Eastern Hudson Bay;James Bay)、纳尔逊盆地(Nelson Basin)、西部和西北部哈德森湾(West,North West Hudson Bay)、麦肯齐河(Mackenzie)、育空河盆地(Yukon Basin)、科累马河(Kolyma)、勒拿河(Lena)、叶尼塞河(Yenisei)、鄂毕河(Ob)、巴伦支海(Barents Sea)。其中，图中编号1～3的淡水流入哈德森湾，而区域4～10的淡水流入北冰洋。鄂毕河、叶尼塞河、勒拿河和麦肯齐河的河流流量占北极地区总流量的68%(Grabs et al.,2000)。北极径流有着明显的季节变化，一般来说11月到第二年的4月流量小，在三四月份达到最低值，进入融冰期后流量开始增大，峰值流量在6月份，6月以后流量开始逐渐减小。

海冰在北冰洋占据了极其重要的地位，冬季整个北冰洋几乎被海冰覆盖，而到了夏季海冰面积则达到最小。海冰对于北冰洋的海气系统起着重要作用，海水反照率相对于海冰来说相对较小，海冰的存在能增加反照率，使得太阳短波辐射无法进入海洋，海水温度不能升高。海冰具有一定的阻挡作用，它可以阻挡海洋和大气的物质和能量的交换，因此，即使大气环境出现剧烈的变化，海冰下的环境也不会发生太多的响应。然而，海冰融化时会有大量的潜热促进海气交换(卞林根，2003)，并且还会降低海水盐度。此外，北冰洋有着活跃的生命活动，北冰洋冰下在自然条件下会出现春季藻类暴发(Burt et al.,2013)，这种暴发的浮游藻类在北冰洋的夏季的海冰下也看得见(Arrigo et al.,2012)。近年来，北冰洋的环境发生了显著变化，气温持续升高，是全球升温最快的一个区域(Polyakov et al.,2003)，海冰加速

消退(Comiso et al.,2008),海表面温度也在上升(Steele et al.,2008)。研究发现北冰洋夏季海冰面积正以约10%的速度减小(Stroeve et al.,2012)。海冰面积的减少会增加海气交换,可能对当地的大气化学性质和气候变化产生影响。此外,北冰洋海水受到大量河流径流输入的影响,这些陆源输入水体及融化的冰雪融水会增加水体中的有机物和营养物,增加初级生产力(Ertel et al.,1986;Jones et al.,1998),由此带来了一系列北冰洋碳汇的变化(Bates,2006)。

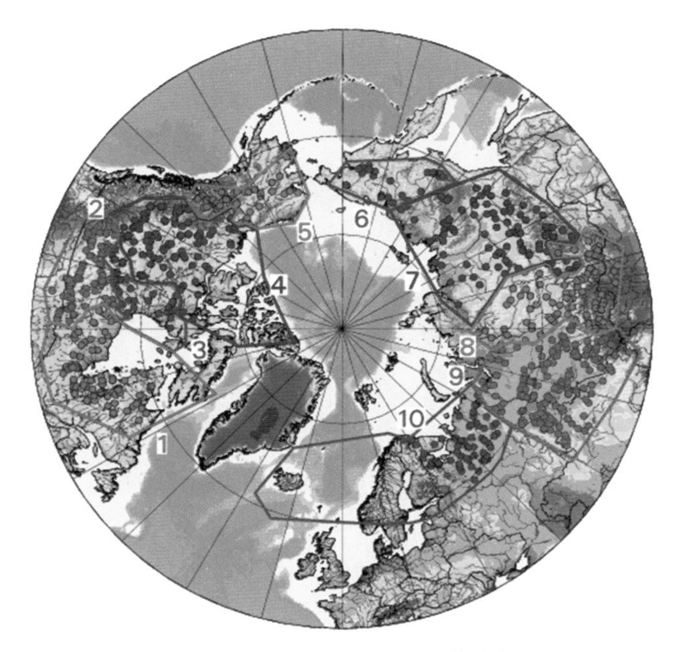

1. 南北哈德森湾和詹姆士湾
2. 纳尔逊盆地
3. 西部和西北部哈德森湾
4. 麦肯齐河
5. 育空河盆地
6. 科累马河
7. 勒拿河
8. 叶尼塞河
9. 鄂毕河
10. 巴伦支海

图 14.1　环北极主流域地形图(引自 www.r-arcticnet.srunh.edu)

14.3　北冰洋海冰气界面甲烷排放及影响机制

14.3.1　样品采集

本研究基于中国第4次北极科学考察开展,于2010年7月1日开始至9月20日结束,考察区域包括白令海、白令海峡、楚科奇海、加拿大海盆、门捷列夫海岭、弗莱彻深海平原海域、北极点附近海域等。本研究涉及的区域包括考察航线(上海—北极)以及北冰洋中心海域的6个短期冰站和1个长期冰站。

在北冰洋的短期(不超过2 h)冰站和长期(10天左右)冰站上,用密闭箱法进行了温室气体通量的测定。采样位置如图 14.2 所示。在中国第四次北极科学考察航线上，用真空瓶采集了沿航线的大气样品，采样位置如图 14.3 所示。共采集密闭箱气体样品 100 份，真空瓶采集航线大气样品 116 份。

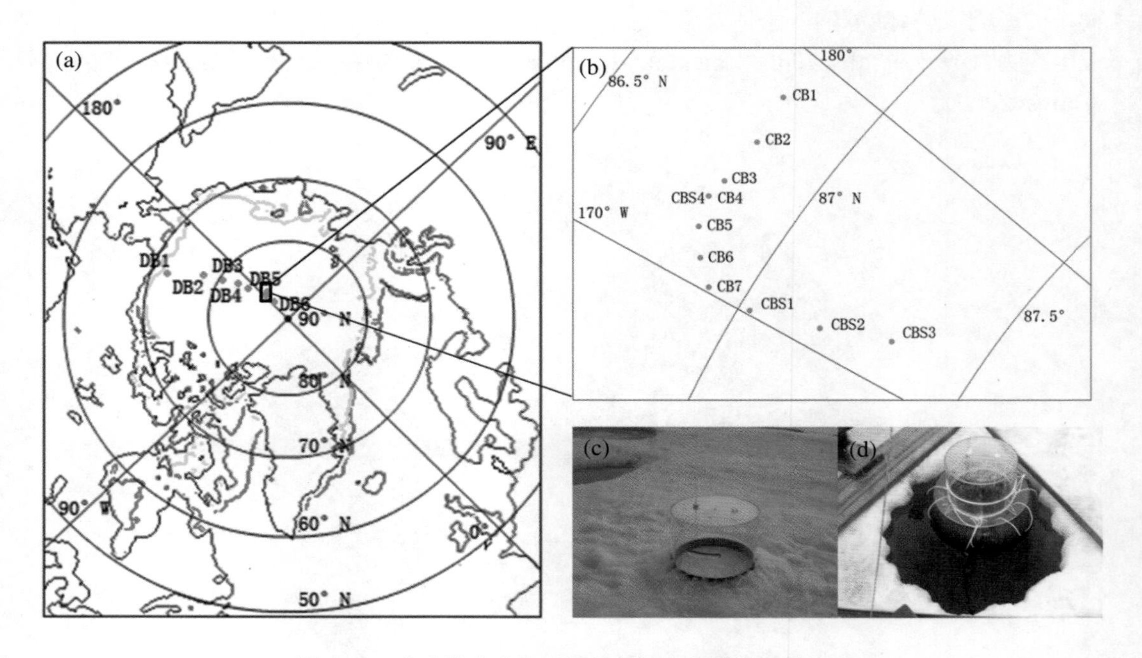

图 14.2　北冰洋中心海域甲烷气体密闭箱样品采集

(a)、(b)为采样点位置，(a)中红色和黄色线条分别表示 2010 年 7 月和 8 月北极海冰中值覆盖范围(据美国国家冰雪数据中心 NSIDC)；(c)、(d)为采样照片。

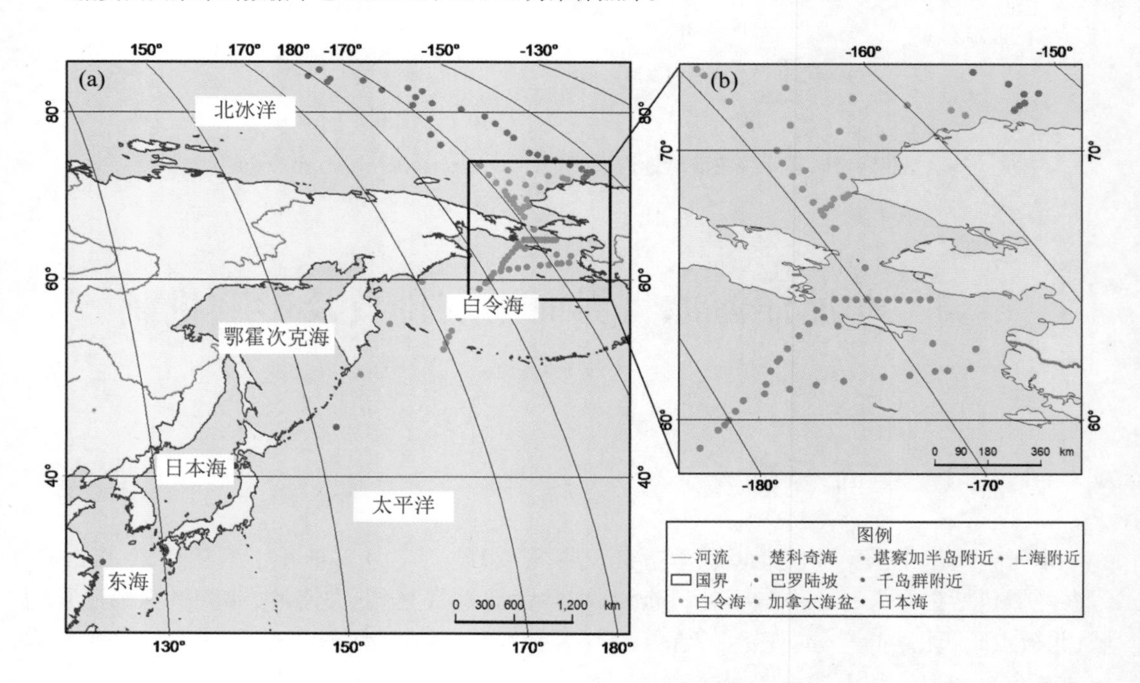

图 14.3　上海—北极航线大气甲烷样品采集

密闭箱法是研究生源气体排放的一种传统方法，Sun 等(2002)利用该法在南极法尔兹半岛研究了极地苔原的甲烷和氧化亚氮排放及企鹅排泄物的影响。该方法主要用于陆地生态系统气体排放的研究，在非陆地环境中的应用相对较少，如 Semiletov 等(2004)在研究北极冰上湖(melt pond)对于二氧化碳气体的吸收时采用了密闭箱法，此外还有海冰(Nomura et al.，2010)、海洋(Frankignoulle，1988)。

在短期冰站和长期冰站上，均测定了海冰覆盖条件下的温室气体通量(DB1-DB6 和 CB1-CB7)，采用的是较小的圆柱形密闭箱，直径为 0.4 m，高为 0.3 m(图 14.2(c))。在长期冰站上，在 4 个地点挖开海冰，进行了冰下海水的温室气体通量的测定(CBS1-CBS4)，采用的是较大的圆柱形密闭箱，直径为 0.4 m，高为 0.5 m，在该密闭箱内下部有一个环形外缘，可以将其固定在轮胎上，以使该密闭箱可以浮在水面上，并保证密闭箱下缘刚好浸入水中(图 14.2(d))。安装好密闭箱后，立即将其中的气体转移到一个 17.5 mL 的真空瓶中(0 时刻)，之后每隔一段时间重复一次(在前一小时内，时间间隔通常为 20 min 或 30 min，之后时间间隔加长)。

14.3.2　样品测试和通量计算方法

所采样品均在中国科学院南京土壤研究所用 HP5890Ⅱ气相色谱仪测定了甲烷的含量。甲烷的测定以氮气为载气，空气为燃烧气，氢气为助燃气。甲烷标样浓度为 2.098×10^{-6} V，测定误差≤2%。

采用线性模型计算 CH_4 气体排放通量，计算公式如下：

$$P=\rho\cdot H\cdot\frac{\mathrm{d}c}{\mathrm{d}t}\cdot\frac{273}{273+t}$$

其中，P 是 CH_4 的排放通量，单位是 $mg\cdot m^{-2}\cdot h^{-1}$；$\rho$ 是标准状况下 CH_4 的密度($0.714\ kg\cdot m^{-3}$)；H 是密闭箱的高度，单位是 m；$\mathrm{d}c/\mathrm{d}t$ 是密闭箱内气体浓度随时间的变化梯度，单位是 $10^{-6}\ V\cdot h^{-1}$；t 是密闭箱内的平均温度，单位是℃。

为了消除偶然的异常数据对结果的影响，对 CH_4 的航线大气数据和冰站密闭箱数据分别计算平均值和标准差，将 3 倍标准偏差以外的数据排除(约占总数据的 2%)之后再进行相应的计算和分析。为了减少由于密闭箱覆盖改变其上方空气自然状态而引起的偏差，仅采用最初 1 小时内甲烷浓度的变化来计算其通量。

14.3.3　海冰覆盖区和冰下海水的甲烷通量

14.3.3.1　海冰覆盖区的甲烷通量

海冰覆盖区甲烷平均通量为 $-1.8\times10^{-4}\ mg\cdot m^{-2}\cdot h^{-1}$，但是不同地点差异很大，从 $-0.039\ mg\cdot m^{-2}\cdot h^{-1}$ 到 $0.032\ mg\cdot m^{-2}\cdot h^{-1}$，其中表现排放和吸收的采样点的数量大致相同(图 14.4)。说明本研究区域中，海冰对甲烷的吸收/排放状态具有很大的空间差异。

海冰覆盖区的甲烷通量可能是其下覆海水中甲烷沿着海冰的细小孔隙上升所致，也有

可能是海冰中微生物活动的结果(Rohde,Price,2007),或者这二者综合作用的结果。有研究表明海冰由于存在大量细小通道而对气体具有一定通透性(Gosink et al.,1976;Semiletov et al.,2004)。不同地点海冰厚度和性质的差异似乎可以解释甲烷通量如此巨大的空间差异,但难以解释甲烷排放负通量的存在。

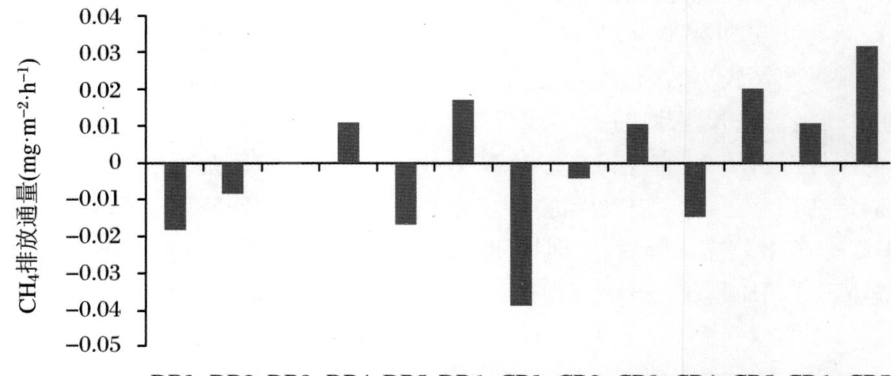

图 14.4 北极海冰覆盖区的甲烷排放通量

14.3.3.2 冰下海水的甲烷通量

从图 14.5 中可见,冰下海水上方的甲烷浓度在监测开始后最初的 1～2 h 内处于波动状态,之后开始上升。其中 CBS1 和 CBS3 中显示在 5 h 以后达到稳定状态,但在 CBS2 中未有表现。CBS4 中没有上升趋势,可能是采样时间较短(只有 2 h),甲烷浓度还未开始上升。甲烷浓度先波动后上升的现象,可能是反映了一个旧平衡破坏到新平衡建立的过程,以最初 1 h(波动段)的浓度数据计算的通量无法真实反映无海冰覆盖时的真实甲烷排放情况,故而选择以上升段(1 h 之后)的浓度数据计算 CBS1～CBS3 的排放通量,计算的平均通量为 0.023(0.019～0.032)$mg \cdot m^{-2} \cdot h^{-1}$,该结果比在自由大气条件下的通量会略有偏小。造成箱中甲烷浓度在开始阶段处于波动状态的另一个可能的原因是这里使用的密闭箱略微偏高(0.5 m),Rochette(2011)认为密闭箱的高度在 0.2～0.4 m 较为合适,过高的高度会使得箱体顶部的空气混合不够充分,但是考虑到这段波动时间较长(至少 1 h)而箱内的充分混合并不需要如此长的时间,前一种解释更为合理,即测得的甲烷浓度变化反映的主要是甲烷排放情况变化的结果。因而,采用上升段浓度变化数据算得的通量值可以作为无海冰覆盖时该处海水甲烷排放量的估计值。

同有海冰覆盖时的情况不同,北极冰下海水表现出稳定的甲烷排放特征。释放的甲烷很有可能来自底层海水,以至于需要如此长的上升时间。该区域原本被大量海冰所覆盖,受海风影响小,导致海水缺乏垂向交换,分层现象十分明显,甲烷大量聚集在海水下层;当此处海冰被破坏时,突然的压力释放导致下层海水中积聚的甲烷上升,并最终通过海水表面排放到空气中。因此,冰下海水可以说是甲烷的一个潜在的排放源。

许多研究表明,甲烷含量在海水中存在分层现象,主要是由于表层水和底层水的甲烷来源不同。Shakhova 和 Semiletov(2007)在东西伯利亚陆架海域,发现底层水由于受到沉积

物释放或甲烷水合物的影响，其甲烷含量高于表层水。从本研究来看，该处甲烷来自下层海水，可能与之有相似的机制。

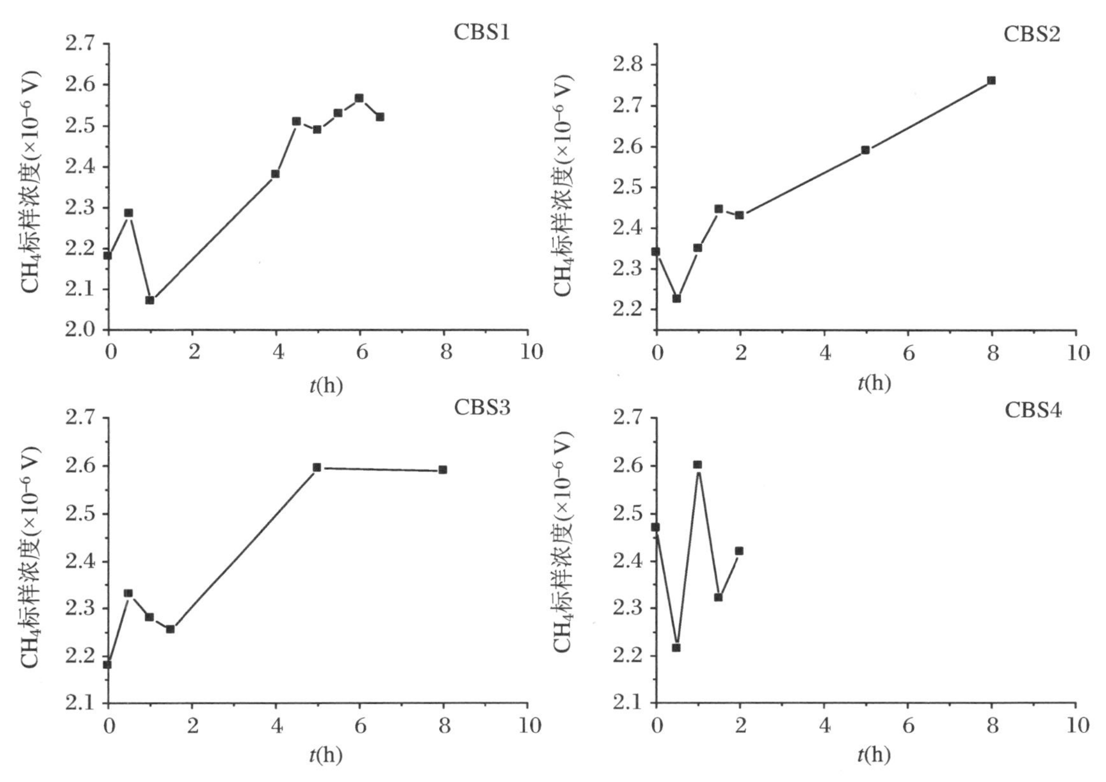

图 14.5 北极冰下海水表面密闭箱中甲烷浓度随时间的变化情况

14.3.3.3 同世界其他海域甲烷排放量的比较

表 14.1 中列出了本研究及世界其他海域的甲烷排放通量。北极中心海域冰下海水甲烷排放通量($0.56\ mg\cdot m^{-2}\cdot d^{-1}$)比大部分中低纬海域($0.0017\sim0.16\ mg\cdot m^{-2}\cdot d^{-1}$)高 1～2 个数量级，这跟北冰洋的特殊环境有密切关系。北极海域常年存在大范围的海冰覆盖，影响了甲烷的海气交换，使得海底沉积物中释放的甲烷无法排出而积聚在海水中。此外，北冰洋面积比太平洋和大西洋小得多，而且处于半封闭状态，更容易受到具有高甲烷排放通量的陆架海域的影响。

北极陆架海域比中心海域有着更丰富的有机碳来源(陆地河流输入、海岸侵蚀等)，其甲烷排放量本应高于中心海域，而实际却是相差不多甚至部分陆架海域还要略低于中心海域(表 14.1)，这可能反映了在海冰覆盖条件下的北极中心海域是甲烷的一个良好的储库，使得其海底沉积物释放和由陆架海域输入的甲烷在该处积聚。

表 14.1　世界不同海域的甲烷排放通量

甲烷通量($mg \cdot m^{-2} \cdot d^{-1}$)	区域	时间	来源
-0.0043	北极中心海域(海冰)	2010 年 7—8 月	He 等(2013)
0.56	北极中心海域(冰下海水)	2010 年 7—8 月	He 等(2013)
0.28	东西伯利亚北极陆架海域	2003 年 9 月	Shakhova 和 Semiletov (2007)
0.116	东西伯利亚北极陆架海域	2004 年 9 月	Shakhova 和 Semiletov (2007)
0.416～1.664	Storfjorden	2003 年 3 月	Damm 等(2007)
0.0790	巴伦支海	1991 年 8 月	Lammers 等(1995)
0.016～0.033	大西洋近岸水域	1998 年	Rhee 等(2009)
0.0027～0.0055	大西洋开阔水域	1998 年	Rhee 等(2009)
0.0017～0.0049	太平洋	1987—1994 年	Bates 等(1996)
0.0074～0.16	大西洋	2003 年	Forster 等(2009)

14.3.4　海冰覆盖对海水甲烷排放的影响

有无海冰覆盖情况下的甲烷排放情况明显不同。在有海冰覆盖时，有的地方表现排放，有的地方表现吸收；而打破上覆海冰后均表现为明显而稳定的排放，可见海冰覆盖对于北冰洋中心海域甲烷排放存在很大影响。这种影响主要有两个方面：一是对甲烷交换的阻碍作用，二是对甲烷的消耗。

海冰的覆盖既减弱了海水中甲烷向大气的排放，又会影响氧气向海水的扩散，使其下覆海水易形成厌氧环境，而产甲烷菌是严格的厌氧细菌(Damm et al.，2008；Sieburth，Donaghay，1993)，这种厌氧环境非常有利于甲烷的产生，同时还减弱了甲烷氧化。但由于海冰存在有通透性的细小孔道(Gosink et al.，1976；Semiletov et al.，2004)，这种阻碍作用并不能完全阻止甲烷的排放，因此在部分有海冰覆盖的地区也会表现排放。

由于单纯的阻碍作用不足以解释海冰覆盖下部分地点出现的甲烷吸收的现象(图 14.4)，因此该区域应该还存在消耗甲烷的过程。对冰雪中光化学过程的研究发现在冰雪中可以产生大量的・OH(Yang et al.，2002)，而・OH 是目前已知最重要的大气甲烷汇(Wuebbles，Hayhoe，2002)。另外，最近关于甲烷氧化菌的研究在北极苔原、南极湖泊等冷区生态系统中发现了耐冷和嗜冷的甲烷氧化菌，它们可以生活在 0 ℃以下的温度下(Trotsenko，Khmelenina，2005)。虽然在海冰中尚未发现这种适应寒冷环境的甲烷氧化菌，但由于海冰中丰富的微生物种类(Krembs，Engel，2001)，其中很有可能存在这类微生物。

为了判断哪个是消耗甲烷的主要过程，对・OH 的贡献做了估计。根据以下数据进行估算：

① OH 自由基的浓度——$4.5 \times 10^6 \sim 4.8 \times 10^6$ molecules・cm^{-3}(Yang et al.，2002)；

② 密闭箱中甲烷的平均初始浓度——2.16 ppmV；

③ 反应速率常数(在平均初始温度 276 K 下)——3.95×10^{-15} $cm^3 \cdot molecule^{-1} \cdot s^{-1}$(Sander et al.，2006b)。

按照一级反应估算出来的消耗甲烷的通量值为 $7.02\times10^{-4}\sim7.49\times10^{-4}$ mg・m^{-2}・d^{-1}。该值远小于测得的甲烷负通量值（0.015～0.94 mg・m^{-2}・d^{-1}）。另一方面，若从冰雪表层・OH 产生速率（300 nmol・L^{-1}・h^{-1}）（Anastasio et al.，2007）的角度来看，如果假设每个・OH 都同甲烷反应，则算得的甲烷通量的上限为 2.3 mg・m^{-2}・d^{-1}，同测量值相近。为了达到所测甲烷通量的高值（0.94 mg・m^{-2}・d^{-1}），须有超过 30%的・OH 同甲烷发生反应，但是由于许多其他分子同・OH 的反应速率比甲烷快，实际能够与甲烷发生反应的・OH 的比例是很低的。因此，基本可以排除・OH 作为海冰中消耗甲烷主要过程的可能性，起主要作用的很可能是微生物氧化作用。

14.3.5　北极海冰完全融化后释放甲烷量的估计

政府间气候变化委员会第 4 次报告中预计北极夏季海冰在 21 世纪末将会几乎完全消失（Meehl et al.，2007）。北极海冰的消失除了会对北极生态系统和全球大洋环流产生重大影响之外，还会将储存在其下覆海水中的大量甲烷释放到大气中，增加大气甲烷含量，加剧大气的温室效应，从而对全球气候和碳循环产生不可忽视的影响。

根据本研究的结果，可以粗略估计北极海冰完全融化后，该海域的甲烷排放量。采样时间为 2010 年 7—8 月，美国国家冰雪数据中心 NSIDC 数据给出的 2010 年北极中值海冰覆盖面积 7 月为 8.4×10^6 km^2，8 月为 6.0×10^6 km^2，取其平均值为 7.2×10^6 km^2，则在北极海冰完全消融的条件下甲烷的年排放量可达约 1.5 Tg，约为现在全球自然源甲烷年排放量 145 Tg（Wuebbles，Hayhoe，2002）的 1%。这一估计是十分粗糙的，由于数据有限，并没有考虑甲烷排放通量的空间变化和季节变化情况，但仍然可以对该区域的甲烷潜在排放情况有一个初步的了解。

14.3.6　小结

在北冰洋中心海域，海冰的长期覆盖显著地影响海水中甲烷向大气的排放，造成甲烷在海水中的积累，使得该海域成为一个巨大的潜在甲烷源，而海冰消耗大气甲烷的现象的发现显示了其对甲烷循环的双重作用。对于这种消耗作用的来源，基本排除了光化学氧化作用作为主要来源的可能性，而生物氧化作用的存在还需要进一步的证据来证实。

14.4　北极甲烷源汇过程的同位素示踪

大气甲烷的同位素组分是由具体的化学物理过程决定的，因此对于了解甲烷的源和汇提供有用的信息。由于同位素具有分馏效应，因此不同来源的甲烷会显示不同的同位素特征。甲烷同位素测试中最常见的就是 $\delta^{13}C$，采用国际通用的 PDB 标准，它是 ^{13}C 与 ^{12}C 的比值相对于一个参考标准。较贫的 $\delta^{13}C$ 主要来自于生物源，而较富的 $\delta^{13}C$ 主要来自非生物源，如自然气体或者生物质燃烧、化石燃烧等（Wuebbles，Hayhoe，2002）。甲烷的碳同位素值对于了解甲烷的源和汇有着重要作用。

本研究工作依托中国第5次北极科学考察（CHINARE 2012）"雪龙"号科学考察船开展，研究区域为第5次北极科学考察航线经过的区域。中国第5次北极科学考察（CHINARE 2012）于2012年7月2日从青岛起航，途径中国近海、日本海、鄂霍次克海、西北太平洋、白令海、楚科奇海，然后沿东北航道行驶（该区域因政治原因未能采样）穿越北欧海域抵达冰岛，8月16日到达冰岛雷克雅未克港口，8月19日离开雷克雅未克港驶向阿库雷利港，并于8月20日离开港口向中心北冰洋驶去，到达最北点时间为8月30日，纬度为87°39′。主要的航行路线如图14.6所示，蓝色线代表去程，红色线代表回程路线。整个考察历时93天，总航程18600多海里。本研究涉及的区域包括航线上的考察（环太平洋火山带）、北冰洋航线、北欧海区及北冰洋中心海区5个短期冰站。

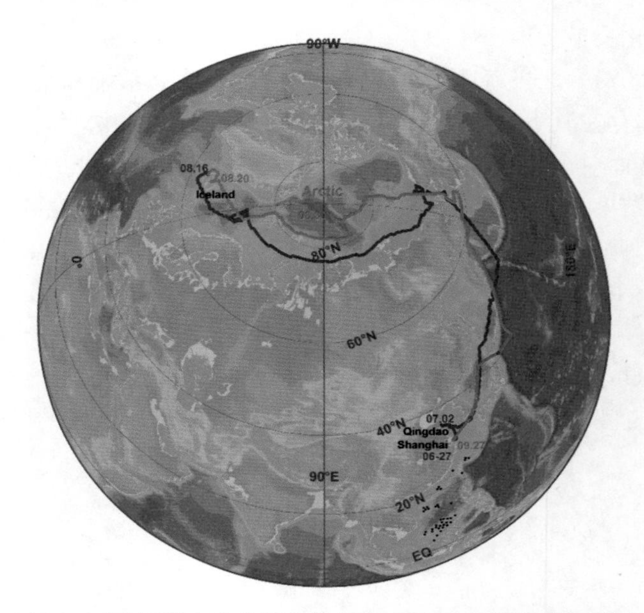

图14.6 中国第5次北极科学考察(CHINARE 2012)航线图

蓝色线为去程，红色线为回程。

14.4.1 样品采集

在2012年7月到9月的第5次北极考察（CHINARE 2012）期间，使用17.5 mL带有橡胶塞的真空玻璃瓶和0.5 L的Tedlar气袋同时采集航线上海洋边界层中的空气样品，真空玻璃瓶内的样品用来测试甲烷的浓度，气袋中的样品用来测试甲烷的碳同位素值（$\delta^{13}C$-CH_4）。采样用的真空瓶是日本农业环境学院生产的，真空小瓶由丁基橡胶隔膜和一个塑料帽组成，具有良好的密封性，在南极的研究也使用了同样的采样小瓶（Liu et al.，2009）。采样航线包括了8个区域，如图14.7(a)所示。采样位置位于雪龙船的第5层甲板上，距离海平面约25 m。为了避免船尾本身释放的污染及人为源可能产生的污染，进行迎风采样。在头顶用两通针刺入真空瓶中并在空气中平衡1 min。气袋采样主要使用的是带有三通阀的

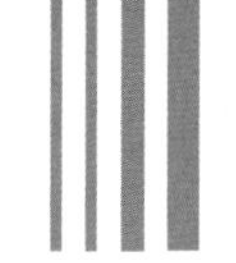

硅胶橡胶管连接着注射器向气袋内注入空气样品，采样前先用当地空气冲洗注射器，采样后用硅胶隔垫的金属阀门密封气袋并储存在 4 ℃环境中。采样频率为一天 2～3 次，当采样时间是在当地时早晨 6 点到下午 6 点我们认为是白天(有光)，当采样时间是在下午 6 点到第二天 6 点前的时间我们认为是夜晚(无光)。此外还包括一些沿线获得的附属数据，包括太阳辐射强度和一氧化碳数据。

在北冰洋的短期冰站上，用静态密闭箱进行了甲烷通量的采样，用有光和无光的对比实验来模拟白天夜晚，采样位置见图 14.7(b)，每个站点的采样时间不超过 2 h。采样箱是由一个直径为 0.4 m、高为 0.3 m 的丙烯酸树脂和一个底座构成的，采样流程是基于之前的报道。用铲子将底座固定在一个采样点位置，将开口的丙烯酸树脂箱固定在底座上面，插入冰下，用冰雪覆盖 4 周。一个箱子可以通入阳光，另一个箱子用黑色袋子包裹以阻挡阳光射入。当密闭箱安放好后，用两通针的一端插入箱体上方，两通针的另一端插入真空瓶，每隔 20 或 30 min 采一次样品，每个采样点总采样时间不超过 2 h，同时记录采样时间和采样条件，所有采样好的样品在 4 ℃下保存。

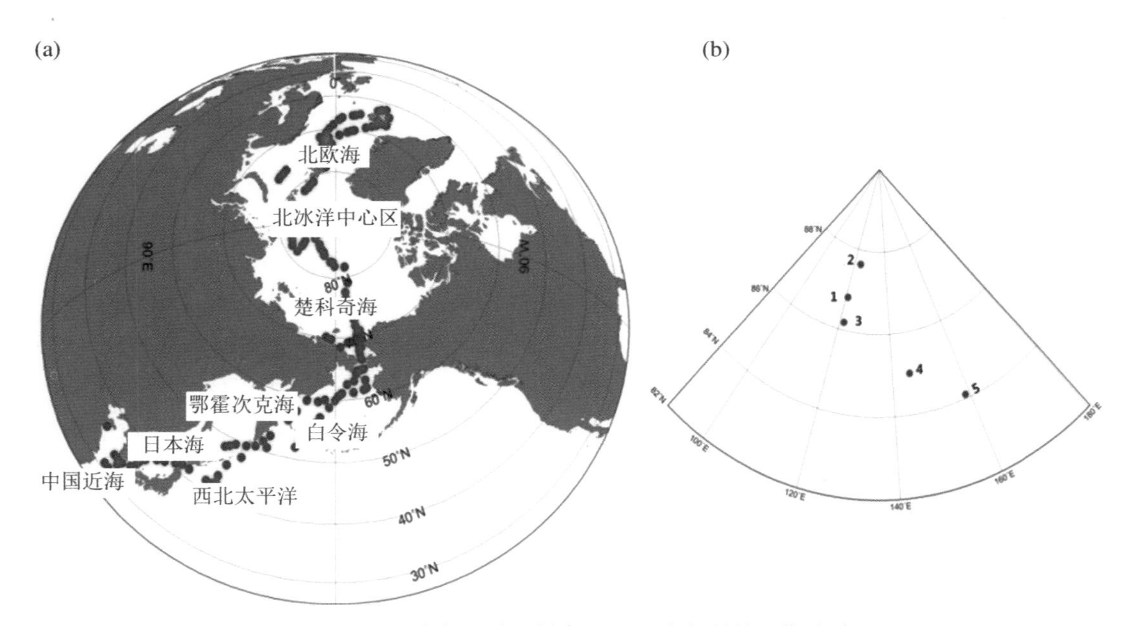

图 14.7　(a)大气甲烷采样点；(b) 雪龙船航线短期冰站

14.4.2　样品处理与分析

甲烷浓度在中国科学院南京土壤研究所用安捷伦 7890A 气相色谱加氢火焰离子检测器(GC-FID)测定。GC-FID 由一个气源部分、自动进样系统和分析检测部分组成，并且有计算机程序来控制的。气相色谱柱是一个 2 m 长的不锈钢，内填充了高效的 13X 分子筛。柱温和检测器温度分别是 85 ℃和 250 ℃。氮气、氢气及空气的流速分别为 25 $mL \cdot min^{-1}$、60 $mL \cdot min^{-1}$和 380 $mL \cdot min^{-1}$。甲烷标准气是来自中国计量科学研究院，本研究中甲烷标准气的浓度是 10^{-5}，在 0.95×10^{-6}～49.8×10^{-6}范围内 GC 线性响应，平行样品(4～6 个样品)间的变异系数小于 1%。甲烷通量计算采用的是线性模型，计算公式如下：

$$P_{CH_4} = \rho \cdot H \cdot \frac{dc}{dt} \cdot \frac{273}{273+t} \cdot 2$$

式中，P_{CH_4} 是甲烷的排放通量，单位为 $mg \cdot m^{-2} \cdot d^{-1}$，$\rho$ 为在标准状况下甲烷气体的密度，数值为 0.714 $kg \cdot m^{-3}$，H 是通量箱的高度，单位为 m，dc/dt 是通量箱内的甲烷随时间变化的梯度，单位为 $10^{-6}\ h^{-1}$，为减少由于通量箱覆盖改变了上方空气自然状态而引起的偏差，仅采用最初 1 小时内甲烷的浓度变化来计算它的通量，t 为通量箱内的平均温度，单位为℃（He et al.，2013；Zhu，Sun，2005）。

甲烷碳同位素的测定是用 Thermo Finnigan 公司生产的 MAT-253 同位素质谱计，MAT-253 同位素质谱计带有一个全自动预气相色谱（GC）和预浓缩接口（PreCon），该方法已由中国科学院南京土壤研究所的曹亚澄详细地做过介绍（Cao et al.，2008）。本研究中简单地介绍如下：将 100 mL 的气体样品注入到真空玻璃瓶中，如果样品量少于 100 mL 则用不含甲烷的惰性气体补充，以使瓶内呈现常压状态。然后将样品瓶安装在预浓缩接口上，用氦气吹扫接口后，打开样品瓶两端的阀门，用氦气将样品吹进冷阱中。在 −196 ℃条件下，只有挥发组分（氮气、氧气、氩气和甲烷）可以通过冷阱进入到 1000 ℃的燃烧炉中，其中有一根充有 3 根 0.13 mm 的镍丝铝质氧化管，这期间甲烷被氧化成二氧化碳和水汽。随后由甲烷产生的二氧化碳被第二个冷阱采集，再转移到第三个冷阱中，流入到 GC 中进一步分离。每隔 30 s 连续 3 次向质谱仪的离子源内输送标定过的标准二氧化碳气体，此时，质谱仪的 3 个接收杯的离子流分别为 $m/z = 44[^{12}C^{16}O^{16}O]^+$、$m/z = 45[^{13}C^{16}O^{16}O]^+$ 和 $m/z = 46[^{12}C^{16}O^{18}O]^+$。调节参比气体的输入量，使得 $m/z = 44$ 的峰强在 2～3 V，仍设定为 2 号峰为标准样品的峰，在870 s 左右出现的甲烷峰，其比值线为正峰。由于此二氧化碳是经过标定的，所以根据 2 号标准二氧化碳的峰和样品峰的 $m/z = 44$、$m/z = 45$ 和 $m/z = 46$ 的离子流强度进行做比值，即可得出样品中甲烷转化为二氧化碳的相对于国际碳同位素 PDB 的值，即 $\delta^{13}C_{PDB}$。用浓度为 2.02 $\mu L \cdot L^{-1}$ 的甲烷压缩气体作为同一气源，每次抽取 25 mL 注入 100 mL 的玻璃样品瓶内，并用惰性气体使之呈常压，连续 9 次，测得标准差为 ±0.196‰，不同的甲烷浓度在仪器的 $m/z = 44$ 离子流强度下表现良好的线性关系，相关系数为 0.983。同位素可以定义为：$\delta^{13}C = [(R_{sample}/R_{standard}) - 1] \times 1000[‰]$，$\delta^{13}C$ 是碳同位素的值，R 是重的碳同位素值比轻的碳同位素值。

为了获取气团来源我们采取后向轨迹反演来分析可能的来源影响，大气气团轨迹反演采用的是美国国家海洋和大气局（U. S. National Oceanic and Atmospheric Administration，NOAA）空气资源实验室（Air Resources Laboratory）开发的 HYSPLIT（Hybrid Single-Particle Lagrangian Integrated Trajectory）传输扩散模型（http://ready.arl.noaa.gov/HYSPLIT_traj.php），轨迹反演的气团高度为 50 m、500 m 和 1000 m。海冰浓度图来源于美国航空航天局（National Aeronautics and Space Administration，NASA，http://neo.sci.gsfc.nasa.gov）。大气甲烷及其碳同位素的一些采样点的附属数据来自美国 NOAA 地球系统研究实验室（Earth System Research Laboratory，http://www.esrl.noaa.gov/gmd/dv/data/）。

14.4.3 大气 CH_4 及 $\delta^{13}C$-CH_4 的变化特征

14.4.3.1 大气 CH_4 及 $\delta^{13}C$-CH_4 的总体变化特征

中国第 5 次北极考察（CHINARE 2012）期间，大气 CH_4 浓度的空间分布及纬度分布特征分别如图 14.8(a)和图 14.9(a)所示。大气 CH_4 浓度的变化范围为 1.65×10^{-6} 到 2.63×10^{-6}，中间值浓度为 1.88×10^{-6}，均值浓度为 $(1.88\pm0.12)\times10^{-6}$，该航线大气 CH_4 浓度观测均值与 2012 年全球大气 CH_4 浓度均值（约 1.808×10^{-6}）相接近（Blunden et al.，2013）。根据非参数检验中 Kolmogorov-Smirnov 检验，即使去掉航线中 4 个极端高的大气 CH_4 浓度数值，大气 CH_4 浓度并不是均匀的分布在整个航线上（$P<0.05$）。整体上来看，大气 CH_4 的浓度随纬度变化趋势并不显著，但是，在北冰洋地区（纬度>66.5°N）大气 CH_4 浓度波动明显，尤其是中心北冰洋地区（纬度>80°N），大气 CH_4 的浓度随着纬度呈上升的趋势，相关系数为0.44（$R=0.44$，$P<0.01$）。

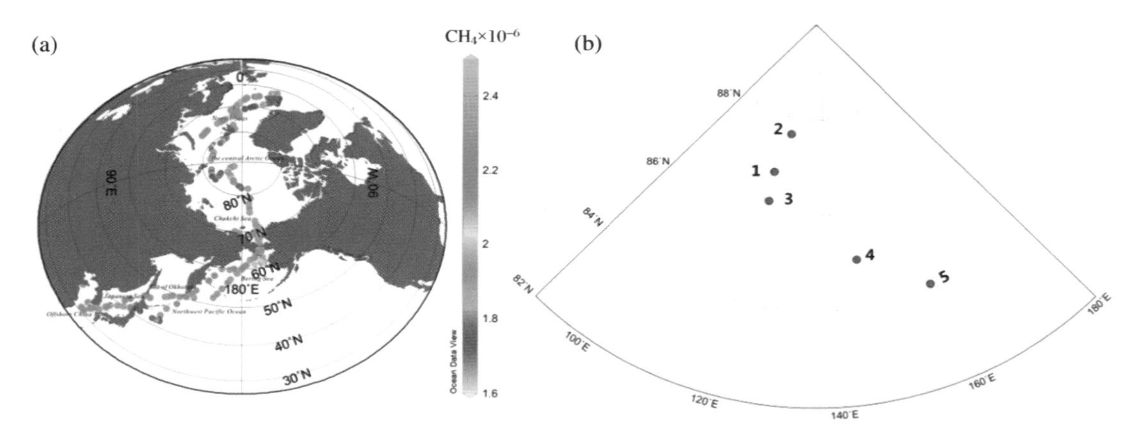

图 14.8 (a) 大气甲烷浓度的空间分布；(b) 中国第 5 次北极考察(CHINARE 2012) 甲烷通量采样点(底图来自 Ocean Data View 软件(http://odv.awi.de，2015))

如图 14.9(b)所示，大气 $\delta^{13}C$-CH_4 变化范围为 −50.34‰～−44.94‰，中间值为 −48.63‰，均值为(−48.55‰±0.84‰)。航线上大气 $\delta^{13}C$-CH_4 均值比北半球大气 $\delta^{13}C$-CH_4 均值（约 −47.44‰）要低（Quayet al.，1999），根据非参数检验中 Kolmogorov-Smirnov 检验，航线上大气 $\delta^{13}C$-CH_4 也表现为不均匀分布（$P<0.05$）。从中纬度到高纬度地区，大气 $\delta^{13}C$-CH_4 的测量值随纬度有轻微的减少趋势，相关系数为 −0.23（$P<0.01$）。有研究者在太平洋 65°S 到 50°N 考察航线上也发现了大气 $\delta^{13}C$-CH_4 随纬度向北也呈现减少趋势（Quay et al.，1999）。

14.4.3.2 大气 CH_4 及 $\delta^{13}C$-CH_4 的区域变化特征

根据采样的地理位置及海冰覆盖情况，我们将航线上大气 CH_4 和 $\delta^{13}C$-CH_4 的采样点分为 8 个区域，见表 14.2，分别为：中国近海（OC）、日本海（JS）、鄂霍次克海（SO）、西北太平

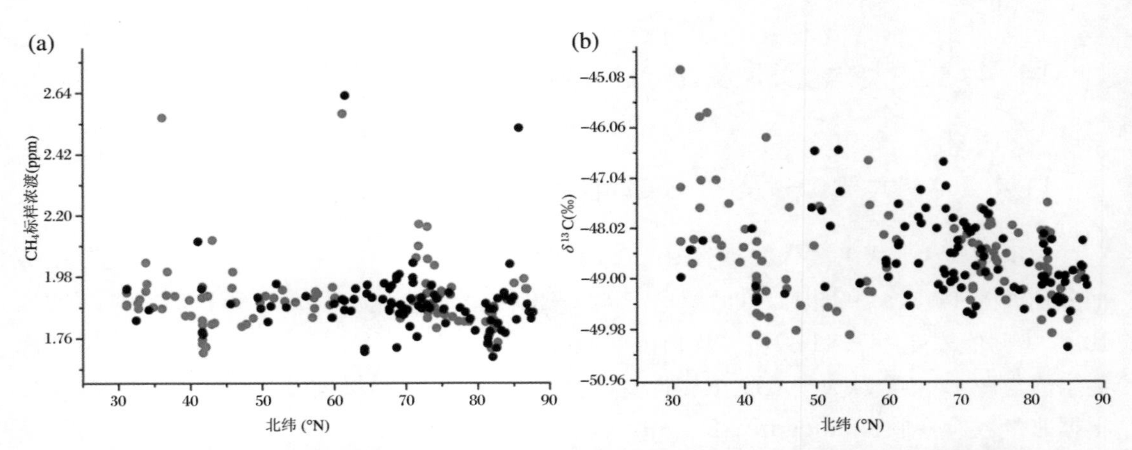

图 14.9　中国第 5 次北极考察(CHINARE 2012)期间大气 CH_4(a)及 $\delta^{13}C$-CH_4(b)随纬度的分布

红色代表有光,黑色代表无光。

洋(NPO)、白令海(BS)、楚科奇海(CS)、中心北冰洋(CAO)和北欧海域(NS)。为了比较大气 CH_4 和 $\delta^{13}C$-CH_4 的变化特征,表 14.3 列出了从地球系统研究实验室(NOAA)获取的与采样区域相近的大气 CH_4 和 $\delta^{13}C$-CH_4 的数值。对于北冰洋以外的采样区域,OC 区域的大气 CH_4 浓度变化范围是 $1.82\times10^{-6}\sim2.03\times10^{-6}$,中间值为 1.89×10^{-6},均值为$(1.90\pm0.05)\times10^{-6}$,该区域的大气 CH_4 浓度比 1998 年在中国南海观测的大气 CH_4 数值(1.80×10^{-6})要高。但在 NPO 区域测得的大气 CH_4 浓度变化范围为 $1.71\times10^{-6}\sim1.95\times10^{-6}$,中间值为 1.82×10^{-6},该区域大气 CH_4 的浓度与 1996 年在太平洋海区观测的数值(1.82×10^{-6})相接近。在本研究中,最高大气 CH_4 浓度均值为$(2.00\pm0.21)\times10^{-6}$,中间值为 1.91×10^{-6},位于 JS 海区,与该海区相接近的 Tae-ahn Peninsula 站点在 2012 年测得的大气 CH_4 浓度中间值为 1.91×10^{-6},其数值与我们测的 JS 海区的相接近。在 SO 和 BS 海区大气 CH_4 浓度变化范围分别为 $1.83\times10^{-6}\sim2.00\times10^{-6}$、$1.80\times10^{-6}\sim2.63\times10^{-6}$,它们的均值分别为$(1.90\pm0.05)\times10^{-6}$和$(1.93\pm0.17)\times10^{-6}$,这两个海区的大气 CH_4 浓度要比整个航线的均值略高。CS、CAO 和 NS 海区的大气 CH_4 浓度均值分别为$(1.89\pm0.05)\times10^{-6}$、$(1.86\pm0.13)\times10^{-6}$和$(1.87\pm0.10)\times10^{-6}$。CS 和 NS 的大气 CH_4 浓度均值与它们相近的站点巴罗$(1.91\pm0.02)\times10^{-6}$和冰岛$(1.88\pm0.01)\times10^{-6}$在 2012 年测得值都很接近。尽管 CAO 海区的大气 CH_4 浓度均值要比北冰洋其他海区的要略低,但仍有一些比较高的大气 CH_4 浓度值出现,这表明了北冰洋中心海区存在大气 CH_4 源的可能性。总体来看,我们在 2012 年测得的大气 CH_4 数据更新并补充了目前已有的观测数据,并且大多海区大气 CH_4 浓度值与它们相近的站点在同年观测值相近。

对不同海区大气 $\delta^{13}C$-CH_4 的测量结果显示:OC 海区大气 $\delta^{13}C$-CH_4 均值为$(-47.49‰\pm1.24‰)$,最大值可达到 $-44.04‰$,OC 海区的大气 $\delta^{13}C$-CH_4 均值与北半球测得的大气 $\delta^{13}C$-CH_4 均值相接近(Quay et al.,1999)。然而,大气 $\delta^{13}C$-CH_4 在其他海区测得的均值,如 JS:$(-48.10‰\pm0.70‰)$、SO:$(-48.07‰\pm0.92‰)$、NPO:$(-49.06‰\pm0.92‰)$、BS:$(-48.50‰\pm0.85‰)$、CS:$(-48.78‰\pm0.90‰)$、CAO:$(-48.93‰\pm0.59‰)$及 NS:$(-48.30‰\pm0.54‰)$,都比北半球的大气 $\delta^{13}C$-CH_4 均值及它们相近的站点观测的大气 $\delta^{13}C$-CH_4 要低。

表 14.2　中国第 5 次北极考察期间航线上大气 CH_4 和 $\delta^{13}C$-CH_4 分区数值特征的总结

采样区域		大气 CH_4（$\times 10^{-6}$）				$\delta^{13}C$-CH_4（‰）			
		最小	最大	中间值	均值标±准误差	最小	最大	中间值	均值标±准误差
北冰洋外海域	OC	1.82	2.03	1.89	1.90±0.05	−48.97	−44.94	−47.93	−47.49±1.24
	JS	1.84	2.55	1.91	2.00±0.21	−48.69	−46.25	−48.29	−48.10±0.70
	SO	1.83	2.00	1.89	1.90±0.05	−49.20	−46.52	−48.16	−48.07±0.92
	NPO	1.71	1.95	1.82	1.84±0.07	−50.22	−46.50	−49.37	−49.06±0.92
	BS	1.80	2.63	1.89	1.93±0.17	−50.10	−46.68	−48.49	−48.50±0.85
北冰洋海域	CS	1.81	2.03	1.87	1.89±0.05	−49.97	−46.01	−49.03	−48.78±0.90
	CAO	1.69	2.51	1.85	1.86±0.13	−50.34	−47.53	−48.96	−48.93±0.59
	NS	1.65	2.17	1.87	1.87±0.10	−49.44	−46.82	−48.31	−48.30±0.54
整个航线		1.65	2.63	1.88	1.88±0.12	−50.34	−44.94	−48.63	−48.55±0.84

表 14.3 接近本研究采样区域的不同观测站点的大气 CH_4 和 $\delta^{13}C\text{-}CH_4$ 数值变化的总结

（数据来自地球系统研究实验室 http://www.esrl.noaa.gov/gmd/dv/data/）

年	采样区	大气 CH_4（$\times10^{-6}$）				$\delta^{13}C\text{-}CH_4$（‰）			
		最小	最大	中间值	均值标±标准误差	最小	最大	中间值	均值标±标准误差
1998	南海	1.74	1.85	1.80	1.80±0.04	—	—	—	—
2011	泰安半岛（韩国）	1.90	1.96	1.92	1.93±0.02	−48.25	−47.28	−47.45	−47.61±0.32
2012	泰安半岛（韩国）	1.85	1.94	1.91	1.91±0.03	—	—	—	—
1996	太平洋	1.80	1.83	1.82	1.82±0.01	—	—	—	—
2011	巴罗	1.85	2.15	1.90	1.90±0.03	−47.94	−47.28	−47.55	−47.58±0.23
2012	巴罗	1.88	2.50	1.91	1.91±0.02	—	—	—	—
2011	Zeppelin	1.86	1.90	1.89	1.89±0.01	−47.84	−47.27	−47.43	−47.50±0.19
2012	Zeppelin	1.86	1.91	1.90	1.89±0.01	—	—	—	—
2011	阿勒特	1.85	1.90	1.89	1.88±0.02	−47.82	−47.37	−47.48	−47.52±0.16
2012	阿勒特	1.86	1.91	1.89	1.89±0.02	—	—	—	—
2012	冰岛	1.86	1.90	1.89	1.88±0.01	—	—	—	—
2004	大西洋	0.66	1.86	1.75	1.74±0.14	—	—	—	—

注：—代表没有数据。

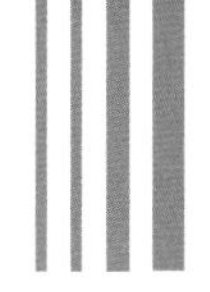

14.4.3.3　大气 CH_4 及 $\delta^{13}C$-CH_4的时间变化特征

为了了解大气 CH_4浓度及 $\delta^{13}C$-CH_4的时间变化特征，对同一海区 7 月和 9 月的大气 CH_4浓度及 $\delta^{13}C$-CH_4进行对比。这些海区包括了 OC、JS、NPO、BS 和 CS 海区，同一海区 7 月和 9 月的大气 CH_4浓度及 $\delta^{13}C$-CH_4变化分别如图 14.10(a)和(b)。在 OC、JS、NPO、BS 和 CS 海区中，7 月和 9 月大气 CH_4浓度并没有显著性变化。此外，在 OC、JS 和 BS 海区中，大气 $\delta^{13}C$-CH_4的值也没有显著性变化。但是，在 NPO 和 CS 海区中，大气 $\delta^{13}C$-CH_4的值 7 月的要比 9 月的要高。

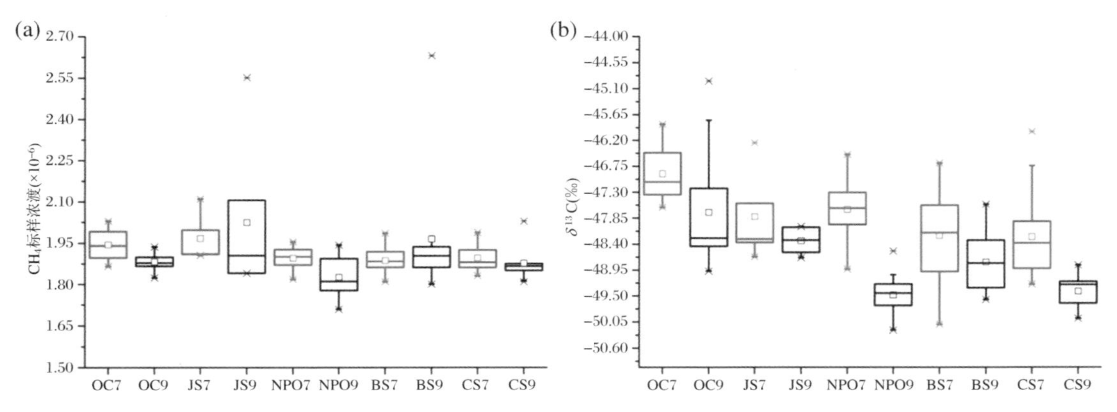

图 14.10　OC、JS、NPO、BS 和 CS 海区大气 CH_4(a)及 $\delta^{13}C$-CH_4(b)在 7 月和 9 月的变化箱式图

按顺序分别表示为 OC7 和 OC9、JS7 和 JS9、NPO7 和 NPO9、BS7 和 BS9 及 CS7 和 CS9，其中 7 月用红色标记，9 月用黑色标记。箱子最低边界和最高边界分别代表 25% 和 75% 的数据，箱内或箱外的横线和正方形分别代表中间值和均值，最高和最低的星号代表最大值和最小值。

为了了解光照对大气 CH_4浓度及 $\delta^{13}C$-CH_4的影响，我们做了同一海区白天（有光）和夜晚（无光）大气 CH_4浓度及 $\delta^{13}C$-CH_4的对比实验，进行对比实验的海区包括 OC、JS、OS、NPO 和 BS 海区。在同一海区大气 CH_4浓度及 $\delta^{13}C$-CH_4在白天（有光）和夜晚（无光）条件下的变化特征见图 14.11。结果发现同一海区在白天（有光）和夜晚（无光）的条件下大气 CH_4浓度及 $\delta^{13}C$-CH_4的变化没有显著性不同。

14.4.4　北极大气 CH_4及 $\delta^{13}C$-CH_4变化的影响因素

有文献已经报道了海洋上大气 CH_4及 $\delta^{13}C$-CH_4的浓度可能受到源和汇的影响，如人为源的长距离传输、来自海洋的自然源排放，或被 Cl 和 OH 等自由基或微生物氧化等。尽管海洋 CH_4在本研究中并没有测试，但通过其他的环境变量进行了综合分析。

14.4.4.1　氧化作用

大气 $\delta^{13}C$-CH_4在季节循环中的变化特征与动力学同位素分馏效应（KIE）一致，主要是由于 OH 或 Cl 自由基氧化 $\delta^{12}C$-CH_4要比 $\delta^{13}C$-CH_4快，导致大气甲烷在 $\delta^{13}C$-CH_4中较富

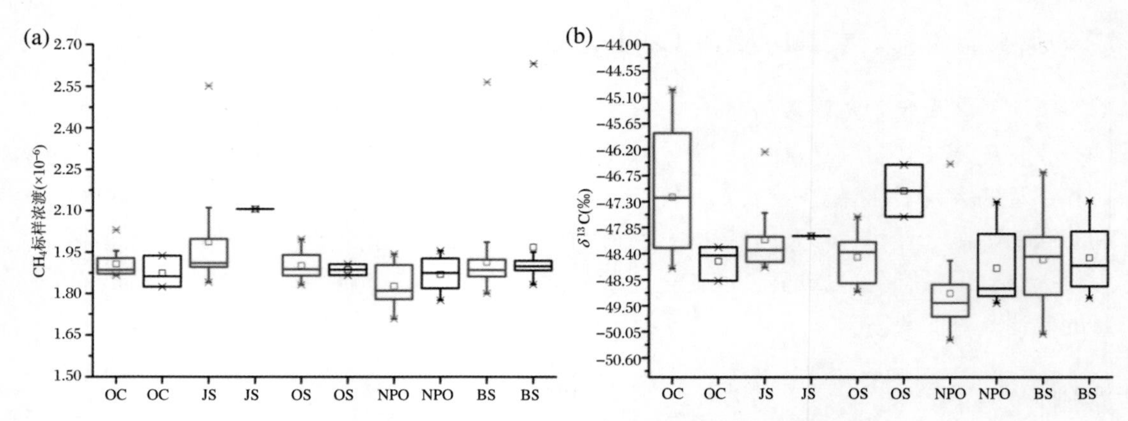

图 14.11　OC、JS、OS、NPO 和 BS 海区大气 CH_4(a)及 $\delta^{13}C$-CH_4(b)在同一海区有光和无光条件下的变化

其中红色代表有光条件，黑色代表黑暗条件。箱子最低边界和最高边界分别代表 25%和 75%的数据，箱内或箱外的横线和正方形分别代表中间值和均值，最高和最低的星号代表最大和最小值。

(Quay et al.,1999)。从中纬度地区到高纬度地区，大气 $\delta^{13}C$-CH_4 随着纬度有轻微的减小的趋势。考虑到燃料燃烧可能影响 $\delta^{13}C$-CH_4 的数值，我们用 CO 的数值代表污染，如图 14.12 所示，展示了 CO 随着纬度的变化。CO 的浓度随着纬度表现为降低的趋势，直到纬度达到约 50°N 时，CO 的浓度值显示稳定状态，表明化石燃料的燃烧贡献在纬度达到 50°N 后减少。后向气团轨迹反演的图也证实了 CO 的大陆来源主要是在 OC 和 JS 海区，这两个海区位置处于纬度小于 50°N。然而，大气 $\delta^{13}C$-CH_4 随着纬度减少的趋势仍存在，表明可能存在氧化作用的影响(Kirschke et al.,2013)。为了确定大气甲烷可能的反应过程，本研究中将 · OH 和 · Cl 对大气甲烷的氧化的贡献计算如下：在海洋边界层中 · OH 和 · Cl 的平均浓度分别为 7×10^5～2.9×10^6 molecules · cm^{-3} 和 1.8×10^4 molecules · cm^{-3} (Allan et al.,2001;Allan et al.,2007;Bahm,Khalil,2004;Cooper,1996)，大气甲烷的平均浓度为 1.88×10^{-6}，根据采样时的平均温度，· OH 和 · Cl 在 8 ℃时反应速率分别为 4.42×10^{-15} cm^{-3} · $molecules^{-1}$ · σ^{-1}、7.59×10^{-14} cm^{-3} · $molecules^{-1}$ · σ^{-1} (Sander et al.,2006a)。假设反应的高度为 25 m(根据采样高度)，那么 · OH 和 · Cl 对大气甲烷的消耗通量分别为 8.72×10^{-3}～3.61×10^{-2} mg · m^{-2} · d^{-1} 和 3.85×10^{-3} mg · m^{-2} · d^{-1}。海洋边界层中 · Cl 对甲烷的影响与 · OH 相接近。然而，有文献报道，· OH 的浓度从低纬度到高纬度逐渐减少(Bahm,Khalil,2004;Naik et al.,2013)，而 · Cl 的浓度随着纬度的变化并不明确。此外，高纬度地区太阳辐射强度比低纬度地区要小，因此，高纬度地区减少的氧化作用可能是引起大气 $\delta^{13}C$-CH_4 较贫的原因。同样的原理可以解释 CS 海区大气 $\delta^{13}C$-CH_4 在 7 月比 9 月大，而在 OC 和 JS 海区 7 月和 9 月大气 $\delta^{13}C$-CH_4 没有明显的差异。如图 14.13 显示了沿航线太阳辐射强度观测的结果，OC 和 JS 海区太阳辐射强度在 7 月和 9 月没有明显的变化($P<0.05$)，表明了在这两个月里的氧化能力接近相等。但在 CS 海区出现了明显 7 月比 9 月太阳辐射强度大的现象，表明了在 7 月有更强的氧化能力。在 NPO 海区太阳辐射强度的 7 月和 9 月接近相同，但在 9 月出现了较贫的大气 $\delta^{13}C$-CH_4。作为比较，在 BS 海区，7 月要比 9 月的太阳辐射强度大，但大气 $\delta^{13}C$-CH_4 却没有显著不同。大气 $\delta^{13}C$-CH_4 在 NPO 和 BS

海区的月份变化特征不能用氧化作用解释，可能是受到来源的影响。对于大气 CH_4 浓度的氧化作用，大气 CH_4 浓度虽然有波动，但随着纬度没有明显的纬度变化趋势，这种现象与南大西洋的观测结果一致(Alvala et al.，2004)。并且在同一区域，大气 CH_4 浓度在 7 月和 9 月没有显著不同，太阳辐射强度对大气 CH_4 浓度的影响相对于大气 $\delta^{13}C\text{-}CH_4$ 来说，相对较弱，这表明 CH_4 浓度在大气环境中受到其他来源输入的影响，可能较容易混合，弥补了大气 CH_4 浓度因氧化而减少的部分。不同海区的大气 CH_4 浓度与它们相近的站点测得的大气 CH_4 浓度值相接近，这也证实了大气甲烷较易混合。

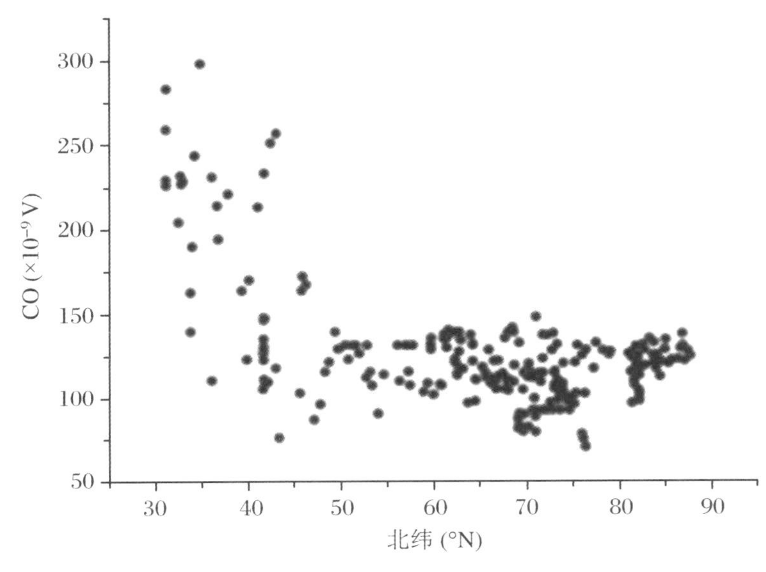

图 14.12　中国第五次北极考察期间航线上 CO 随纬度的变化

选取的初始高度为海平面上 50 m 处。

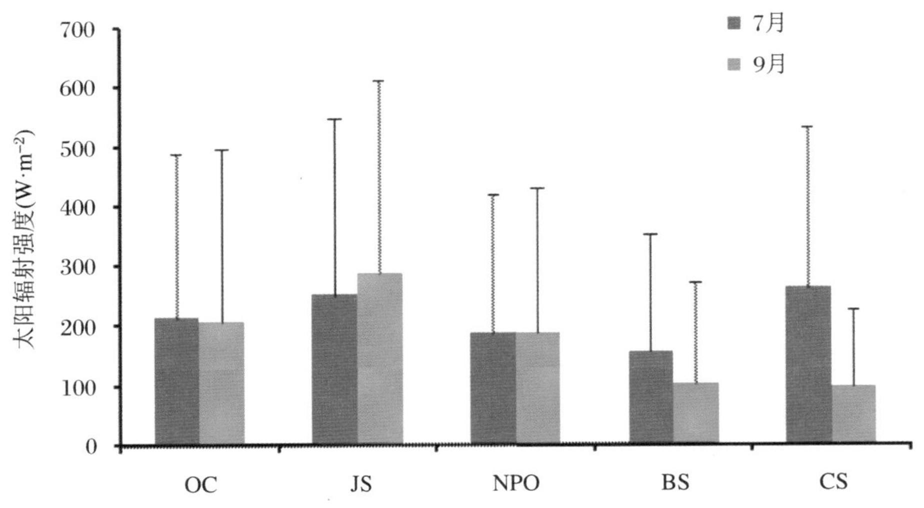

图 14.13　OC、JS、NPO、BS 及 CS 海区在 7 月和 9 月太阳辐射强度的变化

误差棒代表标准偏差。

14.4.4.2 来源影响

除了化学氧化作用，大气 CH_4 和 $\delta^{13}C$-CH_4 可能受到不同来源的影响，如人为源和自然源。为了找出可能来源的影响，Allen 等人根据 $\delta^{13}C$-CH_4 的变化对应着 CH_4 的浓度变化提出一个甲烷源-汇的模型，该模型中·OH 的浓度变化会引起大气 CH_4 季节循环的变化，这时 $\delta^{13}C$-CH_4 的变化对应着 CH_4 的浓度变化呈现椭圆形，当有污染源起主要作用时会出现较大的离心率，即椭圆距离 KIE 线幅度大(Allan et al.,2001)。基于该模型，由于不同区域也有着·OH 的差异，假设在一个混合均匀的箱子里，大气 $\delta^{13}C$-CH_4 的去除是由·OH 引起的，$\delta^{12}C$ 及 $\delta^{13}C$ 由·OH 去除的反应速率系数分别 k_{12} 和 k_{13}。我们采用 $k_{13}/k_{12}=0.9946$ (Cantrell et al.,1990)，由于 $\in = k_{13}/k_{12}-1$，称为 KIE。大气 $\delta^{13}C$-CH_4 的变化与 CH_4 浓度变化之间的关系可以表示为 $\Delta\delta \approx \in (1+\delta_0)\Delta C/C_0$，大气 $\delta^{13}C$-CH_4 的变化用 $\Delta\delta$ 表示，平均 $\delta^{13}C$-CH_4 的值用 δ_0 表示，相对甲烷浓度变化 $\Delta C/C_0$ 表示，C_0 是整个航线的甲烷平均值。如果画出 $\Delta\delta$ 对应着 $\Delta C/C_0$ 的关系，同样也可以得出 KIE 线的斜率为 $-5.4‰$。关于表达式的详细介绍在之前的研究中已经报道过(Allan et al.,2001)。因此，可以得到不同区域大气 $\delta^{13}C$-CH_4 的变化对应着 CH_4 浓度的变化。我们通过大气 $\delta^{13}C$-CH_4 的变化对应着 CH_4 浓度的变化来反映来源并且证实气团来源的解释(图 14.14)。从图 14.14 可以看出，OC、JS、SO、NS 和 BS 都在 KIE 线(·OH 氧化作用线)之上，表明存在了较富的 $\delta^{13}C$-CH_4。较富的 $\delta^{13}C$-CH_4 意味着有更多的·OH 氧化，如果较富的 $\delta^{13}C$-CH_4 是由于其他氧化自由基如·Cl 的作用，甲烷的浓度应该较低，但较高的甲烷浓度值表明可能是人为源的影响，尤其

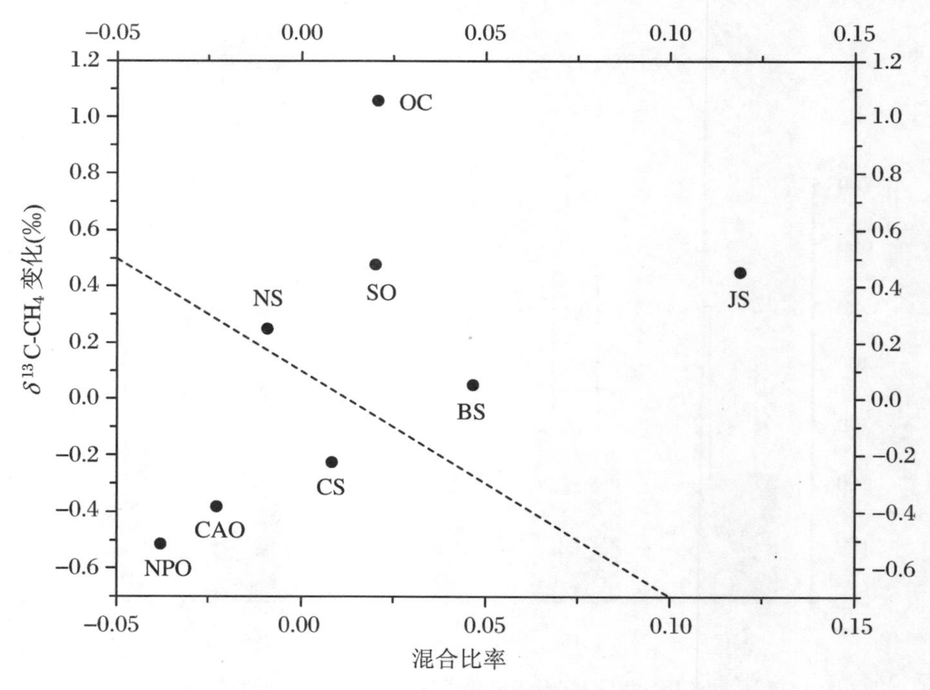

图 14.14 不同区域 CH_4 浓度对应着 $\delta^{13}C$-CH_4 的变化

虚线代表 KIE 线。

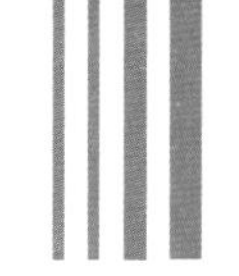

是OC和JS海区，样品值离KIE线较远，表明人为源可能起着主要作用。CAO、CS和NPO地区的值都在KIE线之下，较贫的$\delta^{13}C$-CH_4表明来自自然源或者有较少的氧化作用。如果CAO、CS和NPO地区较低的值仅仅反映了是较少的氧化作用，那么甲烷的浓度应该更高，较低的甲烷浓度表明了可能是自然源的作用。作为自然源，天然气水合物是甲烷的中间存储过程，它通常存在于深水里天然气渗漏及泥火山中。尤其是NPO区域，9月的采样点都接近天然气渗漏区（Kvenvolden，1995；Kvenvolden，Rogers，2005）。生物源、化石燃料源及生物质燃烧源的$\delta^{13}C$-CH_4值分别为－65‰～－55‰、－50‰～－30‰、－28‰～－12‰（Lowe et al.，1994）。天然气水合物中的甲烷主要是微生物产生的（Kvenvolden，1995），因此会产生较贫的$\delta^{13}C$-CH_4。NPO海区9月比7月出现较贫的$\delta^{13}C$-CH_4可能是由于9月的采样点是位于西北太平洋的边缘地区，这里天然气水合物聚集区（Kvenvolden，1995）。此外，有文献报道在楚科奇海和中心北冰洋地区存在甲烷的释放源（Kort et al.，2012a；Savvichev et al.，2007）。采用大气甲烷浓度的变化与甲烷碳同位素变化直接的关系可以追踪来源（Dlugokencky et al.，2011；Fisher et al.，2011），但在本研究中$\delta^{13}C$-CH_4比北半球及站点观测的值要低，并且甲烷同位素与甲烷浓度直接没有相关性，表明了OC、SO、JS、NPO、BS、NS、CS及CAO这些地区是混合来源的影响。

14.4.4.3　微生物作用

在同一海域，由于在有光的条件下会有较快的光化学氧化作用，会出现$\delta^{13}C$-CH_4在有光的条件下较富，在无光的条件下较贫的现象。然而，在本研究中大气CH_4浓度及$\delta^{13}C$-CH_4在有光和无光条件下并没有显著不同。这可能是由于微生物作用，产生了更多的CH_4，可以根据中心北冰洋的有光和无光的模拟实验中推断出来。图14.15是在有光和无光条件下大气CH_4在海冰上的通量结果，海冰上CH_4通量表现正值（释放）或者负值（吸收）（He et al.，2013）。有研究表明产甲烷菌和甲烷氧化菌可以存储在寒冷的海水中和海冰汇中Cavicchioli，2006；Trotsenko，Khmelenina，2005），因此，甲烷的释放可能是来自水中的甲烷（Kort et al.，2012a）及海冰中微生物产生的甲烷（Rohde，Price，2007）。在中国第4次

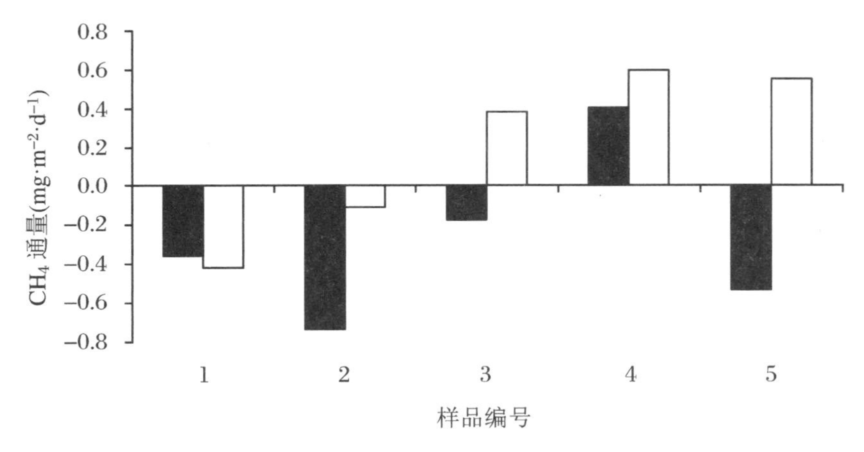

图14.15　短期冰站上有光和无光条件下甲烷的通量

北极考察中,我们猜测负的通量可能是光化学氧化和生物化学氧化共同作用的结果(He et al.,2013),然而,光化学氧化作用不能解释为什么在无光条件下甲烷的通量比有光条件要低。我们认为负的排放通量是由于甲烷氧化菌的作用,有文献报道光照可以抑制甲烷氧化菌的生长和活性,这会导致甲烷在有光相对于无光条件下的损失减少(Dumestre et al.,1999)。另外,有光时温度比无光条件要高,产甲烷菌会在较高的温度下释放更多的甲烷(Hoj et al.,2008)。实际上,古生菌群落包括产甲烷菌和甲烷氧化菌在寒冷和温暖的环境都存在(Hoj et al.,2008),在温暖环境中,大气 $\delta^{13}C\text{-}CH_4$ 在有光和无光条件下并没有显著不同,可能是微生物在有光时产生较贫的 $\delta^{13}C\text{-}CH_4$ 可能弥补了化学氧化作用的汇。

14.4.5 小结

本研究中,中国第5次北极考察(CHINARE 2012)使用了一个新的以船载来确定中国近海岸到中心北冰洋地区大气 CH_4 浓度及 $\delta^{13}C\text{-}CH_4$ 测量的方法,考察区域的经纬度覆盖范围广,涉及31.1°N～87.4°N及22.8°W～90°E～166.4°W。本研究报道了2012年7月到9月由中国近海岸到中心北冰洋大气 CH_4 及其碳同位素的时空变化特征。尽管大气 CH_4 的均值与目前全球背景值相接近,但大气 CH_4 和甲烷碳同位素仍表现明显的时空变化特征,大气 CH_4 浓度及 $\delta^{13}C\text{-}CH_4$ 的变化范围分别为 1.65×10^{-6}～2.63×10^{-6} 和 −50.34‰～−44.94‰(均值为:(−48.55‰±0.84‰))。根据非参数检验中Kolmogorov-Smirnov检验结果,大气 CH_4 浓度及 $\delta^{13}C\text{-}CH_4$ 的浓度呈现不均匀分布。整体上来看,大气 CH_4 的浓度随纬度变化趋势并不显著,但是,在北冰洋地区(纬度>66.5°N)大气 CH_4 浓度波动明显,尤其是中心北冰洋地区(纬度>80°N),大气 CH_4 的浓度随着纬度呈上升的趋势,相关系数为0.44。从中纬度到高纬度地区,大气 $\delta^{13}C\text{-}CH_4$ 的测量结果随纬度有轻微的减少趋势。不同区域大气 CH_4 浓度测试的结果显示:OC海区要高于南海观测的结果,但大多数区域的大气 CH_4 浓度与它们相近区域的数值相接近;对于不同海区大气 $\delta^{13}C\text{-}CH_4$ 的测量结果显示:OC海区大气 $\delta^{13}C\text{-}CH_4$ 均值为(−47.49‰±1.24‰),与北半球测得的大气 $\delta^{13}C\text{-}CH_4$ 均值相接近,其他海区均小于北半球大气 $\delta^{13}C\text{-}CH_4$ 均值。

对于甲烷的时间变化特征,我们发现在同一海区7月和9月的大气 CH_4 浓度并没有显著性变化。此外,在OC、JS和BS海区大气 $\delta^{13}C\text{-}CH_4$ 也没有显著性变化。但是,在NPO和CS海区大气 $\delta^{13}C\text{-}CH_4$ 的7月的要比9月的要高。为了了解光照的影响,我们做了同一海区白天和夜晚的对比实验,结果显示同一海区白天和夜晚的大气 CH_4 浓度及 $\delta^{13}C\text{-}CH_4$ 的变化没有显著性不同。

大气 CH_4 浓度及 $\delta^{13}C\text{-}CH_4$ 的变化受到一系列影响因素的影响。大气 $\delta^{13}C\text{-}CH_4$ 随着纬度的减少,在偏远海区主要受到·OH和·Cl的氧化作用大于来源的影响,大气 $\delta^{13}C\text{-}CH_4$ 的变化与 CH_4 浓度的变化的关系表明了人为源和微生物在区域变化中起着重要作用,在中心北冰洋的甲烷通量实验进一步证实了甲烷主要是受到产甲烷菌和甲烷氧化菌的竞争的影响。

参 考 文 献

卞林根,2003.北冰洋夏季开阔洋面与浮冰近地层热量平衡参数的观测估算[J].中国科学:D 辑,33:139-147.

李玉红,詹力扬,陈立奇,2014.北冰洋 CH_4研究进展[J].地球科学进展,29:1355-1361.

史久新,赵近平,2003.北冰洋盐跃层研究进展[J].地球科学进展 18:351-357.

Aagaard K,Carmack E,1989.The role of sea ice and other fresh water in the Arctic circulation[J].Journal of Geophysical Research:Oceans,94:14485-14498.

Aagaard K,Swift J,Carmack E,1985.Thermohaline circulation in the Arctic Mediterranean seas[J].Journal of Geophysical Research:Oceans (1978—2012),90:4833-4846.

Allan W,Manning M,Lassey K,et al.,2001.Modeling the variation of $\delta^{13}C$ in atmospheric methane:phase ellipses and the kinetic isotope effect[J].Glob.Biogeochem.Cycle,15:467-481.

Allan W,Struthers H,Lowe D,2007.Methane carbon isotope effects caused by atomic chlorine in the marine boundary layer:global model results compared with Southern Hemisphere measurements[J].J.Geophys.Res.,112(D4).DOI:https://doi.org/10.1029/2006JD007369.

Alvala P C,Boian C,Kirchhoff V,2004.Measurements of CH_4 and CO during ship cruises in the South Atlantic[J].Atmos.Environ.,38:4583-4588.

Anastasio C,Galbavy E S,Hutterli M A,et al.,2007.Photoformation of hydroxyl radical on snow grains at Summit,Greenland[J].Atmos.Environ.,41:5110-5121.

Anderson B,Bartlett K B,Frolking S,et al.,2010.Methane and nitrous oxide emissions from natural sources[R].U.S.Environmental Protection Agency.

Arrigo K R,Perovich D K,Pickart R S,et al.,2012.Massive phytoplankton blooms under Arctic sea ice[J].Science,336:1408-1408.

Bahm K,Khalil M,2004.A new model of tropospheric hydroxyl radical concentrations[J].Chemosphere,54:143-166.

Bange H W,2006.Nitrous oxide and methane in European coastal waters.Estuar[J].Coast.Shelf Sci.,70:361-374.

Bates N R,2006.Air-sea CO_2 fluxes and the continental shelf pump of carbon in the Chukchi Sea adjacent to the Arctic Ocean[J].Journal of Geophysical Research:Oceans,111.DOI:https://doi.org/10.1029/2005JC003083.

Bates T S,Kelly K C,Johnson J E,et al.,1996.A reevaluation of the open ocean source of methane to the atmosphere[J].J.Geophys.Res.Atmos.,101:6953-6961.

Berestovskaya Y Y,Rusanov I I,Vasil'eva,et al.,2005.The processes of methane production and oxidation in the soils of the Russian Arctic tundra[J].Microbiology,74:221-229.

Blunden J,Arndt D S,Achberger C,2013.State of the climate in 2012[J].Bull.Amer.Meteor.Soc.,94(S1/S2):38.

Box J E,Colgan W T,Christensen T R,et al.,2019.Key indicators of Arctic climate change:1971—2017[J].Environ.Res.Lett.,14:045010.

Burt A,Wang F,Pućko M,et al.,2013.Mercury uptake within an ice algal community during the spring bloom in first-year Arctic sea ice[J].Journal of Geophysical Research:Oceans.

Cantrell C A,Shetter R E,McDaniel A H,et al.,1990.Carbon kinetic isotope effect in the oxidation of methane by the hydroxyl radical[J]. J. Geophys. Res., 95: 22455-22462.

Cao Y C, Sun G Q, Han Y, et al., 2008. Determination of nitrogen, carbon and oxygen stable isotope retios in N_2O, CH_4 and CO_2 at natural abundance levels[J]. Acta Pedologica Sinica, 45: 249-258.

Cavicchioli R, 2006. Cold-adapted archaea[J]. Nat. Rev. Microbiol., 4: 331-343.

Cicerone R J, Oremland R S, 1988. Biogeochemical aspects of atmospheric methane. Glob[J]. Biogeochem. Cycle, 2: 299-327.

Comiso J C, Parkinson C L, Gersten R, et al., 2008. Accelerated decline in the Arctic sea ice cover[J]. Geophys. Res. Lett., 35.

Cooper D J, 1996. Estimation of hydroxyl radical concentrations in the marine atmospheric boundary layer using a reactive atmospheric tracer[J]. J. Atmos. Chem., 25: 97-113.

Crutzen P J, 1995. Overview of tropospheric chemistry: Developments during the past quarter century and a look ahead[J]. Faraday Discussions, 100: 1-21.

Curry C L, 2007. Modeling the soil consumption of atmospheric methane at the global scale[J]. Glob. Biogeochem. Cycle, 21.

Damm E, Helmke E, Thoms S, et al., 2010. Methane production in aerobic oligotrophic surface water in the central Arctic Ocean[J]. Biogeosciences, 7: 1099-1108.

Damm E, Kiene R, Schwarz J, et al., 2008. Methane cycling in Arctic shelf water and its relationship with phytoplankton biomass and DMSP[J]. Mar. Chem., 109: 45-59.

Damm E, Mackensen A, Budéus G, et al., 2005. Pathways of methane in seawater: plume spreading in an Arctic shelf environment (SW-Spitsbergen) [J]. Continental Shelf Research, 25: 1453-1472.

Damm E, Schauer U, Rudels B, et al., 2007. Excess of bottom-released methane in an Arctic shelf sea polynya in winter[J]. Continental Shelf Research, 27: 1692-1701.

Dickinson R E, Cicerone R J, 1986. Future global warming from atmospheric trace gases[J]. Nature, 319: 109-115.

Dlugokencky E J, Houweling S, Bruhwiler L, et al., 1992. Atmospheric methane levels off: temporary pause or a new steady-state? [J]. Geophys. Res. Lett., 30.

Dlugokencky E J, Nisbet E G, Fisher R, et al., 2011. Global atmospheric methane: budget, changes and dangers[J]. Phil. Trans. R. Soc. A, 369: 2058-2072.

Dumestre J, Guezennec J, Galy-Lacaux C, et al., 1999. Inffuence of light intensity on methanotrophic bacterial activity in Petit Saut Reservoir, French Guiana[J]. Appl. Environ. Microbiol., 65: 534-539.

Ehhalt D, 1974. The atmospheric cycle of methane[J]. Tellus, 26: 58-70.

Ehhalt D, 1978. The CH_4 concentration over the ocean and its possible variation with latitude[J]. Tellus, 30: 169-176.

Ertel J R, Hedges J I, Devol A H, et al., 1986. Dissolved humic substances of the Amazon River system[J]. Limnol. Oceanogr., 31: 739-754.

Fisher R E, Sriskantharajah S, Lowry D, et al., 2011. Arctic methane sources: isotopic evidence for atmospheric inputs[J]. Geophys. Res. Lett., 38.

Forster G, Upstill-Goddard R C, Gist N, et al., 2009. Nitrous oxide and methane in the Atlantic Ocean between 50°N and 52°S: latitudinal distribution and sea-to-air flux[J]. Deep Sea Research Part Ⅱ: Topical Studies in Oceanography, 56: 964-976.

Frankignoulle M, 1988. Field measurements of air-sea CO_2 exchange[J]. Limnology and Oceanography, 33: 313-322.

Gosink T A, Pearson J G, Kelley J J, 1976. Gas movement through sea ice[J]. Nature, 263: 41-42.

Grabs W, Portmann F, De Couet T, 2000. Discharge observation networks in Arctic regions: computation of the river runoff into the Arctic Ocean, its seasonality and variability[M]// Lewis E L, Jones E P, Lemke P, et al. The freshwater budget of the Arctic Ocean. Dordrecht: Springer: 249-267.

Gramberg I S, Kulakov Y N, Pogrebitskiy Y Y, et al., 1985. Arctic oil-gas superbasin[Z].

He X, Sun L G, Xie Z Q, et al., 2013. Sea ice in the Arctic Ocean: role of shielding and consumption of methane[J]. Atmos. Environ., 67: 8-13.

Hoj L, Olsen R A, Torsvik V L, 2008. Effects of temperature on the diversity and community structure of known methanogenic groups and other archaea in high Arctic peat[J]. ISME J., 2: 37-48.

IPCC, 2007. Climatechange 2007: the physical science basis[M]. Cambridge: Cambridge University Press.

Jones E P, Anderson L G, Swift J H, 1998. Distribution of Atlantic and Pacific waters in the upper Arctic Ocean: implications for circulation[J]. Geophys. Res. Lett., 25: 765-768.

Karl D M, Tilbrook B D, 1994. Producion and transport of methane in oceanic particulate organic matter [J]. Nature, 368: 732-734.

Khalil M A K, 2000. Atmospheric methane: an introduction[M]// Khalil M. Atmospheric methane: its role in the global environment. New York: Springer-Verlag: 1-8.

Kirschke S, Bousquet P, Ciais P, et al., 2013. Three decades of global methane sources and sinks[J]. Nat. Geosci., 6: 813-823.

Kitidis V, Upstill-Goddard R C, Anderson L G, 2010. Methane and nitrous oxide in surface watet along the North-West Passage, Arctic Ocean[J]. Mar. Chem., 121: 80-86.

Kort E A, Wofsy S C, Daube B C, et al., 2012b. Atmospheric observations of Arctic Ocean methane emissions up to 82° north[J]. Nat. Geosci., 5: 318-321.

Krembs C, Engel A, 2001. Abundance and variability of microorganisms and transparent exopolymer particles across the ice-water interface of melting first-year sea ice in the Laptev Sea (Arctic) [J]. Mar. Biol., 138: 173-185.

Kvenvolden K A, 1988. Methane hydrate-a major reservoir of carbon in the shallow geosphere[J]. Chem. Geol., 71: 41-51.

Kvenvolden K A, 1995. A review of the geochemistry of methane in natural gas hydrate [J]. Org. Geochem., 23: 997-1008.

Kvenvolden K A, Lilley M D, Lorenson T D, et al., 1993. The Beaufort Sea continental shelf as a seasonal source of atmospheric methane[J]. Geophys. Res. Lett., 20: 2459-2462.

Kvenvolden K A, Rogers B W, 2005. Gaia's breath: global methane exhalations[J]. Mar. Pet. Geol., 22: 579-590.

Lammers S, Suess E, Hovland M, 1995. A large methane plume east of Bear Island (Barents Sea): implications for the marine methane cycle[J]. Geologische Rundschau, 84: 59-66.

Liu Y, Zhu R, Li X, et al., 2009. Temporal and spatial variations of atmospheric methane concentration and $\delta^{13}C$-CH_4 near the surface on the Millor Peninsula, East Antarctica[J]. Chinese Journal of Polar Science, 20: 22-31.

Lowe D C, Allan W, Manning M R, et al., 1999. Shipboard determinations of the distribution of ^{13}C in atmospheric methane in the Pacific[J]. J. Geophys. Res., 104: 26125-26135.

Lowe D C, Brenninkmeijer C A M, Brailsford G W, et al., 1994. Concentration and ^{13}C records of atmospheric methane in New Zealand and Antarctica: evidence for changes in methane sources[J]. J.

Geophys. Res. ,99:16913-16925.

Macdonald R W,1976. Distribution of low-molecular-weight hydrocarbons in Southern Beaufort Sea[J]. Environ. Sci. Technol. ,10:1241-1246.

Meehl G A,Stocker T F,Bindoff D C W,et al. ,2007. Climate change 2007:the physical science basis[M]. Cambridge:Cambridge University Press.

Naik V, Voulgarakis A, Fiore A M, et al., 2013. Preindustrial to present-day changes in tropospheric hydroxyl radical and methane lifetime from the Atmospheric Chemistry and Climate Model Intercomparison Project (ACCMIP) [J]. Atmos. Chem. Phys. ,13:5277-5298.

Nomura D,Eicken H,Gradinger R,et al. ,2010. Rapid physically driven inversion of the air-sea ice CO_2 flux in the seasonal landfast ice off Barrow,Alaska after onset of surface melt[J]. Continental Shelf Research,30:1998-2004.

Polyakov I V,Bekryaev R V,Alekseev G V,et al. ,2003. Variability and trends of air temperature and pressure in the maritime Arctic,1875-2000[J]. Journal of Climate,16:2067-2077.

Quay P, Stutsman J, Wilbur D, et al., 1999. The isotopic composition of atmospheric methane. Glob. Biogeochem[J]. Cycle,13:445-461.

Rasmussen R A, Khalil M A K, 1984. Atmospheric methane in the recent and ancient atmospheres-concentrations,trends,and interhemisphere graient[J]. J. Geophys. Res-Atmos. ,89:1599-1605.

Rhee T S, Kettle A J, Andreae M O, 2009. Methane and nitrous oxide emissions from the ocean: a reassessment using basin-wide observations in the Atlantic[J]. J. Geophys. Res. Atmos., 114(D12): D12304-D12328.

Rigby M,Prinn R G,Fraser P J,et al. ,2008. Renewed growth of atmospheric methane[J]. Geophys. Res. Lett. ,35(22):L22805-1-L22805-6.

Rochette P, 2011. Towards a standard non-steady-state chamber methodology for measuring soil N_2O emissions[J]. Animal Feed Science and Technology,(166/167):141-146.

Rohde R A, Price, P. B. ,2007. Diffusion-controlled metabolism for long-term survival of single isolated microorganisms trapped within ice crystals[J]. Proc. Natl. Acad. Sci. ,104:16592-16597.

Rudels B, Friedrich H J, Quadfasel D, 1999. The Arctic circumpolar boundary current[J]. Deep Sea Research Part Ⅱ:Topical Studies in Oceanography,46:1023-1062.

Sander S P,Friedl R R,Ravishankara A R,et al. ,2006a. Chemical kinetics and photochemical data for use in atmospheric studies[R]. Jet Propulsion Laboratory,California Institute of Technology.

Sander S P,Golden D M,Kurylo M J,et al. ,2006b. Chemical kinetics and photochemical data for use in atmospheric studies evaluation number 15[R]. NASA,Jet Propulsion Laboratory.

Savvichev A S,Rusanov I I,Pimenov N V,et al. ,2007. Microbial processes of the carbon and sulfur cycles in the Chukchi Sea[J]. Microbiology,76:603-613.

Savvichev A S,Rusanov I I,Yusupov S K,et al. ,2004. The biogeochemical cycle of methane in the coastal zone and littoral of the Kandalaksha Bay of the White Sea[J]. Microbiology,73:457-468.

Semiletov I,Makshtas A,Akasofu S I,et al. ,2004. Atmospheric CO_2 balance:the role of Arctic sea ice[J]. Geophys. Res. Lett. ,31(5). DOI:10.1029/2003GL017996.

Shakhova N,Semiletov I,2007. Methane release and coastal environment in the East Siberian Arctic shelf [J]. Journal of Marine Systems,66:227-243.

Shakhova N, Semiletov I, Salyuk A, et al., 2010. Extensive methane venting to the atmosphere from sediments of the East Siberian Arctic Shelf[J]. Science,327:1246-1250.

Shiklomanov I, Shiklomanov A, Lammers R, et al., 2000. The dynamics of river water inflow to the Arctic Ocean[M]// Lewis E L, Jones E P, Lemke P, et al. The freshwater budget of the Arctic Ocean. Dordrecht: Springer: 281-296.

Sieburth J M, Donaghay P L, 1993. Planktonic methane production and oxidation within the algal maximum of the pycnocline: seasonal fine-scale observations in an anoxic estuarine basin[J]. Marine Ecology-Progress Series, 100(1/2): 3-15.

Steele M, Ermold W, Zhang J, 2008. Arctic Ocean surface warming trends over the past 100 years[J]. Geophys. Res. Lett., 35: 2614-1-2614-6.

Steele M, Morison J, Ermold W, et al., 2004. Circulation of summer Pacific halocline water in the Arctic Ocean[J]. Journal of Geophysical Research: Oceans, 109. DOI: 10.1029/2003JC002009.

Stroeve J C, Serreze M C, Holland M M, et al., 2012. The Arctic′s rapidly shrinking sea ice cover: a research synthesis[J]. Climatic Change, 110: 1005-1027.

Sun L G, Zhu R B, Xie Z Q, et al., 2002. Emissions of nitrous oxide and methane from Antarctic Tundra: role of penguin dropping deposition[J]. Atmos. Environ., 36(31): 4977-4982.

Sussmann R, Forster F, Rettinger M, et al., 2012. Renewed methane increase for five years (2007-2011) observed by solar FTIR spectrometry[J]. Atmos. Chem. Phys., 12: 4885-4891.

Trotsenko Y A, Khmelenina V N, 2005. Aerobic methanotrophic bacteria of cold ecosystems[J]. FEMS Microbiol. Ecol., 53: 15-26.

Tyler S C, Rice A L, Ajie H O, 2007. Stable isotope ratios in atmospheric CH_4: implications for seasonal sources and sinks[J]. J. Geophys. Res., 112(D3). DOI: https://doi.org/10.1029/2006JD007231.

Vogels G D, 1979. The global methane cycle[J]. Antonie van Leeuwenhoek, 45: 347-352.

von Fischer J C, Rhew R C, Ames G M, et al., 2010. Vegetation height and other controls of spatial variability in methane emissions from the Arctic coastal tundra at Barrow, Alaska[J]. Journal of Geophysical Research: Biogeosciences, 115(G4). DOI: https://doi.org/10.1029/2009JG001283.

Wahlen M, 1993. The global methane cycle[J]. Annu. Rev. Earth Planet. Sci., 21: 407-426

Walter K M, Chanton J P, Chapin F S, et al., 2008. Methane production and bubble emissions from arctic lakes: isotopic implications for source pathways and ages[J]. Journal of Geophysical Research: Biogeosciences, 113.

Wuebbles D J, Hayhoe K, 2002. Atmospheric methane and global change[J]. Earth-Science Reviews, 57: 177-210.

Yang J, Honrath R, Peterson M C, et al., 2002. Impacts of snowpack emissions on deduced levels of OH and peroxy radicals at Summit, Greenland[J]. Atmos. Environ., 36: 2523-2534.

Zhu R B, Sun L G, 2005. Methane fluxes from tundra soils and snowpack in the maritime Antarctic[J]. Chemosphere, 59: 1583-1593.

第 15 章　发展方向与展望

孙立广　谢周清　袁林喜　程文瀚　杨仲康　贾　楠

近 40 年来，南北极地区的海洋、大气、陆地、生态系统发生了快速变化，使得极地成为全球变化极敏感的地区之一。由于自然地理环境存在明显差异，南北极对全球变化的响应既有共性，又有特性：在南极，伴随着末次冰盛期的结束，南极大陆和南大洋的冰盖、冰架的消减使得南极沿海形成了独特的无冰区生态群落，其生态环境变化对气候变化的响应被认为可以作为预测未来全球变化带来的全球变暖后果的直接依据；而在北极地区，伴随全球变暖，北冰洋正在发生显著变化，海冰范围及厚度都急剧减少、减薄，使北极更深刻地参与了全球变化进程。未来，我们应从北极生态环境演变角度，评估全球变化和人类活动对环境变化的影响，为应对气候的激烈变化提供科学依据。

15.1　研 究 方 向

通过对北极黄河站区典型海鸟海兽的数量、聚居地以及其生活环境包括水、土、气环境质量的调查，从历史记录和现代过程角度，了解高北极地区生态环境对全球变化和人类活动的响应，正确区分影响生态环境的人为因素和自然因素，同时，调查北冰洋海气界面化学对海洋生物地球化学循环的响应，为预测其未来变化提供科学依据。北极生态地质学主要关注以下几个方向：

(1) 历史时期气候变化对斯瓦尔巴新奥尔松等典型岛屿北极鸥等海鸟及植被分布的影响。

(2) 人类活动对典型海鸟以及驯鹿等海兽的分布和生物量变化的影响。

(3) 全球变化和人类活动对极地生物多样性的影响。

(4) 人类文明产生的典型污染物在食物链中的传递及其对生态系统的影响。

(5) 海洋生物地球化学过程对海气边界层大气化学成分的影响及其反馈作用。

(6) 以站基和雪龙船为平台，结合北极黄河站区和北冰洋的生态地质学调查，获取相关背景资料和数据，同时，在环境质量标准规范逐渐完善的基础上，对气候变化和人类活动对北极生态环境的影响进行评估。

北极生态地质学研究预期目标：

(1) 区分影响北极生态环境的人为因素和自然因素。

(2) 构建距今 10 kyr 以来斯瓦尔巴新奥尔松等典型岛屿各类海鸟和海洋贝壳类生物量

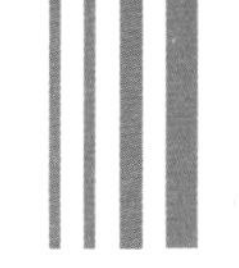

变化及其对气候变化的响应关系。

(3) 探索距今 10 kyr 以来斯瓦尔巴新奥尔松等典型岛屿的生物多样性演变及其影响要素。

(4) 重建驯鹿在北极圈内的迁徙和登陆的过程及其与海冰变化和人类在北极圈内的活动之间的关系。

(5) 厘清人类文明产生的典型污染物在北极食物链中的传递及其对生态系统的影响。

(6) 研究近现代海洋生物地球化学过程对北极海气边界层大气化学成分的影响及其反馈作用。

(7) 提出北极岛屿生态环境与气候变化未来发展趋势的评估报告。

15.2 研究展望

在北极岛屿生态地质学研究中，还要探索科学的研究方法，寻找和瞄准具体的科学问题。问题是导向，方法是手段，在确定的方向上去发现问题、提出问题，进一步提高研究的手段来解决问题是认识北极生态环境历史的途径。

通过调查相关岛屿生态、环境及地质，对海鸟、植被、鸟粪土、驯鹿毛和驯鹿粪土层、微生物、沉积物、水体进行元素地球化学、有机地球化学、微生物地质学、同位素地球化学和岩矿、生态学、生物学交融综合研究，探索近 1 万年至几万年以来北极岛屿生态系统在冰川、海平面和地壳变动过程中发生、发展、消失、再生的演化过程及其对全球变化的响应，特别是近一万多年来，在冰退的过程中，现代岛屿从冰下暴露的次序、生态现状、历史沿革及其与气候变化的关系。在此基础上，建立北冰洋内孤岛生态系统的形成与演化模型，探讨生态系统形成过程中的自然因素、近现代的人为因素，查明生态系统内部种群的消长关系和先后次序。

在北极生态地质学的研究中，多学科交叉的研究方法尤其重要。采用多学科交叉的研究方法(元素、同位素、有机地球化学方法、沉积学、岩石学、水化学、生态学、微生物学、鸟类学、植物学、孢粉学等)和新技术(AMS ^{14}C 定年、TIMS 定年、释光定年、生物技术、加速器荧光技术、多接收等离子体质谱、电镜等)研究和发现新问题：

(1) 选择新奥尔松等若干岛屿作为主干剖面，纵向探讨在海岛暴露后鸟类聚散、植被发育、土壤形成发展的历史过程及影响该过程的自然因素与人为因素。通过海鸟粪土沉积探讨海鸟数量变化对气候变化的响应，反演海岛鸟类生态发展的过程。

(2) 横向对比那些形成年代不同、纬度不同、海拔高度不等、生态系统各异的岛屿，并与岛屿系统的历史变化进行侧向比较，区分生态发展的历史阶段及求证生物迁徙的途径和原因。

(3) 地表水、海岛地下水的物理化学性质与岛屿的冰盖进退、生态环境有密切的关联，同时与周围海域海水存在物质与能量的交换，因此对岛屿的形成发育有相当大的影响：不同岛屿地下水的特点是岛屿生态系统发展阶段的一个重要指标，同一岛屿不同区域地下水的特点是岛屿生态区分区的因素之一，这个问题过去的研究不够。

(4) 通过对海岛植被的调查,查明海岛植被发育的历史及其与海鸟数量变化之间的系统联系与消长关系。考察不同岛屿、不同发育阶段物种数量与岛屿大小、距大陆远近、海岸线及冰盖进退及其速度之间的系统关联。

(5) 人类活动对独立生态系统发展的间接影响(通过大气和海洋流体系统的物质传输)和直接影响(人类登岛活动)的历史记录及岛屿生态可持续发展的对策研究。

(6) 北极生物活动对陆地海洋生态环境影响的研究。海鸟生物传输的环境影响主要表现在两方面,一方面是海鸟粪带来的大量营养元素影响栖息地附近湖泊和海岸带水体的营养盐水平,有可能导致近海和湖泊生态群落结构发生改变;另一方面是因为食物链的富集和生物放大效应,处于较高营养级的海鸟会给脆弱的生态系统带来大量的污染物(如重金属和POPs)。海鸟活动在传输营养物质的同时,也会带来一些诸如重金属、POPs之类的污染物。在偏远的北极地区,生物载体是一种不可忽视的污染物传输途径。海鸟在海洋生态系统中处于较高的营养级,通过食物链的传递和生物放大作用,一些重金属污染元素(如Hg、Cu、Zn、As、Cd等)和持久性有机污染物(POPs)通过海鸟粪进入栖息地,从而对脆弱的北极生态系统造成潜在的生态风险。因此,海鸟是北极地区污染物传输的重要生物媒介,其传输能力已经超过传统意义上的大气传输和洋流传输途径。但这种生物传输机制在目前的北极生态环境研究中还未引起足够的重视。未来的研究应着重对污染物在北极生物体体内的富集、传输和在陆地生态系统沉积,以及在此过程中可能存在的重金属污染物(如As、Hg等)形态转换等一系列问题进行研究,在深度剖面上开展海鸟、驯鹿等生态过程演变与污染物环境地球化学特征的对比研究,从历史角度揭示这种新的生物传输机制可能对北极生态环境的影响,这对于更好地制定保护北极自然生态环境对策和措施具有重要科学意义。

(7) 北极岛屿无冰区古气候(如古温度等)的定量重建及人类活动的影响。采集时间跨度较长的地质沉积记录载体,包括海相沉积物、湖相沉积物、泥炭和粪土沉积物。在传统的一些反映气候环境变化的替代性指标的基础上(这些指标只能定性分析古环境变化),应用目前一些对温度变化灵敏响应的有机地球化学指标,定量重建末次冰期以来北极地区气候变化(包括古温度和降水量)记录。在此基础上,结合较短时间尺度地质载体样品分析结果和现代过程的分析结果,以"将今论古"的方法推断长时间尺度下未受人类大规模活动影响前北极地区的气候变化特征,分析其影响因素,评估现代气候变化中人类活动影响所占比例。在此过程中,为了更好地了解地质载体中生物标志化合物所代替的气候环境意义,有必要通过对有明显气候参数梯度的地区进行研究,建立气候参数与潜在生物标志化合物指标之间的转换关系。

综上所述,要从全新世及更古老的历史角度来探索北极生态、环境与气候变化,这是一个充满挑战的、有趣的、同时也是关乎人类可持续发展的有意义的科学领域。